全国高等院校"十二五"规划教材

农业部兽医局推荐精品教材

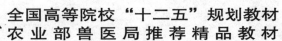

新编

兽医临床诊疗学

【兽医及相关专业】

倪耀娣 主编

U0349780

中国农业科学技术出版社

图书在版编目（CIP）数据

新编兽医临床诊疗学/倪耀娣主编. —北京：中国农业科学技术出版社，2012.7
ISBN 978 - 7 - 5116 - 0956 - 4

Ⅰ.①新… Ⅱ.①倪… Ⅲ.①兽医学 - 诊疗 Ⅳ.①S854

中国版本图书馆 CIP 数据核字（2012）第 124793 号

责任编辑　闫庆健
责任校对　贾晓红　范　潇

出 版 者　中国农业科学技术出版社
　　　　　北京市中关村南大街 12 号　邮编：100081
电　　话　（010）82109704（发行部）（010）82106632（编辑室）
　　　　　（010）82109703（读者服务部）
传　　真　（010）82106632
网　　址　http:// www. castp. cn
经 销 者　各地新华书店
印 刷 者　北京科信印刷有限公司
开　　本　787mm×1 092mm　1/16
印　　张　17.375
字　　数　432 千字
版　　次　2012 年 7 月第 1 版　　2012 年 7 月第 1 次印刷
定　　价　32.00 元

《新编兽医临床诊疗学》编委会

序

中国是农业大国，同时又是畜牧业大国。改革开放以来，我国畜牧业取得了举世瞩目的成就，已连续20年以年均9.9%的速度增长，产值增长近5倍。特别是"十五"期间，我国畜牧业取得持续快速增长，畜产品质量逐步提升，畜牧业结构布局逐步优化，规模化水平显著提高。2005年，我国肉、蛋产量分别占世界总量的29.3%和44.5%，居世界第一位，奶产量占世界总量的4.6%，居世界第五位。肉、蛋、奶人均占有量分别达到59.2千克、22千克和21.9千克。畜牧业总产值突破1.3万亿元，占农业总产值的33.7%，其带动的饲料工业、畜产品加工、兽药等相关产业产值超过8 000亿元。畜牧业已成为农牧民增收的重要来源，建设现代农业的重要内容，农村经济发展的重要支柱，成为我国国民经济和社会发展的基础产业。

当前，我国正处于从传统畜牧业向现代畜牧业转变的过程中，面临着政府重视畜牧业发展、畜产品消费需求空间巨大和畜牧行业生产经营积极性不断提高等有利条件，为畜牧业发展提供了良好的内外部环境。但是，我国畜牧业发展也存在诸多不利因素。一是饲料原材料价格上涨和蛋白饲料短缺；二是畜牧业生产方式和生产水平落后；三是畜产品质量安全和卫生隐患严重；四是优良地方畜禽品种资源利用不合理；五是动物疫病防控形势严峻；六是环境与生态恶化对畜牧业发展的压力继续增加。

我国畜牧业发展要想改变以上不利条件，实现高产、优质、高效、生态、安全的可持续发展道路，必须全面落实科学发展观，加快畜牧业增长方式转变，优化结构，改善品质，提高效益，构建现代畜牧业产业体系，提高畜牧业综合生产能力，努力保障畜产品质量安全、公共卫生安全和生态环境安全。这不仅需要全国人民特别是广大畜牧科教工作者长期努力，不断加强科学研究与科技创新，不断提供强大的畜牧兽医理论与科技支撑，而且还需要培养一大批掌握新理论与新技术并不断将其推广应用的专业人才。

　　培养畜牧兽医专业人才需要一系列高质量的教材。作为高等教育学科建设的一项重要基础工作——教材的编写和出版，一直是教改的重点和热点之一。为了支持创新型国家建设，培养符合畜牧产业发展各个方面、各个层次所需的复合型人才，中国农业科学技术出版社积极组织全国范围内有较高学术水平和多年教学理论与实践经验的教师精心编写出版面向 21 世纪全国高等农林院校，反映现代畜牧兽医科技成就的畜牧兽医专业精品教材，并进行有益的探索和研究，其教材内容注重与时俱进，注重实际，注重创新，注重拾遗补缺，注重对学生能力、特别是农业职业技能的综合开发和培养，以满足其对知识学习和实践能力的迫切需要，以提高我国畜牧业从业人员的整体素质，切实改变畜牧业新技术难以顺利推广的现状。我衷心祝贺这些教材的出版发行，相信这些教材的出版，一定能够得到有关教育部门、农业院校领导、老师的肯定和学生的喜欢。也必将为提高我国畜牧业的自主创新能力和增强我国畜产品的国际竞争力作出积极有益的贡献。

国家首席兽医官
农业部兽医局局长

二〇〇七年六月八日

前 言

　　畜牧业是农业经济的支柱产业，随着畜牧业的发展，不但传统养殖业（牛、羊、猪、鸡等）迅速发展，而且特种经济动物养殖业（兔、鹿、鸵鸟、犬等）也异军突起，发展迅速。伴随着养殖数量的大量增加，各种动物疾病随之增多，病情也越来越复杂化，每年由于动物疾病的发生和死亡所造成的经济损失十分巨大，严重地制约了畜牧业的发展。所以，兽医临床诊断和治疗技术显得越来越重要。要想保证畜牧业健康发展，扑灭动物疾病，必须首先建立正确的诊断，再进行一系列的防治措施，为此我们于 2007 年 5 月 25 日在北京召集第一次编写会议，首先征求了各兄弟院校对本教材的意见以及根据教学改革精神对修订教材的要求和建议，适当地调整了编审组成员，落实参编人的具体编写任务，制定本课程的编写进程计划。在修订过程中，本着从实际出发，突出改革，坚持"少而精"的原则，在教材章节结构上做了一些调整，删减了一些繁琐内容，补充了一些较新资料，我们根据长期的临床实践和教学经验，并参阅了大量有关书籍，编写了《新编兽医临床诊疗学》一书。为了加强本课程的实践性教学环节，组织编写成员按试验、实习大纲要求，在课本后面附加编写了《兽医临床诊疗学实习实训指导》，内容精辟，文字简练，从而节省了成本。该书为普通高等教育"十一五"国家级规划教材及全国农业高等院校规划教材。

　　全书包括兽医临床诊断学和治疗技术两部分，内容通俗易懂、深入浅出，突出"实践性"和"应用性"。既介绍了传统经典的临床诊疗学技术，又反映了近年来临床诊疗学的新技术、新成就，同时增添了小动物（犬、猫、兔等）的诊断、治疗技术。书中所介绍的临床诊断和治疗技术，只要认真学习，刻苦练习，就能操作和应用。鉴于本书作为面向全国的通用教材，为适应不同地区和不同学制院校的需要，在内容涉及的范围上还是采用了广泛收取的原则，建议在使用中因地、因校制宜地加以选择和取舍。

　　考虑到临床工作的实际需要，为使学生能全面地掌握通用的基本诊断方法，所以将实验室检验及 X 线诊断两大部分依然作为本书的重要内容，而分别列出。各院校可根据实际情况或全面安排教学，或者作为必修或选修课程而单独开设。

　　书中有关附图大部分参考东北农业大学王书林主编的教材和北方学院耿永鑫主编的教材，在此加以说明。

　　编写本教材，我们虽然做了很大的努力，以期尽量体现编写的基本精神和要求，但受学识水平和资料信息条件所限，还会存有某些缺点和不足，诚恳地希望广大读者给予批评指正。

编　者

2008 年 2 月

目　　　录

绪　　　论

　　兽医临床工作的基本任务是防治动物的疾病，保障畜牧业和养殖业生产的发展，以加快农牧业的建设，促进农业现代化的早日实现。兽医临床诊疗学的内容包括兽医临床诊断学和兽医临床治疗技术两部分内容。

一、兽医临床诊断学的概念和任务

　　诊断学（Diagnostics）是系统地研究诊断疾病的方法和理论的科学。

　　兽医临床诊断学（Veterinary clinical diagnostics）是以家畜（禽）为对象，研究检查疾病的方法和分析症状、认识疾病的基本理论的学科。

　　兽医临床诊断学的基本内容，概括地来说，包括诊断方法（方法学）和诊断思考（症状学与分析思维）两个方面，具体可分为物理诊断、实验诊断及特殊诊断几大部分。

　　兽医临床诊疗学是农业院校兽医专业的一门主要的专业基础课，也是把基础课和临床或专业课程相互联系起来的一个桥梁。本课程为临床各学科（内科学、外科学、传染病学，寄生虫病学、产科学）提供诊断疾病的通用检查方法、基本原则及必要的理论知识，从而为从事畜禽疫病防治工作创造先决的和必要的条件。在从事畜禽疫病防治过程中，都需要掌握临床诊断的基本功。而这些基本功的培养与进一步熟练，就是靠学习临床诊断学，并实地反复操作，在漫长的工作道路上精益求精，逐渐深化积累形成的。

二、症状、诊断及预后的概念

（一）症状（Symptom）

　　动物患病时，由于受到病原因素的作用，引起细胞内分子结构的改变，使组织、器官的形态结构发生变化和机能发生紊乱，在临床上常常呈现出一些异常表现，这些异常的表现就叫做症状。在医学临床上将病人主观感觉到的异常改变，如头痛、吞咽困难等，称为症状；而将被医生察觉到的客观表现，如肝肿大、心杂音等，称为体征（Sign）。广义的症状可以包括体征。在兽医临床上，由于动物不能用言语表达其自身的感觉，只有临床工作者进行客观检查，才能获得大量的异常表现，所以统一用症状这个术语来表达。症状是在动物疾病过程中所表现出的病理性的异常现象。症状是认识疾病的向导，能够为诊断疾病提供重要的线索或佐证。从症状的分类中可以了解某个症状本身的内涵及其在诊断过程中的意义。

　　1. 全身症状（Constitutional symptom）与局部症状（Local s.）

　　全身症状一般指动物机体对致病因素的刺激所呈现的全身性反应，例如热性病时表现的体温升高，脉搏和呼吸加快，精神沉郁，食欲减退等。全身症状也称做一般症状（General s.）。虽然根据全身症状，不易确诊为何种疾病，但全身症状的有无、轻重、发展等，对于病势、疾病种类和性质、病程长短及预后各方面的判断，都可以提供有力的参考。例如胃肠卡他一般很少呈现全身症状，预后良好；胃肠炎则全身症状明显，预后慎重。

动物患病后，常在其主要的受害组织或器官，表现出明显的局部反应，称做局部症状。例如，呼吸器官疾病所表现的鼻液、咳嗽、胸部听诊的变化等。局部症状直接与发病部位有关。局部症状并非某种疾病所独有，但具体的哪一种机能障碍则具有一定的特异性，据此可以明确患病的主要部位，甚至有时可以确定病名，如血液循环障碍大多因心血管疾病所引起。而且局部症状也可以提供有价值的诊断依据，如从采食和咀嚼障碍，自然会联想到牙齿、舌、颊、口黏膜、唇、颌骨及支配这些部位的神经机能异常。

2. 主要症状（CardinaI s.）与次要症状（Inicdental s.）

主要症状是指对疾病诊断有决定意义的症状，例如在心内膜炎时，常常表现出心搏动增强，脉搏加快，呼吸困难，大循环淤血的症状及心内杂音等，其中只有心内杂音才是很有分量的确诊依据，即为主要症状，其他那些症状，相对来说属于次要症状。

3. 典型症状（Classical s.）与示病症状（Pathognomonic s.）

典型症状是指能反映疾病临床特征的症状，也就是特殊症状（Characteristic s.），如马大叶性肺炎时肺部叩诊呈现的大片浊音区。示病症状是指据此就能毫不怀疑地建立诊断的症状，如三尖瓣闭锁不全时的阳性颈静脉搏动。

4. 固定症状（Constant s.）与偶然症状（Accidental s.）

在整个疾病过程中必然出现的症状，称固定症状；在特殊条件下才能出现的症状，称偶然症状。例如，患消化不良的病牛，必然会出现食欲减退，有舌苔，粪便性状发生改变，这些属于固定症状；只有当十二指肠发生炎症，使胆管开口处黏膜肿胀，阻碍胆汁排出时才可能发生轻度黄疸，所以消化不良过程中的黄疸表现，就属于偶然症状。

5. 前驱症状（Precursory s.）与后遗症状（Sequent s.）

某些疾病的初期阶段，在主要症状尚未出现以前，最早出现的症状，称为前驱症状，或称早期症状（Early s.）。例如，异嗜是幼畜矿物质代谢障碍的先兆。早期症状的出现，提示某种疾病的可能，特别对群发病如传染病、代谢病的防治，有更积极和主动的实际意义，例如，在受霉形体肺炎威胁的猪场注意咳嗽的发生，在马传染性贫血流行的地区和季节，对马群定期测温和检查血液，就是要根据早期症状，及时发现疫情，便于采取防治对策。当原发病已基本恢复，而遗留下的某些不正常现象，称为后遗症状或后遗症（Sequelac），如关节炎治愈后遗留下的关节畸形。是否有后遗症，对于评定动物的生产能力和经济价值，具有参考作用。

6. 综合症状（症状群、综合症，Syndrome）

在许多疾病过程中，有一些症状不是单独孤立地出现，而是有规律地同时或按一定次序出现，把这些症状概括称为综合症状，如肾脏疾病时的蛋白尿、水肿、高血压、左心室肥大、主动脉第二心音加强及尿毒症等，称为肾脏病的综合症状。综合症状大多数包括了某一疾病的主要的、固定的和典型的症状，因此对疾病诊断和预后的判断具有重要意义。

（二）诊断（Diagnosis）

诊断的过程，就是诊查、认识、判断和鉴别疾病的过程。诊断是临床工作者通过诊察，对动物的健康状态和疾病所提出的概括性论断，一般要指出病名。按照诊断所表达的内容不同，可以分为下列几种。

1. 症状学诊断（Symptomatic diagnosis） 以主要症状而命名，如贫血，腹泻，便秘等。症状学诊断十分肤浅，应力求进一步深入。

2. 病原学诊断（Etiological d.）　可以阐明致病原因，如猪瘟，维生素 A 缺乏症等。现在的大多数传染病和寄生虫病，均合乎病原学诊断的条件。

3. 病理学诊断（Pathological d.）　以病理变化的特征（肉眼及组织学检查）而命名，如小时性肺炎，纤维素性坏死性肠炎等。一般可以明确病变的主要部位和疾病的基本性质，是现在常用的病名。

4. 机能诊断（Functional d.）　以症状学诊断为基础，采取特殊方法以证明某一器官的机能状态的诊断。例如，根据血中酶的活性了解肝机能，根据心电图了解心脏机能。

5. 发病学诊断（Pathogenic d.）　是阐明发病原理的诊断，如自体免疫性溶血性贫血，过敏性休克等，是一种比较完满的诊断。

6. 治疗性诊断（Therapeutic d.）　按设想的疾病进行试验性治疗，如病情好转或得到治愈，而终于确诊，称为治疗性诊断。

另外，还有早期诊断与晚期诊断，假定诊断、初步诊断与最后诊断。

（三）预后（Prognosis）

对疾病的持续时间、可能的转归及动物的发展趋势（如是否废役或淘汰）作出估计，称为判定预后，预后是对动物的将来状况作出的结论。判定预后，必须严肃认真，要充分考虑病畜的个体特性（年龄、营养、体质等）、周围环境及疾病的演变趋势，作出周密预测。一般分为以下几种。

1. 预后良好　动物能完全恢复，保留着生产能力。

2. 预后不良　动物可能死亡，或不能完全恢复，生产能力降低或丧失。

3. 预后可疑　由于病情正处在转化阶段或材料不充分，一时尚不能得出肯定结论。

三、学习兽医临床诊断学的目的、要求和方法

兽医科学的传统任务是保障家畜健康，促进畜牧业发展；开展动物性食品的卫生检验和其他畜产品的检疫，以确保人类的健康并防止动物疫病从国外传入和在国内传播。但随着社会发展与经济腾飞，为兽医科学开创了新的领域，例如，兽医科学担负着防止动物病传染的重任，保护人类不受危害；利用动物模型研究人类疾病，高标准的试验动物技术，环境质量控制保护生态平衡，有些国家的兽医人员已参加空间研究计划和海洋开发。由此可见，兽医科学是以如此广泛多样的形式和丰富深刻的内容为人类社会的进步服务。

中国社会主义现代化经济建设是遵循大体分三步走的战略目标。在实现这个战略目标的整个过程中，把经济发展逐步转到依靠科技进步、不断提高劳动效率的轨道上来，严格控制人口增长，提高人口素质，合理利用资源，注意保护生态环境。我们的社会成员站在不同岗位，从事不同的职业，担当着不同的角色，但实现上述战略目标，则是我们的共同任务，当然也是我们兽医工作者的任务。

为了防治畜禽疫病、控制和消灭动物病、增进人类营养水平和确保人类健康，首先要认识疾病，而认识疾病要掌握检查疾病的方法论、要遵循科学的认识论，这些都是兽医临床诊断学的基本内容。为了实现社会主义社会的经济繁荣和全面进步，兽医工作者应该学习并掌握本门学科的知识和技能。

在学习过程中，要求学生理论联系实际，一方面系统学习理论知识，带着课堂中的问

题，随时复习基础课（解剖、生理、病理等）的知识。做到温故知新，融会贯通，形成完整的理论体系，另一方面要重视实践，接触现场病例，克服怕脏怕累，浅尝辄止的习气，勤学苦练，通过规范化的操作，熟练掌握基本功。要求学生善于培养自己观察问题和分析问题的逻辑思维能力，深入现场，识别大量的疾病现象和体征，从其中区别哪些属于普遍的规律，哪些属于特殊的规律，把特殊规律深刻理解，来指导以后的临床实践。切忌就事论事，提倡探求作风。反对人云亦云，提倡独立思考。在辩证唯物论的指导下，认识事物，认识复杂动物体中的疾病发生发展的规律。要求学生养成严肃认真的科学态度，树立为人民服务的思想作风。关心群众疾苦，爱护国家财产，对技术精益求精，对工作满腔热忱。维护兽医职业道德规范，自觉地抵制各种错误思潮和腐朽思想的影响，健康成长，迅速成才，把自己培养成为奋发进取的社会主义劳动者和建设者。

根据教学计划的规定，在本课程学习全部结束时，要求学生做到熟练掌握临床检查的常规方法（特别是一般检查、心脏血管系统检查、呼吸器官检查、消化器官检查、血液和尿液常规化验）、理解症状学的诊断意义、熟悉各个项目检查的部位、识别有示病意义的体征、一般了解特殊检查的方法（如 X 射线检查、超声诊断等），从而能分析综合症状资料，对典型病例作出初步假定诊断。并且熟练掌握兽医临床治疗方面的基本知识和各项技术的操作要领、方法及注意事项。

四、我国兽医临床诊断学的发展和现状

1. 兽医临床诊断学的发展与医学诊断学的发展有着相依的过程

人类在纪元之前就知道认识疾病和治疗疾病。最初的医学诊断学，主要靠对表面现象的观察和简单经验的积累。我国古代医学在长期的历史过程中，逐渐形成了以望（相当于视诊）、闻（相当于听诊并包括嗅诊）、问（相当于问诊及病史调查）、切（相当于触诊及切脉）四种诊法为基础的临床体系。特别是对于脉学，尤有独特的研究。在我国早期的兽医学专著中，对口色论（观察口腔黏膜和舌的颜色变化以诊断疾病和推断预后）、脉色论（根据脉搏的变化以诊断疾病）、点痛论（根据运步的姿势变化以做跛行诊断）、起卧症及起卧入手论（马骡疝痛病及直肠检查的应用）等方面，均有较详细地论述，为兽医临床学科积累了丰富的经验。

2. 近代医学的诊断学

近代医学的诊断学，主要是在 18 世纪初期，物理学、化学等基础学科进展的基础上开始形成的。发明了体温计；叩诊与听诊法的运用，得到了科学地论证。19 世纪中叶，微生物学的成就，发现了某些传染病的病原体，制成了显微镜并开始应用于细菌、血清学诊断法，提高了病原诊断的科学性和准确性。

3. 近代理论科学技术的新成就，促进了本学科的发展，提高了临床水平和工作效率

①电生理与电子技术的进步，使心电、脑电、肌电描记及其临床应用成为现实。

②光导纤维研制改进了许多内腔镜，使消化道、泌尿道及呼吸道的内腔镜检查技术更适合于临床应用。

③显微技术的不断进步发展，电子显微镜的研制成功，不仅为微生物研究提供了精密的设备，而且使病理组织及病体组织的病理学诊断达到了亚细胞水平。

④声学理论在医学诊断方面的应用，逐渐开拓了超声波的新领域。

⑤许多生化检验精密仪器的应用，使微量元素，激素，酶活性的检测应用于临床实际，大大提高了临床诊断的准确性。

⑥同位数扫描技术的应用，是核医学在诊断方面的应用。

⑦计算机技术的发展及在医学诊断上的应用，是近期医学诊断学的新突破。

如X线摄影与电子计算机的联合使用，形成了电子计算机处理体层扫描机新技术（CT），气—质联用仪。诊断系统的建立正处在探索建设阶段。

至于近年在细菌学、病毒学、血清学、免疫学迅速进展的基础上，针对特定的生物学病原而研究、设计的特异性检查、诊断方法和技术，成功地应用于许多传染病（包括一部分寄生虫病）的病原学诊断领域，在更大的程度上，显著地提高了兽医临床诊断的准确性、科学性和实践价值。信息科学的发展和信息网络的形成将更方便对特殊病例广泛的网上会诊和交流，这又为本学科的发展，展现了一幅新的前景。

当前，诊断学的理论和技术，正向病原学及特异性诊断；亚临床指标及早期诊断；群体诊断及预防性监测或监护方向发展。毫无疑问，在有关基础学科迅速发展的推动下，技术科学的进步和所提供的大量精密仪器的应用，必将加速医学诊断与兽医诊断学科的发展。

第一章

兽医临床诊断学

第一节　动物的接近与保定

一、动物的接近

在进行保定以前，首先要接近家畜。动物的种类不同，接近时的方法也不同。不论接近大家畜还是小动物，无论接近任何部位，均须小心谨慎，态度温和，同时要给予温和地吆喝。动作要稳健敏捷，不可迟疑。可以说接近是诊疗的第一步，只有接近了家畜才能很好地做下一步工作。

（一）牛的接近

大多数牛比较温顺，容易接近，但也有少数的牛有攻击行为。接近前应首先向饲养人员问清楚，这头牛老实不老实，有无踢人、用角顶人、后肢向前外方划弧踢等坏习惯。接近时，预先要轻声呼唤，注意牛是否有头低下、眼睛斜视、两耳前倾、神态紧张等惊恐表现，若有应暂缓接近，可先喂些草料或发出"噢噢"的呼唤声，以消除其紧张情绪。等牛安静后，再沉着、温和地从前侧方慢慢走近牛，当走到跟前时，一手握住笼头或提拉鼻圈，另一手轻轻抚摸其头颈部和鬐甲部，然后进行保定或诊疗工作。若要接近牛的后躯，也要先出现在牛的视野范围内，友好的轻声呼唤，引起其注意，再从正后方接近，并用手轻轻搔其尾根，以示友好。

注意不要从牛的正前方去接近以防被牛顶伤；或是突然出现在牛的侧后方，防止"扫堂腿"伤人。一般说来，乳牛和役用牛与人接触的机会比肉用牛多，接近时相对容易些，在接近肉用牛时要更加小心。

（二）马的接近

马是一种非常敏感而且反应迅速的家畜。在接近马前要先向主人或饲养员了解马的情况，如有无咬人、踢人和扒人等恶癖，听得懂哪些口令等，做到思想上有所准备，切不可贸然接近，以免发生危险；接近马时应大胆、沉着，不能慌张和犹豫，否则会引起马的不安而发生踢、咬等伤害性动作；同时要心细，要随时注意观察马的表情与动作，特别要注意观察耳部和眼部的表情动作，防止其攻击。

如果马静立，双眼圆睁，目光直视，双耳向前直立，转动频繁，头颈高扬，鼻翼扇动，这说明马警惕注意接近的人；如果马在警惕注意的基础上，进而出现双眼睁大瞪圆，凝视，双耳向后直立，头颈高扬，全身肌肉紧张、颤动，尾根紧收，身体后坐，表示马处于惊恐状态，随时准备进行反抗或逃跑；如果马眼神凶恶，双眼目光炯视，上睑收缩，双耳向后紧贴脖颈，竖颈举头，鬃毛竖立，这是马在示威，表示马十分愤怒，随时可能做出啃咬、前蹄扒刨和后蹄踢蹴等伤害性的动作；如果马站立不安，上下不停的晃动头颈，身躯扭动，前肢刨地，鸣叫，表示马急躁不安；如果马眼神放松注视来人，两耳随意转动，身体各部松弛，对于接近的人或物体慢慢嗅闻，表示马处于十分平和、放松的状态，此时在人接近时马静立不动，俯首帖耳或以头轻缓触人。

注意不要从马的正前方和正后方，特别是突然接近或站在马的屁股后方；马在睡眠时，有人接近会引起马的抵抗；接近马后也不要突然触碰马的耳、腹、阴、睾丸、蹄和肛门等敏感部位以免引起马的反抗。

（三）猪、羊的接近

对于猪或羊，接近的同时发出"喷、喷"的声音，引起猪或羊的注意，也是一种声音上的安抚。若从正面接近可抓住猪的两只耳朵或抓住羊的两只角；若从后面接近，可提握它们的小腿部或提握其阴部皱皮；如果是在奔跑时捕捉，则可从后方突然抓住猪或羊的后肢跖部。对于体型大且性情暴躁的公猪，则可用捉猪的长柄钳夹住猪的颈部，或用长柄猪鼻捻棒捕捉。捉住以后尽量地耐心安抚，用手轻轻抚其背、腹部等，待其安静后，再接近检查，不可粗暴对待。

注意切不可突然将猪或羊捉住，或多人围在旁边引起猪或羊的惊恐、骚动、挣扎，影响检查结果。对于警惕性高较难接近的种用猪或羊要防备其突然伤人。在采用以上方法仍不能接近时，可将其赶入较窄的铁笼、走道，限制其强烈的反抗动作，然后再缓慢接近。

（四）犬、猫的接近

犬、猫虽经长期人工饲养，但仍未脱离野性，在一定的情况下，会咬人、伤人，接近犬、猫之前必须具有时刻警惕的安全观念。要了解犬主要用锋利的牙齿咬人；猫除了牙齿咬人外，还可以用锋利的爪子挠人。否则，不管从事多久临床工作或者经验多么丰富的兽医人员都难免被犬、猫咬伤或抓伤。

首先，要询问犬、猫的主人或饲养员，了解其犬、猫的习性，是否容易咬人、是否愿意让别人抚摸、平时对哪些动作或事物较为敏感等，做到心中有数；其次，接近犬、猫时最好先让犬、猫看到兽医人员，再从他们的前方或前侧方去接近，然后在主人或饲养员的协助下或是学着主人或饲养员的声音柔声唤慰犬、猫，要一边伸手接近犬、猫，一边观察其反应，如果其怒目圆睁、呲牙咧嘴甚至发出"汪汪"声或"呜呜"声时应特别小心其攻击；最后，温柔地触摸其额头，并由额头部开始轻轻地抚摸颈部、胸腰两侧及背部，使犬、猫安静和接受兽医人员的接近。

注意不要用粗暴的动作或方式接近犬、猫，禁忌一哄而上或围观；不要手持大的物件或发光、发声的器械，以免引起犬、猫的惊恐或应激。

（五）接近家畜时的注意事项

（1）接近病畜前，应向畜主或饲养员了解家畜的性情，有无咬、踢、抵等恶癖，发现家畜有紧张、惊恐的表现，接近时要特别注意，不可鲁莽行事。

（2）接近家畜时，一般都要从它的左前方去接近。除了家畜已习惯于人员从左面去接近外，也可让家畜看得见，使其判明接近者无害于它，若是单眼瞎的动物则从健侧接近，若是双眼瞎的动物则从头部抚摸接近。切忌从家畜后方突然逼近，使家畜猝不及防，产生非条件反射的防卫动作，而误伤接近者。

（3）有些家畜在接近时会突然作出攻击人的姿势。此时要镇静，切莫胆怯逃跑，必要时可大声吆喝，使之被震慑驯服。

（4）有的家畜外表看来很温顺，或病情严重精神不好，但接近时，却不能麻痹大意，应注意动作的合理和温柔，以防引起惊恐，发生意外。

（5）接近大家畜后身体重心要放在外侧脚上，一手放于家畜适当部位（如肩部、髋结节），一旦家畜骚动抵抗时，即可向对侧推住畜体，便于迅速脱离。切忌双脚合并及下蹲。

（6）兽医人员的着装力求整洁朴素，要符合兽医卫生和公共卫生习惯。不可着鲜艳服装，以免家畜紧张。

（7）如怀疑家畜有人畜共患传染病时，应采取相应的防护措施后接近。

二、动物的保定

（一）保定牛的方法

牛笨拙而力大，角抵、蹄踢是它反抗的最大本领。故对牛的保定主要是控制其头部和四肢。当牛头低下时力大无比，抬起时则威力大减，故对其头部的保定尤为重要。

1. 常用牛头部保定法

常用的牛头部保定法有许多，根据不同地区、牛的性别、年龄差异，所使用方法不同。列举以下两种：

（1）牛鼻钳保定法

牛鼻钳是特制的专用于保定牛的金属保定器械，是中西兽医最常用的保定工具。本法是临床诊疗时最基本的保定方法（图1－1）。

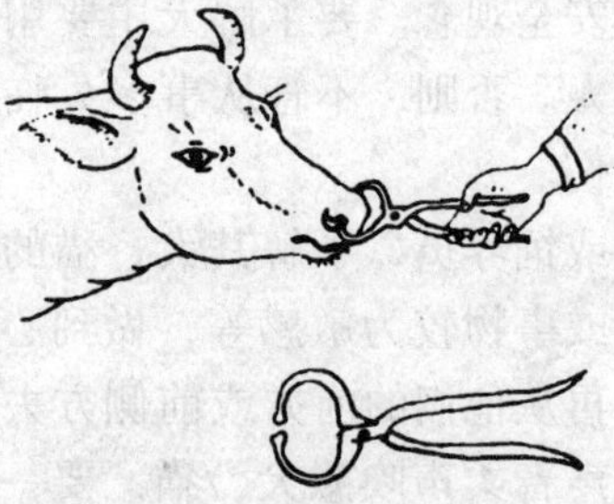

图1－1　牛鼻钳保定法

（2）徒手保定

用一手握牛角基部，另一手提鼻绳、鼻环或用拇指与食指、中指捏住鼻中隔及固定，此法适用于一般检查、灌药、及肌肉静脉注射。

2. 倒牛法

在绳的一端做一个较大的活绳圈，套在两个角根部，将绳沿非卧侧颈部外面和躯干上部向后牵引，在肩胛后角处环胸绕一圈做成第一绳套，继而向后引至肷部，再环腹一周做成第二个绳套。由两人慢慢向后拉紧绳的游离端，由另一人把持牛角，使牛头向下倾斜，牛即可屈腿而缓慢倒卧。牛倒卧后要固定好头部，不能放松绳端，否则牛易站起。一般情况下不需捆绑四肢，必要时再行固定（图1－2）。

3. 两后肢保定

取两米长的粗绳一条折成等长的两段，在跗关节上方将两后肢围住，然后将绳的一端

图1-2 倒牛法

穿过折转处向一侧拉紧，此法适用于恶癖牛的一般检查、静脉注射以及乳房、子宫、阴道疾病的治疗。

4. 柱栏保定法

柱栏保定法是大动物保定时的普遍用法，根据牛的自身特点，有以下几种方法：

（1）单柱绳颈保定法 将牛的颈部紧贴于单柱，以单绳或双绳作颈部活结固定。适用一般检查和直肠检查。

（2）二柱栏保定 将牛牵至二柱栏前柱旁，先作颈部活结使颈部固定在前柱一侧。再用一条长绳在前柱至后柱的挂钩上作水平环绕，将牛围在前后柱之间，然后用绳在胸部或腹部作上下、左右固定，最后分别在鬐甲和腰上打结。必要时可用一根长竹竿或木棒从右前方向左后方斜过腹，前端在前柱前外侧着地，后端斜向后柱挂钩下方，并在挂钩处加以固定（图1-3）适用于修蹄、瘤胃切开等手术时保定。

（3）六柱栏保定 六柱栏保定同马。

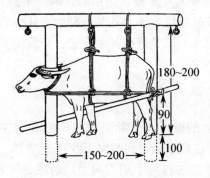

图1-3 牛的二柱栏保定 （单位：cm）

（二）保定马的方法

1. 拴马的方法

（1）单柱拴马法

即在一根立柱或树干上拴马。正确的方法是，把缰绳拴结在略高于马头的立柱上，所留的缰绳长度以马头低下时可至腕关节为宜。如留出的缰绳过短或拴系过高，则会影响其卧地休息；留出的缰绳过长或拴系过低，则会因其来回运动而缠绕肢蹄，若不能自脱，可能发生扭伤、脱臼或骨折。

（2）双缰拴马法

本法多用于拴系种畜，或因治疗的需要防止患畜啃咬、摩擦患部时应用。将笼头的两侧拴系于两侧的桩柱上。

2. 头部保定法

马属动物头颈活动十分灵活，自卫能力较强，妥善保定头部是一切保定方法的基础。临床时，无论是诊断施术，还是做四肢保定，妥善保定头部是其他操作顺利进行的前提条件。

（1）耳夹子保定法

本法为中、西兽医经常应用的一种基础保定方法。耳夹子用硬木制成，使用时一手先握住马耳，另一手迅速将耳夹子夹于耳基部，两手牢牢将其夹紧至施术完毕（图1-4）。

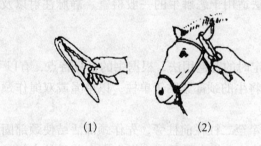

(1)　　　　　(2)

图1-4　耳夹子保定法

注意耳夹子保定法使用时间不宜过长，否则容易引起马匹耳根部感觉麻痹，失去保定效果。

（2）木棒拧耳保定法

本法适用于驴、骡及水牛等大耳家畜。使用时，取一节直径2~3cm的木棒，一端用水浸湿并紧贴在耳尖背侧，使耳缠绕木棒向耳基部翻卷至耳根后拧紧并固定木棒。

注意使用本法不宜用力过大，以免拧破耳朵皮肤，并易使受术动物形成"护耳"的怪癖，一般情况下应尽量少用。

3. 站立肢蹄保定法

（1）前肢徒手提举法

提举马属动物的右（左）前肢时，术者应站在马的右（左）侧，面向马的后躯，右（左）手扶住马的鬐甲，左（右）手从肩到肘向下抚摸至掌部，扶鬐甲的手将马体推向对侧，使马体重心向对侧移动，左（右）手用力向上同时呼令"抬"，即可将右（左）前肢提起，然后两手握抱前肢系部即可。有些马、骡会用后蹄前踢，为防止万一，运用"护身法"的推、呼、踢、勾等动作使马的前肢提起，更为安全。

（2）后肢前举法

在中兽医针灸中，为了充分显露肾堂穴的穴位位置，顺利完成针刺操作或施行直肠检查限制其蹴踢，常用本法保定（图1-5）。

取4~6m长的绳索一条，一端以拴马结系于颈基部，另一端向后从两后肢间通过，由内向外绕过被提举后肢的系部，折向前绕腹下绳索，向前至颈侧，穿过颈基部的绳圈后拉紧，后肢即向前提举。

4. 倒马法与倒卧固定法

倒马的场地应宽敞平坦，无碎石瓦砾，以土质地面为宜。避免在坚硬的地面上强行倒马引起倒马骨折。倒马前勿饮、喂过饱，以免倒马过程中发生胃肠破裂。倒马后要牢固保定头部，马头下垫以衬物，以防损伤头部皮肤。侧卧保定时，切勿按压胸部或堵塞鼻孔，

图 1-5 后肢前举法

以免影响呼吸。

双抽筋倒马法

本法又有"观音倒坐"、"狮子滚绣球"、"仙人脱衣"等名称。适用于各种大家畜，对个体高大的马、骡，尤为适用。因其迫使马匹呈犬坐式侧倒，安全可靠，加之双套双绳别棍结的应用，容易松解而成为临床兽医工作者最常用的倒马法之一。

操作需 1 人保定头部，2 人抽绳倒马和捆绑，3 人协同则可顺利完成操作。

（1）取 10～12m 长绳 1 条，在绳的中部挽"双套结"，要求双套，一长一短（可在两个套上各套一个铁环，多省去）。

（2）术者站于侧卧对侧，马的颈中部，将长绳套由马颈下伸向倒卧侧，上引，由颈背侧拉回，使两绳套恰好位于倒卧对侧颈中部，以别棍结固定。要求颈部绳套松紧适当，以免影响呼吸和操作。

（3）将绳索的两个游离端同时向后经前肢间，胸腹下向后引由后肢间穿出，分别向外绕后肢系部后再绕同侧腹下绳索一周，向前分别穿过同侧颈绳或颈上的铁环，再向后引，执绳的术者和助手分别站于马的股后两侧。

（4）牵拉倒卧侧后肢的执绳者与术者先后协同向后用力拉绳，拉缰者站在马倒卧对侧拉缰，使马头回向倒卧对侧，在 3 人向后拉力的作用下，马体的重心后移，失去平衡而以犬坐式侧倒。执缰要短，在马倾倒的瞬间，上提并迅速摆正马头，尽力使其头颈前伸并向背侧用力（如用力得法，即使松开捆绑肢体的绳索，马也不能起立），放好衬垫后，将马头牢固按压保定在衬垫上。控制倒卧方向的关键在于：执缰者把马头折向倒卧对侧；牵拉倒卧侧后肢的执绳者先用力。只要默契配合，可准确倒向预定的场地。

（5）倒卧后，执绳者用力拉紧绳索游离端，使两后蹄尖接近前肢肘部，再将两绳各向外扭成小绳圈，分别套在同侧后肢的系部。

（6）将倒卧上的绳端盘结在颈部的别棍上；下侧绳上引。绕两后肢跗部至背侧，由臀后拉压至马身下，再绕两跗部，上引至背侧，交给助手执绳即可。或者将绳端挽结固定于蹄部的绳索上。

5. 柱栏保定法

保定栏是兽医临床常用的保定方法，适用于各种大家畜。

六柱栏保定法

六柱栏有木制和铁制两种。其两个门柱可以固定头颈部，两个前柱和两个后柱用以固定体躯和四肢。在同侧前后柱上设有一上横梁和下横梁，用以吊胸腹带，门柱横梁及两立柱的适当位置上设有铁环，以供高吊、下低和水平固定马头；前后柱的横梁上设有铁钩和铁环，供固定或高吊体躯时拴系绳索。保定时，先将六柱栏的胸带装好，马由后方牵入栏内，立即装上尾带，并将其缰绳拴系在门柱上。为防止其头部左右摆动，可用双缰拴系于两侧门柱上；为防止其跳跃，可用一条扁绳作项带，压于马的鬐甲前方，两端分别固定在两侧的横梁上；为防止其卧下，可使用腹带吊起（图1-6）。

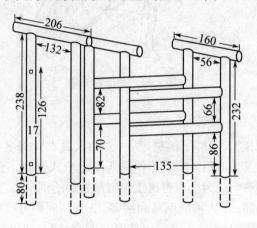

图1-6 铁制六柱栏 （单位：cm）

（三）保定猪的方法

1. 猪的头部保定方法

（1）鼻捻棒保定法 鼻捻子保定法用于猪效果较好。常用于成年猪或大型猪，即使是非常凶猛的公猪，一旦被拧上鼻捻子，灌药、打针，甚至站立去势也不挣扎（图1-7）。

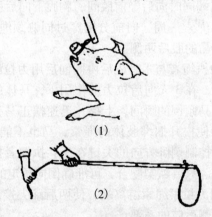

图1-7 鼻捻棒保定法

猪鼻捻棒的把柄长1~2m，鼻捻圈适当大些，绳质略硬，这样可把绳圈张开，套取猪的上颌。可持长把鼻捻棒，有意引逗，当其张嘴咬住绳圈后，迅速转动木棒，拧紧鼻捻绳即可。

（2）绳套保定 亦可在绳的一端做一活套，使绳套从猪的鼻端滑下，套入上颌犬齿后并勒紧，然后由一人拉紧保定绳或拴于木桩，此时猪多呈用力后退姿势。此法适用于一般检查、灌药、肌注。

2. 徒手保定

本法适用于 50kg 以下的猪（图 1－8）。具体方法有三种：

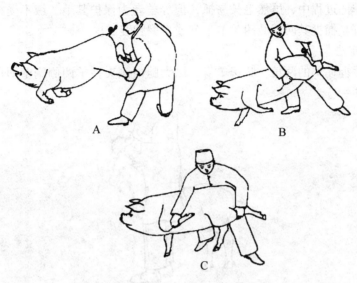

图 1－8　徒手倒猪法

①保定人员趁猪吃食或站立不备，迅速提握两后肢的管部并高提，使猪两前肢着地，保定者仅仅是力握其后肢防止逃脱。当猪稍微安静喘息的瞬间，两手猛力向后拉。左手向右下方用力，右手向右上方用力，猪则失去平衡而倒向左侧，速以侧卧后的保定方法固定之（图 1－8A）。

②保定者只抓猪的一条后腿。如提猪的左后肢，将其提离地面后，随即速向右侧前跨半步，并把腿贴靠在猪右肷腹部。右手提握猪左侧肷部皱皮。此时，两手同时向上向怀内（右）用力，右膝亦用力向上向左顶推猪右腹，迫使猪左前肢甚或两前肢都离开地面，速抽腿且右手下压，猪则向右侧倾倒，倒卧后速用侧卧保定法固定之（图 1－8B）。

③操作方法基本与方法 B 相同，所不同的，是保定者两手分别捉握猪同侧（左）前后肢，并同时用力上提，当对侧（右）前后肢被提离地面后，下压猪体则将其放倒，速用侧卧保定法固定之（图 1－8C）。

④抓耳提举保定，抓住猪的两耳，迅速提举，使猪腹部朝前，同时用膝部夹住猪颈胸部。此法适用于胃管投药及肌肉注射。

3. 网架保定　取两根木棒或竹竿（长 100～150cm），按 60～75cm 宽度，用绳织成网架。将网架放于地上，把猪赶至网架上，随即抬起网架，使猪的四肢落入网孔并离开地面即可固定。较小的猪可将其捉住后放于网架固定。此法适用于一般临床检查、耳静脉注射等。

4. 保定架保定　将猪放于特制呈 V 形活动的保定架或较适宜的 V 形木槽内，使其呈仰卧姿势或行背位保定。此法适用于前腔静脉注射及腹部手术等。

5. 侧卧保定　左手抓住猪的右耳，右手抓住右侧膝部前皱褶，并向术者怀内提举放倒，然后使前后肢交叉，用绳在掌跖部拴紧固定，此法可用于大型公猪、母猪的去势，腹腔手术及耳静脉、腹腔注射。

（四）保定羊的方法

山羊、绵羊都比较温顺。羊的角本是自卫的武器，因其力量较小反而成了人们捉拿的把柄。在保定羊的过程中，虽然毛长易抓，但养羊者为保护其毛、绒不受损伤，故在抓羊时除角外，最好是捕捉其两后肢跗关节上部或提握膝襞皱皮。

1. 站立保定法

保定者两手握住羊的两角，骑跨羊身，以大腿内侧夹持羊两侧胸壁即可保定。适用于临床检查（图1-9）。

图1-9 羊站立保定法

如对小公羊去势，保定者两手分别提握两后肢跖部，将羊倒提，使其胸腹朝向术者，用两腿夹住颈部；如羊体较大，可骑在羊的胸腹部。

2. 侧卧捆羊法

如需作较长时间的侧卧保定，可用绳索捆绑羊四肢。捆绑时先将四肢集拢于腹下并相互交叉，或只捆三肢。为避免绳索松脱，在肢蹄交叉处用绳索呈十字交叉式缠捆，最后结系"捆羊结"，以利松解。

（五）犬的保定

对于犬的保定主要注意防止被犬咬伤，因此对犬的口的保定和头部的固定是十分重要的。

1. 口网法

用特制的口网将犬口网住，口网有金属制成的、皮革制的及棉麻织的。保定时将其口网上的附带在两耳后方打结固定。

2. 扎口法

用布条或绷带做成猪蹄扣，套在犬的嘴后颜面都，勒紧后在下颌部将带子的游离端向后拉绕到耳后，在枕后颈部打结。这样固定起来比口网法牢固，且操作简便（图1-10）。

徒手横卧保定先用口网或扎口保定，再用两手分别捏住犬的两前肢掌部和两后肢蹠部，将犬横卧在平台上，以右手肘部压住犬的颈部，可进行较短时间的保定，可做注射及较简单的治疗。

3. 横卧保定法

先将犬做扎口保定，然后两手分别握住两前肢的腕部和两后肢的跖部，将犬提起横卧在平台上，以右臂压住犬的颈部，即可保定。用于临床检查和治疗。

图1-10　犬的保定

（六）猫的保定

抓猫为防止被猫抓伤或咬伤，术者以右手抓住猫颈背侧皮肤，将猫提起后，使其四爪悬空。

1. 帆布袋保定

捉住猫后，可将猫装进帆布口袋里，将猫的头部露在外面，在猫的颈部将袋口的绳抽紧或拉上拉锁（勿影响呼吸）。这样，可对猫的头部进行诊治。

如果对猫的臀尾、会阴，股内侧进行诊治，则可让猫的头部和体前躯干装进口袋，袋口绳常在猫的腰部抽紧，适当固定好猫的两后肢，便可对猫的后躯施术。但时间不宜太长，否则影响猫的呼吸。

2. 猫的手术台保定

猫的手术台和狗的一样，可用小动物手术台进行保定。可做侧卧，仰卧、俯卧不同体位的保定，同时台面还可做不同角度的倾斜。

附：常用绳结打法

绳结是保定成功的关键。保定用的绳结要求易结、易解。牢固，安全。只有绳结拴系灵活而结实，才能保证人、畜的安全，避免意外事故发生。现介绍一些保定动物常用的绳结方法，供临床时选用。

1. 拴猪结　又名捉猪结（图1-11），是一种易结易解的活结。驱赶猪只上路（出售或配种）多用此结。所用绳索以长约2m、直径0.5～1.0cm为宜。

图1-11　拴猪扣

结扣时，以左手拇、食、中指捏住绳索的一端（留出10～20cm），用无名指和小指把绳握在手心。右手在距左手30～40cm的绳段处，松握长绳端，并缠绕左手3～4圈；两手互换绳端，并向相反的方向拉紧，使左手上绕的绳圈脱下；抽紧绳头，即成拴猪扣。拴猪时，把挽好的绳圈套在猪一后肢的跟骨结节上部的凹陷处，拉紧绳的游离端即可。此结越拉越紧，松解时，拉结上短绳端，使套腿的绳圈变大，滑落，将猪放脱。或开始挽扣时即将短头双折，原左手的绳端，代之以短绳头双折所形成的绳环，其他操作和上述方法相同，最后形成的拴猪扣为双活结。松解时，只需抽拉短绳端即可。

2. 猪蹄结　将绳端绕于柱上后，再绕一圈，两绳端压于圈的里边，一端向左，一端向右（图1-12A）；或两手交叉握绳，两手转动即形成两个圈的猪蹄结（图1-12B）。

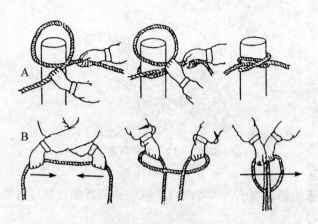

图 1 – 12 猪蹄结

3. 单活结 此扣易结，且越拉越紧，不易松脱，多用于四肢下部忌在颈部使用（图 1 – 13）。

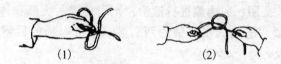

图 1 – 13 单活结

结扣时，左手拇、食指捏绳端，右手将绳绕左手一周，使长绳端压住短绳端，并将长头端夹持在左手无名指和小拇指之间；右手拉短头，使左手上绳环脱下，拉紧即成。单活结能紧不能松，活结不活，用时要慎重。

4. 双活结 双活结易结易解，安全方便，可保定肢蹄，也可做"猪鼻勒保定"。

结扣时，两手握绳，左手掌向上，右手掌向下，两手同时向右翻转，使两掌心相对，绳子则形成两个圈。将两个圈并拢，并将两圈的绳端相互通过对方的绳环，拉紧后即成双活结（图 1 – 14）。使用时，将连接长绳端的绳环套在肢体上，拉紧长绳端即可。松解时，拉开短绳端则解。

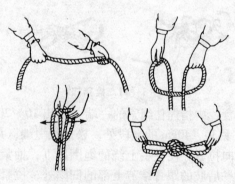

图 1 – 14 双活结

5. 拴马结（图 1 – 15）

左手握持缰绳游离端，右手握持缰绳在左手上绕成一个小圈套，将左手小圈套从大圈套内向上向后拉出，同时换右手拉缰绳的游离端，把游离端做成小套穿入左手所拉的小圈内，然后抽出左手，拉紧缰绳的近端即成。

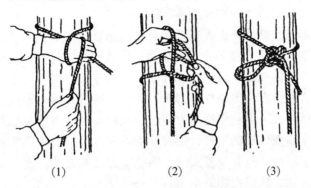

(1)　　　　　　　(2)　　　　　　　(3)

图 1 - 15　拴马结

6. 瓶口结　日常生活中拴提油瓶常用此结，故称瓶口结（图 1 - 16）。其特点是瓶口四周各有一股绳，提吊时，四周用力均匀。兽医临床在整复脱臼的关节时，常用此结牵拉。因患肢四周用力均匀，整复效果较好。

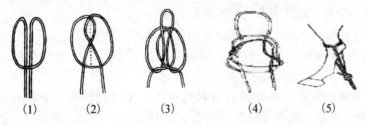

(1)　　　(2)　　　(3)　　　(4)　　　(5)

图 1 - 16　瓶口结

结扣时，将绳双折，按图将双折环再回折，形成并连的两个绳环；再将双绳环底部重叠，两环中部则形成"×"状交叉；将绳双折头（甲）按图所示穿过交叉部，用手提起绳双折头（甲），甲下所压两个绳环则自然向绳的游离端翻落，瓶口结即成。把挽成的瓶口结套在肢蹄部，抽紧四股绳即可。

第二节　临床检查基本方法与程序

一、临床检查的基本方法

在兽医临床诊疗过程中，首要的工作是认识疾病的本质和建立诊断。以建立诊断为目的，为了发现和收集有关病畜的各种症状、资料而在临床实际中采用的各种检查方法，称为临床检查法。

用于收集症状、资料的方法学是诊断学的基本组成部分，总的来说可以分为临床检查、实验室检查和特殊检查等。临床检查所运用的方法是诊断家畜疾病最常用的基本方法，灵活方便，随时随地都可以实施，并据此可较为准确地对疾病作出判断，是临床诊疗的基础。而实验室检查和特殊检查主要是借助于实验室检查方法或特殊的仪器设备所进行的诊断，随着新技术的不断发展和应用，现代诊断技术有了很大的进步和提高，如 X 射线诊断、机能试验以及心电描记、超声探查、放射性同位素等技术都已应用于临床。但受到

·17·

各方面条件的制约，在实际诊疗过程中，仍然以临床检查为基础，根据诊断的结果和需要，辅助性地进行实验室检查和特殊检查。

临床检查的基本方法就是兽医人员运用自己的感官（眼、耳、鼻、手）或借助于简单的诊断器械（听诊器、叩诊槌板等）对病畜进行细致和全面检查的方法。主要包括：问诊及一般称为物理诊断法的视诊、触诊、叩诊、听诊和嗅诊。由于这些方法多是利用人的感觉器官进行检查的方法，在一般条件下都可以应用，所以是每个兽医人员必须掌握的基本方法。许多临床症状，都可以利用这些方法进行收集。这些方法虽然简单易行，但是如何才能运用它收集到丰富而可靠的资料，则与每个兽医人员的技术熟练程度和感觉器官的敏锐程度有很大关系。因此，只有反复实践，熟练掌握这些方法，才能不断提高对疾病的洞察力，准确地发现症状，认识疾病的本质。

（一）问诊（Inquiry）

问诊及病史资料的搜集，就是以询问的方式，向动物所有者或饲养、管理人员了解畜群或病畜发病的情况和经过。是在物理检查法运用之前，了解病畜发病情况的一个重要环节。问诊的主要内容包括：现病历，既往史，平时的饲养、管理概况及使役或利用情况。

1. 现病史 即关于此次病畜发病的情况与经过

（1）发病的时间与地点 如发病是在饲前或喂后、使役中或休息时、产前或产后、清晨或午后、舍饲时或放牧中等，根据不同的情况，对致病原因进行估计，推断出可能的疾病。

（2）病畜发病的表现 动物所有者观察到的有关发病情况，如精神状态、食欲、饮欲、呼吸、粪便、尿液、乳房及乳汁、反刍等情况变化。将这些内容作为诊断的线索，判断发病的性质或部位，指明进一步检查的方向。

（3）发病的经过 动物从发病到前来诊治的这段时间，情况有哪些变化。如病情稳定还是加重；是否有新的症状出现；采用过哪些治疗手段；使用过何种药物、用量及其效果等。由此可对疾病的情况及发展趋势有更准确地把握，并借鉴之前的治疗手段及其效果，制定出更加合理有效的治疗方案。

（4）可能的致病原因 动物所有者或饲养、管理人员提示的情况，如饲喂不当、使役过度、受凉、动物间的踢咬等，常是进一步判明病因的重要依据。

（5）畜群的发病情况 若是群养动物发病，要明确是个别发病，还是畜群中有类似的疾病发生，附近的村、舍是否有类似疾病的发生，畜群是突然大面积发病，还是逐步开始发病等情况，以此作为传染性疾病的判断条件。

2. 既往史 即病畜或畜群过去的病史

了解的主要内容是：病畜或畜群以及附近地区过去是否发生过类似疾病，其经过与结局如何，养殖区是否处在疫区（如猪瘟、传染性水疱病、马的鼻疽、传染性贫血、牛的结核病、布氏杆菌病等），本地区有哪些常见疫情及地区性的常发病等。这些情况对查明现病与过去患病有无关系，以及是否由传染性疾病或地方性疾病引起都有重要的实际意义。

3. 饲养、管理概况

即对病畜与畜群的平时饲养、管理、使役、生产性能及规章制度的执行进行全面细致地了解。从中查找饲养、管理与发病可能存在的联系，并据此制定出合理的治疗方案或防治措施。

（1）饲料日粮与饲喂制度　饲料品质不良或是日粮配合得不当，经常是引起动物营养不良、消化紊乱、代谢失调的根本原因；而饲料与饲养制度的突然改变常是引起马、骡腹痛病，牛的前胃疾病，猪的便秘或下痢的重要原因；饲料储存不当引起发霉，或是混入毒物，以及加工或调制的失误而造成某些物质含量过高，都可引起动物的中毒。如果放牧饲养，则应着重询问牧场与牧草的组成情况，是否存在毒草或异物。

（2）畜舍的卫生和环境条件　畜舍的光照、通风、保暖与降温、废物排除设备；畜床与垫草、畜栏设置，运动场、牧场的地理情况（位置、地形、土壤特性、供水系统、气候条件等），附近厂矿的三废（废水、废气及污物）处理等，粪便、尸体的处理也应注意。

（3）生产性能与管理制度　管理制度执行不力或不合理，对动物的过度使役，盲目的畜禽引进，隔离制度的混乱，预防接种、定期消毒不严格，种畜运动不科学，饲养、管理人员对不同品种动物的差异认识不足等，都是可能引起发病的条件。

问诊的内容十分广泛，要注意详略得当，根据病畜的实际情况适当地加以取舍。而问诊的顺序，也应依实际情况而灵活掌握，一般是先问诊后检查，也可边检查边询问，有危重病例时，应先进行抢救，待病情稳定后再进行问诊。问诊时态度要诚恳和谦虚，语言要通俗，从而获得对方的信任，才能获得翔实而可靠的材料。对于问诊获得的材料要客观加以评定，不可不加判断的全信，而应将问诊的材料和临床检查结果进行综合分析，从而提出诊疗方案。

（二）视诊（Inspection）

视诊是用肉眼或借助器械观察病畜整体或局部出现的异常表现的方法。视诊方法简便可靠，应用范围广，是接触病畜后进行客观检查的第一个步骤，而且视诊是从畜群里发现病畜的一种快速有效的方法。有些具有典型症状的疾病，如破伤风、较典型的骨软症、瘤胃臌气、颌窦蓄脓等，只根据视诊结果就可作出初步诊断。

1. 应用范围

（1）观察全身状态，如精神状态、营养状况、站立姿势、发育程度、腹围大小等；

（2）注意生理活动是否异常，如呼吸运动、采食、咀嚼、吞咽、反刍、排粪排尿的动作、有无呕吐、便秘等；

（3）检查表被组织的病变，如被毛情况、皮肤颜色、有无出汗、体表有无创伤、肿胀、溃疡、疱疹等变化，及其位置、大小、形状及特点；

（4）观察与外界相通的腔洞情况，如口腔、鼻腔、阴道等。注意其黏膜的颜色变化和完整性，确定其分泌物、排泄物的颜色、数量、性状以及含有的混合物。

2. 视诊的方法

视诊分远距离的全身检查和近距离的局部观察。全身视诊主要了解病畜的全貌，而局部视诊是了解病畜体表各部分的细节情况。

在临床实践中运用视诊时，检查人站在距离病畜约2m远的地方，以观察其全貌，由左前方开始，从前向后边走边看，有顺序地观察头部、颈部、胸部、腹部和四肢，走到正后方时，稍停留一下，观察尾部、会阴部，并对照观察两侧胸腹部及臀部的状态和对称性，再由右侧到正前方。如果发现异常，可稍接近畜体，按相反的方向再转一圈，对发现异常变化的局部作近距离细致的观察。最后可进行牵遛，观察其运动过程及步态是否有变化。

3. 视诊的注意事项

（1）尽可能在自然状态下观察病畜。对门诊病畜，应尽量在其进入诊疗室之前进行观察；

（2）视诊时尽量在自然光源下进行，最好是白昼自然光，夜间要有足够强度的人工白光，在钨丝灯光下不易发现轻微的黄疸。观察体表的颤动，以侧方光源为好；

（3）兽医人员必须熟悉家畜的生理状态，便于发现轻微的变化。

（三）触诊（Palpation）

触诊是利用手的触觉或器械检查病畜的组织或器官的一种方法。用检查者的手对病畜某一部位进行触压（或触摸）以判断其形状或状态的触诊是直接触诊，是触诊的主要方式，在临床当中运用较多。借助器械进行的触诊，称为间接触诊，主要有用胃管对食管探诊，用导尿管对尿道探诊，用金属探子对瘘管探诊等。

1. 触诊的应用范围

（1）检查动物的体表状态 如判断皮肤表面的温度，湿度，皮肤与皮下组织（脂肪、肌肉、骨骼等）的质地、弹性及硬度，体表淋巴结及局部病变（肿物）的位置、大小、形态、温度、内容物性状、硬度、移动性及疼痛反应等；

（2）检查某些器官、组织活动状态 如在心区检查心搏动，判定其位置、强度、频率及节律；检查反刍动物瘤胃，判定其蠕动次数及力量强度；检查浅在动脉，判定其频率、性质及节律；

（3）检查腹部判定腹壁的紧张度及敏感性 对中、小动物的腹壁进行深部触诊，可感知其腹腔状态（如腹水），胃、肠的内容物的性状；对大动物（马、骡、牛等）进行直肠检查，是兽医临床上对触诊方法的独特运用，可判定后部腹腔器官与盆腔器官的状态；

（4）触诊是一种机械性刺激，可根据动物机体某一部位其对此刺激的反应，来判断其感受力与敏感性 如判断网胃或肾区的疼痛反应，神经系统的感觉、反射功能，体表局部病变的敏感性等。

2. 触诊的方法

触诊可分为：

（1）外部触诊法

①浅部触诊法 浅部触诊法是将手指伸直平贴于体表，而不加压力的轻轻滑动。常用于检查体表的温度、湿度、敏感性以及心搏动、肌肉的紧张性、骨骼和关节的肿胀变形等。

②深部触诊法 是根据不同的被检查器官和部位用不同的力量对患部进行按压，以便进一步了解病变的硬度、大小和范围。

a. 按压触诊法，以手掌平放于被检部位（检查中、小动物时，可用另一手放于对侧做衬托），轻轻按压，以感知其内容物的性状与敏感性，如检查胸、腹壁的敏感性及中、小动物的腹腔器官与内容物性状；也可检查大动物的食道梗塞。

b. 冲击触诊法，以拳或手掌在被检部位连续进行2~3次有力的冲击，以感知腹腔深部器官的状态，如腹腔积液时对腹壁进行冲击触诊感到有回击波或听到振荡音；对反刍兽于右侧肋弓区进行冲击触诊，可感知瓣胃或真胃内容物的性状；

c. 切入触诊法，以一个或几个并拢的手指，沿一定部位进行深入的切入，以感知内部器官的性状，如检查肝、脾的肿大等。

（2）内部触诊法　直肠检查、食道和尿道的探诊。

3. 触感

（1）捏粉样（Doughy）　感觉稍柔软，如压生面团样，指压留痕，除去压力后慢慢平复，见于组织间发生浆液性浸润时，如皮下水肿等。

（2）波动感（Fluctuation）　柔软稍有弹性，指压不留痕，间歇性压迫时有波动感，见于组织间有液体潴留且组织周围弹力减退时，如血肿、脓肿、淋巴外渗等。

（3）坚实感（Firm）　感觉坚实致密，硬度如肝，见于组织间发生细胞浸润时（如蜂窝织炎）或结缔组织增生时。

（4）硬固感（Hardness）　感觉组织坚硬如骨，见于骨瘤、膀胱结石等。

（5）气肿感（EmpHysema）　感觉柔软稍具弹性，压迫时感觉有气体向邻近组织逃窜，同时可听到捻发音，见于组织间有气体积聚时，如皮下气肿、气肿疽、恶性水肿等。

4. 触诊的注意事项

（1）触诊时，被检查动物应尽量保持自然状态；

（2）触诊时，用力的大小应根据病变的性质、深浅而定。病变浅在或疼痛重剧的，用力要小一些；反之，用力可大一点；

（3）应从健康区域或健康的一侧开始，然后移向患病的区域或患病的一侧，并进行健病对比；

（4）触诊应先周围，后中心；先浅，后深；先轻，后重。

（四）叩诊（Percussion）

叩诊是对动物体表的某一部位进行叩击，对由此产生的音响加以定性，以推断被叩击的组织和器官有无病理性改变的一种检查方法。叩击产生的音响效果是叩诊进行的根据，不同组织、器官有不同程度的弹性，当叩诊时可产生不同性质的音响。应用叩诊和听诊相结合的方法，对家畜呼吸器官疾病的诊断，具有很重要的意义。

1. 叩诊的应用范围

（1）检查表在的体腔（如头窦，胸腔与腹腔等），以判定内容性状（气体或液、固体）与含气量的多少；

（2）根据叩击体壁可间接地引起其内部器官振动的原理，以检查含气器官（肺脏、胃、肠等）的含气量的多少及表现出的病理变化；

（3）根据动物机体有些含气器官与实质器官交错排列而产生某种固有音响的特性，去推断某一器官（含气的或实质的）的位置、大小、形状及其与周围器官、组织的相互关系；

（4）叩诊可以作为一种刺激以判断被叩器官的敏感性。

2. 叩诊的方法

（1）直接叩诊法　用一个或数个弯曲且并拢的手指，向动物体表的一定部位进行叩击。由于动物体表的软组织（皮肤、皮下脂肪、肌肉）振动不良，不能很好地向深部传导，并且所产生的音量小又不易辨别，所以直接叩诊法应用不广，只是用于诊查副鼻窦、喉囊等。

（2）间接叩诊法　将一个附加物垫于被检部位，再进行叩击。这样叩诊的声音响亮、清晰，易于听取和辨认，能很好地向深部传导，适合于所欲达到的目的，应用较为广泛。

间接叩诊法分为指指叩诊法和槌板叩诊法。

①指指叩诊法由于振动范围小，适用于检查中、小动物。检查马、牛等大动物，多用槌板叩诊法。指指叩诊法，是用弯曲90°的右手中指，垂直地向紧贴于被检部位的左手中指或食指（其他手指微微抬起，不接触体表）的第二指骨的中央，行短而急地连续2~3次叩打，叩击后右手中指应立即抬起。叩诊时应以腕关节为轴活动。叩击的力量要均匀一致，时间间隔相等，才能正确判断叩诊音有无变化。指指叩诊法虽有简单、方便、不用器械的优点，但因其振动与传导的范围有限，只适用于中、小动物的诊查（图1-17）。

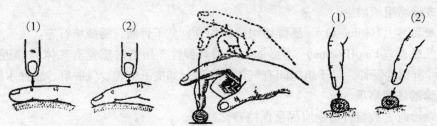

1. 叩诊时手指放置于体表的姿势　2. 间接叩诊法的姿势　3. 叩诊时手指的方向
(1) 正确姿势　(2) 错误姿势　　　　　　　　　　　　　(1) 正确姿势 (2) 错误姿势

图1-17　间接叩诊法正误图

②槌板叩诊法即利用叩诊板和叩诊槌进行叩诊的方法。叩诊板有角质、骨质和金属制的，叩诊槌多为金属制的，在前端嵌有软硬适度的胶皮垫。叩诊槌的重量一般为100~200g。通常是左手持叩诊板紧贴于动物的被检体表，右手持叩诊槌，以腕关节为轴对叩诊板进行短而急速的垂直叩打，每次2~3下。

根据叩诊力量的强弱，可分轻重两种叩诊法。轻叩诊，向纵深振动的深度为4cm，沿体表扩散的范围2~3cm；重叩诊，振动深度可达7cm，扩散范围4~6cm。轻叩诊用于 (a) 被检器官浅在；(b) 体积小；(c) 器官的边缘部分。重叩诊用于 (a) 被检器官位于深部；(b) 发现某一器官的深部病变。

3. 叩诊的注意事项

(1) 叩诊板（手指）必须密贴动物体表，其间不得留有空隙。毛长的动物，宜将被毛分开，使叩诊板与体表皮肤很好的接触或是将毛用水淋湿，使其完全紧贴于皮肤上。叩诊瘦弱动物胸部时，应将叩诊板沿肋间竖放，以避免叩诊板被架空而留有空隙，影响胸壁的振动；

(2) 叩诊时动物尽量保持自然状态；

(3) 叩诊槌（用做槌的手指）必须垂直地叩击叩诊板。叩诊的力量，应视病变部位深浅和叩诊目的而定；

(4) 叩打要快速而富有弹性，时间间隔均等，叩诊槌（用做槌的手指）在叩打后应很快地离开；

(5) 叩诊的手应以腕关节做轴，便于控制叩击的力量；

(6) 当发现异常叩诊音时，应与健康部位的叩诊音作比较，并与另一侧对称部位作比较，避免发生误诊；

(7) 叩诊宜在关闭门窗且有一定空间的室内进行。

4. 叩诊音的物理学基础

声音是物质的振动运动形式，物体振动产生声音以波形传播。各种物体的振动能力是不同的。物体弹性较好，则发音和音的传播也好，如肌腱、弹力膜、含气的内脏等；反之，物体弹性较差，则发音及声音传播也较差，如肌肉、脂肪、液体等。

声音的特性是由音调、音强和音色三种要素决定的。

音调是人耳感觉到的声音的高低。叩诊音的高低是由发声体（声源）振动的频率（单位时间内振动的次数）决定的。生物体内含气组织振动时频率较低，叩诊时发低音；实质脏器振动时频率较高，音调较高。

音强（响度）是人耳感觉到的声音的强弱，它取决于发音体振幅的大小。频率相同，振幅不同时，响度不一。例如女同志和儿童的声带比男同志薄而短，人们听到的声音是尖高，但同一女同志人声喊叫和低声细语时，人们听到的音调虽未改变，而声音的响度却不一样。生物体的含气组织振动时振幅大，叩诊时发强音；肌肉和实质性脏器（心脏、肝脏、脾脏），振幅小，叩诊时发音软弱。此外，音强和叩诊时用力的大小有关。因此，在进行比较叩诊时，一定要用同等的叩诊力量。

音色（音品）是声音的品质。两种音调都比较高的乐器，给人耳的感觉不同，就是由于它们的音色不同。发声体常是多种频率同时振动，通常是由一种基音（基本振动）和数量不等的泛音（比基音频率高一定倍数的振动）组成的。音品是由泛音组合不同及其频率和振幅决定的。生物体中不同的含气组织，在叩诊时发生清音与鼓音，就在于其中泛音不同。

5. 动物体的叩诊音

动物体的叩诊音，根据被叩组织是否含有气体，分为清音和浊音两大类（表1-1）。

（1）清音（Resonant sound）　正常肺叩诊音。是正常肺组织的叩诊音。肺泡组织含气量多、弹性好，叩诊时发清音。但肺叩诊音是由许多小肺泡同时振动而形成的，其中伴音较多，振动不规律，给人以不和谐的噪音感觉。因此，有人称肺叩诊音为非鼓性音或满音。

（2）浊音（Flat sound）　广义的浊音包括相对浊音（半浊音）和绝对浊音（浊音或实音）。

①浊音　又称绝对浊音或实音，叩打实质性脏器，如心脏、肝脏和肌肉时，由于组织不含气体，弹性亦较差，故呈现浊音。正常情况下叩打牛的肝脏、未被肺脏覆盖的心脏部位、肌肉组织均呈现浊音。病理情况下，肺完全实变或被液体充满时，叩诊呈现浊音。同理，胸腔积液、心包积液时，叩诊亦呈现浊音。

②半浊音（Dull sound）　是介于清音和浊音之间的音响。正常情况下，叩打为含气的肺脏所覆盖的实质脏器时，由于清音与浊音的混合，故呈半浊音，如正常的肺边缘部分和心脏的相对浊音区，均呈现半浊音。病理情况下，肺组织因炎症、肺膨胀不全等原因而使含气量减少时，亦呈现半浊音。

表 1−1 动物体正常叩诊音比较表

叩诊音特性 \ 叩诊音种类	清音	浊音	半浊音	鼓音
声音强度	强	弱	较弱	强
持续时间	长	短	较短	长
音调高低	低	高	较高	低或高
正常分布区	正常肺	肌肉、肝、心脏绝对浊音区	肺边缘、心脏相对浊音区	盲肠底部、瘤胃上部

（3）鼓音（Tympanitic sound） 叩打含有多量气体而组织弹性稍松弛的空腔，即可产生鼓音。正常情况下，在马的盲肠基底部和牛的瘤胃上 1/3 处的叩诊音。

（4）过清音（Hyperresonant sound） 是属于鼓音范畴的一种变音，介于肺叩诊音和鼓音之间的一种声音。这种声音在正常情况下不易听到，只有叩打弹性减弱而含气量增多的组织，如肺气肿时的肺边缘部位，才能听到。

（五）听诊（Ausculiation）

听诊是利用听诊器或直接用耳听取动物体内脏器活动时发生的声音，以判断其生理状态的一种检查方法。听诊对于辨别声音的性质、部位、范围等情况非常方便。

1. 听诊的应用范围

（1）听取心脏血管系统，特别是心音。判定心音的频率、强度、性质、节律以及有否出现心内、外杂音；

（2）听取呼吸系统，特别是肺泡呼吸音，喉、气管呼吸音以及附加的杂音与胸膜摩擦音等；

（3）听取消化系统，特别是胃肠的蠕动音。判定其频率、强度及性质以及腹腔的振荡音等。

2. 听诊的方法

可分直接听诊法和间接听诊法。

（1）直接听诊法 不用任何器械，直接用耳贴在动物体表进行听诊。通常为了卫生方便用一块听诊布垫在动物体表。此法简单，声音真实，对检查肺及胃肠均适用。听肺脏前半部时，面向动物头方，一手放鬐甲部或背部做支点，听肺脏后半部及胃肠时，面向尾方，一手放在动物的腰部做支点。但因为检查者的姿势不便，应用较少。

（2）间接听诊法 利用听诊器听诊。由于音响较直接听诊有所增强，而且使用方便，所以应用较多。听诊器一般由耳端（件）、弹簧片、胶管、金属连接部分及胸端（件）组成。胸端（件）可分为钟型和膜型二种，前者适宜于听取低音调的声音，如吹风样的心脏杂音和呼吸音，后者适宜于听取高音调声音，如二尖瓣狭窄时的舒张期杂音。

3. 听诊的注意事项

（1）听诊最好能在安静的室内进行；

（2）使用听诊器前要进行检查，注意胸端有无松动、破损或堵塞，以免影响听诊效果；

（3）听诊器的胸端要紧贴动物体表的检查部位，不能留有空隙，但也不可过于用力压迫；

（4）听诊时，注意力要集中，仔细分辨音响的性质。要注意区别动物被毛的摩擦音和肌肉的震颤音、咀嚼、吞咽等杂音的干扰。必要时可用水润湿被毛，以减少被毛的摩擦音；

（5）要注意正确使用听诊器，耳端的金属管凹面朝前，与外听道保持一致的方向；

（6）发现异常听诊音时，一定要注意与邻近部位反复比较听诊。

（六）嗅诊（Olfaction）

嗅诊是利用嗅觉对家畜呼出气、口腔的臭味以及分泌物、排泄物进行辨别的一种检查方法。嗅诊在多数情况下是一种发现方法，即察觉动物的气味异常，就此进行深入的检查。此法仅对某些疾病具有临床诊断意义。如马的鼻液和呼出气有腐败臭味时，可怀疑有腐败性支气管炎或肺坏疽；牛的尿液及呼出气有氯仿气味时，可提示有酮血病；皮肤及汗液有尿臭时，常有尿毒症的可能；阴道分泌物有化脓腐败臭味时，提示有子宫蓄脓症或胎衣停滞等。

以上临床检查的基本方法都是利用检查者的感官来对病畜进行检查，而感觉器官的灵敏度都能通过系统的练习取得进一步的提高。因此，对于这些基本检查方法，应给予充分的重视，进行反复实践，做到熟练掌握，并能相互配合应用，最大限度地发挥其优点，以获得比较全面系统的资料，为诊断疾病提供可靠的依据。

二、临床检查的程序

在临床实践中，按照一定的顺序，有系统、有目的地对病畜进行全面检查，是避免遗漏主要症状和产生误诊的有效手段。并且，可以获得较为完整的病史及症状资料，有利于从全局出发对疾病作出综合分析、正确的判断。

（一）一般检查程序

在实际工作中，对于一般的个体门诊病畜，大致按照病畜登记、病史调查、现症检查三大步骤的顺序进行检查。

1. 病畜登记

病畜登记，就是把病畜的各种特征，系统完整地登记在病历上。通过对病畜的登记，详细记录了有关病畜的各种资料，方便对其进行识别，保证对病畜处理的有效性，安全给药，并可在紧急情况下准确地对其进行隔离或屠宰。而且能帮助了解疾病的发生情况和性质，为临床诊断、预后及治疗提供参考。病畜登记的项目主要包括：

（1）畜主姓名 即病畜的所有权人，可以了解病畜的基本饲养条件，是集体饲养的还是个体家庭饲养的，对于寻找发生疾病的原因和采取何种预防措施有一定帮助。

（2）畜种 不同的家畜种类，对不同病源或物质有着明显的差异性，都有其某些特定的疾病与之关联，即使是相同的疾病也可能因畜种的不同，而表现出不同的经过和预后。例如，鼻疽、腺疫只侵害马属动物而不侵害牛；而且同属马属动物的驴和马在发生鼻疽时，驴多急性，而马常为慢性；牛瘟不侵害马，猪瘟只感染猪；马易患胃肠性腹痛病，如胃扩张等；牛多患前胃及真胃疾病，如前胃弛缓、真胃变位等；犬对大葱等食物敏感。这些情况的发生都与动物的免疫性和生理解剖特点密切相关。

（3）品种 即使是相同种类的畜禽，由于品种不同，对疾病的耐受性也不一致。一般来说，生产性能高的品种，发生疾病的概率也越高，对疾病的抵抗力和耐受性越低。例如，高产乳牛更易患酮血症和结核病；水牛对臌胀病的耐受性较黄牛强；改良马患腹痛病时腹痛程度较剧烈；鸡白喉在外国品种鸡中较多见，而在本地鸡较少发生；本地猪耐粗饲等。

（4）用途　用途不同的动物，在易发疾病上也有不同。如种用动物易患生殖器官病；重役马骡，常患慢性肺泡气肿；赛马易患四肢疾病；奶牛多发乳房炎；宠物易患富贵病等。

（5）性别　因为公母动物的解剖构造及生理机能有其各自特点，所以某些疾病的发生也有着明显的性别特征，在这些疾病的诊断上也有一定的意义。如公马的腹股沟环较大易患腹股沟疝；公牛的尿道有"乙"状弯曲易发生尿道结石；分娩后的母牛易患产后截瘫；怀骡的母驴易发生妊娠毒血症，分娩前后的母马易患趴窝病等。

（6）年龄　家畜在年龄的不同阶段，体质、免疫力的差异较为明显，对疾病的抵抗能力也不同，每个年龄段都有一些固有的疾病容易发生。如幼畜容易发生某些传染性或非传染性疾病，仔猪、犊牛在这方面表现得较明显。另外，酮血病多发于 $4 \sim 9$ 岁的壮龄母牛，慢性心脏病、慢性肺泡气肿、慢性脑室积水多发生于老龄马骡。而且，对于用药量的多少、判断预后，年龄也起着非常重要的作用。

2. 问诊及流行病学调查

通过对动物所有人的调查，详细了解有关疾病的各种情况，才能发现疾病的发生原因和病畜所呈现的症状，从而为作出正确的诊断提供依据。问诊的主要内容包括：现病史、既往史及平时的饲养、管理、使役、卫生、免疫及利用等情况。具体内容见问诊。

3. 现症检查

主要按照一般检查、系统检查、特殊检查的顺序进行。

（1）一般检查　包括整体状态的观察，被毛、皮肤（包括羽毛、鸡冠、鼻盘、鼻镜）及皮下组织的检查，眼结合膜的检查，浅在淋巴结及淋巴管的检查，体温、脉搏及呼吸数的测定。

（2）系统检查　即根据上述检查结果，有目的的对某一系统进行重点检查。

（3）特殊检查　经过一般和系统检查后，仍不能够做出明确诊断时，根据检查的实际情况，有针对性地做一些辅助检查。

临床检查的程序是一个大致固定的程序，这样有利于对疾病的认识和诊疗。但并不是说临床检查程序就不能变了，还是要根据病畜的具体情况而灵活运用。如对某些急性病例必须先进行抢救，才可以作详细的调查；对某些认识不清的疾病，可以反复进行检查。要注意临床检查必须全面而系统，在一般检查的基础上，对怀疑的主要器官和系统进行详细、深入地检查，为临床诊断提供充分、可靠的资料。

4. 病历记录　是记载畜禽在病程经过中临床检查所见及诊断、治疗等方面的书面材料。完整的病历不仅是诊疗机构的法定文件，也是科学研究的原始资料。可供内部和外人参考，因此对科学资料的积累和实践经验的总结都具有重要意义。见本书后面动物保健院兽医临床病历表。

（二）不同种属动物临床检查要点

1. 反刍动物临床检查的要点

反刍动物的消化系统是具有多胃的特殊构造，并且在整个消化过程中有一特殊机能活动——反刍。所以在对反刍动物的临床诊查过程中，要特别注意其四个胃的功能状态和反刍的机能活动。由于乳牛（及乳用山羊）的子宫、卵巢、乳腺功能较为特殊，而且其物质代谢活动极其旺盛，所以发生代谢紊乱性疾病、生殖器官及乳腺的疾病的概率也明显高于其他动物。由此可知，消化、生殖系统是临床诊查中特定的内容和重点。

为此，在对反刍动物（特别是乳牛）实施临床诊查时，除按一般常规进行外，应注意：

（1）在问诊中，对日粮的品质、配合及供应情况要加以关注 如青饲料、优质干草、多汁饲料、青贮饲料、块根饲料、精料及矿物质补料的补充情况，还要注意询问妊娠、胎次、产期、泌乳期、榨乳制度、方法、产乳量及乳质等生产性能。

流行病学调查中，要查明某些慢性传染病（如结核病、布氏杆菌病、牛肺疫等）及寄生虫病（如肝片吸虫病、肠道寄生虫病、外寄生虫病等）的有关病史、疫情及检疫结果。

（2）临床检查中，更不能忽略下列内容

①鼻镜的状态；角根、耳根的温度；咳嗽及呼吸困难的有无；垂肉及全身有无皮下浮肿；浅在淋巴结是否肿胀。

②反刍的出现时间、次数、持续时间；每次食团的再咀嚼情况；嗳气的情况；排粪及粪便情况。

③前胃（瘤胃、网胃、瓣胃）的特殊检查法的应用。

④乳腺、子宫、阴道等泌尿生殖器官的检查；排尿及尿液情况。

⑤骨骼、尾椎，特别是最末几节椎骨的吸收情况等特殊的重点内容。

（3）根据实际需要，配合进行某些特殊的辅助检查法（如金属异物探测仪的应用，以及X线检查、心电描记，实验室检验中的肝功试验、尿中酮体的测定、乳汁的检验等内容）。

2. 马属动物临床检查要点

马属动物的胃容积较小，同时贲门紧缩，不易呕吐，如采食过多过急，易引起胃食滞，尤其是难于消化的饲料或易发酵膨胀的饲料，可能导致急性胃扩张，甚至有胃破裂的危险。马对粗纤维饲料和过分细碎易黏结饲料的消化能力差，易引起便秘。此外，公马的腹股沟环较宽阔易患腹股沟疝。所以，消化系统是临床检查的重点。

在对马属动物进行临床检查时，除按一般常规检查外，应注意：

（1）在问诊中，一定要注意日粮结构及其品质。如含粗纤维少的青干草、精饲料的用量。注意询问有没有给马突然或是频繁地换饲料，喂食有没有遵守定时定量、少给勤添和先粗后精的原则，是否能够保证每日供给足够优良清洁的饮水，每日食盐等矿物质饲料的补充情况。在流行病学调查中，注意查明马的某些传染病（如马传染性贫血、马鼻疽等）的有关病史、疫情及检疫结果。

（2）在临床检查中，不能忽视耳根的温度；全身的湿度；咳嗽及呼吸困难的有无；全身有无皮下浮肿；有没有腹围增大或局部隆起；腹痛不安；强迫运动；排尿姿势异常；便秘；是否有嗳气或呕吐的出现；是否有鼻液及其颜色。

3. 猪的临床检查要点

猪的解剖、生理特点（特别是肥猪），限制了一般的听诊与叩诊方法的应用，而猪只常见传染病和多发病所表现的症状及发病原因与条件，又使某些诊查方法和内容，具有较为突出的意义和价值。

（1）问诊及流行病学调查 通过问诊以了解病情，在猪病的诊断上更为重要。问诊和流行病学调查的主要内容，包括：

①何时发病，疾病的主要表现，经过如何，曾用的治疗方法及效果如何，猪群中是否有类似的病情同时或相继发生，病势传播的快慢。

②不同年龄组的发病率和死亡率，在问诊、调查时，应予特别注意。在猪群中，病、死猪只的年龄条件，在分析疫情提示临床诊断方面，具有十分重要的实际意义。

③猪群曾经出现过的疫病情况，本次疫病与过去疫病的关系，特别是对地区性疫病（如猪丹毒、气喘病等）的判断、分析。本地区的疫病情况，是否做到自繁自养。

④防疫制度及其贯彻情况、有没有消毒设施、病猪死亡尸体的处理。

⑤猪场的环境情况与某些疾病的关系。猪舍饲槽、运动场的卫生状况，粪便的处理情况，在疫病的发生上甚为重要。饲料的品质与配合以及饲喂制度，猪群的繁殖情况，亦应注意了解。

（2）观察其整体状态的变化　特别是对其发育程度、营养状况、精神状态、运动行为、消化与排泄的功能和活动等内容，更应详加注意。

（3）检查死亡猪只的剖检变化如何

在一般临床检查难以得出明确的诊断结论时，可根据实际需要进行某些特殊的检验项目，如实验室血常规、X线透视或摄影（对猪气喘病、萎缩性鼻炎等）、粪便的寄生虫学检验等。

综上所述，对病猪的诊断，应以详细的临床检查为基础，配合周密的流行病学调查以及必要的辅助检查和病理剖检，并应综合临床、流行病学、病理学材料而全面地得出综合诊断的结论。

4. 犬、猫的临床检查要点

健康犬、猫眼睛有神、对外界的刺激警觉、精神状态稳定。对周围的事物表现出一定兴趣。它会对刺激作出相应的反应，反应适当而不抑制（沉郁、嗜睡或昏迷）或过度兴奋（狂躁不安、惊恐、乱咬、嗥叫）。过度兴奋提示脑及脑膜充血、炎症、狂犬病及某些中毒病等。

犬的采食和饮水数量随着个体的变化而变化。因此，在患病动物问诊时，应询问动物主人其采食数量、种类、饮水量等是非常必要的；当犬、猫发生异常叫声、摇头、食欲异常、呕吐、多饮多尿、摩擦臀部等表现时，可判断病变，有重点地详细检查。呕吐时注意呕吐出现的时间、次数、状态、呕吐物的数量等。

公犬会频繁的小便以标记自己的领地，这是正常的。然而母犬一般每天仅排尿 2~3 次，且排尿顺利。所以，对犬的排尿次数及状态应予注意。

健康犬皮毛是干净、平滑和富有光泽的，没有明显的秃毛斑块；自然换毛与季节有关。皮肤应柔软，没有痂和寄生虫；身体膘情应适中而不肥胖。犬和猫的外耳道易进入异物和发炎。外耳道有异物刺激，表现用力摇头、后肢抓耳，犬表现为一侧耳下垂。严重的外耳炎可见外耳道流出脓性分泌物或结痂。

眼睛、耳朵、鼻子应该清洁没有浮肿和流出物等，黏膜湿润且呈现粉红色，鼻端一般湿润发凉。持续发热或代谢紊乱时，鼻端干燥甚至龟裂。

健康的犬或猫运动自如，姿势自然，动作灵活而协调。当骨骼、关节、肌肉、神经等受损伤时，则表现为站立不稳、共济失调、跛行、运动障碍等。多提示脊髓、迷路、前庭神经或前庭核、小脑及大脑皮质额叶或颞叶受损。

流行病检查时，犬、猫容易受到病毒侵害，发生如细小病毒病、犬瘟热、猫泛白细胞减少综合征等；另外，由于犬、猫皮肤柔软毛长，易受到寄生虫侵害。

除以上一般临床检查外，还可利用心电图、X 射线检查、超声波检查、内窥镜、CT 检查及核磁共振检查等特殊检查诊断方法辅助对疾病进行确诊及治疗。

复习思考题

1. 诊断动物病时为什么要注意疾病的发生与日龄的关系？试举例说明。
2. 叩诊的方法、内容和注意事项。
3. 如何根据需要选择触诊手法。
4. 诊断动物疾病时为什么要几种方法并用？
5. 说一说你的临床检查习惯顺序。

第三节　整体及一般检查

临床检查过程中，首先要对病畜（禽）的全身状态作整体性的检查，这就是整体及一般检查。通过整体及一般检查，可以对患病时受害的器官系统、疾病的性质和严重程度作出初步估计，为进一步进行系统检查建立诊断提供线索。整体及一般检查的主要内容包括：

1. 整体状态的观察；
2. 被毛（或羽毛）、皮肤（包括鼻盘、鼻镜、肉冠）及皮下组织的检查；
3. 眼结膜的检查；
4. 浅在淋巴结及淋巴管的检查；
5. 体温、脉搏、呼吸次数的测定等项目。

一、整体状态的观察

整体状态是指动物的外貌形态和行为的综合表现。整体状态检查就是观察整体状态，这是接触病畜着手检查的第一步。

（一）体格、发育的检查

1. 检查方法

体格（Constitution）标准一般根据骨骼、肌肉和皮下组织的发育程度及各部的比例关系来判定。通常用视诊，必要时用测量器械测其体高、体长、体重、胸围及管围的数值。

通过检查，可以分为体格强壮（发育良好）、体格中等（发育中等）及体格纤弱（发育不良）三种类型。在判定体格时，必须考虑到由动物的品种特点造成的差异。体格检查，主要是了解发育程度，并对决定用药剂量具有实际意义。

2. 正常状态

体格发育良好的动物，其体躯高大，结构匀称，四肢粗壮，肌肉丰满，胸部深广，给人以强壮有力的感觉。这些动物通常生产性能良好，抗病力也强。

3. 病理变化

体格发育不良的动物，体躯矮小，结构不匀称，肢体纤细，瘦弱无力，发育迟缓或停滞，一般是由于营养不良或慢性消耗性疾病所致。如仔猪患慢性传染病（猪瘟、猪肺疫、气喘病和副伤寒等）、寄生虫病（尤其是蛔虫病）及营养不良（先天性或母乳不足）时，则发育不良，长期生长缓慢或成为僵猪，尤其在同窝的仔猪中，其生长发育的差异非常显著。尤见于矿物质、维生素代谢障碍而引起的骨质疾病（骨软症与佝偻病）。

幼畜的佝偻病，在体格矮小的同时其躯体结构呈明显改变，如头大颈短、关节粗大、肢体弯曲或脊柱凸凹等特征形象。

躯体结构的改变，还可表现为各部比例的不匀称，如牛的左肋胀满，是瘤胃臌胀的特征；马的右肋隆起可提示肠臌气；左、右胸廓不对称，宜考虑单侧气胸或胸膜与肺的严重疾病。病畜头部颜面歪斜（单侧耳、眼睑、鼻、唇下垂），是面部神经麻痹的特点。

体格发育中等的动物，其体格特征介于上述。

（二）营养状态检查

1. 检查方法

判定家畜营养状态的依据，通常是肌肉的丰满度和皮下脂肪的蓄积量以及被毛的状态。在仔猪可与同窝猪相比较；骆驼应注意驼峰；大尾羊应注意其尾巴的丰满程度；鸡除根据羽毛状态外，还应触诊胸肌而判定之。

2. 正常状态

营养程度标志着机体物质代谢的总趋势。临床上一般可将营养程度划分三级或以膘成来表示：营养良好（八九成膘）；营养中等（六七成膘）；营养不良（五成膘以下）。

动物表现肌肉丰满，皮下脂肪充盈，被毛光泽，躯体圆满而骨骼棱角不突出，乃是营养良好的标志。但是，营养过分良好，也会造成肥胖并影响生产性能，对于猪和肉牛属生理现象；对于役用马和军犬，则为病态。

3. 病理变化

营养不良表现为消瘦，且被毛蓬乱、无光，皮肤缺乏弹性，骨骼表露明显（如肋骨）。营养不良的病畜，多同时伴有精神不振与躯体乏力。营养中等的家畜，其体况特征界于上述两者之间。营养消瘦是临床常见的症状。

（1）如病畜于短期内急剧消瘦　主要应考虑有急性热性病的可能或由于急性胃肠炎、频繁下痢而致大量失水的结果。

（2）如病程发展缓慢消瘦　则多提示为慢性消耗性疾病（主要为慢性传染病、寄生虫病、长期的消化紊乱或代谢障碍性疾病等）。

在牛应注意于结核、牛肺疫、肝片吸虫病；而羊只则宜特别考虑胃肠道寄生虫病。在马应注意于传染性贫血、鼻疽、慢性胃肠炎及长期过劳。

仔猪的营养不良如系哺乳仔猪，在排除母乳不足、乳头固定不佳而引起者外，应考虑大肠杆菌病；对离乳仔猪如无饲养管理失宜的原因可查，则常提示为慢性消耗性疾病，尤多见于慢性副伤寒、气喘病、猪肺疫、蛔虫病以及慢性猪瘟，稍大一点猪只，尚应注意慢性猪丹毒后继发的心内膜炎及链球菌心内膜炎。

鸡的慢性消瘦应多考虑新成疫、禽霍乱、球虫病。

此外，所有幼畜的消瘦，尚应注意于营养不良、贫血、佝偻病、维生素甲缺乏症、白肌病（硒和/或维生素 E 缺乏症）以及其他营养、代谢紊乱性疾病等。

高度营养不良，并伴有严重贫血，称为恶病质（Cachexia），常是预后不良的指征。

（3）营养过剩 一般在役畜较少见，如种用动物过肥则可影响其繁殖能力，尚应注意是否由于运动不足而引起。鸡腹部过大，考虑脂肪肝出血综合征、卵结石、严重的子宫破裂。牛过度肥胖，考虑肝坏死症。

（三）精神状态检查

精神状态是中枢神经机能的反应。正常时中枢神经系统的兴奋、抑制两个过程保持动态的平衡。当发生疾病时中枢神经系统的该平衡失调，表现为兴奋或抑制两个状态。

1. 检查方法

精神状态（Mental state）是动物的中枢神经系统机能活动的反映。根据动物对外界刺激的反应能力及行为表现而判定。临床上主要观察病畜的神态，注意其耳、眼活动，面部的表情及各种反应活动。

2. 正常状态

健康动物姿态自然，动作敏捷而协调，反应灵活。

3. 病理变化

当动物的中枢神经系统机能出现障碍时，临床上就表现为过度兴奋和抑制。

（1）兴奋

兴奋是中枢机能亢进的结果，轻则惊恐、不安，重则狂躁不驯。

①兴奋易惊 则病畜对外界的轻微刺激表现强烈的反应，经常左顾右盼、竖耳、刨地，甚则惊恐、不安，挣扎脱缰；在牛可见瞪眼、凝视，甚至哞叫。可由于脑及脑膜的充血和颅内压增高所引起，或系某些中毒与内中毒的结果。如当脑与脑膜的炎症，日射病或热射病（中暑或中热）的初期以及某些中毒病和某些侵害中枢神经系统的传染病时，也可见于某些营养、代谢病（如钙缺乏、维生素缺乏症等）。

②狂躁不驯 则病畜表现为不顾障碍地一直前冲或后退不止，反复挣扎脱缰，啃咬物体，甚至攻击（咬、踢）人、畜。多提示为中枢神经系统的重度疾病，可见于马流行性脑脊髓炎的狂躁型（图 1-18）。典型的狂躁行为乃狂犬病的特征。

图 1-18 马脑炎时的兴奋、挣扎状态

（2）抑制

抑制是中枢神经机能紊乱的另一种表现形式。轻则表现沉郁，重则嗜睡，甚至呈现为昏迷状态。

①沉郁 可见病畜离群呆立、委靡不振、耳耷头低，对周围冷淡，对刺激反应迟钝；猪则多表现为离群向隅或钻入垫草之中；鸡多呈羽毛逆立，缩颈闭眼，两翅下垂之状（图 1-19）。常见于各种发热性疾病及消耗性、衰竭性疾病等。

②嗜睡 是重度委靡、闭眼似睡，或站立不动或卧地不起，给以强烈的刺激才引起其轻微的反应。可见于重度的脑病或中毒，如当马流行性脑脊髓炎的沉郁型病例时。偶见于马慢性脑室积水，呈呆痴似睡，行动笨拙，且常将前肢交叉而站立或口衔饲草而忘嚼的特有姿态。

③昏迷 是重度的意识障碍，可见病畜意识不清，卧地不起，呼唤不应，对刺激几乎无反应甚至仅保有部分反射功能，或有时伴有肌肉痉挛与麻痹，或有时四肢呈游泳样动作。可见于脑及脑膜疾病、中毒病或某些代谢性疾病的后期。仔猪更应注意于侵害中枢神经系统的传染病（如李氏杆菌病、伪狂犬病等），肥猪在中暑、中热的后期，也可呈昏迷状态。在乳牛尚宜考虑某些代谢紊乱性疾病，如产生瘫痪、酮尿病等。鸡的昏迷，还可见于维生素 B 缺乏症。重度的昏迷现象常是预后不良的征兆。

图 1-19 鸡的沉郁状态

因大失血、急性心力衰竭或血管机能不全而引起急性脑贫血时，临床上可见到一时性的昏迷状态，称休克或虚脱。但如病程好转，可随脑与脑膜的血液供应情况的改善而精神状态渐行恢复。

精神状态的异常表现不仅随病程的发展而程度上改变，而且形式也会有所改变。如最初的兴奋不安，逐渐变为狂躁，或由于轻度的沉郁而渐呈嗜睡、昏迷，使得病情加重。同一疾病中，兴奋抑制交替。

（四）姿势与体态检查

1. 检查方法

姿势（Position）是指动物在相对静止或运动过程中的空间位置和呈现的姿态。主要是通过视诊观察其动物表现的姿态特征

2. 正常状态

各种家畜都保持其特有的生理姿势。健康牛采食后常前胸着地，四肢集于腹下伏卧，进行间歇性的反刍，有时用舌舔被毛，遇生人走近时，则后躯先起来，再缓慢地站立。健康马、骡终日站立，两后肢交换负重，偶尔伏卧，多侧卧而四肢伸展，遇人接近随即自动起立。猪喜于食后躺卧。

3. 病理变化

在病理状态下，常在动物站立、躺卧和运动时分别出现一些特异的异常姿势，而具有不同的诊断意义。

（1）动物站立间的异常姿势

①典型木马样姿态，患某些疾病的家畜，躯体被迫保持一定的站立姿势。破伤风的马，表现出全身肌肉强直，四肢开张站立，头颈平伸，尾根挺起（猪有时尾根竖起），鼻

孔开张，牙关紧闭，脊柱僵直，呈典型的木马样姿态。在胸腹炎时，由于胸壁疼痛，再加上胸腔积液对心脏及肺脏施予的压迫，导致呼吸困难，病畜常持久站立。

②动物四肢发生病痛时，驻立间也呈不自然的姿势，如单肢疼痛则患肢呈免重或提起；多肢的蹄部剧痛（如当蹄叶炎时）则常将四肢集于腹下而站立；两前肢疼痛则两后肢极力前伸，两后肢疼痛则两前肢极力后送以减轻病肢的负重；肢体的骨骼、关节或肌肉的痛性疾病（如当骨软症、风湿症等）时，四肢常频频交替负重而示站立困难状。

③当躯体失去平衡而站立不稳时，则呈躯体歪斜、四肢叉开或依墙靠壁而立的特有姿态，常见于中枢神经系统疾病，特别当病侵害小脑之际尤为明显。

④各种畜、禽的站立间的异常姿势，还可表现为：

a. 牛在站立时如经常保持前躯高位、后躯低位（前肢登于饲槽上或后肢站于粪尿沟中）的姿势，常为提示前胃及心包的创伤性病变的启示。

b. 当马骡咽喉局部或其周围组织高度肿胀、发炎并伴有重度呼吸困难时，常呈前肢叉开、头颈平伸的强迫站立姿态。

c. 当中枢有偏位的局灶性或占位性病变时，可呈头颈歪斜的姿态，如当牛的脑包虫症，仔猪伪狂犬病时。

d. 鸡呈两腿前后叉开站立的姿态，常是马立克氏病的特征（图1-20）。

图1-20　鸡马立克氏病

（2）动物的强迫躺卧姿势

动物被迫躺卧不起，往往提示神经系统的损害，四肢骨骼、关节和肌肉的痛苦性疾患，高度衰竭。如乳牛产后瘫痪时，曲颈侧卧，并呈嗜睡或半昏迷状态。但对因老龄瘦弱动物或繁重使役后造成的卧地不起，要排除在外。

①四肢的骨骼、关节、肌肉的带痛性疾病时（如骨软症、风湿症等）多呈强迫卧位姿势，此时，经驱赶或由人抬助而可勉强起立，但站立后可见因肢体疼痛而站立困难或伴有全身肌肉的震颤。母牛于产前、产后发生多提示骨软症的可能。

②机体的高度瘦弱、衰竭时（如长期慢性消耗性病，重度的衰竭症等）多长期躺卧，此时，多伴有营养的高度消瘦，并有长期病史，一般不难识别。

以上两种情况的病畜，常因经久的躺卧，皮肤的骨骼棱角处被擦伤，甚至形成所谓褥疮。

③常见于脑、脑膜的重度疾病或中毒、内中毒的后期，也可见于某些营养代谢紊乱性疾病时。此时，多伴有昏迷的特点。

如在乳牛，呈曲颈侧卧的同时伴有嗜睡或半昏迷状，常为生产瘫痪（乳热）的特征（图1-21）。病畜在昏迷、侧卧的同时，常依病情的不同而伴有某些其他所见，如可因项颈部肌肉痉挛而呈背弓反张姿势（如羊的某些中毒病时）；有时四肢侧伸并呈游泳样动作（如仔猪伪狂犬病时）；在猪有时呈反复的阵发性癫痫样发作（如当脑囊尾蚴时）。

图 1 - 21　生产瘫痪（乳热）的特征

　　④四肢的轻瘫或瘫痪，常见有两后肢的截瘫，此时多因两前肢保有运动功能，而病畜反复挣扎，企图起立并屡呈犬坐样姿势，常提示脊髓横断性疾病（如腰扭伤等）之可能，多伴有后躯的感觉、反射功能障碍及粪、尿失禁。

　　a. 类似的后肢轻瘫而呈犬坐样姿势的病马，如发生于长期休闲后的突然重度使役过程中或使役之后，则应考虑马肌红蛋白尿症的可能，宜注意观察排尿的颜色，排出含肌红蛋白的红棕色尿液为其特征，且常伴有臀部肌肉的变性与硬化。

　　b. 猪的两后肢瘫痪而呈犬坐姿势，可见于传染性麻痹，或当慢性仔猪白肌病、风湿症及骨软症时亦可见之；如后肢瘫痪的同时，伴有后躯感觉、反射功能的失常及排粪、排尿机能的紊乱，则为截瘫，可由于腰扭伤造成脊髓的横断性病变而引起。

　　c. 患骨软症的病畜，由于骨质疏松、脆弱，常因剧烈的运动或跌倒与其他的外力作用而引起骨折，如腰、荐椎部受损伤，则亦可引致表现为后肢截瘫的现象。

　　（五）运动、行为检查

　　1. 检查方法

　　运动、行为是指步态（Gait）检查，是对能走动的病畜进行牵遛运动（或跑动），通过观察其步样活动有无异常来检查。

　　2. 正常状态

　　健康动物在运步时，机体各部（特别是肢体）的动作协调一致，灵活而自然。

　　3. 异常姿势

　　当神经调节或四肢的肌腱机能发生障碍时，就会出现异常运动，如盲目运动、圆圈运动、跛行等。

　　（1）共济失调

　　由于在运动中四肢配合不协调，而呈醉酒状，行走欲跌，走路摇摆或肢蹄高抬、用力着地，步态似涉水样。可见于脑脊髓的炎症或寄生虫病（如脑脊髓丝虫病等），某些中毒以及营养缺乏与代谢紊乱性疾病（如羊的铜缺乏症等）时，多为疾病侵害小脑的标志。此外，当急性脑贫血（如大失血、急性心力衰竭或血管机能不全）时，也可见有一时性的共济失调现象，应根据病史、心血管系统的变化而加以区别。

　　（2）盲目运动

　　无目的地徘徊，直向前冲、后退不止，绕桩打转或呈圆圈运动，有时以一肢做轴而呈时针样动作，可提示为脑、脑膜的充血、出血、炎症或某些中毒与严重的内中毒（如当马的流行性脑脊髓炎、乙型脑炎、霉玉米中毒；牛、羊的脑包虫症；猪的食盐中毒、伪狂犬病、李氏杆菌病等）。此外，病猪于长期的病程经过中，如反复呈现一定方式的盲目运动，提示颅脑的占位性病变（如脑囊尾蚴症等）的可疑。

（3）马骡常表现有躁动不安的现象

如前肢刨地，后肢蹴腹、抻腰、摇摆，回视腹部、碎步急行、时时欲卧，起卧转滚、仰足朝天或时呈犬坐姿势、屡呈排便动作等，此乃马骡腹痛症的独特现象（图1-22）。马骡腹痛症，是一综合征候群，其中包括有常见的便秘（结症）、肠痉挛（冷痛）、肠臌气、胃扩张等多种疾病，应结合其他症状、表现，配合问诊、调查得到的致病原因，必要时再进行某些特殊检查（如直肠检查、胃导管探诊等）而综合、鉴别之。

图1-22　马腹痛症时回视腹部的姿势

（4）跛行检查

因肢蹄（或多肢）的带痛性疾病而引起的运动机能障碍，成为跛行。当牛群中出现迅速传播的多数跛行病畜时，要注意于口蹄疫；羊的群发性跛行更应考虑腐蹄病。

如见牛只于运动中避免急转弯或当急转弯时表现谨慎甚至痛苦，或喜走上坡路而不愿走下坡路并当走下坡路时表现痛苦、呻吟，多可做为疑似创伤性网胃心包炎的线索。

猪的运步缓慢，行动无力，可因衰竭或发热而引起；行走时疼痛、步样强拘或呈明显的跛行，多为四肢的骨骼、肌肉、关节及蹄部的病痛所致，除应注意于一般的外科病外，尚应提示骨软症、风湿症、慢性白肌病以及某些传染病所继发的关节炎（如继发于慢性猪丹毒或布氏杆菌病等时）；此外，肥育的猪只长期运动于硬质而不平的地面上引致蹄底过度磨损时亦可引起，尤易发于新引进的某些品种的猪只。应该特别注意，当猪群中有相继发生的多数跛行的病猪并迅速传播时，常为口蹄疫或传染性水疱病的信号和线索，宜仔细检查蹄趾部的病变并结合流行病学材料而及时诊断之。

鸡呈扭头曲颈或伴有站立不稳及返转滚动的动作，见于某些维生素（B或E）缺乏症、呋喃类药物中毒或为新城疫的后遗症（图1-23）。

图1-23　鸡维生素 B$_1$ 缺乏症时曲颈背头的姿势

A. 跛行分类

①悬跛　四肢的运动机能障碍，在空中悬垂阶段表现明显时，称为悬垂跛行，简称悬

跛（运跛）。其特征是患肢举扬困难，运步缓慢，抬不高，迈不远，前方短步。

患部多在患肢上部。常见于四肢上部的关节、伸肌、腱、黏液囊、筋膜以及分布于伸肌群的神经等疾病。

②支跛　四肢运动机能障碍在支柱阶段表现明显时，称为支柱跛行，简称支跛。其特征是患肢减负或免负体重，运步时球节下沉不充分，蹄踏地不确实，蹄音低，后方短步。

患部通常位于患肢的下部。多见于腕关节、跗关节以下的关节、肌腱、韧带以及蹄部疾病。

③混跛　四肢运动机能障碍，在悬垂阶段和支柱阶段都有所表现时称为混合跛行，简称混跛。其特征是见有支跛和悬跛的特征，站立时患肢免负体重，运步时抬不高，迈不远，举扬困难，前、后两个半步的变化不易明显区别。

患部有两种可能，一是在同一肢的上下两个部位同时发病；二是发病部位在四肢上部关节内，如肩关节、髋关节等。

悬跛和支跛是跛行的基本类型。但实际上单纯的悬跛和支跛比较少见，而以悬跛为主的混跛或以支跛为主的混跛较多见。

④特殊跛行

a. 间歇性跛行　运动开始时运步正常，运动中突然发生跛行，经短时间休息后，跛行自行消失或减轻，再运动时可再次出现跛行，如运动栓塞、习惯性脱位和关节石等。

b. 紧张步样　四肢负重困难急速短步，如蹄叶炎。

c. 黏着步样　呈现缓慢短步而强扬，如肌肉风湿、破伤风等。

d. 鸡跛　后肢运步时呈现膝关节和跗关节高度屈曲，似鸡行步样，多见于老龄马属动物。

B. 检查方法

①问诊及全身检查　参考临床检查的基本方法中有关问诊和全身检查的内容和注意事项。

②视诊检查

a. 站立视诊。病畜站立于平坦地面上。检查者距离病畜1～2m。围绕病畜进行前、后、左、右观察，其顺序应由上而下或自下而上，左右对比观察。

ⅰ. 病畜整体姿势　头体位置有无改变：如两前肢有病时，头、颈高抬；两后肢有病时，头、颈低下。左侧前后肢有病时，头、体偏向右侧；反侧偏左。姿势有无异常：如病肢常出现前伸、后踏、内收、外展、系部直立、屈曲等异常姿势。

ⅱ. 病肢的负重状态　如病肢呈现免负重即病肢提举或蹄尖轻轻接触地面，或减负体重即蹄负面不能完全接地、踏着不确实，负重时间短或频频交替负重。

ⅲ. 肢蹄局部变化　如肢蹄有无延长或缩短、变形、肿胀、萎缩、破损、化脓、疤痕、指（趾）轴和蹄的异常等。

b. 运动视诊　对病畜进行牵遛运动，检查者与病畜保持3～5m的距离，有步骤地从前方、侧方、后方进行比较观察。

ⅰ. 点头与臀部升降运动　当某一前肢有病时，病肢着地头上抬，健肢着地头下低；某一后肢有病时，病肢着地同侧臀部高抬，健肢落地同侧臀部低下。可概括为"前看头，后看臀；抬在患，低在健"。这是单肢发病的情况。

ⅱ. 两个肢以上同时发病

两前肢同时发病：运步中头高抬，呈急速、短促的紧张步，步幅短，后躯下沉。两后肢伸于腹下。

两后肢同时发病：运步中低头伸颈，臀部高抬，后退困难，两后肢运步短促、笨拙。

两对角肢同时发病：运步中两病肢着地时体躯高抬，两健肢着地时体躯下沉呈上下起伏状。

同侧前后肢同时发病：运步时体躯明显倾向健侧，病肢前后肢着地时头臀高抬，健肢前后肢着地时，头臀下低。

③蹄音 一般健肢的蹄音比病肢的蹄音声音高朗。如发现某一肢的蹄音低即可能为病肢。

④通过上述检查仍不能判明病肢时，可采用下列促进跛行明显化的一些检查方法。

负重运动检查：通过骑乘、拉车等增加病肢的负担，再观察肢的提举、伸扬和负重等表现，以发现病肢和病变。

a. 软、硬地检查：软地上运跛明显；硬地上则支跛明显。

b. 上、下坡运动检查：上坡时，前后肢的运跛，后肢的支跛表现明显；下坡时，前肢如为支跛表现明显。

c. 急速回转运动检查：在快步直线运动中突然使病畜急速回转，当支跛时，病肢在回转侧跛行加重。

d. 圆圈运动检查：圆圈运动时，躯体重心偏向于内侧肢，内侧前后肢负重较多，支跛加重，外侧前、后肢步幅轮加大，提伸困难，如为运跛时则跛行加重。

e. 后退运动检查：髋关节捩伤时，后退困难；膝关节捩伤时，病肢高抬。

通过上述检查，主要目的在于确定病肢，发现可疑患部。

⑤触诊检查 在视诊的基础上，初步确定患肢后，即可转入对患肢的触诊检查，其目的是找出患部，判定病性。

a. 触诊方法是用指端、手掌、手背及指甲来完成。触诊检查内容应包括局部温度、肿胀、形状、硬度、波动性、移动性、疼痛及敏感性、特殊音响（骨摩音、捻发音）、指（趾）部脉搏等运用前述触诊方法，按上述内容对患肢的皮肤及皮下组织、筋膜、肌肉、关节、腱及腱鞘、黏液囊、骨骼及蹄进行全面检查，是否有异常变化。

b. 触诊检查注意事项：

ⅰ. 对病畜令其自然站立于平坦地面上或保定栏内，应有专人固定头部，确保人、畜安全。

ⅱ. 检查顺序应先前肢，再后肢，自下而上从蹄部开始，直至躯干和背腰部。也可自上而下，循序检查。

ⅲ. 触诊检查应先从健康部位开始缓慢地移向患部，用力要先轻后重，动作轻柔而细致，切不可做突然袭击动作，更不要开始就对患部猛力触摸，这样不利于继续检查。

ⅳ. 要特别注意左、右侧（患健侧）相对应部位的对比检查，有助于发现异常变化。

ⅴ. 当有腱的不全断裂或不全骨折的可疑时，不可进行剧烈的运动检查，以防加剧病情。

跛行的其他检查方法和一些辅助诊断法，可参考家畜外科学教材。

二、被毛和皮肤检查

通过被毛和皮肤检查，可以揭示内脏器官的机能状态（如由皮肤水肿的特点，来判断心、肾机能），发现早期诊断传染病的依据（如在猪的皮肤上发现隆起的红色疹块，就应考虑到猪丹毒）；判定疾病性质（如根据皮肤弹性的变化，可了解脱水的程度）；作出决定性诊断（如根据皮肤的喷火口样溃疡，可以判定为马的皮鼻疽）。

对不同种属的动物，除注意其全身各部被毛及皮肤的病变外，还应仔细检查特定部位如牛的鼻镜，猪的鼻盘，鸡的肉冠、肉髯及耳垂等。被毛和皮肤的检查方法用视诊和触诊。

（一）被毛和羽毛检查

1. 检查方法

检查被毛应注意观察其生长的牢固性、光泽、长度、分布状况、纯洁度及季节性生理脱毛的规律。

2. 正常状态

健康家畜，被毛整齐而清洁，平滑而有光泽，每年春秋两季适时脱换新毛。健康家禽，羽毛排列整齐，富有光泽而美观，多在每年秋末换羽。

3. 病理变化

（1）被毛整体性粗乱无光泽　当畜禽发生营养代谢障碍、慢性消耗性疾病时，可见被毛蓬松，粗乱，缺乏光泽，容易脱落，换毛季节推迟，甚至在非换毛季节却大量脱毛。

（2）动物的局限性脱毛　一般提示外寄生虫病（如螨病），尤其是在群畜中类似成片脱毛的家畜大批出现时，应进行疥螨病的确诊，也提示着皮肤病（如秃毛癣、湿疹）。如牛的头面部，呈圆形、局限性的脱毛病变时，要考虑真菌毛癣霉引起的秃毛癣。另外，动物由于缺乏一些营养物质时出现异嗜行为，常将自身或其他动物的被毛舔食或啄脱而造成局部脱毛，如牛、羊的食毛症和鸡的啄羽症。在鸡群中，发现多只鸡的肛门周围羽毛脱落，说明鸡群中有啄肛症。

（二）皮肤颜色检查

皮肤颜色的检查，一般能反映出动物血液循环系统的机能状态及血液成分的变化。

1. 检查方法

健康畜禽，如白猪、绵羊、白兔及禽类，皮肤没有色素，呈淡蔷薇色（即粉红色），容易观察出皮肤颜色发生的细微变化。马、牛及山羊等家畜（除白色的外），皮肤具有色素，所以辨认颜色的变化较为困难，一般通过观察可视黏膜的色彩足以说明问题。

2. 病理变化

（1）皮肤苍白（Paleness）　皮肤苍白色，一般是由于皮肤血液量减少或血液性质发生变化的结果。急性苍白，见于动物的外伤性大出血，或脏器破裂而致的内出血；渐进性或较长时期的苍白，见于各种慢性贫血及慢性消耗性疾病等。

（2）皮肤黄染（Jaundice）　皮肤呈现黄染，是由于血液中胆红素含量增多，在皮肤或黏膜下沉着的结果。见于各类肝病、胆管阻塞以及溶血性疾病。

（3）皮肤发绀（Cyanosis）　皮肤呈蓝紫色，主要是由于血液中还原血红蛋白的绝对值增多，或在血液中形成大量变性血红蛋白的缘故。检查时，轻者以耳尖、鼻盘及四肢末端较明显，重则可遍及全身各部位。

（4）皮肤淡绿色（Light green）　雏鸡胸腹、腿侧、翼部皮下呈淡绿色（渗出性素质）及其周边呈红紫蓝色，见于雏鸡硒及维生素 E 缺乏症。

（5）皮肤的红色斑点及疹块　皮肤的红色斑点常由出血引起，如系出血点则指压时不退色，皮肤小点状出血好发生于腹部、股部、颈侧等部位，常为猪瘟的特征；亦可见于猪肺疫及急性副伤寒等。

皮肤有较大的充血性红色疹块，可见于猪丹毒，此时，疹块隆起呈丘疹块，当指压可褪色为特征（图 1-24）。此外，当皮肤有皮疹或疹疱性病变的初期时也可见红色斑点状病变。

图 1-24　猪丹毒时皮肤疹块

（三）皮肤温度检查

1. 检查方法

检查皮肤的温度，通常是用感觉灵敏的手背或手掌触诊动物的躯干、股内等部进行判定。动物的皮温，依动物的种类和部位或气候、季节不同而有差别。

2. 正常状态

健康动物的皮温，以股内侧为最高，头、颈、躯干部次之，尾及四肢部最低。检查皮温时，应注意皮温分布的均匀性，并在相应对称部位对比进行判定。一般触诊的部位：马的耳根、鼻端、颈侧、腹侧、四肢的系部，牛、羊的鼻镜、角根、胸侧、四肢下部，猪的鼻盘、耳、四肢，禽的冠、肉髯及脚爪等。动物皮肤血管网的分布状况和皮肤散热机能是影响皮温高低的主要因素，在思考问题时应以此为出发点。当然皮肤温度也受着外界气温的影响。

3. 病理变化

（1）皮温增高　皮温增高是皮肤血管扩张及血流加快的结果。全身性皮温增高，常见于一些热性病、心机能亢进、过度兴奋等；局限性皮温增高，则为局部组织的炎症变化，如皮炎、蜂窝织炎、咽喉炎等。

（2）皮温降低　皮温降低是由于血液循环障碍，皮肤血管中血流灌注不足所致。全身皮温降低常见于心力衰竭、虚脱、中枢神经系统抑制等，如牛的产后瘫痪及酮血症。局限性皮温降低，见于该部皮肤及皮下组织的水肿、局部麻痹等。

（3）皮温分布不均（皮温不整）　皮温分布不均是皮肤血液循环不良，或神经支配异常而引起局部血管痉挛所致。一种表现是成对器官或身体对称部位的皮肤温度冷热不匀，如一耳热一耳冷；另一种表现是末梢部的温度低于躯干部，见于心力衰竭、虚脱。

根据中兽医经验，认为患腹痛症的马骡如有鼻寒耳冷症候，可为肠痉挛性腹痛（冷痛）的一个重要症状。

（四）皮肤湿度检查

1. 检查方法

主要是通过视诊和触诊。皮肤湿度与汗腺的分泌机能有密切关系。动物的种类不同，汗腺也有差异，马属动物的汗腺发达，牛、羊、猪、犬次之，禽类无汗腺。健康动物在安静状态下，一般汗液随时分泌随时蒸发，皮肤表面有黏滑感。

2. 病理变化

（1）发汗增多（Hyperhidrosis）　生理性泌汗增多，见于外界气温过高，动物在使役及运动、动物处于兴奋及惊恐状态等。

动物发汗增加，被毛（羽毛）及皮肤湿润，甚至出现汗珠。常见于热性病（如猪肺疫）、中暑与中热（热射病与日射病）、高度呼吸困难（如肺炎）、剧烈疼痛性疾病（如疝痛、骨折）、肌肉兴奋的疾病（如破伤风）、循环障碍及药物作用（如对马应用水扬酸钠制剂后）。如果汗多而有黏腻感，同时皮温降低，四肢发凉，则称为冷汗，见于各种原因导致的心力衰竭、虚脱、休克，表明预后不良。

局限性多汗，如一侧性颈部出汗，可能为一侧交感神经或颈髓受害的结果。

（2）发汗减少（Hypohidrosis）　发汗减少，表现被毛粗乱无光，皮肤干燥，缺乏黏腻感。见于机体脱水（如剧烈腹泻、呕吐）、发热极期、多尿症、慢性营养不良、饮水不足等。此外，瘦弱及老龄动物，皮肤湿度也降低。

反刍动物（牛、羊、骆驼等）的鼻镜，猪的鼻盘及狗、猫的鼻端，由于有腺体分泌物，经常保持湿润并付少许水珠，有光泽感。在热性病及重度消化障碍时，则鼻部干燥，甚至龟裂。在牛提示牛瘟、恶性卡他热等。

（五）皮肤弹性检查

皮肤的弹性与动物的品种、年龄、营养状况等有关。皮肤的液体含量（血液、淋巴液）、弹力纤维和肌纤维的特性及神经组织的紧张度是决定皮肤弹性高低的重要因素。

1. 检查方法

检查时，用手将皮肤捏成皱褶，然后放开，观察皮肤恢复原状的快慢。检查皮肤弹性的部位，马属动物在颈部或肩后，牛在肋弓后缘或颈部，小动物在背部。

2. 正常状态

健康动物，营养良好，体况佳良，其皮肤放手后立即恢复原状，均有一定的弹性。老龄动物的皮肤弹性减退属生理现象。

3. 病理变化

皮肤弹性减退，则放手后不易恢复原状。见于慢性皮肤病（如螨病、湿疹）、营养不良、脱水及慢性消耗性疾病。临床上，把皮肤弹性减退作为判定动物脱水的指标之一。

（六）皮肤及皮下组织肿胀检查

1. 检查方法

检查皮肤及皮下组织肿胀时，可由多种原因引起，不同原因引起的肿物又有不同的特点。检查时应注意肿胀部位的大小、形态，触诊判定其内容物性状、硬度、温度、移动性及敏感性。

2. 病理变化

（1）炎性肿胀（Inflammatory swelling）　炎性肿胀可以局部或大面积出现，伴有病变部位的热、痛及机能障碍，严重者还有明显的全身反应，如原发性蜂窝织炎。

（2）皮下水肿（Subcutaneous edema）　（皮下浮肿）是由于机体水盐代谢障碍，在皮下组织的细胞及组织间隙内液体潴留过多所致。水肿部位的特征是皮肤表面光滑、紧张而有冷感，弹性减退，指压留痕，呈捏粉样，无痛感，肿胀界限多不明显。以其发生的原因可分为：

①营养性水肿　常见于重度贫血、高度衰竭（低蛋白血症）；

②心性水肿　常见于心脏衰弱、末梢循环障碍并进而发生淤血的结果；

③肾性水肿　常见于肾炎或肾病。

牛、羊则多发生于下颌间隙、胸垂，除以上原因外，常见于牛的创伤性心包炎及寄生虫病，特别是肝片吸虫病时；马骡心性浮肿多发身于肢体下部；猪可见于眼睑或面部，常见于猪的水肿病；雏鸡皮下淡绿色水肿，触诊稍硬，见于硒及维生素 E 缺乏症时所致。

（3）皮下气肿（Subcutaneous emphysema.）　是由于空气或其他气体，积聚于皮下，其特点是，肿胀界限不明显，触压时柔软而容易变形，并可感觉到由于气泡破裂和移动所产生的捻发音（沙沙音）。

①窜入性气肿　体表皮肤移动性较大的部位（如腋窝、肘后及肩胛附近等），发生创伤时，由于动物运动，创口一张一合，空气被吸入皮下，然后扩散到周围组织；肺间质性气肿时，空气沿气管、食道周围组织窜入皮下组织内，引起颈侧皮下气肿，并且局部无热痛反应。

②腐败性气肿　当气肿疽（牛羊）、恶性水肿（马）等由厌气性细菌感染时，局部组织腐败分解而产生的气体积聚于皮下组织所致，气肿局部有热痛反应，且伴有较重的全身性反应（发热、沉郁），局部切开后可流出混有泡沫的腐臭的液体，常发生于肌肉丰满的臀部、股部。

（4）脓肿（Abscess）、血肿（Haematoma）和淋巴外渗（Lymphoid exudation）　脓肿、血肿和淋巴外渗属于动物皮下结缔组织的非开放性损伤，其共同特点是，在皮肤及皮下组织呈局限性（多为圆形）肿胀，触诊有明显的波动感，好发生于躯干（颈侧、胸腹侧）或四肢的下部，多因局部创伤或感染而引起，可行穿刺并抽取内容物而鉴别之。

（5）象皮肿（Elephantiasis）　皮肤和皮下组织患进行性慢性炎症，加上淋巴的淤滞，引起该部组织呈现弥散性肥厚而变硬结的状态。象皮肿的特征是，皮肤及皮下组织增厚而紧密愈着在一起，缺乏移动性，失去痛觉，肿胀的皮肤变得坚实，不能捏成皱褶，肿胀蔓延较宽阔。常发生在四肢，患肢变粗，形如象腿，见于牛的蹄冠下蜂窝织炎。

（6）疝（Hernia）和肿瘤（Tumor）　疝系指肠管同腹膜一起从腹腔脱垂到皮下或其他生理乃至病理性腔穴内而形成凸出的肿物。触之有波动感可通过查到疝环及整复试验而与其他肿胀相鉴别。常见于猪的脐部及阴囊部，大动物多发腹壁疝。

肿瘤，是在动物机体上发生异常生长的新生细胞群，形状多种多样，有结节状，乳头状、息肉状及囊状等。

（七）皮肤疱疹检查

皮肤发疹（Eruption）常是许多疾病的早期征候，多由传染病、中毒病、皮肤病及过敏反应引起。

1. 检查方法　通过视诊和触诊来判定。

2. 病理变化

（1）斑疹（Macule）　是皮肤充血和出血所致，只发现局部变红，但并不隆起。用手指压迫红色即退的斑疹，称为红斑（Erythema），如见于猪丹毒。密集的小点状红疹，指压时红色不退，见于猪瘟和出血性疾病。

（2）丘疹（Papula）　是皮肤乳头层发生浆液性浸润，形成界限分明的粟粒到豌豆大小的隆起，呈圆形，突出于皮肤表面。在马传染性口炎时，丘疹常出现于唇、颊部及鼻孔周围。

（3）饲料疹　当白色皮肤的猪饲喂过量含有感光过敏的饲料（如荞麦、三叶草、灰菜等）时，经日光的照晒后，可见有皮肤的饲料疹。此时以颈部、背部最为明显，伴有皮肤充血、潮红水泡、灼热、痛感为其特征。将猪圈养于避光的暗舍后即见减轻、消失。

（4）痘疹（Variola）　是动物痘病毒侵害皮肤的上皮细胞而形成的结节状肿物。痘疮的共同特征是，呈典型的分期性经过，一般经由红斑、丘疹、水泡、脓疱，终而结痂。

牛、羊的痘疮好发生于被毛稀疏的部位及乳房皮肤上呈圆形豆粒状。猪痘好发生于鼻盘、头面部，躯干及四肢的被毛稀疏的皮肤上。鸡痘好发生于鸡冠部位。

（5）水泡（Vesicle）、脓疱（PasLule）　水泡，多呈豌豆大，内含透明浆液性液体的小泡，颜色以内容物而定，有淡黄色、淡红色或褐色。如反刍兽的口蹄疫或传染性水泡病，在口、鼻及其周围、蹄趾部的皮肤上，呈现典型的小水泡、并具有流行性特点。在鼻镜、唇、舌、口腔、脚底、趾间隙和蹄冠等处中的一处或几处发生水泡，是猪水泡性疹的特点（图1-25）。

水泡内容物化脓，脓疱壁由于内容物性状不同，变为白色、黄色、黄绿色，黄红色则为脓疱，见于痘疮、口蹄疫、犬瘟热等。

（6）荨麻疹（Urticaria）　由于皮肤的马氏层和乳头层发生浆液浸润，动物体表发生许多圆形或椭圆形、蚕豆大至核桃大、表面平坦的隆起。发展快，而消失也快，并常伴有皮肤瘙痒。例如，吸血昆虫刺蜇、有毒植物或饲料中毒、过敏性体质、消化道疾病（如胃肠炎）、传染病（如猪丹毒、痘疮）及寄生虫病（如马媾疫）都能发生荨麻疹。

图1-25　猪水泡病时蹄趾部的病变

（八）皮肤完整性破坏的检查

1. 检查方法　通过视诊来判定。

2. 病理变化

（1）溃疡（Ulcer）　由于机械性压迫、化学制剂的腐蚀溶解、循环障碍、炎症等因素，先引起组织坏死，进一步剥离或溶解，而形成组织的缺损状态。特征是溃烂边缘界限清楚，表面污秽不洁，并伴有恶臭，见于创伤、传染病、皮肤病等。例如，马的皮鼻疽，常在唇部、鼻孔周围及四肢内侧的皮肤，发生边缘不整齐、并略隆起像喷火口状，底面呈猪脂样灰白色的深在溃疡，具有诊断意义。

（2）褥疮（Bedsore） 在骨骼的体表突出部位，因长期躺卧而受压迫，造成血液循环障碍，使这些部位的皮肤及皮下组织坏死溃烂，称为褥疮。

（3）瘢痕（Scar） 皮肤的深层组织因创伤或炎症受到损害，经结缔组织增生修复后留下的痕迹，称为瘢痕。一般表面平滑，大小不等，隆起或凹陷。瘢痕面的特征是，其覆盖上皮较正常薄，没有乳头结构，缺乏被毛、皮脂腺和汗腺。例如，马的皮鼻疽结节，经溃烂，最终修复，在皮肤表面留下星芒状的瘢痕，这是特征性的变化。

三、眼结膜的检查

可视黏膜的检查，除了能反映黏膜本身的局部变化以外，还有助于了解全身血液循环状态及血液成分的改变，所以在诊断和预后方面都具有重要意义。在一般检查时，只做眼结膜检查，对其他部位的可视黏膜，分别在相应器官系统中进行。

（一）眼结膜检查的方法

检查眼结膜，应先将眼睑翻开，其方法因动物种类而不同。

1. 牛的眼结膜检查法 主要观察其巩膜的颜色及血管情况。检查者站立于牛头方向的一侧，将同侧手握住鼻中隔，并向检查者的方向牵引，另一手持牛角，用力向另一方向推，使头转向侧方，即可露出结膜和巩膜。也可两手分别握住牛的两角，将头向侧方扭转，进行眼结膜检查（图1-26）。

图1-26 牛的眼结膜检查法

2. 马的眼结膜检查法 检查者站立于马头部方向一侧，用一手持笼头，另一手（检查左眼时用右手、检查右眼时用左手）的食指第一指节置于上眼睑中央的边缘处，拇指放于下眼睑，其余三指屈曲并放于眼眶上面做为支点，然后食指伸直并向眼窝略加压力，同时拇指将下眼睑拨开、结膜和瞬膜即露出（图1-27）。

3. 其他动物的眼结膜检查法 检查羊、猪、犬等中小动物的眼结膜，并无固定的方法，用双手将上下眼睑打开进行检查即可。操作时应将动物保定可靠，以防咬伤。

检查眼结膜时，宜在自然光线下进行，便于准确判定眼结膜的颜色。检查时应对两眼进行比较，必要时还可与其他部位的可视黏膜进行对照。

（二）正常状态

眼结膜的颜色，健康动物多呈粉红色，牛眼结膜的颜色比马淡，猪则较深。

图 1-27 马的眼结膜检查法

（三）病理变化

一般老龄、衰弱的动物有少量眼睑分泌物。如果从结膜囊中流出较多浆液性、黏液性或脓性分泌物，往往与侵害黏膜组织的热性病（如马流行性感冒）和局部炎症有关。眼结膜肿胀是由于炎症所引起的浆液性浸润和淤血性水肿所致。在病理情况下眼结膜的颜色变化包括以下方面：

1. 潮红（Redness） 眼结膜的毛细血管高度充血，即潮红。局限性潮红，可能是局部结膜炎所致；弥慢性潮红时，眼结膜呈均匀鲜红，是由于血管运动中枢机能紊乱及外周血管扩张的结果，见于热性病、呼吸困难、中毒。树枝状充血时，小血管高度扩张，血液充盈呈树枝状，见于高度血液循环障碍的心脏病、脑炎等。

2. 苍白（Paleness） 眼结膜呈灰白色、黄白色等，是各类贫血的特征。是由于全身或头部循环血液量减少，以致局部组织器官的血液供给和含血量不足的结果。

（1）急性苍白 见于大创伤、内出血或偶见于内脏破裂（肝、脾）。

（2）慢性苍白 见于慢性营养不良或消耗性疾病（衰竭症、慢性传染病、寄生虫病）。

（3）溶血性苍白 在苍白的同时具有不同程度的黄染，见于血孢子虫病、新生仔畜溶血病、牛血红蛋白尿病等。

3. 发绀（Cyanosis） 呈不同程度的蓝紫色，是血液中还原血红蛋白增多或形成大量变性血红蛋白的结果。发绀和血中还原血红蛋白的绝对量有关，而与还原血红蛋白和氧合血红蛋白的比例无关，所以严重贫血的患畜结合膜是不易发绀的。由于下列因素可致发绀。

（1）动脉血的氧饱和度不足（低氧血症） 见于上呼吸道阻塞的疾病、肺呼吸面积明显减少的疾病（如肺炎、肺水肿等），因血液在肺部氧合作用不足，终导致血液中氧合血红蛋白含量降低。

（2）缺血性缺氧 由于全身性淤血时，因血流缓慢，血液流经组织中毛细血管时，脱氧过多；严重休克时，心输出量大大减少，外周循环缺血缺氧，黏膜呈青灰色。

（3）中毒 常见于某些毒物中毒、饲料中毒（亚硝酸盐中毒）或药物中毒，形成变性血红蛋白或硫血红蛋白的结果。

4. 黄染（Stained） 结膜呈不同程度的黄色，在巩膜及瞬膜处易于表现出来，是由于胆色素代谢障碍，使血液中胆红素浓度增高所致。引起黄疸常见的病因：

（1）实质性黄疸 因肝实质的病变，致使肝细胞发炎、变性或坏死，并有毛细胆管的淤滞与破坏，造成胆汁色素混入血液或血液中的胆红素增多。可见于实质性肝炎，肝变性以及引起肝实质发炎、变性的某些传染病（如马流行性脑脊髓炎等）和营养代谢病与中毒病。

（2）阻塞性黄疸　因胆管被结石、异物、寄生虫所阻塞或被其周围的肿物压迫，引起胆汁的淤滞胆管破裂，造成胆汁色素混入血液而发生黏膜黄染。可见于胆结石、肝片吸虫病、胆道蛔虫等；此外，当小肠黏膜发炎、肿胀时，由于胆管开口被阻，可有轻度的黏膜黄染现象。

（3）溶血性黄疸　因红细胞被大量破坏，使胆色素蓄积并增多而形成黄疸。如牛的血红蛋白尿症、马焦虫病。此时，由于红细胞被大量破坏而同时造成机体的贫血，所以，在可视黏膜黄染的同时常伴有苍白现象。结合膜的重度苍白与黄疸色，乃溶血性疾病的特征。

5. 出血点、出血斑（Bleeding）　见于败血性传染病、出血性素质的疾病、牛的焦虫病。

四、体表淋巴结和淋巴管的检查

淋巴结是动物重要防御机构的组成部分，并且有一定的分布位置、淋巴引流区域和方向，根据淋巴结的变化特征，对传染病的定性具有一定意义。临床检查时，通常应注意几个主要的浅在淋巴结，如下颌淋巴结、咽淋巴结、肩前淋巴结、膝上淋巴结及腹股沟浅淋巴结。

（一）体表淋巴结的检查方法及位置

用视诊，尤其用触诊进行检查，必要时也可借助于穿刺。检查时要注意其位置、大小、形状、硬度、敏感性及移动性等。

1. 下颌淋巴结　位于头部下颌间隙中。马则位于下颌间隙稍后方。检查时，一手抓住笼头，另一手插入下颌间隙，沿下颌枝内侧前后滑动，即可感到卵圆形蚕豆大的淋巴结。牛的下颌淋巴结呈卵圆形，位于下颌间隙的后部，检查方法同马。猪的下颌淋巴结，一般每侧有两个，位于下颌骨后下缘的内侧，肥猪不易触到。

2. 咽淋巴结有两部分　即咽旁淋巴结和咽后淋巴结。马的咽旁淋巴结位于咽侧面的上部、在咽囊的下方，正常时不易摸到。马、牛的咽后淋巴结位于咽的后方。

3. 肩前淋巴结（颈浅淋巴结）　牛的肩前淋巴结位于冈上肌前缘，检查时，用手指在肩关节的前上方，沿冈上肌前缘插入并前后滑动，即可感到圆滑坚实的淋巴结。马的肩前淋巴结，位于肩关节前方，臂头肌深部，呈长条状。检查时，一手抓住笼头，另一手除拇指外，四指并拢，用力向肩关节前方的臂头肌间隙伸入，然后向外滑动，即可感到圆条状而坚实的淋巴结在手指下方滚动。猪的肩前淋巴结，位于肩关节前上方，胸深前肌前方，通常呈卵圆形，肥猪不易摸到。

4. 膝上淋巴结（股前淋巴结）　位于髋结节和膝关节之间，股阔筋膜张肌的前方。触诊马或牛的膝上淋巴结时，站在动物的侧方，面向动物的尾方，一手放于动物的背腰部作支点，另一手放于髋结节和膝关节的中点，沿股阔筋膜张肌的前缘用手指前后滑动，即可感到较坚实、上下伸展着的条柱状的淋巴结。犬没有这个淋巴结。

5. 腹股沟浅淋巴结　位于骨盆壁腹面，大腿内侧，精索的前方和后方。公畜的又称阴囊淋巴结。母牛和母马的腹股沟浅淋巴结，又称乳房上淋巴结，位于乳房座与腹壁之间。检查时，先判定乳房座，然后在乳房座附近，用手把皮肤和疏松的皮下组织做成皱襞，可感到稍坚实的淋巴结（图1-28）。

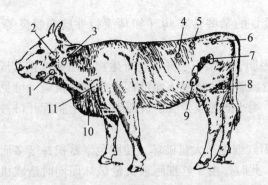

图1-28　牛的体表淋巴结位置

1. 颌下淋巴结　2. 耳下淋巴结　3. 颈上淋巴结　4. 髂上淋巴结　5. 髋内淋巴结　6. 坐骨
淋巴结　7. 髂外淋巴结　8. 膪淋巴结　9. 膝襞淋巴结　10. 颈下淋巴结　11. 肩前淋巴结

（二）淋巴结的病理变化

淋巴结的病理变化主要表现为急性肿胀、慢性肿胀及化脓。

1. 急性肿胀　为腺实质发生炎症，通常体积明显增大，表面光滑，触之发热并敏感，质地坚实，活动性受限，见于周围组织、器官的急性感染及某些传染病，如马腺疫、流行性感冒等传染病，上呼吸道感染时下颌淋巴结发生急性肿胀。猪患猪瘟、猪丹毒时某些淋巴结（腹股沟淋巴结）可见明显肿胀。

2. 慢性肿胀　淋巴结变得坚硬，表面凹凸不平，无热无痛，无移动性。多提示在牛主要见于结核病、淋巴细胞白血病以及泰氏焦虫病。在马见于鼻疽、流行性淋巴管炎。

3. 化脓　淋巴结在初期急性肿胀的基础上，增温而敏感，明显隆起，皮肤紧张，渐有波动。随后，皮肤变薄，被毛脱落，破溃后排出脓液。例如，下颌淋巴结的化脓性炎症为马腺疫的特征。

在体表分布的淋巴管，正常情况下是看不到的。当病原体沿淋巴径路感染扩散时，可见淋巴管肿胀，变粗，乃至呈绳索状，多见于马属动物的皮鼻疽和流行性淋巴管炎。

五、体温、脉搏及呼吸数的测定

哺乳类动物及禽类，属于恒温动物，均具有发达的体温调节中枢及产热散热装置，所以，能在外界不同温度的条件下，经常保持着恒定的体温，一昼夜的温差不超过1℃。在病理情况下，由于体内、外环境的剧烈变化，超过体温调节的限度，则体温变动范围较大。体温升高往往是机体患病的征兆，同时，由于疾病的性质不同，体温反应也有其特殊规律。因此，测量体温，对判定发病过程，早期诊断，推断预后及验证疗效都具有重要意义。

（一）体温的测定（Temperature）

1. 测定方法

通常测直肠温，测温使用的兽用体温计是一种特制的玻璃棒状温度计，其内径细小，水银柱上升后不易下降，而保持在实测体温的相应刻度处，便于读数。

（1）马的体温测定法　测温时，先将体温计靠手腕活动来甩动，使其中的水银柱降至35℃以下。然后涂以滑润剂备用。在确切保定家畜的情况下、测温人站在马臀部左侧，用左手将马尾提起置于臀部固定，右手拇指和食指持体温计，先以体温计接触肛门部皮肤，以免动物惊慌骚动。然后将体温计以回转的动作稍斜向前上方缓缓插入直肠内。将固定在体温计后端的夹子夹住尾部的被毛，将马尾放下。经 3～5min，取出体温计，用酒精棉球擦去黏附的粪污物后，观察水银柱上升的刻度数，即实测体温。测温完毕，应将水银柱甩下，保存备用。

（2）牛的体温测定法　检查者应站立于牛的正后方，左手将尾略向上举，右手持体温计测定。

（3）猪的体温测定法　检查人接近猪时，可先用手轻搔其背，使之安静站立或躺卧后，一手提尾，一手将体温计插入直肠内。对性情暴躁的猪，经妥善保定后再行测温。

（4）家禽的体温测定法　对禽类通常测其翼下的温度，或在泄殖腔内测温。

2. 正常体温及影响其变动的条件

（1）正常体温　所有的恒温动物均有较发达的体温调节中枢及产散热装置，所以，能在外界不同的温度条件下经常保持着恒定的体温，其正常指标变动在较为恒定的范围之内。家畜（禽）在生理条件下，体温的变动范围见表 1-2。

表 1-2　动物的正常体温

动物种类	体温（℃）	动物种类	体温（℃）
黄牛、奶牛	37.5～39.5	犬	37.5～39.0
水牛	36.5～38.5	猫	38.5～39.5
牦牛	37.0～39.7	兔	38.0～39.5
马	37.5～38.5	鹿	38.0～39.0
骡	38.0～39.0	貂	38.0～39.0
驴	37.0～38.0	鸡	40.0～42.0
骆驼	36.0～38.5	鸭	41.0～43.0
绵羊、山羊	38.0～40.0	鹅	40.0～41.0
猪	38.0～39.5	鸽	41.0～43.0

（2）健康动物的体温受一些生理因素的影响

①动物年龄　通常同种家畜的幼龄阶段的体温较成年的体温为高，如犊牛的体温可达40.0℃，比成年牛高 0.5～1.0℃。

②动物的性别、品种、营养及生产性能　各种动物的母畜在妊娠后期体温较平时稍高，如奶牛在分娩前的体温可达 38.0～40.0℃，母猪在妊娠后期的体温比空怀母猪高出 0.2～0.3℃。蒙古羊体温平均为 38.6℃。高产奶牛比低产奶牛的体温，平均高出 0.5～1.0℃；肥猪的体温比架子猪稍高。

③动物的机能状态　动物在兴奋、运动、使役时以及进行采食、咀嚼活动中，其体温暂时性升高 0.1～0.3℃。

④外界气候条件（温度、湿度及风力等）和地区性特点　早晨体温较低，而下午稍高。一般在夏季，动物的体温稍高，而在冬季则稍低。不同地区的动物体温也存在差异。

3. 测温的注意事项

①对就诊病畜待适当休息后再行测温，测温时应确保人、畜安全。

②体温计插入的深度要适当，大动物可插入全长的 2/3，对小动物则不宜插得过深，以免损伤直肠黏膜。

③对住院或检疫的动物应定时测温，分别在每日早 7～9 时、下午 16～18 时两次测温，并逐日绘制体温曲线表。

④当直肠蓄粪时，应促使排出后再行测温，在肛门弛缓、直肠黏膜炎及其他直肠损害时，为保证测温的准确性，对母畜可在阴道内测温（较直肠温度低0.2~0.5℃）。

⑤直肠发炎时所测体温不准确。动物用解热药在有效期内所测体温不准确。

4. 体温的病理变化

（1）发热（Fever）

由于热源性刺激物的作用，使体温调节中枢的机能发生紊乱，产热和散热的平衡受到破坏，产热增多，而散热减少，从而体温升高，并呈现全身症状，称为发热。

热候（Fever symptom）发热时除体温升高外，还伴有其他的临床症候群，称为热候。动物机体的发热，是一种复杂的全身性适应性防御反应。轻度发热，由于机体吞噬作用增强，抗体形成加快，白细胞中酶的活性提高以及肝脏解毒机能旺盛，从而对机体产生良好的作用。但异常高热或持久微热，必然对机体的各器官系统造成危害。

（2）发热的类型

发热可按病理长短、发热程度以及体温曲线波形来进行分类。

A. 根据发热病程长短分为4种

①急性热（Acute fever）发热持续1~2周，常见于急性传染病，如炭疽、马腺疫、传染性胸膜肺炎。

②亚急性热（Subacute fever）发热持续3~6周，见于亚急性马传染性贫血、马鼻疽等。

③慢性热（Chronic fever）发热持续数月甚至1年以上，多见于慢性传染病，如慢性马传染性贫血、牛结核。

④一过性热（Provisional fever）又称暂时热，发热仅为1~2天，如见于对畜（禽）预防注射后的轻度体温反应。

B. 根据发热程度，可分为4种

①微热（Slight fever）体温升高超过正常体温0.5~1.0℃，见于局部炎症、一般消化障碍。

②中热（Moderate fever）体温升高1~2℃，见于一般性炎症过程、亚急性和慢性传染病，如胃肠炎、马鼻疽。

③高热（High fever）体温升高2~3℃，见于急性传染病和广泛性炎症，如炭疽、口蹄疫、猪瘟、败血症。

④过高热（Excessively high fever）体温升高3℃以上，常见于重剧的急性传染病，如急性马传染性贫血、脓毒败血症。

C. 根据体温反应的曲线波形分类

许多热性病都具有特殊的体温曲线，对疾病的鉴别诊断具有相应的意义。

①稽留热（Continuous fever）高热持续3天以上，每昼夜的温差在1℃以内。见于牛肺疫、胸膜肺炎，流感、大叶性肺炎、猪瘟、猪丹毒等（图1-29）。

②弛张热（Remittent fever）体温在每昼夜内的变动范围为1~2℃或2℃以上，而不降到常温。见于许多化脓性疾病、败血症、小叶性肺炎及非典型经过的某些传染病（如腺疫）（图1-30）。

③间歇热（Intermittent fever）在疾病过程中，发热期和无热期交替出现，有热期短，

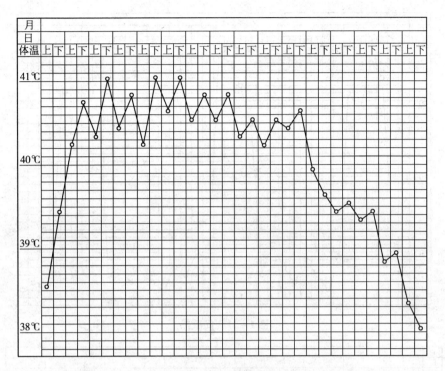

图1-29　稽留热

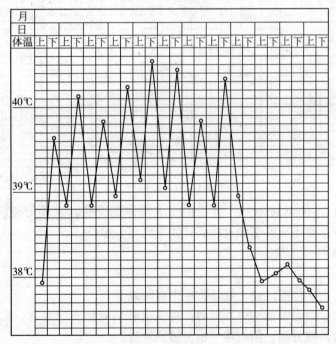

图1-30　弛张热

而无热期不定。见于马传染性贫血、血孢子虫病、犬瘟热等（图1-31）。

④回归热（Recurrent fever）　与间歇热相似，但有热期与无热期均以较长的间隔期，交互出现。见于亚急性或慢性马传染性贫血等（图1-32）。

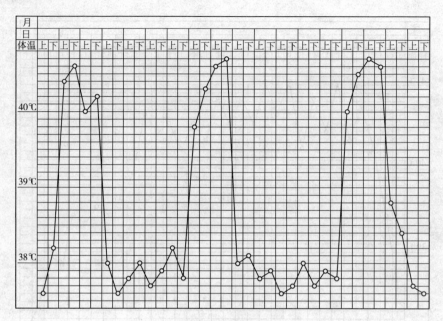

图 1 – 31　间歇热

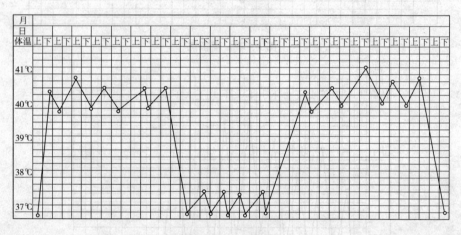

图 1 – 32　回归热

⑤不定型热（Atypical fever）　　体温曲线无规律的变化，发热的持续时间长短不定，每日温差变化不等。见于非典型经过疾病，如非典型马腺疫等。

（3）发热征候群

①体温升高。

②精神沉郁　由于体温过高，发热物质中毒所致。

③怕冷、战栗　因血管运动中枢障碍，皮肤血管的舒张支配异常，皮肤血管痉挛，皮温降低，所以尽管体温升高，但机体中枢仍感到发冷。

④消化不良　消化液分泌减少，肠蠕动减弱。

⑤脉搏、呼吸数增多。

（4）体温低下（Hypothermia）

由于病理原因，体散热过多或产热不足，导致体温降至常温以下，称为体温低下（体温过低）。正常时老龄动物，冬季放牧的家畜会出现体温低下。病理性低体温见于休克、心力衰竭、中枢神经系统抑制（如脑炎，中毒、全身麻醉）、高度营养不良、衰竭及濒死期。

（5）测定体温的意义

①可以判定疾病的种类　如急性传染病、广泛性炎症等时一般出现高热，慢性疾病一般微热或正常；

②可以判定疾病的性质　如胃肠卡他体温正常，胃肠炎体温升高；肺充血、肺水肿体温不变，肺炎时体温升高；急性传染病等急性疾病体温升高，慢性疾病、营养代谢病、中毒病初期体温不升高；

③判定疾病的预后　如果疾病过程中突然体温升高，提示有继发感染。例如，长期结症引起胃肠炎导致体温升高；疾病一开始温度很低或很高则预后不良；疾病过程中体温突然下降，则预后不良。

（二）脉搏测定（Pulse）

测定脉搏可以了解心脏活动机能及血液循环状态的概况，对于判断病性、推测预后和制定合理的治疗措施都至关重要。

1. 测定方法

用触诊法检查脉搏数，即用食指、中指及无名指的末端置于动物的浅在动脉上，先轻感触而后逐渐施压，便可发现其搏动。因动物种类不同，选择的部位也不同。

（1）牛的脉搏检查法　检查尾中动脉时，检查者站在牛的正后方，左手抬起牛尾，右手拇指放于尾根部的背面，食指、中指在距尾根约10cm处的腹面触诊。

（2）马属动物脉搏检查法　可利用下颌骨（下颌切迹）内侧的颌外动脉，检查者站在马头部方向的一侧，一手握住笼头，另一手的拇指置于下颌骨外侧，食指、中指伸入下颌枝内侧，在下颌枝的血管切迹处，前后滑动，触到动脉管后，用指轻压感知动脉搏动，然后计数每分钟的次数。

（3）小动物可利用股动脉，对猪、禽则借助心搏动检查和心脏听诊以代替。

2. 注意事项

①应待动物安静后再行测之，妥善保定动物，注意人、畜安全。

②一般应检测1min，必要时可测半分钟再2倍，如动物不安静宜测2~3min再平均。

③当脉搏过于微弱不感于手时，可依心跳次数代替。

3. 正常脉搏

健康动物的脉搏数见表1-3。

表1-3　健康动物的脉搏数

动物种类	脉搏数（次/min）	动物种类	脉搏数（次/min）
黄牛、奶牛	50~80	猪	60~80
水牛	30~50	犬	70~120
马	20~42	猫	110~130
骡	42~54	兔	120~140
驴	40~50	鹿	36~78
骆驼	30~50	貂	90~180
绵羊、山羊	70~80	鸡	120~200

4. 影响脉搏数发生变动的条件

①动物的外界环境的影响 气温升高或海拔高度上升，动物的姿势和胃肠充满度，动物的运动、使役和采食活动，动物受刺激而引起兴奋与恐惧等，一般都会出现脉搏数一时性增多。

②动物年龄的影响 一般幼龄时期比成年动物的脉搏数有明显增多，如成年奶牛仅为50~80次/min，而一岁龄犊牛为70~90次/min，新生幼犊甚至可达90~120次/min。

③动物种类、性别、品种、生产性能的影响 脉搏数通常是公畜少而母畜多，重型品种少而轻型品种多，生产性能低的少而生产性能高得多。如公黄牛为36~60次/min，而母黄牛可达60~80次/min；高产奶牛的脉搏数比低产奶牛为多，特别是在泌乳盛期。

5. 脉搏数的病理变化

（1）脉搏数增多（快脉 Frequent pulse） 脉搏数增多是心脏机能活动加快的结果。主要见于以下各病：

①热性病 动物机体发热时，由于血液过热、病原体的毒素刺激心脏血管活动中枢，引起交感神经兴奋或迷走神经抑制，从而出现快脉，如炭疽、口蹄疫、牛肺疫、猪瘟、胃肠炎。一般体温每升高1℃，脉搏数增多4~8次不等。在热性病过程中，如出现快脉的同时，体温反而下降，则提示预后不良。

②心脏病 由于心脏疾患（如心肌炎、心包炎），使心肌收缩力减弱而随之发生的代偿机能加强，或各种致病因素刺激窦房结所致。

③呼吸器官疾病 由于呼吸器官的疾患（如肺炎、胸膜炎）使肺内气体交换障碍，引起血液中 O_2 缺乏或 CO_2 增多，通过作用于主动脉体和颈动脉体的化学感受器，反射性地引起心搏动加快所致。

④各种贫血、或失血性疾病（包括因下痢引起的脱水） 由于动物机体血容量不足，血压下降，颈动脉窦和主动脉弓的压力感受器所接受的刺激减弱，通过窦神经和主动脉神经传至延脑的冲动减少，以致心抑制中枢的兴奋减弱，而心加速中枢的兴奋加强，于是交感神经传出的冲动增加，通过肾上腺髓质激素的作用，使心搏动加快加强所致。

⑤伴有剧烈疼痛的疾病 在伴有剧烈疼痛的疾病（如马疝痛、骨折、蹄叶炎）时，由于机械性刺激和致痛物质（K^+，H^+、5-羟色胺、乳酸等）刺激痛觉感受器，而反射地引起心搏动加快所致。

⑥中毒性疾病或药物作用 见于有毒植物中毒（如毒芹中毒）、治疗不当引起的药物中毒（阿托品中毒等）。

脉搏数增多不但在诊断上是一个重要依据，而且对判断预后也具有重要意义。一般认为，脉搏数比正常增加一倍以上，则表示疾病严重，如马的脉搏数达80次，说明疾病较重；超过100次，反映病情严重；增加到120次，提示病势危重。

（2）脉搏数减少（慢脉，Infrequent pulse） 是心脏活动减慢的指征，主要见于以下疾病。

①颅内压增高的疾病（如慢性脑积水、脑肿瘤） 由于颅内压升高，引起迷走神经中枢的兴奋所致。

②毒物和药物中毒 这类疾病包括有毒植物（大戟、夹竹桃等）、药物（洋地黄等）中毒和自体中毒（尿毒症、胆管阻塞造成的胆血症等）。

③心脏传导阻滞 动物的慢性过劳时的慢脉与此有关。

（三）呼吸数测定（Respiration）

呼吸数是指动物在呼吸运动时由吸气和呼气两个阶段所组成的一次呼吸，通常测定一分钟内的呼吸次数为准。

1. 呼吸数的检查方法

测定呼吸数时，必须在动物处于安静状态下进行。具体方法包括：

①检查者站在动物的前侧方或后侧方，观察不负重的后肢那一侧的胸腹部起伏运动，一起一伏为一次呼吸动作。

②将手背放在鼻孔前方的适当位置，以感觉呼出的气流（在冬季还可看到呼出的气流），呼出一次气流，即为一次呼吸动作。

③观察鼻翼的开张度。

④听取气管呼吸音或肺泡呼吸音来计算呼吸数。

⑤对家禽的呼吸数，可观察肛门下部的羽毛起伏动作进行判定。

2. 注意事项

①宜于动物安静、休息时检测。一般宜测 1min 的次数或 2min 再平均之。

②观察动物鼻翼的活动或以手放于翼前感知气流的测定方法不够准确，应注意。必要时可以听诊肺部呼吸音的次数代替。

3. 正常呼吸数及影响其变动的条件

健康动物在安静状态下，其呼吸数在单位时间内的变动是有一定范围的。

（1）健康动物的呼吸数见表1－4。

表1－4　健康动物的呼吸数

动物种类	呼吸数（次/min）	动物种类	呼吸数（次/min）
黄牛、奶牛	10～30	犬	10～30
水牛	10～50	猫	10～30
马、骡、驴	8～16	兔	50～60
骆驼	6～15	鹿	15～25
绵羊、山羊	12～30	貂	30～50
猪	18～30	鸡、鸭、鹅	15～30

（2）影响呼吸数变动的条件，通常有以下几个方面。

①种类、品种、性别、年龄、体质及营养状态　呼吸数一般母畜比公畜多，幼畜比成年畜多，母畜在妊娠期增多，营养良好的动物比营养不良的多。

②动物的生产性能及所处状态　高产奶牛的呼吸数较肉牛、役用牛的呼吸数为多，动物在运动、使役时的呼吸数比平静时为多，奶牛在饱食后取卧位时，呼吸数增多。

③外界环境中温度、湿度和地理特点　炎热夏季，呼吸数显著增多，特别是被毛密集、皮肤厚及皮下脂肪组织发达的动物（如绵羊、肥猪）。在海拔 800m、气温 20℃ 以上时，马、骡的呼吸数可增加 2～3 倍。

4. 呼吸数的病理变化

（1）呼吸数增多（呼吸加快，Polypnea）或称呼吸迫促（Tachypnea）　凡能引起动物脉搏数增多的疾病，多数也能引起呼吸数增多。

①热性病　由于高温、病原微生物及其毒素作用的结果。

②呼吸器官疾病　当上呼吸道狭窄、呼吸面积变小（如肺炎、肺水肿）时，由于血液氧合作用不全，而导致低氧血症或碳酸过多症，遂发生呼吸加快。

③心脏病和血液病　与心力衰竭时引起的小循环淤血或血红蛋白含量和性状异常有关。

④伴有疼痛的疾病引起的反射性呼吸加快。

⑤中枢神经系统兴奋性升高的疾病　如脑炎、脑充血。

⑥呼吸运动受阻　与膈活动受限（如膈麻痹、膈破裂）、腹压升高（如胃肠臌气、腹水），胸壁损害（如胸膜炎、肋骨骨折）密切相关。

（2）呼吸数减少（呼吸减慢，Bradypnea）　呼吸数减少涉及因素有：

①颅内高压症（如脑炎、脑肿瘤、慢性脑积水）。

②上呼吸道狭窄（由于吸气延长，使对吸气动作的反射性抑制随之延缓，干扰了正常的肺牵张反射的结果）。

③酸中毒、药物作用（如麻醉药中毒）。

（四）T、P、R的诊断意义

1. 一般来说，T、P、R的变化是并行一致的。升高时均高，降低时同时降低。如果三条曲线逐渐平行上升，表明病情加重。如果三者曲线逐渐平行地下降，以致接近正常，则表明病势好转。因此，通过每天的T、P、R变化，绘制曲线进行分析即可判定病情的发展与预后。

2. 若这三条曲线出现交叉或分离则表明衰竭、濒死或预后不良。

（五）濒死期表现

1. 结膜发绀，脉搏（马）120次/min以上者死；

2. 口膜苍白，四肢厥冷，全身冷汗者死；

3. 张口伸舌，呼吸100次/min以上者死；

4. 昏迷卧地，且潮式呼吸者死；

5. 高度兴奋，突然转为抑制者死。

 复习思考题

1. 基本概念：发绀　稽留热　休克或虚脱　跛行　盲目运动　转圈运动　丘疹

2. 一般检查有什么临床意义？

3. 一般检查的内容有哪些？分别采用什么方法？

4. 通过观察体表，如何鉴别诊断猪瘟和猪丹毒？

5. 通过一般检查，如何判断动物是否处于危症？

6. 如何鉴别诊断动物体表出现的隆起？

第四节　心血管系统的临床检查

家畜心脏血管系统的原发病虽然不多，但是，其他器官、系统的疾病都会直接、间接地影响心脏血管系统。特别是许多传染病、寄生虫病以及营养缺乏、代谢紊乱性疾病和中毒病，由于常可侵害心脏而引起其功能发生障碍。严重时，可影响家畜的生产性能、使役能力和经济价值，甚至会造成死亡。

临床中准确地判断心血管的机能状态，不仅在诊断上十分重要，而且对推断预后，也有一定的意义。因此，心血管系统的临床检查是一项非常重要的内容。

心血管系统的检查主要可应用视诊、触诊、听诊和叩诊方法。此外，尚可根据需要，配合应用某些特殊的检查法，如心电图或心音的描记、X 线的透视或摄影、动脉压、静脉压及中心静脉压测定以及某些实验室检验等。这些内容对心血管系统疾病的诊断，均可提供重要的根据和资料。

一、心脏的临床检查

心脏的临床检查可用视、触诊的方法检查心搏动；用叩诊的方法判定心脏的浊音区；并应着重用听诊的方法诊查心音，判断心音的频率、强度、性质和节律的改变以及有否心杂音。

（一）心搏动的视诊与触诊

心搏动是心室收缩时冲击左侧心区的胸壁而引起的振动。用视诊的方法一般看不清楚，所以多用手掌平放于左侧肘头后上方的心区部位进行触诊以感知其搏动。检查心搏动时，宜注意其位置、频率、特别是其强度的变化。

心搏动的频率有时可用以代替脉搏的次数（如当脉搏过于微弱而不能感知时），其正常指标及频率的增多、减少的变化原因和意义与脉搏次数的变化基本相同。

心搏动的强度决定于：心脏的收缩力量、胸壁的厚度、胸壁与心脏之间的介质状态。

1. 正常情况下　如心脏的收缩力量不变，胸壁与心脏之间的介质状态无异常，则因动物的营养程度不同，胸壁的厚度不一，而心搏动的强度有所差异。如过肥的动物，其胸壁较厚而心搏动较弱；而营养不良，消瘦的个体，因胸壁较薄而心搏动相对较强。

此外，使役与运动之后，外界温度增高时，动物的兴奋与恐惧等，均可引起生理性的心搏动增强。而动物的个体条件，如年龄及神经类型与兴奋性等也有影响。

2. 病理性的心搏动增强　可见于一切引起心机能亢进之时，如：发热病的初期；伴有剧烈的疼痛性疾病；轻度的贫血；心脏病的代偿期（如心肌炎，心包炎，心内膜炎的初期）以及病理性的心肥大等。

心搏动的过度增强，可随心搏动而引起病畜全身的振动，称为心悸。

阵发性心悸常见于敏感而易于兴奋的动物，在马可继发于急性过劳（特别当炎热的夏天）；当有慢性心脏衰弱的病畜（如患慢性马传染性贫血的病马），此时心脏给予过重的负担（如使役，运动或其他等）时，更易引起。

强而明显的心悸须与膈肌痉挛相区别：

心悸时病畜体壁的振动与心搏动的时期一致，且有心搏动的显著增强为其特点；而膈肌痉挛时，体壁的振动与心搏动的时期不完全一致，同时心搏动不强并多伴有呼吸活动的紊乱（如呃逆等）。

3. 心搏动减弱，表现为心区的振动微弱甚至难于感知。可见于：

（1）引起心脏衰弱，心室收缩无力的病理性过程，如心脏病的代偿障碍期；

（2）病理性原因引起的胸壁肥厚，如当纤维素性胸膜炎或胸壁浮肿时；

（3）胸壁与心脏之间的介质状态的改变，如当渗出性胸膜炎，胸腔积水，肺气肿，渗出性或纤维素性心包炎等时；在牛的创伤性心包炎，心包腔有大量渗出液贮积时，心搏动特别微弱。

此外，当触诊检查心区时，如动物表现回视，躲闪或抵抗，是心区敏感的表现，可见于心包炎或胸膜炎。

有时还可感知心区的轻微振动，除可见于纤维素性心包炎，胸膜炎之外，还可伴发于明显的心内性的器质性心杂音。

（二）心区的叩诊

1. 叩诊方法　在大动物应用椎板叩诊法。宜先将动物的左前肢拉向前方半步，以使心区充分显露；然后持叩诊器由肩胛骨后角垂直地向下叩击，直至肘后心区，再转而斜向后上方叩击。随叩诊音的改变，而标明由肺清音变为心浊音的上界点及心浊音区又转为肺清音的后界点，将此两点连成一半弧形线即为心浊音区的后上界线。在马，心脏绝对浊音区近似一不等边三角形，其顶点在第三肋间，高度距肩关节线下方 4～6cm 处；由顶点斜向第 5 肋间下端引一弧线，即为其后下界（图 1-33）。相对浊音区在绝对浊音区后方呈带状，宽 3～4cm。

图 1-33　马的心脏叩诊浊音区

牛心脏被肺所掩盖的部分比马大，心脏叩诊音区比马的甚小，健康的牛只在左侧第 3～4 肋间，胸廓下 1/3 中央只能发现相对浊音区，而且范围大。如发现绝对浊音区是创伤性心包炎的渗出期特点；肥猪的心脏叩诊无任何实际意义。

2. 心浊音区的变化　决定心浊音区大小变化的条件，除心脏本身容积大小的变化之外，尚应考虑掩盖心脏的肺脏尖叶部分及心包，胸膜腔的状态。

（1）心浊音区的扩大　可见于心肥大及心扩张，心包炎时亦可见之，特别是当牛的创伤性心包炎时，可见心浊音区的显著扩大。当渗出性胸膜炎时，心浊音区将混同于胸下部的叩诊水平浊音区之内。而当胸壁浮肿时，心浊音区则难以判定。

（2）心浊音区的缩小　常是由于掩盖心脏的肺边缘部分的肺气肿所引起的。

为进一步判断心脏的容积与肺脏边缘的关系，可仔细地在心区部位用较强的叩诊与较弱的叩诊方法反复进行检查，并根据产生绝对的浊音区域及呈现相对的半浊音的区域，而确定心脏的绝对浊音区及相对浊音区。

一般心脏的绝对浊音区的大小，受肺脏边缘状态的影响较大；而相对的浊音区的外围轮廓，则可较为确切的反映心脏的容积大小。

叩诊心区时，动物如呈现回视，躲闪，反抗等行动，提示心区胸壁的敏感，疼痛，可见于胸膜炎或心包炎。

（三）心音的听诊

心音是随同心室的收缩与舒张活动而产生的声音现象。听诊健康家畜的心音时，每个心动周期内可听到两个相互交替的声音。

在心室收缩过程出现的心音，称缩期心音或第一心音；于心室舒张过程出现的心音为舒期心音或称为第二心音。

各种动物在正常时心音的特性不一。

马的心音较强；黄牛及乳牛的心音较为清晰，水牛的心音甚为微弱；猪的心音较钝浊，第一心音较弱，育肥的猪，其心音亦甚微弱。

马、骡的正常心音有如下的特点：

第一心音的持续时间较长，音调较低，声音的末尾拖长；而第二心音则具有短促，清脆，末尾突然终止等特点。

两心音的区别，除了可根据上述的声音特点外，每次心音之间的休止期的长短，也是重要的区别条件。即：第一心音与第二心音之间的间隔期较短；而第二心音与下次第一心音之间，则具有较长的休止期。

更重要的区别点在于：第一心音产生于心室收缩之际，因之同心搏动及动脉脉搏同时出现；第二心音产生于心室舒张之时，所以在出现时间上和心搏动及动脉脉搏不相一致。

心音的组成因素很多，主要由瓣膜的振动，心肌的紧张及血液的流动与振动等声音综合而成。但其中弹性瓣膜的振动音，是心音的重要组成部分。第一心音主要是房室瓣（二尖瓣与三尖瓣）的关闭与振动的声音；第二心音则主要为动脉根部的半月瓣的关闭与振动音。

正常情况下，由于左、右心室的收缩在时间上是同时的，所以，虽然第一心音是分别有左（二尖瓣）右（三尖瓣）房室瓣的振动音所共同组成，但听起来只是在时间上相吻合的一个声音；同样，第二心音也是分别由主动脉根部与肺动脉根部的半月瓣的振动所共同组成，由于在出现时间上的一致，听起来也是一个声音。

听诊心音的方法：一般用听诊器进行听诊。应先将动物的左前肢向前拉伸半步，以充分暴露出心区，通常与左侧肘头后上方心区部位听取，必要时再于右侧心区听诊。宜将听诊器的集音区（听头）放于心区部位，并使之与体壁密切接触。为确定某一瓣膜心音的变化，可与各该瓣膜口的心音最佳听取点进行听诊（表1-5）。

表1-5　各种动物心音最佳听取点

心音部位 畜别	第一心音		第二心音	
	二尖瓣口	三尖瓣口	主动脉瓣口	肺动脉瓣口
马	左侧第五肋间，胸廓下1/3的中央水平线上	右侧第四肋骨，胸廓下1/3的中央水平线上	左侧第四肋间，肩关节水平线下方一、二指处	左侧第三肋间，胸廓下1/3的中央水平线下方
反刍动物	左侧第四肋间，较主动脉瓣口的位置远为靠下	右侧第三肋间，胸廓下1/3的中央水平线上	左侧第四肋间，肩关节水平线下方一、二指处	左侧第三肋间，胸廓下1/3的中央水平线下方
犬	左侧第四肋间，较主动脉瓣口的位置远为靠下	右侧第四肋间，肋骨与肋软骨结合部稍下方	左侧第四肋间，肱骨结节水平线上	左侧第三肋间，接近胸骨处
猪	左侧第四肋间，主动脉瓣口的远下方	右侧第三肋间，胸廓下1/3的中央水平线上	左侧第四肋向，肩关节水平线下方一、二指处	左侧第三肋间，胸廓下1/3的中央水平线下方

听诊心音的目的，主要在于判断心音的频率及节律，注意心音的强度与性质的改变，有否心音分裂以及发现是否有心杂音。依次而推断心脏的功能及血液循环状态。

1. 测定心音的频率　依每分钟的心音次数而计测之。但须注意，正常时每个心动周期中有两个心音；当某些病理过程中可能只听到一个心音（如当血压过低或心率过快时第二心音可极度减弱甚至难于听到），此际，应配合心搏动或动脉脉搏频率的检查结果而确定之。

心音频率的增多与减少，一般与脉搏次数的增减变化，其原因及意义基本是相同的。

2. 心音的强度　心音的强度决定于心音本身的强度及其向外传递过程的介质状态（如胸壁的厚度，肺脏的心叶和边缘的状态，胸膜腔及心包腔的情况等）。而心音本身的强度，又受心肌的收缩力量，心脏瓣膜的性状及其振动能力，循环血量及其分配状态等主要因素的影响。通常，第一心音的强度主要决定于心室的收缩力量，第二心音的强度则主要决定于动脉根部的血压。

心音的强弱变化，可表现为第一、第二两个心音同时增强或减弱；也有时表现为某一个心音单独的增强或减弱。

两个心音同时的增强或减弱，可见于某些生理性情况下：如消瘦而胸壁薄或狭胸的动物个体，其心音较强，而营养良好或过肥，因胸壁较厚，心音则相对较弱。此外，当动物的兴奋、恐惧时或使役、运动之后，可见心音增强。

（1）病理性的心音增强

①第一与第二心音同时增强　可见于心肥大或某些心脏病的初期而其代偿机能亢进时；伴有剧烈的疼痛性疾病；发热性疾病的初期阶段；轻度的贫血或失血；应用强心剂等。

②第一心音增强　可见于心肌收缩力量增强与瓣膜紧张度增高之际；较多的情况是表

现为第二心音减弱的同时，第一心音相对地增强。

第一心音相对地增强而第二心音相对地减弱甚至难于听取，主要发生于动脉根部血压过低之际，如：大失血或频繁、剧烈的腹泻而引起的大失水；休克与虚脱（如创伤性休克，过敏性休克等）；某些其他病因引起的病理性心动过速，在马如心率达 100 次/min 以上时，则在第二心音减弱的同时，第一心音明显地增强，而心率超过 120 次/min 以上时，一般多仅可听到显著增强的第一心音，而第二心音则难于听取而几乎消失。

③第二心音增强　一般均系相对的，可见于动脉根部血压显著升高之时，依主动脉根部或肺动脉根部的血压增高变化为转移，可分别表现：主动脉口的第二心音增强（加重）或肺动脉口第二心音的增强（加重）。

主动脉口第二心音增强，可见于左心肥大，肾炎，高血压等。

肺动脉口第二心音增强，主要提示为小循环的充血、淤血，如肺充血或肺炎的初期。

（2）病理性的心音减弱

①第一、第二心音均减弱，可见于一切引起心肌收缩力量减弱的病理过程中（如心肌炎及心肌变性的后期，心脏代偿障碍时）；渗出性心包炎，渗出性胸膜炎，胸腔积水，心包积水等；重度的胸壁浮肿及肺气肿。

②第二心音减弱（甚至消失）是临床常见的变化，乃动脉根部血压显著降低的标志。见于大失血，高度的心力衰竭，休克与虚弱及心动过速等时。第二心音显著减弱甚至消失，同时心力微弱，心率过速或伴有明显的心律不齐，常提示预后不良。

单独的第一心音减弱，在临床实际中几乎很少遇到。而在第二心音增强的同时，第一心音相对的减弱，则如前述，是动脉根部血压升高的结果。

3. 心音性质的改变

（1）心音混浊　心音的性质变化，主要可表现为心音的混浊，即音质低浊甚至含糊不清。主要是由于心肌及其瓣膜变性，而使其振动能力发生改变的结果。可见于心肌炎症的后期以及重度的心肌营养不良与心肌变性。高热性病，严重的贫血，重度的衰竭症等时，因伴有心肌的变性变化，所以，多有心音混浊现象。某些传染性病时，因心肌损害也可致心音混浊，如马鼻疽，特别是慢性马传染性贫血时尤为明显；在牛可见于结核、口蹄疫；在猪可见于猪瘟、猪肺疫、流行性感冒、猪丹毒；亦可见于幼畜的白肌病以及某些中毒与内中毒。

（2）心音性质的改变　偶可表现为过于清脆而带有金属音。当破伤风或邻近心区的肺叶中有空洞（含气性）形成之际，可听到近似的声音；或可见于膈疝，且脱垂至心区部位的肠段内含有大量气体时。

4. 心音的分裂　正常的缩期或舒期的某一个声音，因病理原因而分裂为两个音响时，称为心音的分裂。如分裂的程度较明显，且分裂开的两个声音有明显间隔时则称为心音的重复。分裂与重复的意义相同，仅程度不同而已。

（1）第一心音分裂　是由左（二尖瓣）、右（三尖瓣）房室瓣关闭时间不一致所造成，原因在于左、右心室收缩时间的不一致。可见于因心肌损害而致传导机能障碍时，常提示心肌的重度变性。个别情况，当健康马高度兴奋时，也可见有暂时出现的第一心音分裂，安静后即行恢复，此际并无病理意义（图 1－34）。

（2）第二心音分裂　主要反映主动脉与肺动脉根部血压有悬殊的差异。依心脏收缩时

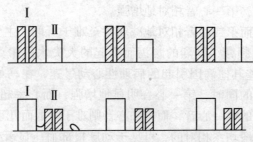

图 1 - 34　心音分裂示意图
上：第一心音分裂　下：第二心音分裂
Ⅰ. 第一心音　Ⅱ. 第二心音

驱出的血液量及承受血液的动脉管内的压力高低为转移，如左、右心室某一方的血液量少或主动脉、肺动脉某一方的血压低，则其心室收缩的持续时间短，而这方面的动脉根部的半月瓣不同时关闭，遂造成第二心音分裂。可见于重度的肺充血或肾炎。

（3）奔马调　除第一、第二心音外，又有第三个附加的心音连续而来，恰如远处传来的奔马蹄音。此第三心音，可见于舒张期（第二心音之后），或发生在收缩期前（第一心音之前）。但此附加音，一般没有心音重复那样清晰。可见于心肌炎、心肌硬化或左房室口狭窄等疾病。

5. 心音节律的改变　正常情况下，每次心音的间隔时间均等且每次心音的强度相似，此为正常的节律。如果每次心音的间隔时间不等并且强度不一，则为节律不齐。心脏的节律不齐一般简称心律不齐。

心律不齐多为心肌的兴奋性改变或其传导机能障碍的结果，并与植物神经的兴奋性有关。轻度的、短期的一时性的心律不齐及幼畜常见的呼吸性节律不齐，一般无重要的诊断意义。重度的、顽固性的心律不齐，多提示心肌的损害。常见于心肌的炎症、心肌的营养不良或变性、心肌硬化之时。造成心肌损害的这些变化，可由于营养、代谢紊乱（如幼畜白肌病）、贫血、长期发热、中毒或内中毒所引起；某些传染病时，心肌受菌、毒的刺激而常有不同程度的损害，也表现有明显的心律不齐。病畜表现有心律不齐的同时，伴有心血管系统其他方面的明显改变与整体状态的变化，则在临床上应给予重视。

心律不齐的表现形式很多，但依其发生原因可分为：

第一，窦房结兴奋起源发生紊乱，称窦性节律，如窦性心动过速、窦性心动过缓、窦性心律不齐；

第二，窦结房以外的异位兴奋灶所引起的心律紊乱，称异位节律，如期外收缩或称过早搏动，阵发性心动过速等；

第三，传导系统机能障碍而引起的心律紊乱，如传导阻滞等。

心律不齐的临床表现，可分为：

第一，过快而规则的心律，如窦性心动过速，阵发性心动过速等；

第二，过慢而规则的心律：如窦性心动过缓，心传导阻滞等（呈有规律性的变化者）等；

第三，不规则的心律：如窦性心律不齐，期外收缩或过早搏动，心传导阻滞（呈不规则的变化者），心房颤动等。

过快或过慢而规则的心律，临床表现为心动过快及脉搏频率增多或心动徐缓及脉搏频率减少。其原因与意义基本上和前述（见一般检查的测定脉搏频率部分）相同。以下仅就几种常见的不规则的心律略加说明。

（1）窦性心律不齐　常表现为心脏活动的周期性的快慢不均现象，且大多与呼吸有关，一般吸气时心动加快而呼气时心动转慢，常见于健康动物，特以幼畜为明显，多为生理现象，临床无重要意义。

（2）期外收缩或过早搏动　当心肌的兴奋性改变而出现窦房结外的异位兴奋灶时，在正常的窦房结的兴奋冲动传来之前，由异位兴奋灶先传来了一次兴奋冲动，从而引起心肌提前收缩。此后，原来应该有的正常搏动又消失一次，以致要待到下次正常的兴奋冲动传来，才再引起心脏的搏动，从而使其间隔时间延长，即出现所谓代偿性间隔（图1-35）。

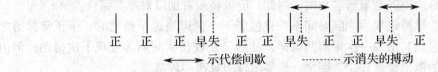

正　　正　　正 早失　正　　正 早失　正　　正 早失　正

→ 示代偿间歇　　　-------- 示消失的搏动

图1-35　过早搏动示意图

按图1-35所示，当听诊心音时表现为心音的间隔时间不等，其特点是：在正常心音后，经较短的时间即很快出现一次提前收缩的心音，其后又经较长的间隔时间，才出现下次心音。此际，因提前收缩心室充盈量不足，心搏出量少，从而其第二心音微弱甚至可能消失。

期外收缩若有规则地每经一次、二次、三次正常搏动之后出现一次，则表现为所谓二联律或三四联律。

偶尔出现的期外收缩，多无重要意义；如顽固而持续的期外收缩，常为心肌损害的标志。

（3）传导阻滞　当心肌病变波及刺激传导系统时，兴奋冲动不能顺利地向下传递，从而出现传导阻滞。明显而顽固的传导阻滞，常为心肌损害的一个重要指征。

传导阻滞的表现形式有多种的可能，如窦房阻滞，房室传导阻滞，或心室束支的传导阻滞等。如一侧心室束支的传导阻滞可表现为第一心音的分裂；房室传导阻滞时，部分病例可表现为慢而规则的心律，部分病例表现为不规则的心律；有时在心动间歇期间可听到轻微的心跳。

如当房室传导阻滞时，由窦房结传来的兴奋冲动，其中一部分不能传向心室，从而引起心室搏动脱漏即心动的间隔，使心律表现为不规则。心室搏动脱漏时，这次心音即消失。

此际，其不规则心律的特点是：当心室搏动脱漏时，因心动间歇而在前次心音与后次心音之间出现长时间的间隔，其间隔时间一般相当于正常间隔时间的2倍（图1-36）。

心房
心室

：示脱漏搏动

图1-36　房室传导阻滞示意图

传导阻滞与期外收缩的不同点是：前者并无提前收缩，又无代偿间隔，只有两次心动之间出现一次心室搏动的暂时停止。房室传导阻滞若有规则的每经二次、三次、四次心室搏动后即出现一次搏动脱漏，也可形成类似的二联或三四联律，但它与期收缩所表现的不同之处是：几次正常的连续出现的心律之间间隔时间是均等的。

（4）震颤性心律不齐（心房颤动）　正常情况下，先心房肌，尔后心室肌收缩，再共同进入舒张期。但在病理情况下，房室的个别肌纤维在不同时期分散而连续地收缩，从而发生震颤。一般主要表现为心房颤动（或称心房纤颤）。

其特征是：心律毫无规则，心音时强时弱、休止期忽长忽短，乃心律不齐中最无规律的一种，亦称心动紊乱。

心律震颤若持续过久，常为预后不良的信号。

心律不齐与脉律不齐是紧密联系的，因此，应该将两者加以对照与综合。

期外收缩时，脉搏表现为间隔时间不等且强弱不一。即当过早搏动时，于正常脉搏之后经短时间隔而很快又出现一次提前的脉搏，其后又经较长的间隔才发现下次搏动；但由于心室过早搏动的搏出血量较少，因之，提早出现的脉搏多较微弱。

应该注意：当期外收缩所引起的动脉过于微弱而不感于手时，则形成所谓脉搏短绌。此际，则与传导阻滞所引起的脱漏搏动造成的脉搏消失，其表现是相同的。因此，如仅根据脉搏的变化，则两者难于区别。但由于期外收缩时心脏的过早搏动可以引起有效的心搏动及明显的第一心音，所以，根据听诊心音、触诊心搏动及检查脉搏的综合结果，一般对典型的期外收缩与传导阻滞是可以鉴别的。

复杂的心律不齐，通常仅依临床方法很难识别。必要时，可根据心电图的特点而分析确定之。

6. 心杂音

心杂音是指伴随心脏的舒、缩活动而产生的正常心音以外的附加的音响。依产生杂音的病变所存在的部位不同，可分为心外性杂音与心内性杂音。

心外性杂音可分为心包杂音及心包外杂音，而心包杂音又按其性质而分为心包摩擦音与心包击水音；心内性杂音又有器质性与非器质性（机能性）杂音之别。

（1）心外性杂音　是心包或是靠近心区的胸膜发生病变的结果。心包杂音依杂音的性质不同，可分为心包击水音与心包摩擦音。

①心包击水音：呈液体振荡的声音，类似振荡盛有半量溶液的玻璃时所产生的音响。心包击水音是渗出性心包炎与心包积水的特征。

②心包摩擦音：犹如两层粗糙的膜面相互擦过的音响，呈连续的，粗糙的，破裂的特性。心包摩擦音是纤维性心包炎特性。

心包击水音与心包摩擦音常见于牛的创伤性心包炎。心包击水音或心包摩擦音均可提示心包炎的诊断。当心包发炎时，依炎症产物的种类不同或在病程经过的不同阶段中，有时可出现击水音，有时可出现摩擦音或表现为两者的交替出现。如渗出的液体较多时，则主要出现击水音，而析出的纤维较多则主要表现为摩擦音。一般于病的初期，仅有少量的纤维且渗出液不多时，不可能引起明显的击水音而仅有轻微的摩擦音。随病程的发展而心包腔内蓄积一定量的渗出液后，则随心脏活动而产生明显的击水音，特别是当由于渗出物腐败而产生气体，使心包腔内积有一定量的液体和气体混在时，则击水音更明显。续之，渗出液逐渐被吸收而留有多量的纤维素性渗出物时，则主要表现为心包的摩擦音。

然而，杂音的强度及其是否出现，又不完全取决与心包的病变和程度，还依心收缩力量的大小及其他条件为转移。

由此可见，心包杂音的出现，是提示心包炎诊断的重要的甚至是特殊性的症状与条件。但是，反之，仅仅缺少心包杂音这一个症状条件，则不足以做否定或排除心包炎诊断的绝对的或唯一的根据。要结合其他的症状、资料，根据病情的变化，病程经过的阶段性及其他特点，而对某些症状要做具体的、动态的、综合的分析。

③心包外杂音 其中主要为心肺杂音，是靠近心区的胸膜发炎并有纤维素性产物析出时，随心脏的活动而产生的摩擦音，应注意区别。此际摩擦音在随心动的出现的同时，伴有呼吸活动也可出现。并应具有作为胸膜炎症的一些其他症状和特点（如胸膜敏感、咳嗽等）。

心外性杂音都是伴随心脏的活动而产生的，并具有：听之距耳较近；一般均很明显；用听诊器集音头压迫心区可使杂音增强；杂音一般较为固定且可较长时间存在等共同的特点。这是区别其他杂音的主要条件。

（2）心内性杂音 是心内瓣膜及其相应的瓣膜口发生形态改变或血液性质发生变化时，伴随心脏活动而产生的杂音。依有否心内膜的形态改变而区分为器质性杂音与非器质性（或机能性）杂音。

①心内性器质性杂音 是慢性心内膜炎的特征。慢性心内膜炎的结果，常引起某一瓣膜或其周围组织的增殖、肥厚及粘连，瓣膜缺损或腱索的短缩，这些形态学的病变统称为慢性心脏瓣膜病。心脏瓣膜病的类型很多，一般概括地可分为：瓣膜的闭锁不全及瓣膜口（或称为心孔）的狭窄。

瓣膜闭锁不全 在心室的收缩或舒张的活动过程中，瓣膜不能完全地将其相应的瓣膜口关闭而留有空隙，从而血液可经病理性的空隙而逆流，形成旋涡、发生振动，产生杂音。依各瓣膜的关闭时间为转移，杂音可出现于心室的收缩或舒张时期：如左（二尖瓣）、右（三尖瓣）房室瓣的闭锁不全，杂音出现于心缩期，而称缩期杂音；主动脉与肺动脉的半月瓣闭锁不全，则在舒张期产生杂音，称为舒期杂音。

瓣膜口狭窄 在心脏活动过程中，血液流经变窄了的瓣膜口时，形成旋涡，发生振动而产生杂音。依血液流经病变瓣膜口的时期为转移，杂音也可出现于心室收缩期或舒张期。如左、右房室口狭窄，杂音出现于舒张期；而主动脉与肺动脉口狭窄，则于心缩期产生杂音。显然，为推断心内膜病变的类型及部位，应特别注意杂音出现的时期及杂音的最佳听取点。

缩期杂音 提示为房室瓣的闭锁不全或为动脉口的狭窄。

舒期杂音 提示为房室口的狭窄或为动脉瓣的闭锁不全。

杂音的出现时间，决定于血液流经病变空隙时间。而杂音的最佳听取点，则每一瓣膜及其瓣膜口的病变，都和相应的瓣膜口音最佳听取点基本一致，并顺血流方向而沿脉管传导，虽然某一瓣膜及其相应的瓣膜口的病变其最佳听取点都在同一位置，但是，同一部位的两种不同病变（瓣膜闭锁不全与瓣膜口狭窄），其杂音的出现时期不同（一个为缩期杂音，另一个为舒期杂音），因此，根据杂音的出现时间与最佳听取点的相互关系，并综合其他的症状、变化，一般可区分典型的心瓣膜病变。

当然多种联合的心瓣膜病，可能表现的更为复杂，还应具体的进行分析。

心内杂音只能作为提示慢性心脏瓣膜病的一个特征，而不能作为诊断心瓣膜病的唯一根据，唯有将心杂音及其他全部症状、资料加以综合分析，才能做出合理而正确的诊断结论。

杂音的强度、性质及其特点决定于两个基本因素：第一，瓣膜闭锁不全的病变空隙的大小或瓣膜口狭窄的程度；第二，通过病变部位时血流的速度。而后者又受心脏收缩力量的影响。

显然，只有在中等程度的狭窄时杂音才较为明显，因为极轻度的狭窄，不足以引起明显的杂音；同样，闭锁不全的程度如十分严重而留有的空隙过大，则杂音也不会十分清楚，相反，如果高度的狭窄或极轻度的闭锁不全以致留有的空隙过小时，则杂音也可能甚为微弱。

杂音的性质是多样的，如可呈柔和的、吹风样的或粗糙的、尖锐的，或类似口哨声、飞箭音，或近似拉锯声、瘙痒等。杂音的一般并无更大的实际意义，通常器质性杂音较强而粗糙，而闭锁不全的空隙较小时则呈尖锐的声音；瓣膜口狭窄时的声音常较柔和。

心内性器质性杂音，通常具有所谓"不可逆性"的特点，因为慢性心脏瓣膜病的形态学改变，一般是"不可逆性"的，因此，在病程经过中可长期持续存在，称为长久性杂音。此点，是区别于非器质性杂音的一个重要条件。

②非器质性杂音　由于心瓣膜上并无不可逆性的形态学改变，多由机能的变化而引起，一般称为机能性杂音。通常有两种情况可引起：第一，当心肌高度弛缓或扩张时，房室瓣不能将扩大了的相应房室口完全闭锁，形成了相对性的房室瓣闭锁不全；第二，另一种是当血液性质变为稀薄时，随心脏活动而流速加快，形成杂音，称为贫血性杂音。

相对的闭锁不全性杂音可见于心肌弛缓与心扩张；贫血性杂音则提示重度的贫血，尤多见于亚急性、慢性马传染性贫血时。

机能性杂音通常只出现于心缩期，所以为缩期杂音；一般较为柔和；而贫血性杂音又具有使第一心音拖长，声音粗糙，类似吹风样等特点。

机能性杂音区别于器质性杂音的更重要之点，在于它是暂时性杂音，常随病情的好转、恢复而杂音减轻、消失。当然，进一步的鉴别：则应全面地综合其他症状、资料（如贫血时的黏膜颜色苍白及血液检验的指标、数值的变化等）。

二、脉管的检查

对脉管的检查，主要是检查动脉的脉搏，判定其频率、节律及性质的变化；检查表在的较大的静脉，判定其充盈状态及有否病理性的波动。

（一）动脉脉搏的检查

检查动脉脉搏，首先要测定其频率（前述之），其次要注意脉搏的性质及节律。

1. 脉搏的性质　脉搏的性质一般是指脉搏的大小（其脉搏振幅的大小），脉管的紧张度（触诊所感到的软硬度），脉管内血液的充盈度（容血量）及脉波的形状等特性而言。脉性受多种因素的影响，而主要决定于：

第一，心脏的收缩力量（关系到心搏出量及其速度）；

第二，脉管壁的弹性及其紧张度（此点与脉搏的大小成反比关系即当心缩力不变的情况下，脉管壁越紧张其振幅则越小）；

第三，血液数量，包括总血量及每次心搏出量。

综合上列因素，脉搏性质的变化，可主要表现为下列几种：

（1）大脉与小脉　依脉搏搏动振幅的大小而分为大脉和小脉。按上述因素，心脏收缩力越强，搏出血量越多，脉管张力越弛缓，则脉越大；相反，心缩力越弱，排血量越少，脉管壁越紧张，则脉搏越小。换言之，这关系于动脉最高血压与最低血压之差，亦即脉压。脉压的幅度越大则脉搏越大，脉压的幅度小则脉搏越小。

脉搏大小的判定标准，就是根据动脉搏动时将触诊手指抬起的高度或在脉波描记图上其波型的高度。显然，大脉可见于心机能良好，血量充足，脉管较为弛缓之际，如当热性病的初期，心肥大或心机能亢进时。小脉则为心力衰竭之指征，也可见于失血时。高度的频脉同时多为小脉，极小的脉搏甚至不感于手，常为病情严重的反映。

（2）软脉与硬脉　依脉管对检指的抵抗性，可判断定脉管的张力。按此可区分为软脉与硬脉。

软脉以检指轻压即消失，硬脉则对指压抵抗力大。前者可见于脉管弛缓之际，心力衰弱与失血时亦常见之；后者可见于破伤风、急性肾炎或肾炎以及伴有剧烈疼痛性的疾病时。高度的硬脉称刚脉，硬而小的脉搏称金线脉，都提示病情较重。

（3）实脉与虚脉　脉搏的充实度相当于动脉管的容积或内径变动的大小，可用检指加压、放开而反复操作检查，根据脉管的充实内径的大小而判定。依此而分为实脉（满脉）与虚脉。

充盈度关系到脉管内血量的多少，与心脏活动（排血量）、血液的分配状态及总量相关联。实脉可见于热性病的初期，心肥大或运动、使役之后；虚脉的充盈不良，主要提示大失血与失水。

（4）迟脉与速脉　依脉搏波形的变化特性而区分迟脉与速脉。脉搏的迟速并非其频率的快慢，而是指动脉内压力的上升与下降的速度而言。脉搏的迟速决定于动脉根部血压上升及下降的持续时间，及左心室收缩驱血入动脉内速度和血液流向周围末梢动脉的速度。

迟脉其脉波上升缓慢而持久，因此检指感到徐来而慢去；速脉则急剧的上升又突然下降，从而指下有骤来而急去之感。典型的迟脉是主动脉口狭窄的特征；而明显的速脉，则应提示主动脉半月瓣的闭锁不全。

上述脉搏的大小、软硬、虚实等多种性质，常是综合体现的，通常在临床上只着重注意脉搏的大小与强弱。即大而强的脉搏，说明心缩力强，血量充盈，脉管较弛缓，一般标志着心机能状态良好；小而弱的脉搏，多表示心缩力弱，血量不足，脉管紧张，通常意味着心力衰弱。

2. 脉搏的节律　是指每次搏动间隔时间的均匀性及每次搏动的强弱而言。正常情况下，每次脉搏的间隔时间均等且强度一致，称为有节律的脉搏。如每次脉搏的间隔时间不等或强弱不一，则称为脉搏节律不齐。脉律不齐，一般是心律不齐的直接后果。此际，应同时注意检查心脏的机能状态，并将其结果一并综合分析。

（二）浅在静脉的检查

1. 颈静脉沟处的肿胀、硬结并伴有热、痛反应　是颈静脉及其周围炎症的特征。多有静脉注射时消毒不全或刺激性药液（如钙的制剂等）渗漏于脉管外的病史。但应注意，在牛当颈部垂皮浮肿较严重时，也可引起颈静脉沟处的肿胀，一般无热痛反应，常见于创伤心包炎，应以伴有的其他症状而鉴别之。

2. 颈静脉充盈而隆起 乃静脉淤血的结果。可见于各种原因所引起的心力衰竭。此际，浅在的其他大静脉管（如胸外静脉等）可同时充盈而显露。牛的静脉管的高度充盈（也称为紧张），甚至呈索状，常提示创伤性心包炎（图1–37）。

图1–37 牛颈静脉充盈

3. 颈静脉波动 检查颈静脉时有时可见到随心脏活动而由颈根部向上部的逆行性波动，称颈静脉波动。在正常情况下马的颈静脉波动，是当右心房收缩时，由于腔静脉血液回流入心的一时受阻及部分静脉血液逆流并波及到前腔静脉而至颈静脉所引起，故此种波动出现于心房收缩与心室舒张的时期，且逆行性波动的高度一般不超过颈的下1/3处，这是生理现象。

病理性的颈静脉波动，有三种类型：

（1）**心房性颈静脉波动（阴性波动）** 当生理性的颈静脉波动过强，由颈根部向头部的逆行波超过颈中部以上时，即为病理现象。乃心脏衰弱、右心淤滞的结果。

（2）**心室性颈静脉波动（阳性波动）** 颈静脉的阳性波动是三尖瓣闭锁不全的特征。此际，随心室收缩使部分血液经闭锁不全的空隙而逆流入右心房，并进一步经前腔静脉而至颈静脉。此际其波动较高，力量较强，并以出现于心室收缩（与心搏动及动脉脉搏相一致）为其特点。

（3）**伪性搏动** 当颈动脉的搏动过强时，可引起静脉沟处发生类似的搏动现象，一般称为颈静脉的伪性搏动。

为区别几种不同的颈静脉波动，应注意其波动的强度及逆行波的高度，特别要确定其出现的时期（是否与心室收缩一致）。必要时还可应用指压试验：用手指压在颈静脉的中部并立即观察压后波动的情况，如远心端及近心端波动均消失，则为阴性波动；如远心端消失而近心端仍存在，则为阳性波动；如系伪性搏动，则两端搏动无任何改变。

[附] 心脏的功能试验

心脏的功能试验法，通常是以给予动物一定时间、一定强度的运动，并对比观察运动前、后的心机能状态变化为基础的。

一般心脏机能正常的马匹，经15min的快步运动之后，脉搏（心跳）可增至45~65次/min，并经3~7min休息之后可恢复正常；当心机能不全时，则可增加近一倍而可达70~95次/min，并须经15~30min休息之后，才能恢复正常（试验前的水平）。

有人建议，可根据驱赶运动做心功能试验，并应用做为马传染性贫血病的综合判断的指标之一。

进行运动负荷试验时，应严格掌握运动的时间，距离及速度，并应注意地形，路面及外界温度等干扰性条件。

在分析心脏兴奋指数的数值时，应特别考虑其他运动前的心跳基数，如运动前、安静时心跳过快，基数甚大，则可影响兴奋指数不能大于正常指数太多。

应将心功能试验的结果，同其他所有症状、资料进行综合分析，以确切地判断心脏的机能状态。

复习思考题

1. 心脏血管系统检查的诊断意义？
2. 心搏动的异常变动所反映的基本病理环节？
3. 牛心脏叩诊区的确定？
4. 心音频率、心音强度、心音性质及心音节律的诊断意义？
5. 心音最强听取点？
6. 心杂音的分类及心杂音的诊断意义？
7. 颈静脉搏动的分类及临床意义？
8. 测定动脉压和中心静脉压的诊断意义？
9. 试联想在热性病和机体脱水时的心搏动、心脏叩诊、心脏听诊，脉搏、动脉压及中心静脉压可能发生的变化，并解释其各自的机理？
10. 通过实地练习，了解并掌握本系统检查的常规方法。

第五节　呼吸系统的临床检查

机体和外界环境之间进行气体交换的全部化学和物理过程称为呼吸。机体借助于呼吸，吸进新鲜空气，呼出二氧化碳，维持正常的生命活动。

呼吸系统由上呼吸道（鼻、喉、气管）、支气管、肺、胸廓及胸膜腔、膈肌等所组成。

呼吸系统疾病在内科非传染病中，较为常见，其发病率仅次于消化系统。由于呼吸道与外界相通，所以温热的、机械的、化学的和微生物的各种因素都能引起呼吸系统疾病；许多传染病常常主要侵害呼吸器官、系统，如流行性感冒，马腺疫、鼻疽、传染性胸膜肺炎，牛结核、牛肺疫、牛出血性败血病，羊链球菌病、羊肺腺瘤样病及山羊传染性胸膜肺炎，猪传染性萎缩性鼻炎、猪肺疫和猪气喘病等；某些寄生虫，如羊鼻蝇幼虫，牛、羊、猪肺线虫等也可侵害呼吸系统而致病。

家畜患有呼吸系统疾病时，不仅降低工作能力和生产能力，而且严重影响幼畜的生长和发育，甚至引起死亡。在临床工作中，即使并无呼吸系统疾病的病史报告或在其他器官患病时，也不能忽略呼吸系统的检查。只有熟练地掌握呼吸系统的检查方法和内容，熟悉呼吸系统的症状学，才能对许多呼吸系统疾病进行早期诊断，从而提出合理的防治措施。

呼吸系统的检查方法，已有较为广泛和深入的研究。在临床检查中通常应用问诊、视诊、触诊、叩诊和听诊法，其中尤以听诊更为重要。

在观察鼻腔深部、喉和气管的病理变化时，可应用鼻喉镜和支气管镜检查。要准确的诊断肺和胸膜的疾病，必须应用 X 光检查。此外，在诊断肺和胸腔的疾患时，还可以应用超声诊查技术。

血液常规检查在呼吸系统疾病的诊断和鉴别诊断中有一定意义；胸腔穿刺及穿刺液的理化性质和显微镜检查，对渗出性胸膜炎和胸水的诊断上有很大帮助；在确定鼻液和痰的性质及其组成成分时，须做显微镜检查。

呼吸系统的临床检查内容，主要包括：呼吸运动的检查，上呼吸道检查，胸廓和肺的检查等。

一、呼吸运动的检查

所谓呼吸运动，即在家畜呼吸时，呼吸器官及参与呼吸的其他器官所表现的一种有节律的协调运动。呼吸运动的检查具有重要意义，因为它不仅能够获得疾病的重要症状，而且还可为进一步检查提供线索或方向。

检查呼吸运动时，应注意呼吸的频率（见前述）、类型、节律、对称性、呼吸困难和呃逆（膈肌痉挛）。

（一）呼吸类型

呼吸类型，即家畜呼吸的方式。检查时，应注意胸壁和腹壁起伏动作的协调性和强度。根据胸壁和腹壁起伏变化的程度和呼吸肌收缩的强度，将其分为三种类型：

1. 胸腹式呼吸　健康家畜一般为胸腹式呼吸，即在呼吸时，胸壁和腹壁的动作很协调，强度也大致相等，因此亦可称为混合式呼吸。只有犬则例外，正常时即以胸式呼吸占优势。

2. 胸式呼吸　为一种病理性呼吸方式。当腹壁和腹腔器官患有某些疾病时，即以胸式呼吸为主。其特征为胸壁的起伏动作特别明显，而腹壁的运动却极微弱。可见于急性腹膜炎，急性胃扩张，瘤胃臌气、肠臌气，腹腔大量积液以及腹壁外伤和腹壁疝等。此外，在膈破裂和膈肌麻痹时也可使膈肌的活动受到限制或根本不能运动，从而出现以胸式呼吸为主的现象。

3. 腹式呼吸　也是一种病理性呼吸方式。其特征为腹壁的起伏动作特别明显，而胸壁的活动却极轻微，提示病变多在胸部。见于急性胸膜炎、胸膜肺炎、胸腔大量积液。此乃疼痛反射性地抑制胸壁的起伏动作所致。在马的慢性肺泡气肿时，也可出现腹式呼吸。此乃肺泡壁的弹性降低，支气管狭窄，影响肺泡内气体的排出，患畜加强腹壁的收缩，腹腔对膈肌的压力，以利气体的排出。此外，在肋骨骨折时也可出现腹式呼吸。

（二）呼吸节律

健康家畜呼吸时，有一定的节律。即吸气之后紧接着呼气，每一次呼吸运动之后，稍作休息，再开始第二次呼吸。每次呼吸之间间隔的时距相等，如此周而复始，很有规律，称为节律性呼吸。呼吸有一定的深度和长度，呼气一般要比吸气长一些。这是因为吸气为主动性动作，而呼气则相反。呼吸的深度，随呼吸次数增加而减小，当呼吸次数减少时，则呼吸加深。吸气与呼气之比，马 1：1.8、牛 1：1.2、绵羊 1：1、山羊 1：2.7、猪 1：1、犬 1：1.6。

健康家畜的呼吸节律，可因兴奋、运动、恐惧、尖叫及嗅闻气味而发生暂时性的变化。

在病理情况下，正常的呼吸节律遭到破坏，称为节律异常。临床上常见的呼吸节律变化如下：

1. 吸气延长　特征为吸气异常费力，吸气的时间显著延长，表示气流进入肺部不畅，从而出现吸气困难。见于上呼吸道狭窄（鼻、喉和气管内有炎性肿胀、肿瘤、黏液、假膜和异物梗阻或在呼吸道外有病变压迫）。

2. 呼气延长　特征为呼气异常费力，呼气的时间显著延长，表示气流呼出不畅，从而出现呼气困难，此乃支气管腔狭窄，肺的弹性不足所致。见于马的慢性肺泡气肿、慢性支气管炎等。

3. 间断性呼吸　其特征为间断性呼气或吸气。即在呼吸时，出现多次短促的吸气或呼气动作。此乃由于病畜先抑制呼吸，然后进行补偿所致。见于支气管炎、慢性肺气肿、胸膜炎和伴有疼痛的胸腹部疾病，也见于呼吸中枢兴奋性降低时，如脑炎、中毒和濒死期。

4. 陈-施（Cheyne-stokes respiration）二氏呼吸　此乃病理性呼吸节律的典型代表。其特征为呼吸逐渐加强、加深、加快，当达到高峰以后，又逐渐变弱、变浅、变慢，而后呼吸中断。约经数秒乃至 15～30s 的短暂间歇以后，又以同样的方式出现。这种波浪式的呼吸方式，又名潮式呼吸（图1-38）。这是由于血中二氧化碳增多而氧减少，颈动脉窦、主动脉弓的化学感受器和呼吸中枢受到刺激，使呼吸逐渐加深加快；待达到高峰以后血中二氧化碳减少而氧又增多，呼吸又逐渐变浅变慢，继而呼吸暂停片刻。这种周而复始的变化是呼吸中枢敏感性降低的特殊指证。此时病畜可能出现昏迷，意识障碍，瞳孔反射消失以及脉搏的显著变化。这种呼吸多是神经系统疾病导致脑循环障碍的结果，也是疾病重危的表现。见于脑炎、心力衰竭以及某些中毒，如尿毒症、药物或有毒植物中毒等。

图1-38　陈-施二氏呼吸

5. 毕欧特氏呼吸　亦为一种病理性呼吸节律。其特征为数次连续的、深度大致相等的深呼吸和呼吸暂停交替出现。表示呼吸中枢的敏感性极度降低，是病情危重的标志。常见于各种脑膜炎，也见于某些中毒，如蕨中毒、酸中毒和尿毒症等（图1-39）。

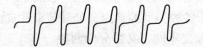

图1-39　毕欧特氏呼吸

6. 库斯茂尔氏呼吸　特征为呼吸不中断发生深而慢的大呼吸，呼吸次数少，并带有明显的呼吸杂音，如啰音和鼾声。故又称深大的呼吸。见于酸中毒、尿毒症、濒死期。偶见于大失血、脑脊髓炎和脑水肿等（图1-40）。

图1-40　库斯茂尔氏呼吸

（三）呼吸的对称性

健康家畜呼吸时，两侧胸壁的起伏强度完全一致，称为呼吸匀称或对称性呼吸。反之则称为不对称。当胸部疾患局限于一侧时，则患侧的呼吸运动显著减弱或消失，而健康一侧的呼吸运动常出现代偿性加强，见于单侧性胸膜炎、胸腔积液、气胸和肋骨骨折等。也见于一侧大支气管阻塞或狭窄，一侧性肺炎不全等。检查时可站在家畜的后方或在后方高处观察之。

（四）呼吸困难

呼吸困难是一种复杂的病理性呼吸障碍。表现为呼吸费力，辅助呼吸肌参与呼吸运动，并可有呼吸频率、类型、深度和节律的改变。高度的呼吸困难，称为气喘。

呼吸困难是呼吸器官疾病的一个重要症状，但在其他器官患有严重疾病时，亦可出现呼吸困难。根据引起呼吸困难的原因和其表现形式，可将呼吸困难分为三种类型：

1. 吸气性呼吸困难　特征为吸气期显著延长，辅助吸气肌参与活动，并伴有特异的吸气性狭窄音。病畜在呼吸时，鼻孔张大，头颈伸展，四肢广踏，胸廓开张，呼吸深而大，某些动物可呈张口呼吸。此为上呼吸道狭窄的特征。可见于鼻腔狭窄、喉水肿、咽喉炎、喘鸣症（马返回神经麻痹）、血斑病和猪传染性萎缩性鼻炎、鸡传染性喉气管炎等。

2. 呼气性呼吸困难　特征为呼气期显著延长，辅助呼气肌（主要是腹肌）参与活动，腹部有明显的起伏动作，可出现连续两次呼气动作，称为二重呼气。高度呼气困难时，可沿肋骨弓出现较深的凹陷沟，称为"喘线"或"息劳沟"。同时可见背拱起，肷窝变平。由于腹部肌肉强力收缩，腹内压变化很大，故伴随呼吸运动而见有呼气时肛门突出，吸气时肛门反而呈陷入的现象，称为肛门抽缩运动。此乃肺组织弹性减弱和细支气管狭窄，肺泡内空气排出困难结果。可见于急性细支气管炎、慢性肺炎气肿、胸膜肺炎等。

3. 混合性呼吸困难　此为最常见的一种呼吸困难。特征为吸气和呼气均发生困难，常伴有呼吸次数增加现象。临床表现为混合性呼吸困难的疾病非常多，根据其发生的原因和机理可分为以下六种基本类型：

（1）肺原性　此乃肺部有广泛性病变，支气管也受到侵害，使肺的呼吸面积减少，肺活量降低，肺的通气不良，换气不全，使血液二氧化碳（CO_2）浓度增高和缺氧（O_2），导致呼吸中枢兴奋的结果。可见于各型肺炎、胸膜炎、急性肺水肿和主要侵害胸、肺器官的某些传染性疾病，如鼻疽、结核、马传染性胸膜炎。牛出血性败血病、牛肺疫、猪气喘病、猪肺疫和山羊传染性胸膜肺炎等，也见于支气管炎、慢性支气管炎合并肺气肿，渗出性胸膜炎和胸腔大量积液时。

（2）心原性　呼吸困难亦为心功能不全（心力衰弱）的主要症状之一。其产生的原因为小循环发生障碍，肺换气受到限制，导致乏氧和二氧化碳储留。表现混合性呼吸困难的同时，病畜伴有明显的心血管系统症状，运动后心跳、气喘更为严重，肺部可闻啰音。可见于心内膜炎、心肌炎、创伤性心包炎和心力衰竭等。

（3）血原性　严重贫血时，可因红细胞和血红蛋白减少，血氧不足，导致呼吸困难。尤以运动后更为显著。可见于各种类型的贫血，如马传染性贫血和梨形虫病等。

（4）中毒性　因毒物来源之不同，又可分为两种。

①内原中毒性　各种原因引起的代谢性酸中毒，pH 值降低，间接或直接兴奋呼吸中枢，增加呼吸通气量，表现为深而大的呼吸困难，但无明显的心、肺疾病的存在。可见于尿毒症、酮血病和严重的胃肠炎等。此外，高热性疾病时，因代谢亢进、血液温度增高以及血中毒素，都能刺激呼吸中枢，引起呼吸困难。

②外原中毒性　某些化学毒物能影响血红蛋白，使之失去携氧功能；或抑制细胞内酶

的活性，破坏组织的内氧化过程，从而造成组织缺氧，出现呼吸困难。可见于亚硝酸盐和氢氰酸中毒。另外，有机磷化合物，如一六零五（对硫磷）、三九一一（甲拌磷）、敌百虫等中毒时，可引起支气管分泌增加，支气管痉挛和肺水肿导致呼吸困难。

某些药物中毒，如水合氯醛、吗啡、巴比妥等中毒时，呼吸中枢受到抑制，故呼吸迟缓。

（5）神经性或中枢性　重症脑部疾病，由于颅内压增加和炎症产物刺激呼吸中枢，可引起呼吸困难。见于脑膜炎、脑肿瘤等。某些疼痛性疾病可以反射地引起呼吸运动加深，重者也可以引起呼吸困难。在破伤风时，由于毒素直接刺激神经系统，使中枢的兴奋增高，并使呼吸肌发生强直性痉挛性收缩，导致呼吸困难。

（6）腹压增高性　急性胃扩张、急性瘤胃臌气、肠臌气、肠变位和腹腔液等时，胃肠容积增大或膨胀，致使腹腔的压力增高，直接压迫膈肌并影响腹壁的活动，从而导致呼吸困难。严重者，甚至病畜可窒息。

（五）呃逆（膈肌痉挛）

所谓呃逆，即病畜所发生的一种短促的急跳性吸气。此乃膈神经直接或间接受到刺激，使膈肌发生有节律的痉挛收缩而引起。其特征为腹部和肷部发生节律性的特殊跳动，称为腹部搏动，俗称"跳肷"。严重者，胸壁，甚至全身也可出现相应的振动。振动时，可闻（咚咚）之声和呃逆声。呃逆有的和每次心搏动同步，有的则否。呃逆常伴发于马、驴的某些中毒性疾病（如蓖麻子饼中毒），血液电解质平衡失调，食滞性急性胃扩张，肠阻塞和脑及脑膜疾病等。牛、犬和猫有时也发生。

呃逆（膈肌痉挛）应与心悸鉴别之，心悸亢进时伴有心搏动过强，心区振动非常明显，心音增强而高朗，其节律与心搏动相一致为特征。呃逆（膈肌痉挛）一般用视诊、触诊和听诊检查之。

二、上呼吸道的检查

上呼吸道的检查主要包括：呼出气的检查、鼻液的检查、喉囊的检查、咳嗽的检查、喉和气管的检查以及上呼吸道杂音。

（一）呼出气体的检查

呼出气的检查，应注意两侧鼻孔的气流强度是否相等，呼出气的温度是否有变化，呼出气的气味是否正常。

1. 两侧气流的强度　健康家畜两侧鼻孔呼出的气流相等。当一侧鼻腔狭窄，一侧副鼻窦肿胀或大量积脓时，则患侧的呼出气流较小，并常伴有呼吸的狭窄音及不同程度的呼吸困难；若两侧鼻腔同时存在病变，则依病变的程度和范围不同，而两侧鼻孔气流的强度也可不一致。检查时，可用双手置于鼻孔前感之，当寒冷季节直接观察呼出的气流而判断之。

2. 呼出气的温度　健康家畜的呼出气稍有温热感，呼出气的温度明显增高，见于热性病。呼出气的温度显著降低，可见于严重的脑病、中毒虚脱。

3. 呼出气的气味　健康家畜的呼出气，一般无特殊气味。当肺组织和呼吸道的其他部位有坏死性病变时，不但鼻液恶臭，而且呼出气也带有强烈的腐败性臭味；当呼吸道和肺组织有化脓性病理变化时，如肺脓肿破溃，则鼻液和呼出气常带有脓性臭味；若有呕吐物从鼻孔中流出时，则常带有酸性气味。

此外，在尿毒症时，呼出气可能有尿臭气味；酮血病时，可能有丙酮气味。

当发现呼出气有特殊臭味时，应注意臭气是来自口腔，还是来自鼻腔。

（二）鼻液的检查

健康家畜一般无鼻液，冬日天寒有些家畜可有微量浆性鼻液，若有大量鼻液，则为病理征象。如鼻腔、气管有分泌物，马常分别以喷鼻和咳嗽的方式排出。牛则常用舌舔去和咳出。

发生呼出器官疾病时，除单纯的胸膜炎不流鼻液外，上呼吸道的疾病，支气管和肺的疾病，都有数量不等、性质不同的鼻液。因此，鼻液是呼吸器官疾病的常见症状，鼻液的检查对呼吸器官疾病的诊断具有重要意义。

检查鼻液时，应注意其数量、性状、一侧性或两侧性，有无混杂物及其性质。

1. 鼻液的量 鼻液量的多少，取决于疾病发展的时期、程度、病变的性质和范围。

（1）量多 当呼吸器官有急性广泛性炎症时，通常有多量或大量鼻液。此乃黏膜充血、水肿、黏液分泌增多，毛细血管的渗透性增高，浆液大量渗出所致。可见于急性鼻炎、急性咽喉炎、肺脓肿破裂、肺坏疽、肺炎溶解期和某些传染性疾病、如马腺疫、流行性感冒、急性开放性鼻疽、牛肺结核、牛恶性卡他热和犬瘟热等。

当重度咽炎或食管阻塞时，可有大量唾液和分泌物经鼻返流，应与鼻液鉴别之。

（2）量少 在慢性或局限性呼吸道炎症时，鼻液量少。见于慢性鼻炎、慢性支气管炎、慢性鼻疽和慢性肺结核等。

（3）量不定 鼻液量时多时少，以患副鼻窦炎和喉囊炎的病畜最为典型。其特征为当病畜自然站立时，仅有少量鼻液，而当运动后或低下头时，则有大量鼻液流出。此外，在肺脓肿、肺坏疽和肺结核时，鼻液的量也不定。

2. 鼻液的性状 可因炎症的种类和病变的性质而有所不同。一般分浆液性、黏液性、脓性、腐败性和血性。

（1）浆性鼻液 浆性鼻液无色透明，稀薄如水。见于急性鼻卡他、马腺疫初期、流行性感冒等病。

（2）黏性鼻液 呈现蛋清样或粥状，有腥臭味。因混有大量脱落的上皮细胞和白细胞，故呈灰白色，为卡他性炎症的特征。见于急性呼吸道感染和支气管炎等。

（3）脓性鼻液 黏稠混浊，呈糊状、膏状或凝结成团块，具脓臭或恶臭味。因感染的化脓细菌的不同而呈黄色、灰黄色或黄绿色，为化脓性炎症的特征。见于化脓性鼻炎、副鼻窦炎、肺脓肿破裂和马腺疫等。

（4）腐败性鼻液 呈污秽不洁的灰色或暗褐色。具尸臭和恶臭味。常为坏疽性炎症的特性。见于坏疽性鼻炎、腐败性气管炎和肺坏疽等。

（5）血性鼻液 鼻液带血时，呈红色。血量不等，或混有血丝，凝血块或为全血。鲜红色滴流者，常提示鼻出血；粉红色或鲜红而混有许多小气泡者，则提示肺水肿、肺充血和肺出血。大量鲜血急流，伴有咳嗽和呼吸困难者，常提示肺血管破裂，可见于肺脓肿和牛肺结核等。当脓性鼻液中混有血液或血丝时，称为脓血性鼻液，见于鼻炎、肺脓肿、异物性肺炎和牛肺结核、马鼻疽及羊鼻蝇幼虫病等。

在炭疽、出血性败血病、血斑病和某些中毒性疾病时，可呈现血性鼻液。猪传染性萎缩性鼻炎时，也可见有血性鼻液。

鼻肿瘤时，鼻液呈暗红色或果酱状为其特征。

（6）铁锈色鼻液 为大叶性肺炎和传染性胸膜肺炎一定阶段的特征。此乃渗出的红细胞中的血红蛋白，在酸性的肺炎区域中变成正铁血红蛋白所致。在病程经过中往往只在短时期内见到，故应注意观察才能发现。

3. 混杂物 鼻液中的混杂物，按其性质和成分，可以分为以下几种：

（1）气泡 鼻液中常常带有气泡，呈泡沫状。白色或因混有血液而呈粉红色或红色。小气泡提示来自深部细支气管和肺，见于肺水肿、肺充血、肺出血、肺气肿和慢性支气管炎等。大气泡，表示来自上呼吸道和大支气管。

（2）唾液 鼻液中混有大量唾液和饲料碎料，乃至饮水经鼻道流出，此乃吞咽障碍引起食物返流所致。见于咽炎、咽麻痹、食管阻塞、食管炎、食管痉挛和食管肿瘤等。

（3）呕吐物 各种动物呕吐时，胃内容物也可从鼻孔中排出。其特征为鼻液中混有细碎的食物残粒，呈酸性反应，并带有难闻的酸臭气味，常提示来自胃和小肠。

当马患急性食滞性胃扩张、幽门痉挛、十二指肠阻塞或小肠扭转时，在表现有腹痛症状的同时，有时可能伴有呕吐动作，甚至胃内容物经鼻道逆流而出，俗称鼻流"粪水"，常表明疾病严重，预后谨慎。

此外，鼻液中可能混有寄生虫的虫体，如羊鼻蝇幼虫和肺线虫等。

4. 一侧性或两侧性 单侧性的鼻炎或鼻腔鼻疽、副鼻窦炎、喉囊炎和鼻肿瘤时，鼻液往往仅从患侧流出；如为双侧性的病变或喉以下器官的疾病，则鼻液多为双侧性。

5. 鼻液中弹力纤维的检查 检查弹力纤维时，取少许鼻液，放于小试管内，加入适量的10%氢氧化钠（钾）溶液，在酒精灯上边振荡边加热，使其中的黏液、脓汁及其他有形成分等溶解；但弹力纤维则不溶解。然后离心沉淀，倾去上清液，再用5倍蒸馏水冲洗并离心之，取管底沉渣一滴，滴在载玻片上，加盖玻片，镜检。

弹力纤维呈透明的折光性较强的细丝状弯曲物，并具有双层轮廓，两端尖或分叉状，常集聚成团而存在。

弹力纤维的出现，表示肺组织溶解、破溃或有空洞存在。见于异物性肺炎、肺坏疽和肺脓肿等（图1－41）。

图1－41 鼻液中弹力纤维
1. 弹力纤维 2. 脓细胞 3. 杆菌 4. 球菌

（三）鼻的检查

鼻的检查包括：鼻部的外部观察和鼻腔黏膜的检查。

1. 外部观察 注意鼻孔周围组织，鼻甲骨形态的变化及鼻的痒感。

（1）鼻孔周围组织　鼻孔周围组织可发生各种各样的病理变化，如鼻翼肿胀、水泡、脓肿、溃汤和结节等。这些变化可起因于皮肤或口腔，也可因鼻黏膜的疾患而继发。

鼻孔周围组织肿胀，可见于血斑病、纤维素性鼻炎、异物刺伤等；许多传染病（如牛瘟、口蹄疫、羊痘、炭疽和气肿疽等）时，常表现为鼻孔周围组织有局限性或弥散性肿胀。

鼻孔周围的水泡、脓疱及溃疡，可见于猪传染性水泡病、脓疱性口膜炎。长期持续性流鼻时，则鼻液流过的皮肤失去色素，引起一条白色的斑纹，称为鼻"分泌沟"。鼻液的长期刺激，有时还可引起烂斑，见于慢性鼻炎，副鼻窦炎等。

鼻孔周围结节，见于牛的丘疹性口膜炎和牛的坏死性口膜炎。

（2）鼻甲骨形态的变化　鼻甲骨增生、肿胀，可见严重的软骨病及肿瘤。鼻甲骨萎缩，使鼻腔缩短、鼻盘翘起或歪向一侧，是猪传染性萎缩性鼻炎的特征（图1-42）。鼻甲骨凹陷、肿胀、疼痛则多见于外伤。

图1-42　猪传染性萎缩性鼻炎

（3）鼻的痒感　鼻部及其邻近组织发痒时，病畜常在槽头、木桩上擦痒或用自己的前肢瘙痒，见于鼻卡他、猪传染性萎缩性鼻炎、鼻腔寄生虫病、异物刺激及吸血昆虫的刺蜇等。长期擦痒可使鼻部皮肤擦破，甚至引起炎症。

2. 鼻黏膜的检查　在马属动物特别重要，一方面因其鼻孔宽大，鼻翼可以活动，能视诊鼻道达相当深度；另一方面，马属动物检查鼻黏膜，在鼻炎、流行性感冒和鼻疽等的诊断上也相当重要。其他家畜的鼻孔虽然狭小，但仍能进行必要的检查。

检查鼻黏膜的方法，主要利用视诊和触诊。视诊光线以白昼光线最好，必要时可用开鼻器、反光镜、头灯或手电筒进行检查。

检查时，要适当保定病畜，将头略为抬高，使鼻孔对着阳光或人工光源。用手指或开鼻器适当扩张鼻孔，使鼻黏膜充分显露，即可观察之。

检查鼻黏膜时，应注意其颜色、有无肿胀、水泡、溃疡、结节和损伤等。如疑为鼻疽病时，检查者宜戴口罩、眼镜、手套等，进行防护。

（1）颜色　马的鼻黏膜正常为红色，较深部的鼻中隔因有很多静脉血管和血管间隙，故略呈淡蓝红色。黏膜湿润而光泽，表面略有颗粒。鼻中隔的表面有细小的点状凹陷，为腺体的开口。鼻孔底部中央黏膜与皮肤连接处，为泪腺外口，大如扁豆。

其他家畜的鼻黏膜正常为淡红色。但有些牛鼻孔附近的鼻黏膜上常有色素，检查时应予以注意。

在病理情况下，鼻黏膜的颜色也有发红、发绀、发白、发黄等变化。潮红可见于鼻卡他，流行性感冒，鼻疽，发热及各种全身性疾病。而出血性斑点，则见于败血病、血斑病、马传染性贫血和某些中毒。其他颜色变化的临床意义与眼结合膜的色泽变化大致相同。

（2）肿胀　弥漫性肿胀，见于鼻卡他，此时鼻黏膜表面光滑平坦，颗粒消失，闪闪有光，触诊有柔软和增厚感。鼻黏膜肿胀也见于马腺疫、流行性感冒、鼻疽、血斑病、牛恶性卡他热及犬瘟热等。

（3）水泡　鼻黏膜的水泡，主要见于口蹄疫和猪传染性水泡病，其大小由粟粒大到黄豆大，有时水泡融合在一起破溃而形成糜烂。

（4）溃疡　浅在性溃疡，偶见于鼻炎、马腺疫、血斑病和牛恶性卡他热等。马属动物的深在性溃疡，如喷火口状，边缘不齐，溃底深并盖以白膜，有时严重溃疡可造成鼻中隔穿孔，为鼻疽的特征。

（5）结节　鼻疽结节，初呈浅灰色，以后呈黄白色，由米粒大至黄豆大，周围有红晕，境界清晰，多分布于鼻中隔黏膜。

（6）瘢痕　鼻中隔下部的瘢痕，多为损伤所致，一般浅而小，呈弯曲状或不规则。鼻疽性瘢痕大而厚，多呈星芒状为其特点。

（7）肿瘤　比较少见。鼻腔的肿瘤呈疣状凸起；单发或多发，大如蚕豆或更大，蒂短或无蒂，与基部黏膜紧密相连。这种病畜常有衄血，鼻腔狭窄音和呼吸困难症状。在临床可见有鼻息肉、乳突瘤、纤维瘤、血管瘤和脂肪瘤。癌及内瘤则甚为少见。在牛还可见黏液囊肿和结核性肿块。鼻腔肿瘤的确切诊断，须做病理组织学检查。

（四）副鼻窦的检查

副鼻窦（鼻旁窦）包括额窦、上颌窦、蝶窦和筛窦，经颌孔直接或间接与鼻腔相通。临床检查主要为额窦和上颌窦。一般检查方法多用视诊、触诊和叩诊。亦可用 X 线检查。此外，还可应用圆据术探查和穿刺术检查。

1. 视诊　注意其外形有无变化。额窦和上颌窦区隆起、变形，主要见于窦腔积脓、软骨病、肿瘤、牛恶性卡他热、外伤和局限性骨膜炎。牛上颌窦区的骨质增生性肿胀，可见于牛放线菌病。

2. 触诊　注意敏感性、温度和硬度。触诊必须两侧对照进行。窦部病变较轻时，触诊往往无变化。触诊敏感和温度增高，见于急性窦炎、急性骨膜炎。局部骨壁凹陷和疼痛，见于外伤。窦区隆起、变形，触诊坚硬，疼痛不明显，常见于骨软症、肿瘤和放线菌病。

3. 叩诊　健康家畜的窦区叩诊呈空盒音，声音清晰而高朗。若窦腔积液或为瘤体组织充塞，则叩诊浊音。叩诊时宜先轻后重，两侧对照进行，如此可以提高叩诊的准确性。

喉囊（咽囊）仅马属动物有之，是耳咽管的膨大部分，故亦称耳咽管憩室。喉囊位于耳根和喉头中间，在腮腺的上内侧，下颌支的后方。

在病理情况下，喉囊如有渗出物或积脓时，喉囊区明显肿胀隆起，通常为一侧性。触诊有热和疼痛反应，质地柔软而似气垫状或有弹性和波动感，压之缩小，偶发拍水音。在触诊时同侧鼻孔往往流出鼻液。囊内大量积液时叩诊可出现浊音。若有大量气体产生时，则叩诊呈鼓音。当炎症严重时，则邻近器官并发炎症，致颈前区肿胀，咽上和颌下淋巴结肿大。喉囊严重肿胀时可引起吞咽和呼吸困难。此时多并发咽喉炎，频频咳嗽，头颈伸直，活动不自如。

喉囊的炎症或积脓，常继发或并发于腺疫。

（五）咳嗽的检查

咳嗽是一种保护性反射动作，能将呼吸道异物或分泌物排出体外；咳嗽亦为病理状态，当咽、喉、气管、支气管、肺和胸膜等器官，受到炎症、温热、机械和化学等因素的刺激时，通过分布于各该器官的舌咽神经和迷走神经分支传达到延脑呼吸中枢，由此中枢再将冲动传向运动神经，而引起咳嗽动作。咳嗽动作是在深吸气之后，声门关闭继以突然剧烈呼气、气流猛然冲开声门，而发出特征性声音。

咳嗽为呼吸器官疾病最常见的症状。在呼吸器官疾病中，除单纯的鼻炎、副鼻窦炎外，喉、气管、支气管、肺和胸膜的炎症都可出现强度不等，性质不同的咳嗽。通常，喉及上部气管对咳嗽的刺激最为敏感，因此，喉炎及气管炎时，咳嗽最为剧烈。

此外，当肺充血和肺水肿时肺泡和支气管内有浆性或血性漏出物，于是引起咳嗽。

在特殊情况下，咳嗽可因呼吸器官以外之迷走神经末梢受到刺激而引起。例如外耳道、舌根和腹部器官受刺激时可以反射性发生咳嗽。有人曾指出，肝脓肿偶而可以引起咳嗽。

检查咳嗽的方法，可向畜主询问了解病畜有无咳嗽及咳嗽的性质。也可听取病畜自发的咳嗽。必要时，应用人工诱咳法进行检查。

人工诱咳法　临床检查病畜时，往往不能观察和听到其自然发生的咳嗽，应用人工诱发咳嗽的方法，称为人工诱咳法。

马的人工诱咳法，比较简单。用手指捏压气管第一、第二软骨环或喉部勺状软骨，则很容易诱发咳嗽。但个别反应迟钝或精神沉郁的马则不敏感（图1-43）。

图1-43　马的人工诱咳法

健康牛用此法引起咳嗽相当困难。但短时间闭塞鼻孔，使之引起深吸气，即可诱发咳嗽。此法特别适用于下呼吸道疾患的检查，故对任何有肺部疾患的可疑病畜，不可忽略之。

在小动物，由于其对刺激反应灵敏，除上述方法外，拉起背部皮肤，压迫或叩击胸壁，均能引起咳嗽。

检查咳嗽时，应注意其性质、频度、强度和疼痛。

1. 性质　一般分为干咳和湿咳。

（1）干咳　干咳的特征为咳嗽的声音清脆，干而短，疼痛较明显。表示呼吸道内无分泌物或仅有少量的或黏稠的分泌物。典型的干咳，见于喉、气管异物和胸膜炎。在急性喉炎的初期、慢性支气管炎、肺结核、肺棘球蚴病和猪肺疫等也可出现干咳。

（2）湿咳　湿咳的特征为咳嗽的声音钝浊，湿而长，表示呼吸道内有大量、稀薄的分泌物，往往随咳嗽从鼻孔流出多量鼻液。见于咽喉炎、支气管炎、支气管肺炎、肺脓肿和肺坏疽等。

2. 频度　可分为单发性、频繁性和痉挛性数种。

（1）单发性咳嗽　骤然发咳，仅一二声。表示呼吸道内有异物或分泌物（痰），异物除，痰去则咳嗽息。

（2）频繁性咳嗽　为咳嗽连续不断。一次发咳达十几声甚至数十声。常常带有痉挛性咳嗽。见于急性喉炎，传染性上呼吸道卡他、弥漫性支气管炎、支气管肺炎、幼畜肺炎和猪肺疫、猪气喘病等。在羔羊的双球菌性肺炎时连续而频繁的咳嗽可达 30～60 次之多。

咳嗽保持相当长的时间，数周、数月、甚至更长者，称为经常性咳嗽，此与经常性刺激有关，见于慢性支气管炎、慢性肺气肿、肺结核、猪气喘病等，有时亦可见于肿瘤压迫返回神经末梢。

（3）痉挛性咳嗽　特征为具有突然性和暴发性，咳嗽剧烈而痛苦，且连续不断，表示呼吸道内有强烈的刺激，见于呼吸道异物性肺炎。

3. 强度　咳嗽的强度，视肺的弹性、呼气的强度和速度而定，也和发病的部位和病变的性质有关。当肺组织的弹性正常，而喉、气管患病时，则咳嗽强大有力。反之，当肺组织有浸润、毛细支气管有炎症或肺泡气肿而弹性降低时，则咳嗽低弱嘶哑，称为哑咳。见于细支气管炎、支气管肺炎、肺气肿和猪肺疫等。此外，低弱的咳嗽也见于某些疼痛性疾病，如胸膜炎、胸膜粘连和喉炎、气胸等。当全身极度衰弱、声带麻痹时，咳嗽极为低弱，甚至几乎无声。

4. 痛咳　咳嗽伴有疼痛症状者，称有痛咳。其特征为病畜头颈伸直，摇头不安，前肢刨地，且有呻吟和惊慌现象，见于呼吸道异物、异物性肺炎、急性喉炎、胸膜炎、创伤性网胃、膈肌、心包炎等。

（六）喉及气管检查

喉及气管检查，可分为外部和内部检查。外部检查用视诊、触诊和听诊。内部检查，在大家畜需借助于喉气管镜，必要时可用气管切开术，由其切口中观察气管黏膜的变化。某些动物，如羊、猪、犬和家畜的喉部尚可直接视诊。

1. 外部检查

（1）视诊　注意有无肿胀。喉部的肿胀，主要是喉部皮肤和皮下组织发炎浸润的结果。此时可呈现呼吸和吞咽困难。马的喉部肿胀，见于咽喉炎、咽囊炎、马腺疫和某些中毒；牛的喉部肿胀见于牛肺疫、炭疽、恶性水肿。猪见于猪肺疫、猪水肿病和炭疽等。此外喉及气管区的肿胀，有时尚见于结核病和放线菌病，而气管周围及垂皮部的肿胀，多见于创伤性心包炎。

（2）触诊　借触诊可以判定喉及气管以下疾病时有无疼痛和咳嗽，并可确定肿胀的性质。在急性严重喉炎时，触诊局部发热、疼痛，并引起咳嗽。当喉黏膜有黏稠的分泌物、水肿、狭窄和声带麻痹时，触诊喉壁有明显的颤动感。在马喘鸣症时，压迫健康一侧的勺状软骨，则振动加剧，呼吸困难，甚至发生窒息现象，压迫病侧时，则颤动轻微。喉水肿时喉壁的颤动最为明显。气管触诊敏感，并发咳嗽，多是气管炎的征象。

（3）听诊　听诊健康家畜的喉和气管时，可以听到类似"嘛"的声音，称为喉呼吸音，此乃气流冲击声带和喉壁形成漩窝运动而产生并沿整个气管向内扩散，渐变柔和。在气管出现者，称为气管呼吸音。在胸壁支气管出现者，称为支气管呼吸音。这种声音的性质基本相同，仅由于传导条件不同而稍有变化。在病理情况下，喉和气管呼吸音可出现各种变化。

2. 内部检查 主要为直接视诊。检查时,通常将头略为高举,用开口器打开口腔,将舌拉出口外,并用压舌板压下舌根,同时对着阳光,即可观察喉黏膜及其病理变化。本法仅用于小动物和禽类。

鸡的喉部最易行内部视诊,此时将头高举,在打开口腔的同时,用捏着肉髯的手,以中指同时向上压迫喉头,则喉部即可显露。注意喉黏膜有无肿胀、出血、溃疡、渗出物和异物等。在鸡传染性喉气管炎时,喉黏膜明显肿胀,并有黄白色为膜。有时在鸡感染线虫病时尚可见到虫体。

(七) 上呼吸道杂音

健康家畜呼吸时,一般听不到异常声音。在病理情况下,病畜常伴随着呼吸运动而出现特殊的呼吸杂音。因为这些杂音都来自上呼吸道,故称为上呼吸道杂音。

上呼吸道杂音包括:鼻呼吸杂音、喉狭窄音、喘鸣音、啰音和鼾声。

1. 鼻呼吸杂音

(1) 鼻腔狭窄音 又称鼻塞音,此乃鼻腔狭窄所致。其特征为病畜呼吸时产生异常的狭窄音,吸气比呼气更加响亮,并有吸气性呼吸困难。

鼻腔狭窄音,一般分为干性和湿性两种:

干性狭窄音、呈口哨声。提示鼻腔黏膜高度肿胀,或有肿瘤和异物存在,使鼻腔变狭窄。当呼吸时,气流通过狭窄的孔道而产生声音。见于慢性鼻炎、马腺疫、血斑病、鼻疽、牛恶性卡他热、放线菌病、猪传染性萎缩性鼻炎、鼻腔肿瘤等。

湿性狭窄音,呈呼噜声。表示鼻腔内积聚多量黏稠的分泌物。当气流通过时发生振动而引起声音。见于鼻炎、羊鼻蝇幼虫病、咽喉炎、异物性肺炎、肺脓肿破溃、马腺疫、牛恶性卡他热和犬瘟热等。

(2) 喘息声 为高度呼吸困难而引起的一种病理性鼻呼吸音,但鼻腔并不狭窄。其特征为鼻呼吸音显著增强,呈现粗大的"嘛嘛"声,以在呼气时较为清楚。此时病畜伴有呼吸困难的综合症状。喘息声常见于发热性疾病,肺炎,胸膜肺炎,严重的急性胃扩张,急性瘤胃臌气、肠臌气和肠变位的后期。

(3) 喷嚏 主要见于羊和猪,犬、猫和禽类也可以发生。为一种保护性反射性动作。当鼻黏膜受到刺激时,反射性地引起暴发性呼气,振动鼻翼产生一种特殊声音。其特征为病畜仰头缩颈,频频喷嚏,甚至表现摇头、擦鼻、鸣叫等。见于鼻卡他、羊鼻蝇幼虫病、猪传染性萎缩性鼻炎等。

(4) 喷鼻 主要见于马。为鼻黏膜受到刺激,反射性地引起突然呼气,振动鼻翼而发出的声音。健康马可因生人,不习惯的声音,吸入灰尘和刺激性气体而引起喷鼻。但经常性的喷鼻则为病理征象。见于鼻卡他、鼻腔异物等。

(5) 呻吟 主要见于牛,其他家畜也可发生。呻吟为深吸气之后,经半闭的声门作延长的呼气而发出的一种异常声音。呻吟常表示疼痛、不适,见于创伤性网胃、膈肌、心包炎,急性瘤胃臌气、瓣胃阻塞、真胃阻塞、肠阻塞和肠变位等,也可见马腹痛病及其他疼痛性疾病。

2. 喉狭窄音 在正常情况下,喉及气管可以听到类似"嘛嘛"的声音。此乃气流冲击声带和喉腔产生漩涡运动所致。

3. 喘鸣音 为一种特殊的喉狭窄音。此乃返回神经麻痹,而引起喉头和声带麻痹的结果。其特点为吸气时产生喉狭窄音，通常称为喘鸣症。主要见于马属动物。

检查时，如狭窄音轻微，可利用强制运动，如突然后退，骑乘或将一前肢缚起，作跛行运动，才能使声音更为显著。也可应用特殊的捏喉法以检查之。即以一手平置于喉的一侧，另一手的指端在其对侧向内压迫。若喉头麻痹时则产生吸气性杂音。这是由于已失去控制的麻痹的勺状软骨和陷入喉头的声带，仅在吸气动作时才能引起狭窄的缘故。

4. 啰音 当喉和气管有分泌物时，可出现啰音。如分汤物黏稠时，可闻干啰音，即吹哨音或咝咝音。分泌物稀薄时，则出现湿啰音，即呼噜或猫喘音。见于喉炎、咽喉炎、气管炎和气管异物等。

5. 鼾声 是一种特殊的呼噜声。此乃咽、软腭或喉黏膜发生炎症肿胀、增厚导致气道狭窄，呼吸时发生震颤所致；或由于黏稠的黏液、脓液或纤维素团块部分地粘着在咽、喉黏膜上，部分地自由颤动产生共鸣而发生。见于咽炎、咽喉炎、喉水肿、马喘鸣症和咽喉肿瘤等。

牛在生产瘫痪过程中，马在某些药物的麻醉过程中，有时也发鼾声。此外，当猪、犬鼻黏膜肿胀、肥厚导致鼻道狭窄而张口呼吸时，软腭部常发生强烈的震颤而发出鼾声。见于鼻炎和猪传染性萎缩性鼻炎等。

三、胸廓的视诊和触诊

检查胸廓时，一般按视诊、触诊、叩诊和听诊的顺序进行。视诊和触诊也可同时或交叉进行。通常应由上而下，从左到右，全面检查。

（一）胸廓的视诊

胸廓视诊，应注意胸廓的形状及其皮肤的变化。

1. 胸廓的形状 健康家畜，其胸廓的形状和大小，因家畜的种类、品种、年龄、营养及发育状态而有很大差异。一般胸廓两侧对称，脊柱平直，肋骨膨隆，肋间隙的宽度均匀，呼吸亦匀称。

在病理情况下，胸廓的形状可能发生异常变化。

（1）桶状胸 特征为胸廓向两侧扩大，左右横径显著增加，呈圆桶形。肋骨的倾斜度减少，肋间隙变宽。常见于严重的肺气肿。

（2）扁平胸 特征为胸廓狭窄而扁平，左右径显著狭小，呈扁平状。可见于骨软症、营养不良和慢性消耗性疾病。胸骨柄明显向前突出，常常伴有肋软骨结合处的串珠状肿，并见有脊柱凹凸，四肢弯曲，发育障碍者，是佝偻病的特征。

（3）两侧胸廓不对称 表现为患侧胸壁平坦而下陷，肋间隙变窄，而对侧常呈代偿性扩大，致两侧胸壁明显不对称。见于肋骨骨折，单侧性胸膜炎、胸膜粘连、骨软症和代偿性肺气肿等。此时呼吸的匀称性也发生改变。

此外，脊柱的病变亦可导致胸廓变形。检查时，必须两侧对照比较来确定病变的部位和性质。

2. 胸廓皮肤的变化 应注意创伤、鞍伤、皮下气肿、丘疹、溃疡、结节和胸前、胸下浮肿及局部肌肉震颤。

胸廓的创伤、鬐甲部鞍伤等外科疾病，一望可知；胸壁皮下的气肿，多见于外伤、肺气肿及牛的黑斑病甘薯中毒，有时发生于气胸。

马胸侧沿淋巴管分布的结节和溃疡性病变应考虑皮肤鼻疽和流行性淋巴管炎。

胸壁的散在性扁平丘疹，常提示荨麻疹；伴有痒感的小结节样疹、水泡以致皮肤增厚、脱毛落屑等应考虑螨病或湿疹。

胸前、胸下的浮肿多见于创伤性心包炎、心力衰竭、重度贫血和营养不良等。在马传染性贫血的地区更要注意传染性贫血的可疑。此外，在渗出性胸膜疾病、中毒、某些代谢性疾病和神经系统疾病时也可见之。

（二）胸壁的触诊

胸壁触诊对于判定某病变的性质，确定胸壁的敏感性和胸膜摩擦感有一定的意义。

1. 胸壁的温度 局部温度增高，可见于炎症、脓肿。胸侧壁的温度增高，可见于胸膜炎，此时务必左右对照检查。

2. 胸壁疼痛 触诊胸壁时，病畜表现骚动不安、回顾、躲闪、反抗或呻吟，乃胸壁敏感、疼痛的表现。胸壁敏感，是胸膜炎的特征，尤以病的初期更为明显。也可见于胸壁的皮肤、肌肉或肋骨的发炎与疼痛性病。肋骨骨折时，疼痛非常显著。

3. 胸膜摩擦感 在胸膜炎时，由于胸膜表面沉积大量的纤维蛋白，使胸膜变为粗糙，则在呼吸运动时，胸膜的壁层和脏层相互摩擦，用手触诊时该处胸壁有摩擦感。

4. 肋骨局部变形 见于佝偻病、软骨病和肋骨骨折等。

四、胸、肺的叩诊

叩诊为检查胸部的重要方法之一。叩诊的目的在于了解胸腔内各脏器的解剖关系和肺的正常体表投影；根据叩诊音的变化，来判断肺和胸膜腔的物理状态，发现异常，借以诊断各疾病；叩诊亦可作为一种刺激，根据病畜的反应，来判断胸膜的敏感性或疼痛。

（一）胸、肺的叩诊方法

胸、肺的叩诊方法一般分为大家畜叩诊法和小家畜叩诊法两种。

1. 大家畜叩诊法 大家畜主要用锤板叩诊法。本法引起的振动深而广，有利于深在病变的发现。叩诊时，一手持叩诊板，顺着肋间隙、纵放、密贴；另一手持叩诊锤，以腕关节作轴，垂直地向叩诊板上做短促的叩击。一般每点叩击二三下，再移至另一处。叩诊肺区时，应沿肋骨水平线，由前至后依次进行，称为肺区水平叩诊法。也可自上而下沿肋间隙进行，称为垂直叩诊法。不论应用哪一种方式都应叩完整个肺部，进行对比分析而不应该孤立地叩诊某一点或一部分。

2. 小家畜叩诊法 小家畜用指叩诊法。即以左手中指作叩诊板，而以弯曲的右手中指作为叩诊锤。在叩诊时，板指要密贴于肋间隙并和肋间隙平行，其他手指宜略为抬起，勿使与体表接触；叩指要与叩击部位的体表垂直，以腕关节的活动为主，避免肘关节和肩关节参加运动。叩击的动作要灵活、短促而富有弹性。叩诊的顺序和大家畜相同。

叩诊力量的强弱或轻重，应依体壁的厚薄和病灶的深浅而定。胸壁厚，病变深在，宜用重叩诊。小家畜比大家畜轻。为确定叩诊区和病变的界限时，宜用轻叩诊。叩诊的强度应大致相等。当发现病理性叩诊音时，可交替使用轻、重叩诊，并和正常的音响反复仔细进行对比，同时还应和对侧相应部位作对照和鉴别。如此才能较为准确地判断病理变化。

3. 叩诊胸、肺时应注意的事项

叩诊胸、肺时，除了遵循叩诊各项规则外，还应注意下列诸点：

①叩诊胸、肺时，必须在较为宽敞的室内进行，才能产生良好的共鸣效果。若房屋狭而小或在露天进行往往不能获得满意的结果。

②叩诊时室内要安静，避免任何吵杂声音的干扰。

③叩诊的强度要均匀一致，切勿一轻一重。如此才能比较两侧对称部位的音响。但为了探查病灶的深浅及病变的性质，轻重叩诊可交替使用。因为轻叩诊不易发现处于深部的病变，重叩诊不能查出浅在的小病灶。

④叩诊胸、肺时，不但要有正确的叩诊方法，而且还要准确地判断叩诊音的变化。为此必须熟悉正常叩诊音，只有这样才能发现和辨别病理性叩诊音。

⑤叩诊胸、肺时，要注意病畜的表现，有无咳嗽和疼痛不安现象出现。

（二）肺叩诊区

叩诊健康家畜肺区，发出清音的区域，称为肺叩诊区。叩诊区仅表示肺可以检查的部分，即肺的体表投影，并不完全与肺的解剖界限相吻合。此乃由于肺的前部为发达的肌肉和骨骼所掩盖，以致不能为叩诊所检查。因此，家畜的肺叩诊区比肺本身约小1/3。

肺叩诊区因家畜种类不同而有很大差异，分述如下：

1. 马肺叩诊区 近似一直角三角形。其前界为自肩胛骨后角沿肘肌向下至第5肋间所画的直线，上界为与脊柱平行的直线，并距背中线一掌宽（10cm左右），后界为向下、向前并经下列诸点所划的弧线：由第17肋骨与上界交接处开始，经髋结节线与第16肋间的交点，坐骨结节线与第14肋间的交点，肩端线与第10肋间的交点而止于第5肋间—心脏相对浊音区。将各点连成一曲线即为肺叩诊区的后界（图1-44）。

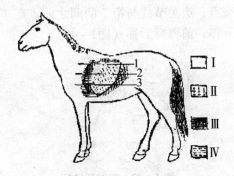

图1-44 马肺叩诊区
1. 髋结节线 2. 坐骨结节线 3. 肩端线 Ⅰ. 清音 Ⅱ. 浊鼓音 Ⅲ. 半浊音 Ⅳ. 浊音

2. 牛肺叩诊区 比马肺叩诊区显著要小，亦为三角形，上界与马同；前界为自肩胛骨后角沿肘肌向下所划的类似"S"形的曲线，止于第4肋间；后界由第12肋骨开始，向下、向前的弧线则经髋结节线与第11肋间相交叉，肩关节线与第8肋间相交叉止于第4肋间—心脏相对浊音区。

此外，在瘦牛的肩前1~3肋间部尚有一狭窄的叩诊区，称为肩前叩诊区，上部宽6~8cm，下部2~3cm。叩诊时，宜将前肢向后牵引，但其叩诊音往往不如胸部清楚（图1-45）。

绵羊和山羊肺叩诊区同牛（图1-46）。

3. 猪肺叩诊区 上界距离背中线4~5指宽，后界由第11肋骨处开始，向下、向前经

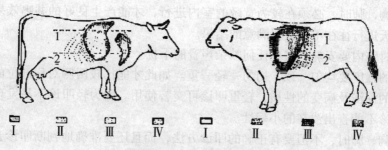

图1-45 牛的肺叩诊区（左.瘦牛 右.肥牛）
1. 髋结节线 2. 肩端线 Ⅰ.清音 Ⅱ.浊鼓音 Ⅲ.半浊音 Ⅳ.浊音

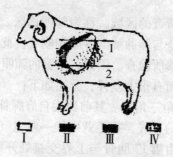

图1-46 绵羊肺叩诊区
1. 髋结节线 2. 肩端线 Ⅰ.清音 Ⅱ.浊鼓音 Ⅲ.半浊音 Ⅳ.浊音

坐骨结节线与第9肋间之交点，肩关节线与第7肋间之前点而止于第4肋间。肥猪的叩诊界不够清楚，其上界往往下移，前界则后移（图1-47）。

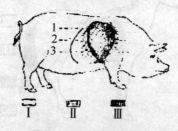

图1-47 猪肺叩诊区
1. 髋结节线 2. 坐骨结节线 3. 肩端线 Ⅰ.清音 Ⅱ.浊音 Ⅲ.半浊音

4. 犬肺叩诊区 前界为自肩胛骨后角并沿其后缘所引之线，向下止于第6肋间之下部；上界为自肩胛骨后角所画之水平线，距背中线2~3指宽，后界自第12肋骨与上界之前点开始，向下、向前经髋结节线与第11肋骨之交点，坐骨结节线与第10肋间之交点，肩关节线与第8肋间之交点而达第6肋间之下部与前界相交（图1-48）。

肺叩诊区的后界表示吸气和呼气时接近肺后缘的位置。在确定肺后缘时，应先画出髋结节线、坐骨结节线和肩关节水平线，然后由肺中央自上而下画一直线与三线垂直相交，依次由三个交点由前向后沿水平线用轻叩诊法进行叩诊。叩诊音发生明显改变之点就是肺的后缘。此时宜立即标出此点，并从最后肋间向前计算肋间隙至该点。确定三点之后，将其连起，由此方向前下方移动叩诊，则肺的后缘即清楚可见。肺的上界一般比髋结节线略高，故沿此线的方向移动叩诊不难确定。在确定前界时，可将前肢拉向前方便可向前扩大

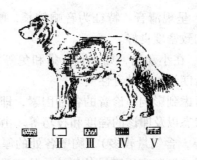

图 1-48　犬肺叩诊区

其叩诊区。被检查的病畜所确定的肺界应与正常的肺界对照比较，以判定其扩大或缩小。

（三）肺叩诊区的病理变化

肺叩诊区的病理变化，主要表现为扩大或缩小。其变动范围与正常肺叩诊区相差 2~3cm 以上时，才可认为是病理征象。

1. 肺叩诊区扩大　为肺过度膨胀（肺气肿）和胸腔积气（气胸）的结果。当肺过度膨胀时，则肺界后移，心脏绝对浊音区缩小。急性肺气肿时，肺后界后移常达最后一个肋骨，心脏绝对浊音区缩小或完全消失。慢性肺气肿时，在大家畜肺界后移可达 2~10cm，同时叩诊界也可向下方扩大。但心脏浊音区常因右心室肥大的关系或移位不明显，或无变化。在气胸时，肺的后缘亦可达膈线，甚至更后。

2. 肺叩诊区缩小　为腹腔器官对膈的压力增强，并将肺的后缘向前推移所致。见于怀孕后期，急性胃扩张，急性瘤胃臌气，肠臌气，腹腔大量积液等。

此外，当心肥大，心扩张和心包积液时，心区的肺可能向后向上移位而致肺叩诊区缩小，在牛创伤性心包炎时，心脏浊音区扩大，而肺叩诊区缩小为其特殊表现。一侧肺界缩小，可见于引起肝脏肿大的各种疾病，如肥大性肝硬化等。

（四）肺区正常叩诊音

肺是一对含有丰富弹性纤维的气囊，在正常情况下充满于胸膜腔，其解剖学特点和恒定的生理状态，为叩诊创造了良好的条件。

叩诊肺区时，可行清楚的叩诊音，称为肺音。肺正常叩诊音，一般认为由 3 种音响组成，即叩诊锤敲击叩诊板所产生的声音；胸壁受到叩打的冲击时发生振动而产生的声音；由于胸壁的振动运动引起肺组织和肺泡内空气柱的共鸣而产生的声音。

1. 影响肺叩诊音的主要因素

（1）胸壁厚度　如肥胖动物肌肉发达、皮下脂肪丰满，或有皮下浮肿，或当纤维素性胸膜炎时胸壁肥厚，叩诊所产生的振动不能很好地向深部传播，则叩诊音较浊、较弱、较钝。而消瘦的动物，胸壁菲薄，则叩诊音宏大而呈现明显的清音。

（2）肺泡壁的弹性及肺泡内含气量

肺泡壁紧张、弹性良好，叩诊产生非鼓音；而肺泡壁弛缓、失去弹性则叩诊产生鼓音。依肺泡内含气量减少的程序不同，而可使叩诊音变为半浊音、浊音，肺实变时则叩诊呈浊音。

（3）胸膜腔状态　胸腔积液面为分界线，下呈水平浊音，上部呈过清音，气胸时叩诊呈鼓音。

此外，叩诊用力过强，叩诊的技巧及叩诊器的质量等因素均可影响叩诊音的性质。

2. 大家畜肺正常叩诊音 呈现清音。特征为音响较长，响度较大而宏亮，音调较低。反映肺组织的弹性、含气量和致密度良好。

3. 小动物肺正常叩诊音 在小动物，如小狗、猫和兔等，由于肺的空气柱的振幅较小，正常肺区的叩诊音均甚清朗，稍带鼓音性质。

在判断肺叩诊音时必须考虑到影响叩诊音的各种因素，即胸壁的厚薄，肺的含气量和肺泡壁弹性，胞腔和胞膜的状态以及叩诊的强度和技巧等。由于肺组织在生理情况下含气量不同（肺区中央的肺组织厚，含气量较多），胸壁各处的厚薄又不一致，加之胸腔的下部和后部又有心脏和腹腔脏器（肝脏和胃肠）的影响，故正常肺组织各部的叩诊音也不完全相同。肺区中央的叩诊音较为响亮，而周围的叩诊音则较弱而短，带有半浊音性质。

（五）胸、肺病理叩诊音

在病理情况下，胸、肺叩诊音的性质可能发生显著的变化。其性质和范围，取决于病变的性质和大小以及病变的深浅。一般说深部的病灶（离胸部表面7cm以上）和小范围的病灶（直径小于2~3cm）或少量胸腔积液，常不能发现叩诊音的明显改变。

1. 浊音、半浊音 此乃肺泡内充满炎性渗出物，使肺组织发生实变，密度增加的结果，或为肺内形成无气组织（如瘤体、棘球蚴囊肿）所致。由于病变的大小，深浅和病理发展过程不同，肺泡中的含气量也各异，叩诊时有时为浊音，有时则为半浊音。

此外，浊音或半浊音也可能由于胸壁增厚和胸腔积液的结果。

由于病变的大小和范围不同，故叩诊时可能表现为大片状浊音区和局灶性浊音区。

（1）大片状浊音区 多发生在肺区中1/3及下1/3。主要见于大叶性肺炎和融合性肺炎。此乃肺的大叶或大叶的一部分发炎形成肝变所致。在大叶性肺炎时，炎症往往由下向上向前和向后发展，故浊音区的上界常呈弓形为其特殊表现（图1-49）。但在有些情况下，浊音区的上界是不整齐的。

图1-49 马大叶性肺炎的弓形浊音区

此外，大片状浊音区也可见于传染性胸膜肺炎、牛肺疫、牛出血性败血病和猪肺疫等。

（2）局灶性或点片状浊音区 常见于小叶性肺炎。此乃肺的小叶发生实变所致。在小叶性肺炎时，炎症常常侵及数个或一群肺小叶，并且分散存在或融合成片，因而形成大小不等的实变区，故叩诊时呈现大小不等的散在性浊音或半浊音区为其特点。应当指出，这种病灶必须达以一定的大小，且病灶距胸壁较近（一般5~7cm），叩诊方能呈现出浊音或半浊音，有时由于病灶过小或位于深部，则不易被发现（图1-50）。

此外，局灶性浊音或半浊音区，也可见于肺脓肿、肺坏疽、肺结核、肺棘球蚴病、肺肿瘤等。

当胸壁发生外伤性肿胀、炎症和胸膜炎、胸膜结核、胸膜肿瘤或胸膜粘连、过度增厚

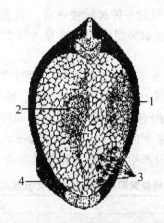

图 1-50　肺炎及胸壁增厚时的叩诊浊音

1. 接近胸壁的大炎症灶—呈浊音　2. 深部的炎症灶—呈半浊音

3. 分散的小炎症灶—呈半浊音　4. 胸壁肥厚—呈浊音或半浊音

时，叩诊的振动不能达到肺实质，故亦可呈现浊音或半浊音。不要误认为肺实质内的病变。

2. 水平浊音　当胸腔积液（渗出液、漏出液、血液）达一定量时大于 500ml，叩诊积液部位，即呈现浊音。由于其液体上界呈水平面，故浊音的上界呈水平线为其特征，称为水平浊音。胸部的水平浊音是渗出性胸膜炎的特征，也可见于胸水和偶尔见于血胸。

当胸腔大量积液时，其浊音区的水平面可随病畜的体位改变而变动。这种特性有助于渗出性胸膜炎和肺炎的鉴别。水平浊音比较稳定，可持续数日或数周，表示液体吸收缓慢，但浊音的上界可随着液体量的增减而升降。浊音区的锤下抵抗感较大，此乃渗出液压迫胸壁，使其反冲力量增大所致。

必须指出，大家畜胸腔的容量相当大，如仅有少量积液时，则不易确定。

3. 鼓音　此由于健康肺组织被致密的病变所包围，使肺组织的弹性丧失，于是传音强化。叩之即呈鼓音；或由于肺和胸腔内形成反常的气腔，且空腔壁的紧张力较高时，叩之也可形成鼓音；或肺泡内同时有气体和液体存在，使肺泡扩张，弹性降低时，叩之亦可出现鼓音。鼓音见于下列病理状态。

（1）叩诊大叶性肺炎的充血期和消散期及其炎性浸润周围的健康肺组织即呈现鼓音在小叶性肺炎时，浸润病灶和健康肺组织参杂存在，此时叩诊病灶周围的健康肺组织也可发鼓音；当肺充血时，叩诊也可能出现鼓音。

（2）肺空洞　当肺实质的一部分融解缺损而形成空洞，且与支气管微通或不通时，叩诊呈鼓音。但应指出，空洞的直径一般不应小于 3～4cm，距离胸壁不应超过 3～5cm，空洞的四壁光滑，且紧张力较高时，叩诊才能呈现鼓音。空洞越大，越接近肺表面时，则鼓音越明显。当肺脓肿、肺坏疽等病灶融解、破溃并形成空洞时，常可叩出鼓音。

（3）气胸　当胸腔积气时，叩之可闻鼓音。声音的高低受气体的多少和胸壁紧张度的影响。

（4）胸腔积液　在靠近渗出液的上方肺组织发生膨胀不全时叩诊则呈现鼓音。

（5）膈疝　当膈肌破裂，充气的肠管进入胸腔时，叩诊则呈局限性鼓音。但当肠管内为液体或粪便时，则呈浊音或半浊音。

此外，当胃肠臌气时，膨胀的胃肠压迫膈肌，此时，叩诊肺的后下界也可呈现鼓音。

4. 过清音 为清音和鼓音之间的一种过渡性声音，其音调近似鼓音。过清音类似敲打空盒的声音，故亦称空盒音。它表示肺组织的弹性显著降低，气体过度充盈。主要见于肺气肿。

5. 破壶音 为一种类似叩击破壶所产生的声响。此乃空气受排挤而突然急剧地经过狭窄的裂隙所致。见于与支气管相通的大空洞，如肺脓肿、肺坏疽和肺结核等形成的大空洞。

6. 金属音 类似敲打金属板的音响或钟鸣音。其音调较鼓音高朗。此乃肺部有较大的空洞，且位置表浅，四壁光滑而紧张时，叩诊才发金属音。当气胸或心包积液、积气同时存在而达一定紧张度时，叩诊亦可产生金属音。肺异常叩诊音的病理变化见表1-6。

表1-6 肺异常叩诊音的病理变化及其临床意义

叩诊音	基本的病理变化	临床意义
浊音和半浊音	1. 肺组织含气量减少或浸润实变 2. 肺内实体组织形成 3. 胸腔积液 4. 胸膜粘连与增厚，胸壁肿胀	1. 各型肺炎、肺坏疽，肺脓肿、鼻疽、肺结核、高度肺水肿和肺充血、肺萎陷、肺纤维化 2. 肺肿瘤、肺结核、鼻疽、肺棘球蚴囊肿等 3. 渗出性胸膜炎，胸水，血胸 4. 胸膜炎合并粘连增厚、胸膜结核、胸膜肿瘤
鼓音	1. 浸润周围的健康组织及肺泡内同时有气体和液体 2. 肺内空洞形成 3. 胸腔积气 4. 膈破裂	1. 各型肺炎浸润区周围、大叶性肺炎的充血期和消散期肺充血及肺水肿 2. 肺脓肿、肺坏疽，肺结核，支气管扩张，肺棘球蚴囊肿破溃 3. 气胸 4. 膈疝
过清音	肺组织的弹性降低，气体过度充盈	肺气肿
破壶音	肺空洞与支气管相通	肺空洞
金属音	肺内有四壁光滑的大空洞，胸腔积气而达到一定紧张度	肺空洞，气胸

（六）叩诊第三反应和叩诊抵抗感

1. 叩诊敏感反应 叩诊可以作为一种有效的刺激，根据病畜的反应，来判断胸膜的敏感性或有无疼痛，从而诊断疾病。叩诊第三反应或疼痛时，病畜主要表现为回顾、躲闪、抗拒、呻吟等，有时还可引起咳嗽，此为胸膜炎的特征，尤以病初最为明显。

此外，也见于肋骨骨折和胸部的其他疼痛性疾病。叩诊引起咳嗽亦可见于支气管炎和支气管肺炎等。

2. 叩诊抵抗感（锤下抵抗） 应用手指直接叩诊时，叩诊指的感觉随叩诊的位置与胸腔内的病变而异。一般叩诊健康肺部时，由于充气良好，叩诊指有一种弹性感觉，但在肩胛部，心脏浊音区，此种感觉很轻微，甚至没有。明显的叩诊抵抗感，提示肺实变或胸腔积液。

（七）气管叩诊音

声波在固体中的传导比在气体中传导较为良好。气管叩诊就是利用这一原理而在临床上应用。即利用叩诊器叩击气管以产生音响，按叩诊音沿气管、支气管，并通过肺传至胸廓上的强度，来判断肺和胸膜的物理状态。

在正常情况下，肺组织因含有气体，并富有弹性而传音不良。当叩诊气管时叩诊音经过气管、支气管、肺泡内空气和胞壁等向各方传导，于是一部分叩诊音在传导过程中减弱或消失，到达胸壁时就变成柔弱而模糊的声音，似从远方而来。当肺内有实变，如大叶性肺炎的肝变期，肺浸润、肺萎陷、肺组织受压时，使肺组织的密度增加而致密，则传来的声音大为增强而响亮，类似时钟的滴嗒声。反之，在渗出性胸膜炎胸水等时，则传来的叩诊音显著减弱甚至消失。因此本法有助于肺和胸腔疾病的诊断和鉴别。

叩诊时，由助手一人，将叩诊板紧贴于颈部气管之近胸端，用叩诊锤以同等的强度，进行节律性叩击。另一人在胸廓上进行听诊，仔细体会声音的强度和性质而判定之。

五、胸、肺的听诊

听诊是检查胸部，特别是肺的一种比较良好的方法。听诊的目的在于查明支气管、肺和胸膜的机能状态，确定呼吸音的强度、性质和病理呼吸音。所以胸部听诊对于呼吸器官疾病特别是对支气管、肺和胸膜疾病的诊断具有特殊重要的意义。

此外，在胸部的临床检查中，听诊和叩诊如能配合应用，相互补充，则对胸腔和肺部疾病的诊断和鉴别就更为准确。例如，听诊某部肺泡呼吸音消失，而有明显的支气管呼吸音，此时即应在该处进行叩诊，如叩诊呈现浊音或半浊音，则对肺炎或其他实变性疾病的诊断准确性要高。例如，听诊某部肺泡呼吸音消失或有胸腔拍水音，且叩诊呈现水平浊音且上界以上为过清音，则对渗出性胸膜炎的论断就更有把握。

（一）胸、肺听诊法

大家畜常用间接听诊法，必要时或在特殊情况下也可用直接听诊法。小动物，只用间接听诊法。

肺听诊区和叩诊区基本一致。

听诊时，不论大小动物，宜先从中 1/3 开始，由前向后逐渐听取，其次上 1/3，最后下 1/3。每个部位听 2~3 次呼吸音，再变换位置，直至听完全肺。如发现异常呼吸音，则应确定其性质。为此宜将该点与其邻近部位比较，必要时还应与对侧相应部位对照听诊。

当呼吸音不清楚时，必要时宜以人工方法增强呼吸，为此可将家畜做短暂的驱赶运动，短时间闭塞鼻孔后，引起深呼吸，再行听诊，往往可以获得良好的效果。

听诊肺部时应注意呼吸动作，遵循听诊中指出的各项规则，排除各种干扰，否则容易发生错觉，导致错误的诊断。初学者往往听到过多的杂音，故只有熟悉正常的呼吸音，才能辨别各种病理性呼吸音。为要精确地辨别病理呼吸音，必须通过长期的实践锻炼，才能很好地掌握。

（二）生理呼吸音

家畜呼吸时，气流进出呼吸道和肺泡发生摩擦，引起漩涡振动而产生声音。经过肺组织和胸壁，在体表所听到的声音，即为肺呼吸音。

在正常肺部可以听到两种不同性质的声音，即肺泡呼吸音和支气管呼吸音。检查时应注意呼吸音的强度，音调的高低和呼吸时间的长短以及呼吸音的性质。

1. 肺泡呼吸音 类似柔和的"呋、呋"音，一般健康家畜的肺区内都可听到清楚的肺泡呼吸音。肺泡呼吸音在吸气之末最为清楚。呼气时由于肺泡转为弛缓，则肺泡呼吸音表现短而弱，且仅于呼气初期可以听到。肺泡呼吸音在肺区中 1/3 最为明显。肩前，肘后及肺之边缘部则较为微弱。

肺泡呼吸音一般认为由下列诸因素构成：

①毛细支气管和肺泡入口之间空气出入的摩擦音。

②空气进入紧张的肺泡而形成的漩涡运动，气流冲击肺泡壁产生的声音。

③肺泡收缩与舒张过程中由于弹性变化而形成的声音。

此外，还有部分来自上呼吸道的呼吸音也参与肺泡呼吸音的形成。

在正常情况下，肺泡呼吸音的强度和性质可因家畜的种类、品种、年龄、营养状况、胸壁的厚薄及代谢情况而有所不同。生理的紧张、兴奋、运动、使役以及气温的变化等对肺泡呼吸音亦有一定影响。

马的肺泡呼吸音较其他家畜为弱，牛的肺泡呼吸音比马强，仅在肺区的后 1/3 部听到，禽的部分呈现混合性呼吸音。绵羊、山羊的肺泡呼吸音比牛高朗而粗厉，在整个肺区都可听到。营养良好，胸壁厚的家畜肺泡呼吸音较弱，而消瘦、胸壁薄，则肺泡音较强；运动、使役时在呼吸运动增强的同时，肺泡音亦增强，大家畜在休息时肺泡音显著减弱，外界气温增高或夏季长期在日光下曝晒，则肺泡呼吸音亦增强，深呼吸时肺泡呼吸音增强，而浅表呼吸时，则变弱。

2. 支气管呼吸音 是一种类似将舌抬高而呼出气时所发生的"嚇、嚇"音。支气管呼吸音是空气通过声门裂隙时产生气流漩涡所致。故支气管呼吸音实为喉、气管呼吸音的延续，但较气管呼吸音弱，比肺泡呼吸音强。支气管呼吸音的特征为吸气时较弱而短，呼气时较强而长，声音粗糙而高。此乃呼气时声门裂隙较吸气时更为狭窄之故。

支气管呼吸音有生理和病理性两种。健康马由于解剖生理的特殊性，肺部听不到支气管呼吸音。其他家畜正常时在肺区的前部，较大的支气管接近体表处，称为支气管区，在此处可以听到生理性支气管呼吸音。但并非纯粹的支气管呼吸音，而是带有肺泡呼吸音的混合呼吸音。

牛在第 3~4 肋间肩端线上下可听混合性支气管呼吸音。绵羊、山羊和猪的支气管呼吸音大致与牛同，但更为清楚。只有犬，在其整个肺部都能听到明显的支气管呼吸音（图 1-51）。

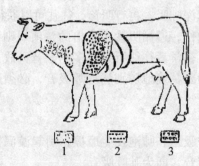

图 1-51 牛呼吸音区域图
1. 喉、气管呼吸音 2. 支气管、肺泡混合呼吸音 3. 肺泡呼吸音

（三）病理呼吸音

在病理情况下，除生理呼吸音的性质和强度发生改变外，常可发现各种各样的异常呼

吸音，称为病理呼吸音。病理呼吸音常见有下列几种：

1. 病理性肺泡呼吸音　可分为增强、减弱或消失及断续性呼吸音。

（1）肺泡呼吸音增强　可表现为普遍性增强、局限性增强。

①肺泡呼吸音普遍性增强　为呼吸中枢兴奋，呼吸运动和肺换气加强的结果。其特征为两侧和全肺的肺泡音均增强，如重读"呋、呋"之音。见于发热、代谢亢进及其他伴有一般性呼吸困难的疾病。在细支气管炎、肺炎或肺充血的初期，由于支气管黏膜轻度充血、肿胀，而使支气管末梢的开口变为狭窄，则肺泡音异常增强。

②肺泡音局限性增强　亦称代偿性增强，此乃病变侵及一侧肺或一部分肺组织，而使其机能减弱或丧失，则健侧或无病变的部分出现代偿性呼吸机能亢进的结果。见于大叶性肺炎、小叶性肺炎、渗出性胸膜炎等健康肺区。

（2）肺泡呼吸音减弱或消失　特征为肺泡音变弱、听不清楚，甚至听不到。根据病变的部位、范围和性质，可表现为全肺的肺泡音减弱，亦可表现为一侧或某一部分的肺泡音减弱或消失。肺泡音减弱或消失可见于下列情况：

①肺组织的炎症、浸润、实变或其弹性减弱、丧失：当肺组织浸润或炎变时，肺泡被渗出物占据并不能充分扩张而失去换气能力，则该区肺泡音减弱或消失。见于各型肺炎、肺结核等；当肺组织极度扩张而失去弹性时，则肺泡呼吸音减弱或消失。见于各型肺炎、肺结核和肺气肿等。

②进入肺泡的空气量减少：当上呼吸道狭窄（如喉水肿等），肺膨胀不全，全身极度衰弱（如严重中毒性疾病的后期、脑炎后期、濒死期），呼吸肌麻痹使呼吸运动减弱，进入肺泡的空气量减少，则肺泡呼吸音减弱。

③当胸部有剧烈疼痛性疾病时，如胸膜炎、肋骨骨折等，致呼吸运动受限，则肺泡呼吸音减弱。

④呼吸音传导障碍：当胸腔积液、胸膜增厚、胸壁肿胀时，呼吸音的传导不良，则肺泡呼吸音减弱。

（3）断续呼吸音　在病理情况下，肺泡呼吸音呈断续性，称为断续性呼吸音。此乃部分肺泡炎变或部分细支气管狭窄，空气不能均匀进入肺泡而是分股进入肺泡所致。其特征为吸气时不是连续性的而是有短促的间隙（呼气时一般不改变），将一次肺泡音分为两个或两个以上的分段。见于支气管炎、肺结核、肺硬变等。当呼吸肌有断续性不均匀的收缩时（兴奋、疼痛、寒冷），两侧肺区亦可出现肺泡音中断现象。

2. 病理性支气管呼吸音　马的肺部听到支气管呼吸音总是病变征象。其他家畜在正常范围外的其他部位出现支气管呼吸音，亦为病理性。其发生的条件为，肺实变的范围相当大，病变的位置较浅表，且大支气管和支气管都畅通无阻。此时由于肺组织的密度增加，传音良好，听诊即可闻清晰的支气管呼吸音。其特征为支气管呼吸音的幅度明显增大，吸气时短而弱，呼气时较强而长或开始和结束均甚突然，呈强"嚇、嚇"音。实变的范围越大，部位越表浅，支气管呼吸音越强，反之则弱。病理性支气管呼吸音，常见于肺炎、肺结核等。当胸腔积液压迫肺组织时，变得较为致密的肺组织有利于支气管呼吸音的传导，此时亦可听到较弱的支气管呼吸音。支气管呼吸音和肺泡音增强使初学者最容易混淆，应注意鉴别之。见表1－7。

表1-7 病理性支气管呼吸音与肺泡呼吸音增强的鉴别

鉴别要点	支气管呼吸音	肺泡音增强
病理变化	肺组织实变，支气管畅通无阻，胸腔积液	呼吸中枢兴奋。呼吸运动和肺换气加重
声音性质	类似"嘛嘛"音	如重读"呋呋"音
出现部位	在肺组织的实变区或叩诊浊音区为清楚，比气管呼吸音弱比肺泡呼吸音强	不清楚或消失
声音强度和出现时间	吸气时短而弱呼气时强而长	吸气时强而长，且在吸气的顶点最清楚，呼气时短而弱
范围	多为局限性，有时为广泛性	多为广泛性
临床意义	肺炎，广泛性肺结核，渗出性胸膜炎和胸水等	发热病，支气管炎，肺炎早期

3. 病理性混合呼吸音 当较深部的肺组织产生炎症性病灶，而周围被正常的肺组织所遮盖，或浸润实变区和正常的肺组织掺杂存在时，则肺泡音和支气管呼吸音混合出现，称为混合性呼吸音或支气管肺泡呼吸音。其特征为吸气时主要是肺泡呼吸音，而呼气时则主要为支气管呼吸音，近似"呋-嘛"的声音。吸气时较为柔和，呼气时较粗厉。见于小叶性肺炎、大叶性肺炎的初期和散在性肺结核等。在胸腔积液的上方有时亦可听到混合性呼吸音。

4. 啰音 为伴随呼吸而出现的附加音响，也是一种重要的病理征象。按其性质可分为干啰音和湿啰音。

（1）干啰音 当支气管黏膜有黏稠的分泌物，支气管黏膜发炎、肿胀或支气管痉挛，使其管径变窄，空气通过狭窄的支气管腔或气流冲击附着于支气管内壁的黏稠分泌物时引起振动而产生的声音。其特征为音调强、长而高朗，类似哨音、飞箭音及咝咝声等，它表明病变主要在细支气管，亦可为强大粗糙而音调低的"咕、咕"声，"嗡、嗡"音等，表示病变主要在大支气管中。

干啰音在吸气和呼气时均能听到，一般在吸气时最为清楚。干啰音容易变动，可因咳嗽、深呼吸而有明显的减少、增多或移位，或时而出现，时而消失为其特征。

干啰音是支气管炎的典型症状。广泛性干啰音，见于弥散性支气管炎、支气管肺炎、慢性肺气肿及犊牛、绵羊的肺线虫病等；局限性干啰音，常见于支气管炎、肺气肿、肺结核和间质性肺炎等。

（2）湿啰音 又称水泡音。为气流通过带有稀薄的分泌物的支气管时，引起液体移动或水泡破裂而发生的声音，或为气流冲动液体形成或疏或密的泡浪，或气体与液体混合而成泡沫状移动所致。此外，肺部如有含液体的较大空洞亦可产生湿啰音。湿啰音的性质类似用一小细管向水中吹入空气时产生的声音。按支气管口径的不同，可将其分为大、中、小三种。大水泡音产生于大支气管中，如呼噜声或沸腾声；中、小水泡音来自中、小支气管。

湿啰音可能为弥散性，亦可能为局限性。吸气和呼气时都可听到，但以吸气末期更为清楚。湿啰音也有容易变动的特点，有时连续不断，有时在咳嗽之后消失，经短时间之后又重新出现。

湿啰音的强度除受支气管大小的影响外，与病变的深浅和肺组织的弹性大小有密切关系。当湿啰音发于肺的深部而周围的肺组织正常时，传到胸壁上就显著减弱，犹如来自远方；如发生在肺组织的浅部时，听诊就较明显；如发生于被浸润的肺组织包围的支气管中，因肺组织实变而传音良好，则声音甚为清楚。此时啰音常和支气管呼吸音同时存在。这种啰音为大叶性肺炎的症状之一。空洞内形成的啰音，由于共鸣作用，听之如在耳边。此外，湿啰音的强度与呼吸运动的强度、频率，分泌物的量及黏稠度有关。呼吸愈强，啰音愈大。当分泌物稀薄而量多时，则啰音较为明显。湿啰音是支气管疾病的最常见的症状，亦为肺部许多疾病的重要症状之一。支气管内分泌物的存在常为各种炎症的结果，故支气管炎、各型肺炎、肺结核等侵及小支气管时都可产生湿啰音。

广泛性湿啰音可见于肺水肿；两侧肺下野的湿啰音，可见于心力衰竭、肺淤血、肺出血，亦可见于吸入液体，即异物性肺炎；当肺脓肿、肺坏疽、肺结核及肺棘球蚴囊肿融解破溃时，液体进入支气管也可产生湿啰音。若靠近肺的浅表部位听到大水泡性湿啰音时，则为肺空洞的一个指征。

5. 捻发音　为一种极细微而均匀的噼啪音。类似在耳边捻转一簇头发时所产生的声音。其特点为声音短、细碎、断续，大小相等而均匀。此乃因肺泡被感染而有渗出物，并将肺泡黏合起来，但并非完全黏合，当吸气时黏着的肺泡突然被气体展开，或毛细支气管黏膜肿胀并被黏稠的分泌物黏着，当吸气时黏着的部分又被分开，而产生的特殊的爆裂声，即捻发音。一般出现在吸气之末，或在吸气顶点最为清楚。

捻发音的临床意义：捻发音常提示肺实质的病变。

（1）肺泡炎变，见于大叶性肺炎的充血期与消散期及肺结核；

（2）肺充血和肺水肿的初期；

（3）肺膨胀不全，但肺泡尚未完全阻塞时。此外，也见于毛细支气管炎。

胸廓上的被毛与听诊器听头的摩擦音可能极似捻发音，应注意鉴别之。

捻发音与小水泡性啰音虽很近似，但两者的意义却不相同，捻发音主要表示肺实质的病变，而小水泡性啰音则主要表示支气管的病变，故两者应加区别。其鉴别如表 1 - 8 所示。

表 1 - 8　捻发音与小水泡性啰音的鉴别

	捻发音	小水泡音
发生的时间	吸气顶点最为清楚	吸气与呼气均可听到
性质	破裂音，短、细碎而断续，大小相等而均匀	水泡音，长、数量少、大小不一
咳嗽的影响	比较稳定	常因咳嗽而减少、移位或消失

6. 空瓮呼吸音　类似轻吹狭口的空瓶所发出的声音。空瓮音较柔和而长，常带金属性。此乃空气经过狭窄的支气管而进入光滑的大空洞时，空气在空洞内产生共鸣而形成。见于肺脓肿、肺坏疽、肺结核及肺棘球蚴囊肿破溃并形成空洞时。

7. 胸膜摩擦音　正常胸膜的壁层和脏层之间湿润而光滑，呼吸运动时不产生声音。当胸膜炎时，由于纤维蛋白沉着，使其变为粗糙不平。因此，在呼吸运动时两层粗糙的胸膜面互相摩擦而产生杂音。摩擦音类似手指在另一手背上进行摩擦时所产生的声音或捏雪声、搔抓声、砂纸摩擦音。其特点是干而粗糙，声音接近体表，有呈断续性，吸气和呼气时均可听到，但一般多在吸气之末与呼气之初较为明显。若将听头紧压胸壁时，则声音增强。摩擦音可在极短时间内出现、消失或再出现，亦可持久存在达数日或更长。

摩擦音的强度极不一致，有的很强，粗糙而尖锐，如搔抓声，有的很弱，柔和而细致，如丝织物的摩擦音。这与病变的性质、位置、面积大小及呼吸时胸廓运动的强度有关。摩擦音常发于肺移动最大的部位，即肘后，叩诊区的下1/3，肋骨弓的倾斜部。有明显摩擦音的部位，触诊可出现胸膜摩擦感和疼痛表现。

摩擦音为纤维素性胸膜炎的特征。但没有听到胸膜摩擦音，并不能排除纤维素性胸膜炎的存在。这是由于摩擦音常出现于胸膜炎之初期，一旦炎症消散，则摩擦音亦随之消失。或因胸膜腔中同时存在一定量的渗出液而将两层胸膜隔开时，则摩擦音也会消失，直至渗出液吸收之末期，摩擦音又重新出现。当胸膜发生粘连时，则无摩擦音。摩擦音亦可见于大叶性肺炎、传染性胸膜肺炎、牛肺疫、肺结核及猪肺疫等。当发生胸膜肺炎时，啰音和摩擦音可能同时出现，应注意鉴别之。见表1-9。

表1-9 胸膜摩擦音与啰音的鉴别

摩擦音	啰音
1. 听之甚近	1. 听之较远
2. 呈断续性	2. 主要为连续性
3. 吸气与呼气时均清楚，深呼吸时增强	3. 吸气之末最为清楚，深呼吸时并不增强
4. 咳嗽不消失	4. 咳嗽后部位和性质发生变化，有时消失
5. 紧压听诊器时明显增强	5. 不变
6. 触诊时有胸膜摩擦感和疼痛表现	6. 一般不明显
7. 多见于肘后，肺区下1/3，肋骨弓倾斜部	7. 部位不定

8. 胸腔的积水音 类似拍击半满的热水袋或振荡半瓶水发出的声音，故亦称振荡音。此乃胸腔内有液体和气体同时存在，随着呼吸动作或动物突然改变体位以及心搏动时，振荡或冲击液体而产生的声音。吸气和呼气时都能听到。见于气胸并发渗出性胸膜炎（水气胸），厌气性感染所致的化脓腐败性胸膜炎（脓气胸）和创伤性心包炎（心包囊内积液、积气）。

在听诊肺部时，常可听到与呼吸无关的一些杂音，有咀嚼、吞咽食物、反刍、嗳气、磨牙、呻吟、肌肉震颤、被毛摩擦、异常高朗的心音和前胃的收缩以及胃肠的蠕动引起的声音等，对此应特别予以注意。呼吸音的共同特征为常伴随着呼吸运动和呼吸节律而出现。若为病理性呼吸音，则常伴有呼吸器官疾病的其他症状和变化；而其他杂音的发生则与呼吸无关。由于膈疝或膈破裂部分肠管进入胸腔而产生的肠蠕动音或肠管振荡音，应结合病史、腹痛症状和X线检查结果，进行全面综合分析。

复习思考题

1. 如何进行呼吸运动检查？呼吸运动检查的内容和方法有哪些？具有什么临床意义？
2. 上呼吸道检查的项目和方法有哪些？其临床意义是什么？
3. 胸部叩诊的诊断意义？
4. 胸部叩诊区的确定及叩诊区病理改变的临床意义？

5. 胸部听诊的诊断意义？

6. 肺泡呼吸音、支气管呼吸音、啰音、胸膜摩擦音产生的原因。

7. 试述在马的支气管肺炎的不同过程中（一侧胸部的不同部位、两侧胸部），胸部叩诊和听诊可能发现的变化，并逐一解释其产生的原因。

第六节　消化系统检查

不论动物种类如何，也不管年龄怎样，品种、性别等方面的差异如何，消化系统疾病始终占内科病的最重要地位。消化系统疾病，病因复杂，临床表现差异很大，其他系统的各种疾病，几乎都可以程度不同的影响消化系统疾病，也会影响到全身各个系统，加之消化系统发病率、死亡率都很高，给动物生产带来了严重的损失。研究消化系统的临床检查方法和临床表现，早期发现病因，进行治疗，是当前一个亟待解决的问题。

那么在什么情况下要着重检查动物的消化系统呢？

检查时机：当发现动物有下列症状或其中部分症状而其他系统无异常改变时，如食欲的改变、采食方式、咀嚼、吞咽困难、呕吐、便秘、腹泻、反刍动物的反刍与嗳气功能紊乱等。

检查方法：详细地询问病史、饲养管理情况，以便发现常见的由于饲养失宜而引起的致病因素以及病畜所表现的消化功能障碍现象和经过，应用视诊、触诊、叩诊、听诊、嗅诊几种检查方法，必要时结合食管探诊、直肠检查、腹部穿刺、X线、内窥镜、肝脏、功能试验和粪、胃液、前胃内容物、呕吐物的实验室检验和传染病、寄生虫病的特异试验诊断，对于急腹症病因，还可以进行开腹探查，对动物进行全面系统的检查。

检查注意事项：

当动物出现食欲减退，无腹痛症状时，要按照消化道的自然顺序进行检查，不要养成一说检查先拿听诊器的毛病，要从口腔开始，然后按食管、胃肠、粪便检查顺序进行。

当动物腹痛症状比较明显时，要边问诊边检查（重点检查胃肠和腹部脏器），主要检查以下十项：一测（T）、二数（PR）、三听（心、胃肠）、四看（腹围大小、腹痛程度、结膜色彩、口腔变化），先确定是否为腹痛病，如为腹痛病，先要考虑是否为胃扩张或肠变位（转归较急），如排除，再考虑肠便秘、肠臌胀、肠痉挛和其他腹痛病。必要时，要边诊断边治疗，争取时间，以免贻误病情。

根据需要选择特殊诊断的项目：

检查内容：食欲及采食状态的检查、口腔、咽及食管的检查、腹部检查、肝脏检查、排粪状态及直肠检查。

一、饮食状态观察

（一）食欲检查

食欲是动物采食前和采食时对饲料的愉快感觉。食欲的好坏是判断动物健康与否的重要标志。判定食欲的好坏是根据动物对饲料的要求欲望和采食状况来进行判断的。

食欲在生理情况下的影响因素有饲料的种类、品质、饲喂方式、饲喂环境、饥饿和疲劳程度以及动物的个体特点等。

在临床实践中，由于兽医或饲养员不能发现和判明动物主观的饥饿状态，所以对动物食欲的检查，主要靠问诊和饲喂试验（动物采食的数量、采食持续时间长短、咀嚼的力量和速度、是否剩草、是否剩料以及腹围的大小等）综合判定。食欲的病理变化，常见的有食欲减损，食欲废绝，食欲不定，食欲亢进及异嗜。

1. 食欲减退　表现为不愿采食或采食量减少，是许多疾病的共同表现，这是由于各种致病因素作用，导致舌苔生成，味觉减退，反射地抑制胃的饥饿收缩所引起。同时与胃肠张力减弱，消化液分泌减少有关。

临床意义：主要见于因消化器官本身的疾病引起，如口炎，牙齿疾病，胃肠病等；还见于热性病，疼痛性疾病，代谢障碍性疾病，慢性心衰，脑病，单胃动物的维生素 B_1 缺乏症等。

2. 食欲废绝　表现为完全拒食饲料，食欲下降的程度大于食欲减损。长期拒食饲料是疾病严重的标志，多预后不良。

临床意义：见于各种高热性疾病（有的病畜高热至 40℃ 时仍有食欲，可能与慢性感染产生的某种程度的适应有关），剧痛性疾病，中毒性疾病，急性胃肠道疾病（如急性瘤胃臌气，急性肠臌气，肠阻塞，肠变位等）。

3. 食欲不定　表现为食欲时好时坏，变化不定。

临床意义：见于慢性消化不良、牛创伤性网胃炎等。

4. 食欲亢进　表现食欲旺盛，采食量多。主要是由于机体能量需要增加，代谢加强；或对营养物质的吸收和利用障碍所致（由其所引起的食欲亢进，尽管采食量增加，但患畜仍呈现营养不良，甚至逐渐消瘦）。

临床意义：见于重病恢复期，肠道寄生虫病，代谢障碍性疾病（如糖尿病），内分泌性病（如甲状腺机能亢进），机能性腹泻等。

5. 异嗜　表现为病畜喜食正常饲料以外的物质或异物（如砖头、灰渣、泥土、粪便、被毛、木片、碎布、污物等）。异嗜现象常见于幼畜。

临床意义：主要见于营养代谢障碍和矿物质、维生素、微量元素缺乏性疾病的先兆，如骨软病，佝偻病，维生素缺乏症，幼畜白肌病，仔猪贫血等。鸡的啄羽癖，啄肛癖，猪的咬尾，吞仔癖或吞食胎衣均系一种恶癖或是饲料中某些营养物质（尤其是蛋白质及矿物质）缺乏的表现。此外，慢性胃卡他，脑病（如狂犬病）的精神错乱，胃肠道寄生虫病（如猪蛔虫病）均可引起异嗜。

（二）饮欲检查

饮欲是由于动物机体内水分缺乏，细胞外液减少，血浆渗透压增高，致使唾液分泌减少，口、咽黏膜干燥，反射性地刺激丘脑下部的饮欲中枢所引起的。饮欲检查，主要是检查家畜饮水量的多少。生理情况下，健康家畜的饮水量常受气温高低、使役程度、运动和饲料中含水量及肾、皮肤和肠管机能状态等因素的影响。马匹对饮水选择性较强。饮欲的病理变化有饮欲增加和饮欲减少：

1. 饮欲增加　表现为口渴多饮。

临床意义：见于热性病，大失水（如剧烈呕吐，腹泻，多尿，大出汗），渗出过程（如胸膜炎和腹膜炎）及猪鸡食盐中毒，犊牛水中毒等。

2. 饮欲减少　表现为不喜饮水或饮水量少。

临床意义：见于意识障碍的脑病及不伴有呕吐和腹泻的胃肠病。马骡剧烈腹痛时，常拒绝饮水，如出现饮水，多为病情好转的征兆。

（三）采食、咀嚼和吞咽动作检查

各种家畜都有其固有的采食方法，如猪张口吞取食物，牛用舌卷食草料，马和羊用唇拔啃，用切齿切取饲草。

在病理状态下，采食、咀嚼和吞咽障碍表现为：

1. 采食障碍　表现为采食不灵活，或不能用唇、舌采食，或采食后不能利用唇、舌运动将饲料送至臼齿间进行咀嚼。

临床意义：见于唇、舌、齿、下颌、咀嚼肌的直接损害，如口炎、舌炎、齿龈炎，异物刺入口黏膜，下颌关节脱臼，下颌骨骨折等；某些神经系统疾病，如面神经麻痹；破伤风时咀嚼肌痉挛；脑和脑膜的疾病。

2. 咀嚼障碍　表现为咀嚼缓慢，不敢用力或咀嚼过程中突然停止，将饲料吐出口外（即吐槽），然后又重新采食，严重的甚至完全不能咀嚼。

临床意义：常见于牙齿、下颌骨、口黏膜、咀嚼肌及相关支配神经的疾患，如牙齿磨灭不正，齿槽骨膜炎，侵害面骨和下颌骨的骨软病和放线菌病，严重口膜炎，破伤风时的咀嚼肌痉挛，面神经麻痹，舌下神经麻痹以及脑病等。此外，空嚼、磨牙或切齿声，见于伴有疼痛性的疾病（如牛前胃弛缓、创伤性网胃炎和皱胃病、马属动物疝痛病），神经系统受害（如破伤风、传染性脑脊髓炎）及中毒等。

3. 吞咽障碍　吞咽动作是动物的一种复杂的生理性反射活动。由舌、咽、喉、食管及胃的贲门以及吞咽中枢与其相联系的传入、传出神经共同协调而完成。在病理状态下，可见有吞咽障碍和咽下障碍两种形式。

（1）**吞咽障碍**　特点是病畜表现明显的吞咽困难，在吞咽时，摇头，伸颈，前肢刨地，屡次试图吞咽而中止或吞咽时引起咳嗽并伴有大量流涎。在马常有饲料残渣、唾液和饮水经鼻返流。

临床意义：咽、食管的机械性阻塞、咽喉部损害（如咽炎、咽肿瘤、咽周围淋巴结肿胀），吞咽中枢或有关神经疾患（如三叉神经、面神经、舌咽神经、迷走神经、舌下神经），使咽肌痉挛或麻痹所致。

（2）**咽下障碍**　特点是病畜吞咽并不困难，但食物入胃发生障碍，吞咽后不久，呈现伸颈、摇头或食管的逆蠕动，由鼻孔逆流出混有唾液的饲料残渣，或流出蛋清样唾液。

临床意义：常见于食管疾病，如食管阻塞，食管炎，食管痉挛或麻痹，食管狭窄等。

（四）反刍检查

反刍是动物采食后，周期性地将瘤胃中的食物返回至口腔，重新咀嚼后再咽下的过程。反刍不单是进一步嚼碎饲草、饲料，同时也是通过唾液中的碳酸盐和磷酸盐调节瘤胃pH 值，反刍时的唾液分泌比采食或休息时的量都多。由于反刍是反刍动物特有的消化反射活动，与前胃、皱胃的机能及动物整体的健康状态有密切关系。因此，观察动物的反刍活动对疾病诊断和预后均有重要意义。

正常的生理情况下，犊牛2～3 周后出现反刍活动。牛一般在饲喂后30min～1h 开始反刍，每昼夜进行6～8 次，每次持续时间为30～50min，每个食团在口腔中平均再咀嚼40～70 次。绵羊和山羊的反刍活动与牛相比较快。反刍活动通常在安静或休息状态下进行，并常因外界环境影响而暂时中断。反刍次数的多少，持续时间长短与饲料结构（粗纤维含量及粗纤维的粗细）、饲喂次数和饲喂量有关。如果饲喂粉状料（小于20mm）时可能不反刍或空反刍。

反刍机能障碍，包括反刍机能减弱和反刍完全停止。

1. 反刍机能减弱　主要是前胃机能障碍的结果，具有不同的特点：

反刍过频、过长、空嚼，且伴有流涎或轧齿，见于铅中毒、脑病或神经性酮病。

反刍功能减弱，表现为开始时间推迟，次数减少，持续时间短，咀嚼无力，时而中止，食团未经充分咀嚼即咽下。见于热性病、前胃弛缓、急性瘤胃积食、创伤性网胃炎、真胃移位或扭转等。饲料加工调制不当也影响反刍，喂以缺乏粗纤维的浓厚饲料或切得很短的干草，也可使反刍减弱。

反刍迟缓　即开始出现反刍的时间延迟，如采食后3~4h才出现反刍。

反刍稀少　即每昼夜反刍的次数减少，如每昼夜仅反刍1~2次。

反刍短促　即每次反刍持续时间过短，如每次反刍仅持续5~15min。

反刍无力　即反刍时咀嚼无力，时而中止，每个食团咀嚼次数减少，如每个食团咀嚼次数减少至10~30次。

临床意义：常见于前胃疾病（如前胃弛缓，瘤胃积食，瘤胃臌气，创伤性网胃炎）、热性病、中毒性疾病、营养代谢性疾病病和脑病。

2. 反刍完全停止　表示前胃运动机能高度障碍，胃壁麻痹，内容物干涸，是病情严重的标志之一。

临床意义：如出现顽固性或反复出现的反刍机能障碍，多提示为前胃弛缓、创伤性网胃炎或严重的全身性慢性消耗性疾病，如结核病后期，恶病质等。

（五）嗳气检查

嗳气是反刍动物的一种特有的生理现象。是由于瘤胃内气体的压力刺激、反射使瘤胃背囊发生收缩，同时网胃弛缓，使其液面下降，接着贲门弛缓，气体即经由食管排出体外。反刍动物通常借嗳气排出瘤胃内微生物发酵所产生的气体。嗳出气体的主要成分是二氧化碳和甲烷，此外，混有氢、氮、氧和硫化氢等气体。反刍动物以外的其他动物，生理情况下由于胃内在正常消化过程中仅形成少量的气体，并可随食物进入肠管，故不表现嗳气现象。如因过食，幽门痉挛，胃酸过少，致使胃内异常发酵，有过量的气体蓄积而出现嗳气，此为病理状态。如马出现嗳气现象，多提示急性气胀型胃扩张。

健康奶牛一般每小时嗳气20~30次，喂干草时每小时10~20次，喂青草时每小时60~90次。黄牛17~20次，绵羊9~12次，山羊9~10次。嗳气的次数决定于气体产生的速度。采食后和反刍时嗳气增加，早晨空腹时次数减少。当嗳气时，可在左侧颈部沿食管沟处看到由下向上的气体移动波，有时可听到嗳气的咕噜音。

检查方法：视诊，在左颈部沿食管沟可见由下向上的气体移动波，或用胃管插入食道，外端通入水中，嗳气时冒气泡，或用听诊器听诊食管沟，可听到咕噜声。

嗳气的异常变化主要有嗳气减少和嗳气完全停止。

1. 嗳气减少　常由于瘤胃内微生物活力减弱、发酵过程降低，气体产生减少或瘤胃内容物干涸、瘤胃兴奋性降低，瘤胃蠕动力减弱或泡沫性气体排出困难等所致。

临床意义：见于前胃弛缓，瘤胃积食，创伤性网胃炎、瓣胃阻塞、皱胃疾病以及继发前胃机能障碍的热性病及传染病。

2. 嗳气完全停止　临床意义：见于瘤胃内气体排出受阻（如食管完全阻塞）以及严重的前胃收缩力降低，甚或麻痹，可能继发瘤胃臌气。但急性瘤胃臌气的初期，可见一时性嗳气增多，后期转为嗳气减少乃至完全停止。

（六）呕吐检查

呕吐是动物胃内容物不自主地经口或鼻腔排出。除肉食兽外，各种家畜的呕吐都属于病理现象。

由于胃和食管的解剖生理特点和呕吐中枢的感受能力不同，各种家畜发生呕吐的难易也不一样。肉食兽最容易发生呕吐，猪次之，反刍兽再次之，马则极难发生，一般仅有作呕动作。

各种家畜呕吐时，一般都有不安、头颈伸展等表现，肉食动物和猪呕吐的胃内容物由口排出，反刍动物呕吐的胃内容物经口、鼻排出，但其呕出的多为前胃（主要是瘤胃）内容物，而非皱胃内容物，故一般称为返流。马呕吐的胃内容物由鼻孔排出，同时常伴腹痛不安等表现，是急性液胀型胃扩张的特征，多提示有继发性胃扩张甚至胃破裂的危险。

呕吐按其发生原因可分为中枢性呕吐和外周性呕吐两类。

1. 中枢性呕吐　可因毒物或毒素直接刺激延脑的呕吐中枢而引起。

临床意义：见于脑病（如延脑的炎症过程），传染病（如犬瘟热、猪瘟、猪丹毒），药物作用（如氯仿、阿朴吗啡）及中毒（尿毒症、安妥、砷、铅和马铃薯中毒等）。

2. 外周性呕吐　是由于延脑以外的其他器官受到刺激，主要是来自消化道（如软腭、舌根、咽、食管、胃肠黏膜）及腹腔器官（如肝、肾、子宫）及腹膜的各种异物、炎症及非炎性刺激，反射性地引起呕吐中枢兴奋而发生的。

临床意义：见于食管阻塞、胃扩张，胃内异物、小肠阻塞，肠炎，腹膜炎，肝炎，肾炎，子宫蓄脓等。

检查呕吐时应注意呕吐出现的时间，呕吐发生的频度及呕吐物的数量、气味、性质、酸碱反应和混杂物。如采食后一次呕吐大量正常胃内容物，并短时间内不再出现，在猪和肉食兽常为过食；频繁多次的呕吐，表示胃黏膜长期遭受刺激，如猪的胃溃疡；呕吐物常为黏液，多见于中枢神经系统患有严重疾患病程中，如某些脑炎、猪瘟；呕吐物混有血液称为血性呕吐物，见于出血性胃炎及某些出血性疾病，如猫瘟热、犬瘟热；呕吐物混有胆汁呈黄色或绿色，为碱性反应，见于十二指肠阻塞；呕吐物性状和气味与粪便相同，称为粪性呕吐物，主要见于猪、犬的大肠阻塞。犬、猪和反刍动物的呕吐物有时混有毛团，寄生虫和异物。

二、口、咽和食管的检查

（一）口腔检查

1. 打开口腔的方法　对病畜进行口腔检查，通常根据临床需要选用徒手开口法或借助一些特制的开口器进行，并因动物种类的不同而采取不同的方法。

牛的徒手开口法　检查者站于牛头侧前方，先用手轻拍牛的双眼，在其闭眼的瞬间，以一手的拇指、食指从两侧鼻孔同时伸入捏住鼻中隔（或握住鼻环）向上提举，另一手拇指、食指、中指由口角伸入口内，将牛舌向外拉出即可（图 1-52）。

图 1 - 52　牛的徒手开口法

马的徒手开口法　一手握住笼头，另一手食指和中指从一侧口角伸入并横向对侧口角方向压住舌体，拇指自然放于舌体腹面，三指配合慢慢将舌向外拉出，同时，握笼头手的拇指从握笼头侧伸入顶住上腭即可使口张开（图1 - 53）。

图 1 - 53　马的徒手开口法

猪的开口器开口法由助手紧握猪的两耳进行保定，检查者将开口器从一侧口角插入，待开口器前端达到对侧口角时，将把柄用力下压，即可打开口腔（图1 - 54）。

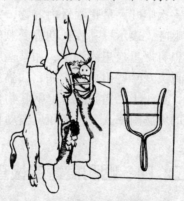

图 1 - 54　猪的开口器及其应用

羊的徒手开口法　两手拇指，中指分别自口的两侧将上下唇自口角压入齿列间，同时上下用力拉开口腔即可。

犬的徒手开口法同羊。

2. 检查的方法　一般用视诊，触诊，嗅诊等方法进行。

3. 口腔检查项目 流涎、气味、口唇、黏膜的温度、黏膜的湿度、黏膜的颜色和完整性（有无损伤和发疹）、舌及牙齿的变化。

（1）流涎 口腔中的分泌物或唾液流出口外称为流涎。健康家畜口腔稍湿润，无流涎现象。大量流涎，乃是由于各种刺激使口腔分泌物增多的结果。

临床意义：各种类型口炎（包括伴发口炎的传染病，如口蹄疫）、吞咽或咽下障碍（如咽炎或食管阻塞）、中毒（如猪的食盐中毒和鸡的有机磷中毒）及营养障碍（如犬的烟酰胺缺乏、维生素 C 缺乏）。

（2）气味 健康家畜一般无特殊臭味，仅在采食后，可留有某种饲料的气味。

临床意义：口炎（坏死性口炎）、肠炎和肠阻塞时出现甘臭味，是由于动物消化机能紊乱，长时间食欲废绝，口腔脱落上皮和饲料残渣腐败分解而引起；齿槽骨膜炎时腐败臭味；奶牛酮病时烂苹果味；有机磷中毒时蒜臭味等。

（3）口唇 除了老龄或衰弱的马骡下唇松弛下垂外，健康动物的上下唇闭合良好。

临床意义：口唇下垂见于面神经麻痹、某些中毒（如马霉玉米中毒）、狂犬病、唇舌损伤和炎症、下颌骨骨折等；唇歪斜见于一侧性面神经麻痹，唇向健侧歪斜；双唇紧闭见于脑膜炎和破伤风等，是由于口唇紧张性增高所引起；唇部肿胀见于口黏膜的深层炎症，当马血斑病时，口唇及鼻面部明显肿胀呈特征性的河马头样外观。唇部疹疱见于牛和猪的口蹄疫等。

（4）口腔黏膜 应注意其颜色、温度、湿度及完整性等。

健康家畜口腔黏膜颜色淡红而有光泽。在病理情况下口黏膜的颜色也有潮红、苍白、发绀，黄染以及呈现出血斑等变化，临床意义与眼结膜颜色的变化大致相同。临床上口黏膜极度苍白或高度发绀，提示预后不良。

口腔温度，可以手指伸入口腔中感知。口腔温度与体温的临床意义基本一致，如仅口温升高而体温不高，多为口炎的表现。

健康家畜口腔湿度中等。口腔过分湿润，是唾液分泌过多或吞咽障碍的结果，见于口炎、咽炎、唾液腺炎、口蹄疫、狂犬病及破伤风等。口腔干燥，见于热性病、脱水，马肠阻塞等。

口黏膜的完整性方面如出现红肿，发疹，结节，水泡，脓疱，溃疡，表面坏死，上皮脱落等现象，除见于一般性口炎外，也见于口蹄疫，痘疹，猪水疱性疹等过程中。

（5）舌 应注意舌苔、舌色、舌体的运动及舌的形态变化等。

舌苔是一层脱落不全的舌上皮细胞沉淀物，并混有唾液、饲料残渣、细菌及渗出的白细胞等，是胃肠消化不良时所引起的一种保护性反应，丝状乳头是舌苔存在的先决条件。通过观察舌苔的厚薄、润燥、气味、颜色等，综合判定疾病的轻重、病程、预后。舌苔黄厚，一般表示病情重或病程长；舌苔薄白，一般表示病情轻或病程短；灰黑色，病情严重。舌苔由黄变白，由黑变黄，说明疾病好转，相反变化时，病情加重。舌苔由无到有，说明胃功能在逐渐恢复，由厚变薄，疾病在好转。

健康家畜舌的颜色与口腔黏膜相似，呈粉红色且有光泽。在病理情况下，其颜色变化与眼结膜及口腔黏膜颜色变化的临床意义大致相同。

健康动物的舌运动自如，灵活有力；牛的舌在休息时有穿鼻现象；狗的舌是一个散热器官，在夏季或运动以后常常伸出口外。

舌形态的病理变化主要有以下表现：

舌硬化（木舌）舌硬如木，体积增大，致使口腔不能容纳而垂于口外，可见于牛放线菌病。

运动失灵、舌麻痹　舌垂于口角外并失去活动能力，见于各种类型脑炎后期或饲料中毒（如霉玉米中毒及肉毒梭菌中毒病），同时常伴有咀嚼及吞咽障碍等（如外伤、锐齿、过长齿等）。

舌部囊虫结节　见于猪的舌下和舌系带两侧有高粱米粒大乃至豌豆大的水泡状结节，是猪囊尾蚴病的特征。

舌体咬伤　因中枢神经机能扰乱如狂犬病、脑炎等而引起，马舌体横断性裂伤，多因口衔勒伤所致。

舌垂于口外，见于狂犬病和麻醉时。

（6）牙齿　牙齿病患常为造成消化不良、消瘦的原因之一，检查牙齿在马尤为重要。因此，当马有流涎，口臭，采食和咀嚼扰乱时，应特别注意齿列是否整齐和磨灭情况，有无锐齿，过长齿，赘生齿，波状齿、龋齿及牙齿松动、脱落或损坏等。马的牙齿磨灭不整，常见于纤维性骨营养不良，并可成为口腔损伤，发炎的原因。牛的切齿动摇，多为矿物质缺乏的症状。切齿过度磨损，齿列不整，珐琅质失去光泽，表面粗糙，有黄褐色或黑色斑点，常见于牛、羊的氟中毒。

（二）咽检查

检查指征：咽下障碍，大量流涎；瘤胃臌气；颈部食管沟有隆起；投胃管时动物不安、抗拒。

检查方法：外部视诊、外部触诊（颈段），内部触诊（胸段）、X线造影、内窥镜。

当动物发生吞咽障碍，尤其是伴随着吞咽动作有饲料或饮水从鼻孔流出时，必须作咽的局部检查。

1. 咽的外部视诊　咽位于口腔的后方和喉的前上方，其体表投影恰位于环椎翼的前下方和下颌支上端的直后方，因其被腮腺等所覆盖，故位置深在。外部视诊时，如发现病畜有吞咽障碍、头颈伸展、运动不灵活，并见咽部隆起，则应怀疑咽炎。但需注意与腮腺炎鉴别，在腮腺炎时吞咽障碍不明显，局部肿胀范围大。

2. 咽的外部触诊　触诊时，检查者两手拇指放在左右环椎翼的外角上做支点，其余四指并拢自咽喉部左、右两侧加压并向周围滑动，以感知其温度、敏感反应及肿胀的硬度和特点。对健康家畜压迫咽部不引起疼痛反应。如出现明显肿胀、增温并有敏感（疼痛）反应或咳嗽时，多为急性炎症过程。牛的咽部局限性肿胀，于咽的后方触到圆形的肿胀物，见于咽后淋巴结化脓、腮腺炎、结核病和放线菌病。马如伴发邻近淋巴结的弥漫性肿胀，则见于咽炎、腮腺炎、马腺疫。猪的咽部及其周围组织肿胀，并有热痛反应，除见于一般咽炎外，应考虑急性猪肺疫、咽部炭疽、仔猪链球菌病等。

（三）食管检查

当动物有咽下障碍、大量流涎并怀疑食管疾病时，应作食管检查。视诊和触诊用于颈部食管的检查，而对胸腹部食管的检查则需用探诊。

1. 视诊　注意吞咽过程饮食物沿食管通过的情况及局部有否肿胀。颈沟部（颈部食管）出现界限明显的局限性膨隆，见于食管阻塞或食管扩张；食管出现自下而上的逆蠕动运动，常见于马的急性胃扩张；在左侧颈沟部看到自下而上或自上而下的波浪状食管肌肉收缩，见于马的食管痉挛。

2. 触诊 触诊食管时，检查者站在动物的左颈侧方，面向尾方，左手放在右侧颈沟处固定颈部，用右手指端沿左侧颈沟自上而下直至胸腔入口处，进行加压滑动触摸，而对侧的左手，也应同时向下移动。注意感知有无肿胀和异物、内容物硬度、有无波动感及敏感反应等。当触摸到颈沟处感觉有坚硬物体，食管可能被饲料团或块根类阻塞，当阻塞物上部继发食管扩张且积聚大量液状物时，触诊局部有波动感；当触摸有疼痛反应时，则提示有食管炎症，如在左侧颈沟处触到呈索状的食管，可能发生食管痉挛。

3. 探诊 进行食管探诊的同时，实际上也可作胃的探诊，首先是用于食管疾病和胃扩张的诊断，以确定食管阻塞、狭窄、憩室及炎症发生的部位，并可提示是否有胃扩张的可疑。根据需要借探管抽出胃内容物进行实验室检查。其次，探诊也是一种常用的治疗手段。

探管的选择：应根据动物种类及大小而选用不同口径及相应长度的胶管（通常称胃管）。对大家畜一般采用长约 2 ~ 2.5m，内径为 10 ~ 20mm，管壁厚度为 3 ~ 4mm，软硬度适中的探管。对猪、羊可用长 90cm，外径 12mm 的弹性胶管。探管在使用前应以消毒液浸泡并涂以润滑油类。

①探诊方法探诊前应将家畜切实保定，一般取站立保定（猪最好行右侧卧位保定），尤其要固定好头部。在马探诊时，一手握住马的鼻翼软骨，一手将探管前端沿下鼻道底壁缓缓送入。在牛、羊、猪常用开口器开口后自口腔送入探管。当探管前端到达咽腔时即感觉有抵抗，此时不要强行推送，可稍停并轻轻来回抽动胃管，当引起动物吞咽动作时，应乘机送入食管。如动物不吞咽时，可用手捏压咽部或拨动舌以诱发吞咽。

判定探管是否送入食管内的方法很多，探管准确无误在食管中的标志是，当探管通过咽后，用胶皮球向探管内打气时，不但能顺利打入，而且在左侧颈沟部可见到有气流通过引起的波动，如将压扁的胶皮球插入探管外口内也不会鼓起来，把探管在食管内向下推进时，可感到稍有阻力，乃至在颈部可看到探管逐渐向下移动的迹象。判定探管误插入气管内的标志是用胶皮球向探管内打气时，在颈沟部看不到气流引起的波动，把压扁的胶皮球插入探管外口内能迅速地鼓起来，易引起咳嗽并随呼气阶段从探管外口涌出呼出的气流。如探管在咽部折转时，向管内打气困难，也看不到颈沟部的波动。当探管误插入气管或在咽部折转时，应抽出重插，不宜在鼻腔内多次扭转，以免引起黏膜破损出血。

②食管及胃探诊的诊断意义探管在食管内遇有抵抗，不能继续送入，见于食管阻塞（根据探管插入的长度，可以确定阻塞部位）。探管送入食管后，如家畜表现极力挣扎，试图摆脱检查，常伴有连续咳嗽，为食管疼痛的反应，见于食管炎。探管在食管内推送时感到阻力很大，而改用细探管后，始可顺利送入，表示食管直径变小，见于食管狭窄。探管送入食管后，在食管的某段不能继续前进，如仔细调转方向后，又可顺利通过，则提示有食管憩室的可能（因食管憩室多为一侧食管壁弛缓扩张所形成，探管前端误入憩室即不能后送，更换方向后始可继续推进）。探管插入胃后，如有大量酸臭气体或黄绿色稀薄胃内容物从管口排出，则提示急性胃扩张。

三、腹部及胃肠的检查

（一）反刍动物的腹部及胃肠检查

1. 腹部检查　主要通过视诊和触诊来检查。

（1）腹部视诊　主要观察腹围大小、形状和肷窝充满程度。反刍动物在健康状况下经常采食大量粗饲料，腹围一般比较大，母畜妊娠后期，通常右侧扩大显著。在病理状态下，腹围可增大和缩小。

①腹围增大　在瘤胃内积聚大量气体，左腹侧上方膨大，肷窝凸出，腹壁紧张而有弹性，叩诊呈鼓音，见于急性瘤胃臌气。由于过食，瘤胃内充满大量食物，左腹侧下方膨大，肷窝消失，叩诊呈浊音，见于瘤胃积食。右侧腹围膨大，主要见于皱胃积食及瓣胃阻塞。腹部下方两侧膨大，触诊有波动感，叩诊呈水平浊音，见于腹水和腹膜炎等。

②腹围缩小　主要见于长期饲喂不足，食欲扰乱及顽固性腹泻，慢性消耗性疾病，如贫血，营养不良，内寄生虫病、结核和副结核病等。

腹壁疝孔　多由于外伤引起。

减轻网胃疼痛的行为　上坡容易下坡难，后肢常立沟槽间，卧地小心，先卧后呻吟磨牙，如网胃炎。

（2）腹部触诊　健康牛腹壁触诊反应比较迟钝。主要检查腹壁敏感性和紧张度，腹壁敏感性增强，见于急性腹膜炎和肠套叠等，腹壁紧张度增高，见于破伤风。

腹部敏感　主要提示腹膜炎。

腹下浮肿　触诊留有指压痕，可见于腹膜炎、肝片吸虫、肝硬化及右心衰弱等。

2. 前胃和皱胃检查

（1）瘤胃检查　反刍动物的瘤胃约占胃总容积的80%，约150L，占左侧腹腔的绝大部分，与左侧腹壁密贴。临床上通常用视诊、触诊、叩诊及听诊等方法检查瘤胃。

①视诊　正常时左侧肷窝部稍凹陷，牛羊饱食后则变平坦。瘤胃臌气和积食时，肷窝凸出与髋结节同高。尤其在急性臌气时，凸出更为显著，甚至和背线一样平。肷窝凹陷加深，见于饥饿和长期腹泻等。

②触诊　检查者站于牛的左侧方，面向动物后方，左手放于动物背部作支点，用右手手掌或拳放于左肷上部，先用力反复触压瘤胃，以感知其内容物性状，后静置以感知其蠕动力量并计算蠕动次数。

触诊正常瘤胃内容物性状，依采食前后及部位而不同，采食前，瘤胃上部有约3cm厚的气体层，故较松软；采食后，肷窝部的硬度似捏粉样硬度，用拳压迫后，其压痕约保持10s不退。瘤胃中、下部内容物较坚实，因腹肌张力较大，一般需冲击触诊才能感知内容物性状。触诊感知瘤胃收缩的强度，健康牛瘤胃壁收缩时可将紧贴腹壁的检手微微抬起。正常瘤胃收缩次数，牛为每两分钟2~5次，绵羊、山羊为每两分钟3~6次。每次收缩持续时间15~30s。在病理情况下，内容物性状、蠕动强度和次数，均可发生不同程度的改变。

上腹壁紧张而有弹性，用力强压亦不能感到胃中坚实的内容物，表示瘤胃臌气；触诊内容物硬固或呈面团样，压痕久久不能消失，见于瘤胃积食；内容物稀软，瘤胃上部气体层可增厚至6cm左右，常见于前胃弛缓。瘤胃蠕动力量微弱，次数稀少，持续时间短促，或蠕动完全消失，则标志瘤胃机能衰弱，见于前胃弛缓、瘤胃积食、热性病和其他全身性疾病；瘤胃蠕动加强，次数频繁、持续时间延长，见于急性瘤胃臌气初期、毒物中毒或给予瘤胃兴奋药物时。

③听诊　在反刍动物左肷部听诊，根据瘤胃蠕动音的强度，次数和持续时间，判定瘤胃的运动机能状态。正常时，瘤胃随每次蠕动而出现逐渐增强又逐渐减弱的"沙沙"声，又似吹风样或远雷声。听诊瘤胃蠕动音的变化及其诊断意义与触诊结果基本一致。凡影响瘤胃运动机能的局部性和全身性疾病，均可引起瘤胃蠕动音减弱，次数减少，音波缩短，乃至蠕动音消失。

④叩诊　健康牛左肷上部为鼓音，其强度依内容物及气体多少而异。中部为半浊音，下部完全为浊音。在病理状态下，如浊音范围扩大，甚至肷窝处亦为浊音，见于瘤胃积食；如鼓音范围扩大，肷窝下部亦呈鼓音，是瘤胃臌气的特征。

（2）网胃检查　网胃位于腹腔左前下方，2/3 在体中线左侧，1/3 在体中线右侧，相当于第 6～8 肋骨间，前缘紧贴膈肌，与心脏相隔 1cm 左右，其后部恰位于剑状软骨上（图 1－55）。

图 1－55　牛的网胃（Ⅱ）、瓣胃（Ⅲ）、皱胃（Ⅳ）位置

误食尖锐的金属异物后，常在网胃的前下方刺入胃壁弓引起创伤性网胃炎，进一步发展能引起膈、心包的创伤，个别情况下也可刺伤肝或肺。因此，网胃的检查重点是检查有无因异物创伤而引起的疼痛反应，临床上除必要时采用金属探测器和 X 线诊断方法外，常用如下试验方法：

①按压鬐甲试验　由助手捏住牛的鼻中隔向前牵引，使额线与背线成水平，检查者强捏起鬐甲部皮肤。健康牛在捏压鬐甲皮肤时，呈现背腰下凹姿势，但并不试图卧下。

②拳压法　检查者面向动物蹲于其左前肢稍后方，屈曲右膝于动物腹下，以右手握拳，顶在剑状软骨部，右肘部抵于右膝上，然后用力抬腿使右膝频频抬高，使拳顶压网胃区。以观察动物反应。

③抬压法　检查者 2 人分别站于牛的胸部两侧，各伸一手于剑状软骨下互握，并向上抬举，同时，2 人的另一只手放于鬐甲部，并向下压，或以一木棒横放于剑状软骨下，2 人自两侧抬举，同时抬高后突然放低木棍，并将木棍前后移换位置，以实施对网胃的压迫，以观察动物的反应。

④叩击膈肌实验　只有当异物刺伤横膈膜才有反应。叩诊时用强叩击沿横膈膜的附着线（亦即肺叩诊区后界）叩击。

⑤上下坡或急转运动实验　牵病牛走下坡路或向左侧作急转弯运动。

应用以上方法检查时，如病牛表现不安、呻吟、躲闪、反抗或企图卧下等行为；或当病牛下坡和作急转弯时，表现运动小心、步态紧张、不愿前进、四肢集于腹下，甚至呻吟、磨牙；或起立时先起前肢、卧下时先卧后肢，呈马的起卧姿势等，均为网胃敏感疼痛的反应，提示有创伤性网胃炎或网胃、膈肌、心包炎的可疑。

（3）瓣胃检查　主要采用听诊和触诊的方法检查。

①听诊　在牛的右侧 7~9 肋间，肩关节水平线上下各 3~5cm 的范围内进行听诊。正常瓣胃蠕动时发出细弱的断续的捻发音或"沙沙"声，且在瘤胃蠕动音之后。于采食后更为明显。瓣胃蠕动音减弱或消失，见于瓣胃阻塞、严重的前胃疾病及热性病。

②触诊　在右侧瓣胃区第 7~9 肋间，用伸直的手指指尖重压触诊，或在靠近瓣胃区的肋骨弓下部用平伸的指尖进行冲击式触诊。重压触诊时如有回头顾腹或躲闪等敏感反应或瓣胃区肋骨弓下部进行冲击触诊时，触及坚实的胃壁，提示瓣胃创伤性炎症、瓣胃阻塞或瓣胃炎。

（4）皱胃检查　皱胃位于右腹部 9~11 肋骨之间，沿肋骨弓下部区域直接与腹壁接触。用视诊、触诊、叩诊和听诊检查。

①视诊　如见到右侧腹壁皱胃区向外突出，左右腹壁显著不对称，提示皱胃严重阻塞和扩张。

②触诊　将手指插入肋骨弓下方行强压触诊，排除动物的保护性反应外，如表现回头顾腹、躲闪、呻吟、后肢蹴腹，表示皱胃区敏感疼痛，见于皱胃炎、溃疡和扭转等；如触诊皱胃区感到内容物坚实或坚硬，则为皱胃阻塞的特征。如冲击触诊有波动感，并能听到击水音，提示皱胃扭转或幽门阻塞、十二指肠阻塞。

③叩诊　正常时，皱胃区叩诊为浊音，如叩诊出现鼓音，提示皱胃扩张。如左侧肋弓区叩诊出现鼓音，多为皱胃左侧移位。

④听诊　皱胃蠕动音类似肠蠕动音，呈流水声或含漱声。蠕动音增强，见于皱胃炎，蠕动音减弱或消失，见于皱胃阻塞。

3. 肠检查　牛、羊肠管位于腹腔右侧后半部，中间是结肠盘，盲肠位于结肠盘上方，小肠卷曲于结肠盘的周缘。肠检查的主要方法是听诊，对成年牛可用直肠检查，对犊牛和羊可用外部触诊。

（1）听诊　健康反刍动物肠蠕动音短而稀少，声音也较微弱，小肠音类似含漱音、流水声，大肠音类似鸠鸣声。在放牧，喂青草和运动后，常出现生理性肠音增强，相应的在舍饲、运动缺乏和饮水不足情况下，肠音多减弱。在病理状态下，可出现肠音增强、减弱和消失。

①肠音增强　肠音高朗，连绵不断，见于急性肠炎和内服泻剂后。

②肠音减弱　肠音短而弱，次数稀少，见于一切热性病、瓣胃阻塞等引起消化道机能障碍的疾病。

（2）触诊　触诊右腹壁正常为软而不实之感，如触诊有充实感，多为肠阻塞，右腹壁敏感，见于腹膜炎，如右侧肷窝部触诊有胀满感，或同时有击水音，而且叩诊呈鼓音，则可疑为小肠或盲肠变位，应结合直肠检查进行鉴别。

（二）马的腹部及胃肠检查

1. 腹痛

马属动物腹痛发病率高，病程短急，病情危重，容易发生合并症和继发病。

（1）不同分类　按产生的器官分为真性腹痛和假性腹痛。

（2）腹痛的表现　轻度腹痛　病畜前肢刨地，后肢踢腹，伸展背腰，好似公马排尿姿势。

中度腹痛　除刨地、顾腹外，病畜低头蹲尻，细步急走，有时低头闻地，不断走动，卧地缓慢或行滚转。

剧烈腹痛　病畜闹动不安，急起急卧，有时猛然摔倒，急剧滚转，不听吆喝，甚至驱赶不起。有的仰卧抱胸，有的呈犬坐姿势。

2. 腹部检查　主要通过视诊和触诊来检查。

（1）腹部视诊　主要观察腹部外形、轮廓、有无局限性肿胀、容积及肷窝充满度。健康马骡的腹围大小及外形因品种、性别、年龄、体格、妊娠、营养状态及饲养方式等不同而有较大差异。在病理状态下，常有腹围增大和腹围缩小两类表现。

①腹围增大　见于下列情况：

胃肠积气　马的胃肠内蓄积大量气体时，腹部上方显著膨大为其特点。特别是当气体蓄积于盲肠及大结肠时，常见肷部隆起，腹壁紧张。如行叩诊，发生清朗的鼓音或过清音。

胃肠积食　马的大肠内积聚大量内容物，也可使腹围膨大，但叩诊时多呈浊音；见于大结肠阻塞、胃扩张，大肠便秘或肿瘤。

腹腔积液　腹腔内积有大量渗出液或漏出液时，腹部下方两侧呈对称性膨大为其特征。触诊有波动感，叩诊呈水平浊音，变换动物体位，水平浊音的上界亦随之发生变化。见于腹水及腹膜炎。

局限性隆起　见于腹壁水肿、腹壁疝。

②腹围缩小　见于下列情况。

腹围急剧缩小　在剧烈腹泻等病程中，如急性胃肠炎，由于严重脱水，食欲废绝和胃肠内容物急剧减少所致。

腹围逐渐缩小　在慢性消耗性疾病和长期发热时，如慢性鼻疽、慢性马传染性贫血、肠道蠕虫病，由于食欲减退，吸收机能降低和消耗增多逐渐引起。

腹围卷缩　后肢剧痛性疾病时，造成腹肌高度紧张和强烈收缩，常表现明显的腹围卷缩。在破伤风或腹膜炎时，因腹肌紧张，可见轻度的腹围卷缩。

（2）腹部触诊　马的腹部触诊，主要是判定腹壁的敏感性、紧张度、硬度、肿块等。触诊时，检查者站在马的胸侧方，面向尾方，一手放在背部作支点，另一手依检查目的不同，采用拳，手掌或手指，进行间歇性触压，应避免粗暴或突然的触压，以致动物惊恐，影响检查效果。检查肝脏后缘时，可用切入式触诊，感觉内部脏器性质。疼痛时用冲击式触诊。检查疝孔时，用四手指肚按压。

腹部触诊的异常变化包括以下方面：

①腹壁敏感性增高　动物表现躲闪，反抗，回顾等动作，提示腹膜的炎症。

②腹壁紧张度增高　腹壁肌肉紧张，收缩，弹性减小，见于破伤风，有时也见于传染性脑脊髓炎及腹膜炎等。

③腹壁紧张度降低　见于腹泻，营养不良、热性病等。

④腹部有击水音　由助手用手掌放在对侧腹壁作为支点，检查者用拳或手掌对腹壁进行冲击触诊，如有击水音或回击波，提示腹腔积液。

3. 胃肠检查

（1）胃的检查　马胃位于腹腔中部偏左侧，其体表投影位置在左侧第14～17肋骨，髋结节水平线上下的相对处。由于马胃位置深在，从临床检查中可以得到启示，而胃管探诊和直肠检查却具有一定的诊断意义。

临床检查　家畜经常表现精神委靡，嗜睡，食欲扰乱，口臭，有舌苔，可视黏膜轻度黄染，则提示胃卡他。当病马突然剧烈起卧不安，呼吸困难，有呕吐动作，腹围不大，但由后方正中进行左、右侧对比观察，有时可见左侧胸廓中部第14～17肋骨处稍显隆起。在病马暂时安静条件下，在胃区可能听到短促而微弱的胃蠕动音，呈"沙沙"声、流水声或金属音，则提示急性胃扩张。

胃管探诊和直肠检查　胃管探诊如有大量带酸臭味的气体或液状内容物向外逸出，是急性胃扩张的重要标志。直肠检查时，如发现胃壁紧张或脾脏后移，常为急性胃扩张的主要症状。

（2）肠检查　马的肠管体表投影位置，于左侧髂部上1/3为小结肠，左侧髂部中1/3处为小肠，左腹部下1/3为左侧大结肠，右侧肷部为盲肠，右侧肋骨弓下方为右下大结肠，右侧腹股沟部为小肠。

A. 听诊　目的是为了了解肠音的强度，频率和性质来判断肠管的运动机能及内容物状态。健康马的小肠音清脆，类似流水音或含漱音，每分钟8～12次，大肠音低钝，类似雷鸣音或远炮音，每分钟4～6次。肠音常因肠管的运动机能、饲料的质量、肠内容物的性状以及使役的强度等而有所不同。听诊后根据肠音强度描述为响亮和微弱，根据肠音次数描述为活泼和稀少，根据蠕动波的长短描述为延长、短促和持续不断。

病理性肠音包括以下方面：

①肠音增强　肠音宏亮，高而强，频繁，持续时间长，由于肠管受到各种刺激所致，见于肠臌气初期、胃肠炎初期及肠痉挛。

②肠音减弱　肠音短促而微弱，次数稀少，由于肠管蠕动迟缓所致，见于重度胃肠炎、肠阻塞、热性病、脑膜炎及中毒病等。

③肠音消失　肠音完全消失，是肠管麻痹或病情重剧的表示。见于重剧胃肠炎、除肠痉挛以外的多种疝痛病（如肠阻塞、肠变位等）后期以及胃肠破裂的濒死期。

④肠音不整　肠音次数不定，时快时慢，时强时弱，而且蠕动波不完整，主要见于慢性胃肠卡他。由于腹泻与便秘交替发生，因此在病程经过中出现肠音快慢不均、强弱不一的现象。

⑤金属性肠音（落滴音）类似水滴落在金属薄板上的声音，是肠内充满大量气体或肠壁过于紧张，邻近的肠内容物移动冲击该部肠壁发生振动而形成的声音，多见于肠臌气及肠痉挛。有时在健康马骡的盲肠底部可能听到金属性肠音。

B. 触诊　触诊靠近腹壁的容积较大的肠管，如盲肠或左上、下大结肠，可判断其内容物的性状。当有弹性感觉时，反映内容物为气体。如呈波动感，则可能为液状内容物。

C. 叩诊　叩诊腹壁的相应部位，可根据叩诊音响的性质，推断靠近腹壁较大肠管（盲肠、左侧大结肠）的内容物性状，如呈鼓音，则为肠腔积气；如呈浊鼓音，为气体与液体混同存在；如呈连片的浊音区，可提示为该段大结肠阻塞。

（三）猪的腹部及胃肠检查

1. 腹部检查　主要通过视诊观察腹围大小及外形有无变化。

腹部容积扩大　除见于母猪妊娠后期及饱食不久等生理情况外，可见于胃食滞或肠臌气。

腹部容积缩小　见于长期饲喂不足、食欲减少、顽固性腹泻、慢性消耗性疾病（如仔猪营养不良、仔猪贫血、慢性副伤寒、猪霉形体肺炎及肠道寄生虫）及热性病等。

此外，视诊脐部有时可发现圆形囊状肿物，多为脐疝，其特点是触压柔软或有波动，听诊时有肠音，经疝环可以还纳。

2. 胃肠检查　猪常因皮下脂肪太厚以及检查时尖叫抗拒，所以效果不佳。

（1）胃的检查　猪胃的容积较大，位于剑状软骨上方的左季肋部，其大弯可达剑状软骨后方的腹底壁。视诊时如左肋下区突出，病猪呼吸困难，表现不安或作犬坐姿势，见于胃臌气或过食。当触压胃部时，如引起疼痛反应或呕吐，常提示伴发胃炎。

（2）肠的检查　猪的小肠位于腹腔右髂部及左侧下部，结肠呈圆锥状位于腹腔左侧，盲肠大部分在左髂部的上部。

视诊　除妊娠猪外，如腹部膨隆，则提示肠臌气。

触诊　适于检查瘦小的猪，可采取横卧保定，两手上下同时配合触压，如感知有坚硬粪块呈串状或盘状，常提示肠阻塞。

听诊　猪的肠音如高朗，连绵不断，则见于急性肠炎及伴有肠炎的传染病（如副伤寒，大肠杆菌病及传染性胃肠炎等），如肠音低沉，微弱或消失，见于肠阻塞。

四、直肠检查

直肠检查，就是将手臂伸入直肠内，隔着肠管对腹腔和骨盆腔脏器进行触诊检查，它具有诊断和治疗两方面的意义。祖国兽医学的"起卧入手论"，就是论述运用直肠检查的方法寻找结粪和隔肠破结的专论。直肠检查，在牛马妊娠诊断和腹痛病的诊断和治疗上，仍然是很重要的方法，但对于不具备解剖学的基础知识和初学的人，较难掌握。操作中如不遵守操作要领而鲁莽从事时，则可能造成直肠损伤。因此，学习中要注意掌握直肠检查的操作要领和有关脏器的解剖特征，为进一步熟练掌握直肠检查方法奠定基础。

（一）牛的直肠检查

牛的直肠检查，由于过去仅强调用于对母畜生殖器官疾病的诊断，以致往往忽视其对消化器官疾病诊断上的作用。事实上，牛的直肠检查对消化器官疾病的诊断也很重要。牛的直肠检查一般用左手较为方便。

1. 检查目的和意义　牛的直肠检查常用于妊娠诊断和母牛生殖器官疾病的诊断。此外，对其他器官（如泌尿器官、消化器官）疾病，如肠阻塞、肠套迭及皱胃扭转等的诊断都有一定意义。

2. 操作方法　与马的直肠检查操作方法基本相同。其特点是，牛直肠内较滑润，一般不需灌肠。当检查骨盆腔内脏器（膀胱、子宫等）后，检手应以水平方向渐次向前伸。进入结肠的最后段"S"状弯曲部（此部移动性较大），这样，可以较方便地检查腹腔脏器。

3. 检查顺序和被检器官特征及其临床意义

（1）肛门及直肠　正常时，检手进入直肠后，可感到直肠内充满比较稀软的粪团。在病理状态下，如直肠变空虚而干涩，直肠黏膜上附着干燥、碎小的粪屑，提示肠阻塞，如直肠内发现大量黏液或带血的黏液，提示肠套叠或肠扭转。

（2）膀胱及子宫　膀胱位于骨盆腔底部，空虚时如拳头大，充满尿液时如排球大且有波动感。膀胱显著膨大，充满骨盆腔，可能是由于尿道结石或尿道痉挛，引起膀胱积尿所致；触诊膀胱敏感，膀胱壁增厚，提示膀胱炎；膀胱异常空虚，有时触到破裂口，则提示膀胱破裂。对母畜可触摸子宫及卵巢的大小、性状和形态变化。对公畜可触摸副性腺及骨盆部尿道的变化等。

（3）瘤胃　检手触诊骨盆腔脏器后继续向前移动，首先在骨盆腔前口的左侧，能触到瘤胃的后背盲囊，正常时表面光滑，呈面团样硬度，同时能触感瘤胃的蠕动波。当触摸时感到腹内压异常增高，瘤胃的后背盲囊抵至骨盆腔入口处，瘤胃壁紧张充满气体，表示瘤胃臌气。当触感瘤胃异常坚实，有疼痛反应，表示瘤胃积食。在正常的情况下，直肠检查不能触及真胃，但当真胃发生扭转时，可由于积气鼓胀，而致体积增大，充满右腹部，甚至达到骨盆前口附近，这时在直肠检查中，就有可能摸到真胃，其与瘤胃不同之点，是真胃壁这时显得特别紧张。另外，当真胃变位至腹腔左侧时，则腹部右上方显得空虚，同时瘤胃容积缩小（动物拒食之故），并向右移向体中线。

（4）左肾　悬垂于腹腔内，位置不固定，决定于瘤胃内容物充满程度，瘤胃充满时，被挤到正中矢面的右侧，瘤胃空虚时，则大部分回到正中矢面的左侧，其前后活动的范围在第2～6腰椎横突的腹侧。检查时注意其大小、形状、表面状态、硬度等。如肾脏增大，触压敏感。肾分叶结构不清者，多提示肾炎。如肾盂肿大，肾门部位有波动感，一侧或两侧输尿管变粗，多为肾盂肾炎和输尿管炎。右肾因位置较前，其后缘达第2～3腰椎横突腹侧，较难触摸。此外，牛的结核病较多发生，要注意腹膜和瘤胃有无珍珠状结节。

（5）腹主动脉　在椎体下方，腹腔顶部，可以触到粗管状，具有明显搏动感的腹主动脉。

（6）肠　牛的大、小肠全部位于腹腔右半部。在耻骨前缘的右侧可触到盲肠，盲肠尖常抵骨盆腔内，感知有少量气体或软的内容物。在盲肠的上方，即右䏓上部，腰椎横突的腹侧有结肠初袢、终袢及十二指肠平行排列，触摸时其彼此界限不易分辨清楚。在盲肠的下方，即右腹中部，可触及圆盘状的结肠盘。空肠及回肠位于结肠盘的下方，正常时不易摸到。肠袢呈异常充满且有硬块感时，多为肠阻塞。如有异常硬固肠段，触诊时剧痛，并有部分肠管充气者，多疑为肠变位。右侧腹腔触之异常空虚，多疑为皱胃左侧变位。

（二）马属动物的直肠检查

1. 检查目的及意义　当马属动物表现有明显腹痛综合征候群时，直肠检查在判断疾病的部位、性质、程度及鉴别诊断上均有重要价值，并兼有治疗作用。

对泌尿生殖器官（如肾脏、膀胱、子宫、卵巢等）和肝、脾的病变，骨盆骨或腰椎骨折，或怀疑有腹膜炎等疾病时，直肠检查在诊断上具有一定意义。

在畜牧业生产中，直肠检查对病情鉴定、妊娠诊断具有实际意义。

2. 检查前的准备　被检动物应确实保定。一般以六柱栏保定较为方便，通常要加肩绳和腹绳，必要时可用鼻捻子保定，以防其卧倒或跳跃。也可根据需要，采取横卧保定或仰卧保定。对被检动物实施保定后，助手可将马尾提到检查者所在的另一侧。为便于检查，可使动物取前高后低的位置。

术者剪短磨光指甲，穿工作服、胶质围裙和胶靴，充分露出手臂，用肥皂水清洗后，涂以润滑剂如石蜡油等。必要时可戴长袖乳胶手套。

直肠检查前，病畜如出现一些紧急病情，应立即采取相应的抢救措施，如对腹痛剧烈的病马应先镇静，发生肠膨气，腹围膨大，呼吸迫促或困难时，应先行穿肠放气，表现心脏衰弱，应注射强心剂。

一般情况下，先用温肥皂水约 2 000ml 灌肠，以清除直肠内的蓄粪并使肠管弛缓，便于检查。但发现有直肠穿孔可疑时，切忌灌肠。如果直肠痉挛，过于紧张，可用 1% 普鲁卡因溶液 20～30ml 行后海穴封闭，以促使直肠及肛门括约肌松弛。

3. 操作方法　直肠检查的操作，务必按要领进行，防止损伤直肠黏膜。采用柱栏保定时，术者站于被检马的左后方，一般以右手进行检查，以防被马踢伤。横卧保定，右侧横卧时用右手，左侧横卧时用左手，术者取伏卧姿势。

术者将检手拇指抵于无名指基部，其余四指并拢，并稍重迭成圆锥形。将石蜡油倒入掌心后，以旋转动作通过肛门进入直肠。如先以二三指插入肛门，给马匹以信号，可有助于肛门括约肌的弛缓。当直肠内有粪时，应小心纳入掌心后取出。如膀胱内贮有大量尿液而过度充满时，应轻轻按摩或稍加压迫，以促其排空，或进行人工导尿。

检手谨慎而确切地套入直肠狭窄部，是直肠检查时安全的关键。如检手不套入狭窄部，当马匹闹动时很容易造成直肠损伤，直至穿孔。临床体会，套手时按照"努则退，缩则停，缓则进"的要领进行操作，即当被检马努责时，检手随之后退，肠管强力收缩时，检手停止不动，肠管弛缓时，再继续伸入。特别要求部分直肠狭窄部（中兽医称"玉女关"，是马属动物所特有）能套在检手上，即至少使前面四指（除拇指外）的第三或第二指节骨通过直肠狭窄部的前缘，才可进行检查，这是保证直肠检查安全的关键。如检手完全能通过狭窄部（指大马），则更便于检查。切忌检手未找到肠管方向就盲目前伸，或未套入直肠狭窄部就急于检查。当直肠狭窄部入手困难时，可采取手臂下压肛门的方法，诱导病马作排粪反应，便于直肠狭窄部套在手上。下压肛门还有减少努责的作用。

当检手伸入部分或全部直肠狭窄部后，用并拢的食指、中指及无名指指腹轻轻触摸，根据脏器的位置、大小、形状、硬度，内容物性状、移动性和敏感性，肠壁有无纵带及肠系膜状态等，判断有病变的脏器，病变性质和程度。在直肠检查的整个过程中，检手手指均应并拢，绝不允许叉开手指随意抓摸，切忌粗暴，以免损伤肠管。

4. 检查顺序　直肠检查应按照一定顺序进行，才比较容易发现异常，确定诊断。但在实际诊疗时可按情况予以变通，不必拘泥。

肛门→直肠→膀胱→子宫或腹股沟管内环→小结肠→左侧大结肠→左腹壁→脾→左肾→胃→腹主动脉→前肠系膜根→十二指肠→胃状膨大部→盲肠→右腹壁。

5. 被检脏器的位置、特征、常见的病理变化及临床意义

（1）肛门　首先注意肛门周围是否有污染粪便、血液、寄生虫（蛲虫，马胃蝇幼虫等），并检查肛门的紧度。肛门括约肌紧张度增高，见于各种类型肠阻塞；紧张度减弱，见于衰老动物、长期腹泻、脊髓麻痹等。

（2）直肠　感知直肠内容物的多少和性状，以及黏膜的温度和有无创伤等。直肠膨大部空虚，表明肠内容物后送停止，见于肠阻塞中、后期或肠变位。在肠痉挛时，由于不断发生排粪动作，直肠内可能一点粪便也没有。直肠壁紧张，把手臂束得很紧，同时有多量浓稠黏液蓄积时，提示可能有肠变位并伴发炎症反应。直肠内温度增高，见于直肠炎。检手附有血液，并发现黏膜有裂孔，表明直肠破裂，多发生在直肠狭窄部的侧壁或上壁。在直肠内触摸到大量坚固的粪块，常见于直肠阻塞。

（3）膀胱　膀胱位于骨盆腔底部，在直肠下方可感触膀胱，但母马须隔着阴道和子宫颈触摸膀胱。膀胱空虚无尿时，缩成较柔软的梨状物；充满尿液时呈囊状，触之有波动感。触压膀胱如敏感，疼痛，表示有膀胱炎；触压发现囊内有硬块状物体时，可疑为膀胱结石；膀胱高度膨大，充满尿液，提示膀胱括约肌痉挛或膀胱麻痹、尿道结石或阻塞。

（4）子宫和腹股沟管内口　母马直肠下方，膀胱的后上方可摸到子宫（包括子宫角、角间沟、子宫体、子宫颈等），如一侧或两侧子宫角膨大，有波动感，常提示妊娠或子宫蓄脓等。公马耻骨前下方 3 ~ 4cm，体中线两侧，距白线 11 ~ 14cm 处，用手指感触左右侧各一裂隙，正常时可插入 1 ~ 2 指，此为腹股沟管内口。检查时宜注意腹股沟管内口内径大小，有无软体物阻塞，有无疼痛等，如有肠管嵌入，并表现剧痛，提示腹股沟管疝。

（5）小结肠　小结肠大部分位于骨盆口前方体中线左侧，小部分位于体中线右侧，游离性较大，肠内有鸡蛋大粪球，多为串球状排列。用手拨动，可使小结肠向各方向移动。小结肠便秘时，可摸到一到两个拳头大的球形结粪块，比较坚硬而沉重。结粪的小结肠段有较大的移动性，有时往往由于继发肠鼓胀而被挤压到左肾的前下方或沉坠于腹腔底部，此时，必须使动物前驱站高或用杠子在腹下撬压，才容易发现结粪部位。

（6）左侧大结肠和左腹壁　左侧大结肠通常位于腹腔左侧，其中左下大结肠较粗，且有纵带和肠袋，位置相当于耻骨水平线的下方。左上大结肠较细，肠壁光滑无肠袋，重叠于左下大结肠之上，或在左下大结肠内上侧，与左下大结肠平行。左下大结肠移行为左上大结肠时，在骨盆前口处弯曲折回形成骨盆曲（比左上、左下大结肠都细，表面光滑，呈游离状态，通常位于耻骨前缘的左侧或体中线处，也有稍偏右侧的）。在骨盆曲的小弯部有10 ~ 20cm 的结肠系膜，并由此稍向下伸延就可摸到左下大结肠，据此易把骨盆曲与小结肠区别开。直肠检查时如发现骨盆曲部肠管内充满较硬积粪，呈弧形或圆柱形，约如小臂粗，此时左下大结肠多有大量积粪，骨盆曲因此可能退入骨盆腔，或右移到盲肠底后方，并有疼痛反应，则提示骨盆曲阻塞。越过左侧大结肠再向左，可摸到左腹壁，正常时表面光滑，如呈粗糙感，并有疼痛反应，提示腹膜炎。

（7）脾　沿左腹壁向前，约至最后肋骨部可触知脾脏的后缘，呈扁平镰刀状，与左腹壁紧贴。如先触到左肾，也可在左肾的左前下方触摸脾脏。体格大的马脾脏后缘通常不超过最后肋骨，但有些马，尤其是驴、骡，脾脏可超过最后肋骨，甚至达髋结节下方。脾脏明显后移，同时伴发剧烈腹痛及呼吸迫促等症状，常为急性胃扩张的特征。

（8）左肾　在腹腔后上方，左侧第 2 ~ 3 腰椎横突的下方，可触及左肾的后半部，呈半圆形，表面光滑而较坚实的物体。触诊时有压痛，提示急性肾炎。

（9）胃　位于腹腔左前上方（左季肋部），以胃脾韧带与脾连接，其后缘通常可达第16 肋骨。因位置靠前，正常情况下触摸困难，但体短马匹，使马体前高后低，可以摸到。沿胃脾韧带向前触摸，可摸到柔软呈囊状的胃后壁。胃扩张时，其容积增大，容易摸到。食滞性胃扩张时硬度如捏粉样，气胀性胃扩张时有弹性感。当发生胃破裂时，由于胃内容物漏至腹腔，引起腹膜炎，直肠检查时，可感到该处腹膜干涩及粗糙。

（10）腹主动脉和前肠系膜根　腹主动脉紧贴椎体下方，稍偏左侧，触之呈管状，有明显的搏动感。在直肠检查中可作为体中线的标志，便于寻找前肠系膜根。触摸前肠系膜根的方法是，检手沿腹主动脉向前，当被一下垂的索状物阻挡，手指触感柔软有弹性，且有前肠系膜动脉的搏动，即为前肠系膜根。如触感该部有鸡蛋大的膨大物，具有明显搏动，紧张而有疼痛反应时，多提示有寄生虫性动脉瘤可疑。如触知肠系膜紧张度增加，方向改变，同时伴发剧痛，存在局限性肠管积气，常提示肠变位。

（11）十二指肠　在前肠系膜根的后方，上距腹主动脉 10～15cm 处，有从右向左横行的十二指肠第二弯曲部。这段肠管的位置比较固定，在触到前肠系膜根后，将检手指腹向上贴近脊椎骨腹面缓缓向后移动，于第一、第二腰椎下可感到横行的十二指肠。如按此法没有摸到十二指肠，可能肠管在检手下方，可将手掌翻转向下，手指微曲，再从前肠系膜根处缓缓后移，即可触到横行的十二指肠。检查时，如发现此段肠管变粗，呈圆柱状，硬固，表面光滑，并有疼痛反应，应疑为十二指肠阻塞。

（12）胃状膨大部　右上大结肠后半部即为胃状膨大部，位于腹腔右侧上 1/3 处，盲肠底的前下方。检查时，检手可从前肠系膜根右侧前伸，进行触感。但健康马、骡因胃状膨大部内容物松软或空虚不易摸到。此处如呈半球形或漏斗状坚硬物，并随呼吸运动而前后移动，伴有腹痛症状，可疑为胃状膨大部阻塞。

（13）盲肠　在右肷部，可触及盲肠底和盲肠体，呈膨大的囊状物，其上部有一定量的气体而具有弹性，当气体和内容物少时有空虚的感觉。检手在盲肠的后方，可摸到一条由后上方走向前下方的盲肠腹侧纵带，在此纵带的前方可摸到一条较细的、走向大致相同的盲肠内侧纵带，根据纵带走向，对确定盲肠有重要作用。如在骨盆腔前口的右肷窝部摸到排球大的坚实结粪，同时伴有腹痛症状时，提示盲肠阻塞。

此外，当怀疑腹股沟管肠嵌闭时，还应检查腹股沟管内口。其位置在耻骨前方 3～4cm 处，左右各一，各距正中线约 10cm，正常内径大约可容一指半。当发生腹股沟管肠嵌闭时，可感到有绳索状的肠管进入腹股沟管内，早期时触摸有剧痛，后期发生肠管坏死时，则变为无痛。腹膜炎时，腹膜粗糙不平，触之感痛。直肠检查尚可发现腹腔肿瘤，腹壁粘连等。

6. 注意事项

（1）进行直肠检查时，必须严格遵守操作规程和掌握操作要领，注意人、畜安全，切忌粗暴或疏忽大意，避免造成直肠损伤或穿孔，导致患畜预后不良的恶果。

（2）要熟悉腹腔和骨盆腔内因诊断需要而可能检查到的器官的正常解剖位置和生理状态，从而有利于判断病理过程中的异常变化。

（3）直肠检查取得的效果，在疾病诊断上能起到应有的作用，在相当程度上有赖于检查者的熟练程度和经验。因此，应在学习和工作中反复练习而切实掌握。

（4）当发现直肠壁有穿孔的可疑时，严禁进行温水灌肠，应尽快确定穿孔性质和部位，采取必要的急救措施。

（5）直肠检查对马的胃肠性腹痛病，如肠管各段的便秘，各种类型的肠变位，以及胃扩张、肠结石等，都具有一定的诊断意义，但在实践中，仍须结合问诊、临床症状及腹腔穿刺液检查等，综合分析，才能得出确切的诊断。

五、排粪动作及粪便的感官检查

(一) 排粪动作检查

排粪动作是动物的一种复杂反射活动。正常状态下，大家畜排粪时，背部微拱起，后肢稍开张并略前伸。犬排粪采取近似坐下的姿势。马和山羊在行进中可以排粪。正常动物的排粪次数与采食饲料的数量、饲料种类、消化吸收机能及使役情况有密切关系。一般情况下：

正常：马：8~10次/日　　　　猪：6~8次/日

　　　牛：10~18次/日　　　　犬：1~2次/日

排粪动作障碍主要表现有以下几种。

1. 便秘　主要表现排粪次数减少，排粪费力，屡呈排粪姿势而排出量少，粪便干固而色暗。见于热性病、慢性胃肠卡他、肠阻塞、瘤胃积食、瓣胃阻塞等。

2. 腹泻　表现频繁排粪，粪成稀粥状、液状，甚至水样，腹泻主要是各种类型肠炎的特征，见于侵害胃肠道的传染病（如猪传染性胃肠炎、猪副伤寒和大肠杆菌病、牛副结核病）、肠道寄生虫病及中毒（如有毒植物、汞制剂）等。

3. 排粪减少　特征为动物排粪次数减少、排粪费力、排粪量少，粪便质地干硬而色暗，呈小球状，常被覆黏液，临床上称排粪迟缓或便秘。见于热性病、慢性消化不良、便秘初期等。

4. 排粪失禁　动物不采取固有的排粪动作而不由自主地排出粪便，主要是由于肛门括约肌弛缓或麻痹所致。见于顽固性腹泻、腰荐部脊髓损伤、大脑的疾病等。

5. 排粪痛苦　动物排粪时，表现疼痛不安、惊恐、呻吟、拱腰努责。见于直肠炎、直肠损伤、腹膜炎及牛创伤性网胃炎等。

6. 里急后重　病畜不断作排粪姿势并强度努责、呻吟（马、牛）、鸣叫（犬、猪），而仅排出少量粪便或黏液，是直肠炎的特征，也见于肛门括约肌的痉挛。

(二) 粪便的感官检查

粪便的形状和硬度　健康动物粪便的形状和硬度取决于饲草饲料的种类、含水量的多少、肠管运动机能、脂肪和纤维素的含量，而与饮水量无关。健康牛的粪便软，落地后呈盘状。马粪呈圆块状，具有中等硬度，落地后一部分破碎。猪粪为稠粥状，完全饲喂配合饲料的猪，其粪便呈圆柱状；犬和猫的粪便呈圆柱状，当喂给多量骨头时，则干而硬；禽类为圆柱状、细而弯曲，外覆一薄层白色尿酸。当肠管受某种刺激而蠕动增强时，内容物通过迅速，水分吸收量减少，粪便稀软，有时呈水样，见于腹泻、胃肠炎、痉挛疝等。反之，肠蠕动机能减弱或减退，内容物移动缓慢，水分大量被吸收，则粪便硬固，粪球干小，见于慢性消化不良及便秘疝初期等。

1. 粪便的颜色　多因饲草饲料种类及有无异常混合物而不同。放牧或喂青草时，粪呈深绿色；舍饲喂稻草、玉米秸、谷草、小麦秆（糠）时，为黄褐色。但当前部肠管或胃出血时，粪便呈褐色或黑色（沥青样便）；后部肠管出血时，血液附着在粪便表面而呈红色；阻塞性黄疸时（如十二指肠炎、胆管炎、胆道蛔虫阻塞等），粪呈灰白色。此外，在治疗疾病时，内服药物对粪便的颜色也有影响，如内服铁剂、铋剂、木炭末时，粪便呈黑色；内服白陶土时，粪便呈白色。

2. 气味 一般健康草食动物的粪便无恶臭气味，猪、犬和猫的粪便较臭。当肠内容物发酵过程占优势时，粪便呈现酸臭味，见于酸性肠卡他、幼畜单纯性消化不良等。当肠内容物腐败过程占优势时，粪便呈现腐败臭味，见于碱性肠卡他、幼畜中毒性消化不良等。在急性结肠炎、犊牛白痢、仔猪白痢时粪便发腥臭味。

3. 混合物 健康动物的粪便表面有薄层的黏液，使粪便表面具有特别的光泽。黏液增加表示肠管有炎症或排粪迟缓。在肠炎或肠阻塞时，黏液常常被覆整个粪球，并可形成胶冻样厚层，类似剥脱的肠黏膜。粪内混有不消化的粗纤维或饲料颗粒，见于消化不良及牙齿疾病。有时粪内混有寄生虫及砂粒等异物。

第七节　肝脏及脾脏的检查

肝脏为体内最大的腺体、位于膈的后方。肝脏在机体内担负着重大的生理功能，如解毒（对各种化合物的氧化、还原、水解、结合）、代谢（糖、脂肪、蛋白质的同化、贮藏和异化，核酸代谢，维生素的活化和贮藏，激素的灭活及排泄，胆红素和胆酸的生成，铁、铜及其他金属的代谢等）、排泄（胆红素和某些染料）。

一、肝脏检查

当临床上发现动物长期消化障碍，粪便不正常，并有黄疸、腹腔积液、精神高度沉郁或昏迷等，应当考虑肝脏疾病，而进行肝脏检查。通常使用触诊和叩诊法，必要时可进行肝脏穿刺活体组织学检查，配合肝功能检查。超声探查对肝脏疾病的诊断有重要意义。

（一）反刍动物的肝脏检查

牛的肝脏位于腹腔右侧中部，其长轴向前下方倾斜，肝头部表面与右侧的膈肌相连接，正常时于右侧第 10 ~ 12 肋间中上部突出于肺脏后缘，在此部位叩诊呈四边形的肝脏浊音区，羊肝脏正常的浊音区在右侧第 8 ~ 12 肋间。

叩诊肝脏浊音区主要向后下方扩大。当肝脏肿大时，肝浊音区扩大。浊音界可达右侧最后肋骨或肷部。肝脏肿大见于酮病、肝炎、肝中毒性营养不良、肝脓肿，肝片形吸虫病等。肝高度肿大，外部触诊肝脏硬固，有抵抗感，并随呼吸而运动。直肠检查，有时触摸到肿大的肝脏。

牛的肝脏穿刺　穿刺部位在牛体右侧离背中线 20 ~ 40cm 处作一水平线，与第 11 肋间相交点处。先将术部剪毛消毒，并用 2% 普鲁卡因溶液作局部麻醉后，穿刺针垂直刺入腹壁，插入肝脏后，调节穿刺器，切取肝组织一小片，然后将切取刀调节复原，拔出针头，消毒术部。

（二）马的肝脏检查

马的肝脏深藏于腹腔前部，在正常状态下，右叶向后达第 15 肋间，左叶向后仅达第 8 肋间。由于肝脏被体壁及肺脏所掩盖，叩诊和触诊均不宜检查，只有当肝脏显著肿大时，才具有诊断价值。

马的肝脏触诊　用手掌平放在右侧第 12 ~ 14 肋骨的中 1/3 部进行冲击式触诊，如动物表现回顾、躲闪、蹴踢、摇尾等，根据肝区敏感，则提示肝有急性炎性肿胀。

进行肝脏叩诊，如在右侧肺叩诊区的下部，发现肝浊音区扩大，提示肝肿大。

马的肝脏穿刺部位在右侧髋结节水平线与第 14 肋间的交点处。为了防止内出血,在穿刺之前可先静脉注射 10% 柠檬酸钠溶液 100ml。经 20min 后,将术部剪毛消毒,并用 2% 普鲁卡因溶液作局部麻醉后,采用特制的兽用自动密闭式肝脏穿刺器,将穿刺针与体壁成直角刺入肋间,再向对侧肘头方向刺入肝实质内,采切肝脏小片(1～2cm 长)后,拔出穿刺针,并消毒术部。将采出的肝组织小片用 10% 福尔马林溶液固定,以供检验。

(三)小动物的肝脏检查

犬、猫的肝脏位于左、右季肋部。因腹壁薄,利用外部触诊可以确定肝脏的大小、厚度、硬度及疼痛性。触诊时,首先可行站立位置触诊,从左右侧用两手的手指于肋弓下向前上方进行触压,可以触及肝脏。当右侧卧时,由于肝脏贴靠腹壁,则容易在肋下感知肝脏的右缘。犬的正常肝脏叩诊浊音区位于右侧第 7～12 肋间、左侧 7～10 肋间。被肺脏掩盖部分呈半浊音,未被肺脏掩盖部分呈浊音。但在生理情况下,由于动物的营养和胃肠内含气的情况,肝脏浊音区可以有变动。

在病理情况下,肝脏肿大时,肝脏延伸于两侧,肝后缘背部和侧方与呼吸运动一致,特别是右侧的肋骨弓下部明显,同时叩诊肝脏浊音区扩大。此时触诊可发现肝脏肿大、变厚、变硬,疼痛明显,同时还会出现黄疸等全身症状。见于急性实质性肝炎、肝硬变的初期、白血病等。

二、脾脏检查

脾脏是动物体内最大的淋巴器官。脾脏可以产生淋巴细胞和巨噬细胞,参与免疫和防卫活动;脾脏是造血、破坏红细胞、贮存血液、调节血量的器官。临床上对患溶血性疾病或某些传染病(如炭疽等)和寄生虫病(如牛泰勒氏虫病等)的病畜,应进行脾脏检查。临床上常用的检查方法是触诊和叩诊。必要时,还可进行脾脏穿刺、采取脾液进行实验室检查。

1. 牛 脾脏位于瘤胃背囊的左前方,上端位于第 12～13 肋骨椎骨端与第一腰椎横突的腹侧;下端与第 8 或第 9 肋骨对应,离胸骨端上方约一掌宽,被左肺的后缘覆盖,在正常时,叩诊不能得到其特有的浊音区。只有在脾脏显著肿大的疾病(如脾炎、脾脓肿,白血病、棘球蚴病),才能在肺后界与瘤胃之间获得一长圆形的浊音区。同时在叩击时,病牛呈现疼痛反应。

2. 马 脾脏位于腹腔前部胃的左侧,紧接左肺叩诊界的后缘,后界与第 18 肋骨弓平行,上缘与左肾接近。正常时,在肺叩诊区后界与肋骨弓之间,可叩出一带状浊音区。临床上对怀疑有造血器官疾病、某些传染病及寄生虫病的家畜,应检查脾脏。一般用触诊和叩诊法,经直肠进行内部触诊,可以判定脾脏位置、大小、表面状态、质地、形状及疼痛性,所以具有实际意义。脾肿大时,脾后缘显著后移,边缘增厚,变为钝圆。在脾的急、慢性炎症时,脾脏显著肿大,脾浊音区向后扩大,甚至达到髋结节的垂直线。

3. 犬 脾脏位于左季肋部。在临床上主要采用外部触诊。使犬右侧卧,左手托右腹部,右手在左肋下向深部压迫,借以触知脾脏的大小、形状、硬度和疼痛反应。犬的脾脏肿大,见于白血病、脾脏淀粉样变性、急性脾炎或慢性脾炎、吉氏巴贝斯虫病等。

为了血液细胞学的研究,原虫病及传染病(如马传染性贫血)的诊断,必要时进行脾脏穿刺。马的脾脏穿刺部位,在左侧第 17 肋间、髋结节水平线上。用长 8～10cm 的针头,深度达 4～5cm 即可。遵守常规无菌操作，并防止内出血。

📖 **复习思考题**

1. 采食和饮水检查的方法有哪些？其临床意义是什么？
2. 怎样打开家畜口腔？口腔检查应注意哪些问题？
3. 根据咽部视诊和触诊怎样判定吞咽障碍？
4. 怎样进行胃管探诊？根据胃管探诊结果怎样判定食管疾病？
5. 牛、马、猪腹部和胃肠检查各有什么特点？临床意义是什么？
6. 牛、马直肠检查的方法及注意事项有哪些？在临床诊断上有什么意义？

第八节　泌尿生殖系统的检查

肾脏是机体最重要的排泄器官，通过泌尿排出机体代谢废物，调节体内水、盐、酸碱平衡，保持机体内环境的稳定。另一方面，肾脏具有多种内分泌功能，如分泌肾素、前列腺素、红细胞生成素、1，25 – 二羟维生素 D_3 等，并使胃泌素、甲状旁腺激素等在肾内灭活。泌尿器官与心脏、肺脏、胃肠、神经及内分泌系统有着密切联系，当这些器官和系统发生机能障碍时，也会影响肾脏的排泄机能和尿液的理化性质。动物泌尿器官的原发性疾病较为少见，大多数泌尿器官疾病继发于一些传染病、寄生虫病、中毒病或营养代谢病，而且常被原发病的症状所掩盖。因此，泌尿系统的检查也是十分重要的。掌握泌尿系统的临床检查，不仅对泌尿器官本身，而且对其他各器官、系统疾病的诊断和防治都具有重要意义。

生殖是动物繁衍后代的唯一方式，特别是种用动物，生殖功能能否恢复，常决定着动物有无诊疗价值。乳用动物乳房品质优劣，也是畜主最关心的问题，它直接决定着养殖场的经济效益。

泌尿系统的检查方法，主要有问诊、视诊、触诊（外部或直肠内触诊）、导管探诊、肾脏机能试验及尿液的实验室检查。必要时膀胱镜、X 线和超声波等特殊检查法的应用为诊断泌尿系统的疾病提供了高效、准确的诊断手段。

检查指征：排尿姿势及尿液异常时检查泌尿系统；分泌物异常、去势前后、外生殖器眼观变化时检查生殖系统；乳房外伤、泌乳数量、性质改变时检查乳房。

检查内容：排尿动作及尿的感观检查，生殖系统的检查，乳房检查。

一、泌尿系统检查

（一）肾脏检查

1. 肾脏的位置　肾脏是一对实质性器官，位于脊柱两侧腰下区，右肾一般比左肾稍在前方。

牛的肾脏　具有分叶结构。左肾由系膜悬垂于第 3～5 腰椎横突下方，当瘤胃充满时，可完全移向右侧。右肾呈长椭圆形，位于第 12 肋间及第 2～3 腰椎横突的下方。

马的肾脏　左肾呈长豆形，位于最后肋骨及第 1～3 腰椎横突的下面；右肾呈圆角等边三角形，位于最后 2~3 肋骨及第一腰椎横突的下面。

猪的肾脏 左右两肾几乎呈相对位置，均位于第 1~4 腰椎横突的下面。

羊的肾脏 表面光滑，不分叶。右肾位于第 1~3 腰椎横突的下面，左肾位于第 4~6 腰椎横突的下面。

2. 肾脏的检查方法

对大家畜的肾脏一般根据症状表现，采取触诊和叩诊等进行检查，对小动物由外部进行触诊。但诊断肾脏疾病最可靠的方法还是尿液检验。

（1）症状观察 临床检查中，当发现排尿异常、排尿困难及尿液的性状发生改变时，应重视泌尿器官，特别是肾脏的检查。如某些肾脏疾病（急性肾炎，化脓性肾炎等）时，由于肾脏的敏感性增高，肾区疼痛明显，病畜除出现排尿障碍外，常表现腰脊僵硬，拱起，运步小心，后肢向前移动迟缓。牛有时腰肾区呈膨隆状。马间或呈轻度肾性腹痛。猪患肾虫病时，拱背，后躯摇摆。此外，应特别注意肾性水肿，通常多发生于眼睑，垂肉、腹下、阴囊及四肢下部。

（2）触诊 大家畜可行外部触诊和直肠触诊。外部触诊可用双手在腰肾区捏压或用拳槌击，亦可施行叩诊，观察有无疼痛反应，如表现不安，拱背，摇尾或躲避压迫等，则可能与肾脏敏感性增高有关，多为急性肾炎或有肾损害的可疑。直肠内触诊肾脏，可感觉其大小、形状、硬度、敏感性及表面是否光滑等。肾脏正常时，触诊坚实，表面光滑，没有疼痛反应。肾脏体积增大，触诊敏感疼痛，见于急性肾炎、肾盂肾炎等，肾脏表面粗糙不平、增大、坚硬，见于肾硬化、肾肿瘤和肾盂结石等，肾脏体积缩小比较少见，多因肾萎缩或间质性肾炎造成。

中、小动物如绵羊、山羊、犬、猫和兔等肾脏的触诊检查，可在腰肾区腰椎横突下方用两手手指前后滑动触诊，拇指常置于腰椎横突上方。猪因皮下脂肪厚，腹壁又紧张，故肾脏难于触诊。

（二）膀胱的检查

膀胱为储尿器官，上接输尿管，下和尿道相连。大家畜的膀胱位于骨盆腔底部，小动物的膀胱比较靠前，位于耻骨联合前方的腹腔底部。

检查膀胱，大家畜只能行直肠触诊。注意其位置、大小、充满度、紧张度、厚度及敏感性。健康马牛膀胱内无尿时，触诊呈柔软的梨形体，如拳大。膀胱充满尿液时，壁变薄，紧张而有波动，呈轮廓明显的球形体，可占据整个骨盆腔。小动物可将手指伸入直肠进行触诊，亦可由腹壁外进行触诊。腹壁外触诊，使动物取仰卧姿势，用一手在腹中线处由前向后触压，也可用两手分别由腹部两侧，逐渐向体中线压迫，以感知膀胱。小动物膀胱充满时，在下腹壁耻骨前缘触到一个有弹性的光滑球形体，过度充满时可达脐部。

病理情况下，膀胱可能出现下列变化。

1. 膀胱过度充满 其特点是膀胱明显增大，紧张性显著增高，充满于整个骨盆腔并伸向腹腔后部。多见于膀胱麻痹、膀胱括约肌痉挛、膀胱出口或尿道阻塞。因膀胱麻痹引起的过度充满，按压膀胱时有尿排出，停止压迫则排尿停止，因膀胱括约肌痉挛引起者，导尿管在膀胱颈部伸入困难。

2. 膀胱空虚 常因肾功能不全或膀胱破裂造成。膀胱破裂后患畜长期停止排尿，腹腔积尿，下腹膨大，腹腔穿刺排出大量淡黄、微浑浊、有尿臭气味的液体或为污红色浑浊的液体，常伴发腹膜炎，有时皮肤散发尿臭味。

3. 膀胱压痛 见于急性膀胱炎和膀胱结石。膀胱炎时，膀胱多空虚，但可感到膀胱壁增厚。膀胱结石时多伴有尿潴留，但在不太充满的情况下，可触到坚硬的硬块物或砂石样结石。

（三）尿道检查

母畜尿道较短，开口于阴道前庭的下壁，可将手指伸入阴道，在其下壁直接触摸到尿道外口，亦可用开膣器对尿道口进行视诊，还有尿道探诊。母畜常发生炎症变化。

公畜尿道，对其位于骨盆腔内的部分，连同贮精囊和前列腺进行直肠内触诊。对位于坐骨弯曲以下的部分，进行外部触诊。尿道的常见异常变化是尿道结石，多见于公牛、公羊和公猪。此外，还有尿道炎、尿道损伤、尿道狭窄、尿道阻塞等。

（四）排尿及排尿障碍

1. 排尿动作 多种动物都有自己特有的排尿姿势。母牛和母羊排尿时，后肢展开、下蹲、举尾、背腰拱起。公牛和公羊排尿时不做准备动作，阴茎也不须伸出包皮外，腹肌也不参与收缩，只靠会阴部尿道的脉冲运动，尿液呈股状一排一停地断续流出，故可在行走中或采食时排尿。健康马在运动中不能排尿，正常姿势是前肢略向前伸，腹部和尻部略下沉，先行一次吸气后暂停呼吸，开始排尿，并借腹肌收缩使尿流呈股状射出。排尿时，公马阴茎不同程度伸出于阴鞘外，排尿后开始呼吸时发出轻微呻吟声；母马排尿后，还可见阴唇有数次缩张。母猪排尿动作与母羊相同。公猪排尿时，尿流呈股状断续地射出。母犬和幼犬先蹲下，再排尿。公犬和公猫常将一后肢翘起排尿，并有将尿排于其他物体上的习惯。

2. 正常排尿次数及排尿量 排尿次数和尿量多少，与肾脏的分泌机能、尿路的状态、饲料的含水量、气温、使役等因素有密切关系。健康状态下，每昼夜排尿次数，牛为 5～10 次，尿量 6～10L，最高达 25L；绵羊和山羊 2～5 次，尿量 0.5～2.0L；猪2～3 次，尿量 2～5L；马 5～8 次，尿量 3～6L，最高达 10L。

3. 排尿障碍 在病理情况下，泌尿、贮尿和排尿的任何环节出现病理性改变时，都可表现出排尿障碍，临床检查时应注意下列情况：

（1）频尿和多尿 频尿是指排尿次数增多，而每次尿量不多甚至减少，或呈滴状排出，故 24h 内尿的总量并不多。多见于膀胱炎、膀胱受机械性刺激（如结石）、尿液性质改变（如肾炎时尿液在膀胱内异常分解等）和尿路炎症。动物发情时也常见频尿。多尿是指 24h 内尿的总量增多，其表现为排尿次数增多而每次尿量并不少，或表现为排尿次数虽不明显增加，但每次尿量增多。是因肾小球滤过机能增强或肾小管重吸收能力减弱所致。见于慢性肾功能不全（如慢性肾小球肾炎、慢性肾盂肾炎等）、糖尿病、应用利尿剂、注射高渗液或大量饮水之后，以及渗出液的吸收期等。临床上测定多尿与否，常根据经验和尿比重改变来测定。虽然尿比重降低并不见得尿量就多，但大多情况是这样。

（2）少尿或无尿 指动物 24h 内排尿总量减少甚至接近没有尿液排出。临床上表现排尿次数和每次尿量均减少或甚至很久不排尿。此时，尿色变浓，尿比重增高，有大量沉积物。按其病因一般可分为肾前性，肾原性及肾后性少尿或无尿。肾前性少尿或无尿，临床特点为尿量轻度或中度减少，尿比重增高，一般不出现无尿。见于严重脱水或电解质紊乱、充血性心力衰竭及休克等。肾原性少尿或无尿，临床特点多为少尿，少数严重者无尿，尿比重大多增高，尿中出现不同程度的蛋白质、红细胞、白细胞、肾上皮细胞和各种管型（尿圆柱）。严重时，可使体内代谢最终产物不能及时排出，引起自体中毒和尿毒症。见于广泛性肾小球损伤、急性肾小管坏死及各种慢性肾脏病等。肾后性少尿或无尿，是因从肾盂到尿道的尿路梗阻所致，见于肾盂或输尿管结石或被血块、脓块、乳糜块等阻塞，输尿管炎性水肿、瘢痕、狭窄等梗阻，机械性尿路阻塞（尿道结石、狭窄），膀胱结石或肿瘤压迫两侧输尿管或梗阻膀胱颈，膀胱功能障碍所致的尿闭和膀胱破裂等。

（3）排尿失禁　特点是动物未采取一定的准备动作和相应的排尿姿势，尿液不随意地经常自行流出。通常是脊髓疾病而致交感神经调节机能丧失，因膀胱内括约肌麻痹所引起。见于脊髓损伤、膀胱括约肌麻痹、某些中毒性疾病、濒死期的病畜、脑病昏迷或长期躺卧的病畜。

（4）尿潴留　肾脏泌尿机能正常，而膀胱充满尿液不能排出。尿液呈少量点滴状排出或完全不能排出。见于尿路阻塞（如尿道结石，尿道狭窄）、膀胱麻痹，膀胱括约肌痉挛及腰荐部脊髓损害。

（5）排尿痛苦　特征是病畜在排尿过程中，有明显的疼痛表现或腹痛姿势，排尿时呻吟、努责、摇尾踢腹、回顾腹部和排尿困难等。不时取排尿姿势，但无尿排出或呈滴状或呈细流状排出。多见于膀胱炎、尿道炎、尿道结石、生殖道炎症及腹膜炎。

（6）尿淋沥　是指排尿不畅，尿液呈点滴状或细流状排出，此种现象多是排尿失禁、排尿痛苦和神经性排尿障碍的一种表现，有时也见于老龄体衰、胆怯和神经质的动物。

（五）尿液的感官检查

尿液是肾脏排出的各种有机物和无机物的水溶液，部分是胶体溶液并含有少量来自肾脏和尿路的有机成分，许多因素都可引起泌尿和排尿机能的障碍及尿液成分和形状的变化，这些因素往往错综复杂，主要包括物质代谢障碍、血液理化性质的变化、心血管机能的障碍、神经和体液调节机能障碍、泌尿器官的机能性和器质性变化以及各种毒物中毒。由此可见，尿液检查不仅对泌尿器官疾病的诊断极为重要，而且对物质代谢以及与此有关的各器官的疾病、血液的理化性质和心脏血管机能状态的判断和分析也具有重要意义。尿液检查既可用于诊断，也可判断预后，且可作为检验疗效的指标。

1. 正常尿液　尿液的感官检查通常按尿色、透明度、黏稠度和气味检查。牛尿淡黄色、透明、不黏稠，气味较少；马尿黄白色、浑浊、黏稠，有一股芳香味；猪尿水样、透明、不黏稠，气味较少。

2. 尿色改变　常会因尿液中含有血液、血红蛋白、胆色素、饲料色素及药物色素等而不同，最常见的是红色尿，多由于泌尿道出血、溶血性疾病、肌红蛋白尿等所致。

（1）红尿是尿变红色、红棕色甚至黑棕色的泛称。见于血尿、血红蛋白尿、肌红蛋白尿、卟啉尿或药尿等。血尿是尿中混有一定量的红细胞时，尿呈红色。尿液混浊而不透明，振荡后呈云雾状，放置后有沉淀。有时尿中可发现血丝或凝血块。血尿的颜色可因含红细胞的多少和尿液的酸碱度不同而异。尿呈酸性时，尿色可为淡棕红色、棕红色或暗红色；尿呈碱性时则为红色。血尿见于急性肾炎、肾结石、膀胱炎及尿道出血等。

（2）血红蛋白尿指尿中仅含有游离的血红蛋白。尿呈均匀红色、茶褐色或酱油色而无沉淀，镜检无红细胞，是血管内溶血的症状之一。见于牛、马、犬巴贝斯虫病、钩端螺旋体病、新生仔畜溶血病、牛血红蛋白尿病、犊牛水中毒等。

（3）肌红蛋白尿是肌肉组织变性、肌红蛋白进入血流，经肾脏排入尿中所致。尿色和血红蛋白尿相似，但用化学方法可以鉴别。见于马肌红蛋白尿症以及硒缺乏症等。

（4）动物用药后有时也使尿液变色，例如安替比林、山道年、硫化二苯胺、蒽醌类药剂、氨苯磺胺、酚红等可使尿变为红色。呋喃类药物、核黄素等可使尿变黄色。美蓝或台盼蓝等可使尿变蓝色。石炭酸、松馏油等可使尿变黑色或黑棕色。

二、外生殖器官检查

（一）公畜生殖器检查

1. 睾丸及阴囊检查　阴囊内容物包括睾丸，副睾、精索和输精管等。检查时用视诊和触诊。注意阴囊及睾丸的大小、形状、硬度、有无肿胀、发热和疼痛反应等。

阴囊一侧性显著膨大，触诊时无热，柔软而现波动，似有肠管存在，有时经腹股沟管可以还纳，这是腹股沟管阴囊疝的特征表现。

阴囊肿大，同时睾丸实质也肿胀，触诊时发热，有压痛，睾丸在阴囊中的移动性很小，见于睾丸炎或睾丸周围炎。睾丸炎有时继发于传染病（如猪布氏杆菌病，马鼻疽等）。

2. 阴茎和阴鞘检查　阴鞘和包皮发生肿胀时，应注意鉴别是由于全身性皮下水肿还是精索、睾丸、阴茎、腹下邻近组织器官的炎性渗出物浸润所致。

阴茎脱垂常见于支配阴茎肌肉的神经麻痹或中枢神经机能障碍。此外，公畜阴茎损伤，龟头局部肿胀及肿瘤亦为常见。

（二）母畜生殖器检查

1. 阴门检查　阴门是泌尿生殖前庭的外口，由左右两阴唇构成。检查时如发现阴门红肿，应注意母畜是否处于发情期或有阴道炎症等。如阴门流出腐败坏死组织块或脓性分泌物时，常提示胎衣不下或患有阴道炎、子宫炎。阴唇边缘附近出现色素缺乏斑，并表现水肿，应考虑马媾疫的可能。

2. 阴道检查　当发现阴门红肿或有异常分泌物流出时，应借助开膣器，详细观察阴道黏膜的颜色、湿度、损伤、炎症、肿物、溃疡及阴道分泌物的变化。同时注意子宫颈的状态。

健康母畜阴道黏膜呈粉红色，光滑而湿润。病理状态下，阴道黏膜潮红、肿胀、糜烂或溃疡，分泌物增多，流出浆液黏性或黏液脓性、污秽腥臭的液体，是阴道炎的表现。阴道黏膜呈现出血斑，可见于马传染性贫血、血斑病等。子宫颈口潮红、肿胀，为子宫颈炎的表现。子宫颈口松弛，有多量分泌物不断流出，则提示子宫炎。

3. 乳房检查　对乳腺疾病的诊断具有重要的意义。检查乳房时，首先要注意全身状态，其次应注意生殖系统有无异常变化。检查方法主要用视诊和触诊，并注意乳汁的性状。乳房检查的主要内容包括以下方面。

（1）视诊　注意乳房大小、形状，乳房和乳头的皮肤颜色，有无发红、橘皮样变、外伤、隆起、结节及脓疱等。牛、绵羊和山羊乳房皮肤上出现疹疱、脓疱及结节多为痘疹、口蹄疫等疾病的症状。

（2）触诊　可确定乳房皮肤的厚薄、温度、软硬度及乳房淋巴结的状态，有无脓肿及其硬结部位的大小和疼痛程度以及乳房淋巴结的状态。检查乳房温度时，应将手贴于相对称的部位，进行比较。检查乳房皮肤厚薄和软硬时，应将皮肤捏成皱壁或由轻到重施压进行感觉。触诊乳房实质及硬结病灶时，须在挤奶后进行。注意肿胀的部位、大小、硬度、压痛及局部温度，有无波动感。当乳房肿胀、发硬，其范围局限于乳腺的一叶或一个叶的某部分，也可侵害整个乳房，皮肤呈红紫色，有热痛反应，有时乳房淋巴结肿大，这是乳房炎的表现。如乳房表面出现丘状突出，急性炎症反应明显，以后有波动感，则提示是乳房脓肿。如乳房淋巴结显著肿大，硬结，触诊无热无痛，常见于奶牛乳房结核。

（3）乳汁感观检查　除隐性型病例外，多数乳房炎病畜的乳汁性状都有变化。检查时，可将各乳区的乳汁分别挤入手心或盛于器皿内进行观察，注意乳汁颜色、黏稠度和性状。如乳汁浓稠，内含絮状物或纤维蛋白性凝块、脓汁或带血，为乳房炎的重要指征。必要时进行乳汁的化学分析和显微镜检查。

 复习思考题

1. 排尿障碍有哪些异常表现？各有什么临床意义？
2. 泌尿系统临床检查的内容及方法。
3. 血尿和血红蛋白尿的区别？其临床意义？
4. 公、母畜外生殖器检查及乳房检查应注意哪些问题？

第九节　神经系统的检查

神经系统主要包括大脑、小脑、脑干、脊髓和周围神经等。神经系统是机体各器官系统活动的主要协调机构，几乎对所有的生理机能都发挥着调节作用。神经系统的检查不仅对本系统的疾病，而且对其他系统的许多疾病，如某些中毒、代谢疾病，创伤以及颅脑和椎管的占位性疾病等，都具有重要意义。

兽医临床上，目前对颅脑、脊髓和周围神经的直接检查还有一定的局限性。主要通过问诊和视诊，观察动物的行动、精神状态、姿势和步样；通过触诊检查了解感觉神经的敏感度；依据动物神经机能的表现形式等，进行全面客观的综合分析，判断是否为神经系统疾病引起的症状，并分析推断发病的原因、病变的性质和发病部位等。

一、中枢神经机能的检查

（一）方法

观察动物的精神状态和行为。着重注意动物姿势、神态、面部表情，耳、尾及四肢的活动，有无异常行为，以及对呼唤、刺激或强迫其运动时的反应。

（二）症状

1. 兴奋、狂躁　动物常表现不安、惊恐，重则直向前冲，不顾障碍，挣扎脱缰、狂奔乱走，甚至攻击人、畜。见于脑及脑膜的充血和炎症以及毒物中毒等，而特征性的疾病则

是狂犬病。

2. 抑制、昏迷 动物表现为低头垂耳，眼半闭，尾不摆而呆立不动，不注意周围事物，反应迟钝。这是大脑皮层抑制的表现，多见于脑组织受毒素作用，一定程度的缺氧和血糖过低所致，许多疾病常见之。重者呈现昏迷状态，病畜卧地不起、昏迷不醒，呼唤不应，意识完全丧失，反射消失，甚至瞳孔散大，粪尿失禁。这是皮质机能高度抑制表现，常为预后不良的征兆。

二、头颅和脊柱的检查

（一）方法

观察头颅形状、大小及脊柱的外形，配合进行触诊及叩诊。

（二）症状

1. 头颅

（1）局部膨大变形 见于外伤、肿瘤、额窦炎；触诊头颅，可见动物呈敏感反应。若用力按压，局部有向内陷入特点时，常因脑患多头蚴病致使骨质菲薄所致。

（2）增温 除局部外伤、炎症外，常为脑、脑膜充血及炎症、热射病及日射病等疾患的一个特征。

（3）叩诊浊音 见于脑瘤、额窦炎、脑多头蚴病。叩诊时应两侧对照检查。

2. 脊柱

（1）变形 脊柱上凸（脊柱向上弯曲），下凹（脊柱向下弯曲），脊柱侧凸（向侧方弯曲）可见于骨软症或佝偻病。

（2）局部肿胀、疼痛 常为外伤如挫伤或骨折。

（3）脊柱僵硬 表现快速运动或转圈运动时不灵活，常见于破伤风、腰肌风湿、猪肾虫病等；慢性骨质病或老龄役马也可见之。

三、感觉器官的检查

（一）视觉器官

1. 方法 观察眼睑、眼球、角膜、瞳孔的状态；着重检查眼的视觉能力及瞳孔对光的反应。检查视力时，可牵引病畜前进，使其通过障碍物；还可用手在动物眼前晃动，或作欲行打击的动作，观察其是否躲闪或有无闭眼反应。然后，用手遮盖动物的眼睛，并立即放开以观察光线射入后瞳孔的缩小反应；也可在较暗的条件下，突然用手电筒从侧方照射动物的眼睛，同时观察瞳孔的缩动变化。

2. 症状

（1）眼睑 上眼睑下垂，多由眼睑举肌麻痹所致，见于面神经麻痹、脑炎、脑肿瘤及某些中毒病；眼睑肿胀，见于流行性感冒、牛恶性卡他热、猪瘟；眼睑水肿，常是仔猪水肿病的特征。

（2）眼球 眼球下陷，见于严重失水、眼球萎缩；慢性消耗性疾病及老龄消瘦动物的眼球下陷，是眼眶内脂肪减少的结果。眼球呈有节律性的搐搦，两眼短速的来回转动，称为眼球震颤，见于急性脑炎、癫痫等。

（3）角膜 角膜混浊，见于马流感、牛恶性卡他热及泰氏焦虫症，亦可见于创伤或维生素甲缺乏症及马的周期性眼炎和其他眼病。

（4）瞳孔　瞳孔的变化除见于眼本身的疾病外，尚可反映全身的疾病，其中尤以对中枢神经系统病变的判断有重要价值。故在检查时应列为常规内容。瞳孔散大，主要见于脑膜炎、脑肿瘤或脓肿、多头蚴病、阿托品中毒。若两侧瞳孔呈迟发性散大，对光反应消失，眼球固定前视，表示脑干功能严重障碍，病畜已进入垂危期。当病畜高度兴奋和剧痛性疾病时，亦可出现瞳孔散大，但仍保持有对光反应。瞳孔缩小，若伴发对光反应迟缓或消失，提示颅内压升高或交感神经、传导神经受损害，见于慢性脑室积水、脑膜炎、有机磷中毒及多头蚴病等；若瞳孔缩小、眼睑下垂、眼球凹陷，三者同时出现，乃交感神经及其中枢受损的指征。

（5）视力　病畜视物不清，甚至失明，可见于犊牛、猪的维生素甲缺乏症，猪的食盐中毒，马的周期性眼炎以及其他重度眼病的后期。

（二）听觉器官

1. 方法　一般在安静的环境下，利用人的吆唤声或给予其他音响（如鼓掌）的刺激，以观察动物的反应。

2. 症状

（1）听觉增强（听觉过敏）　病畜对轻微声音，即将耳廓转向发音的方向或一耳向前，一耳向后，迅速来回转动，同时惊恐不安、肌肉痉挛等，可见于破伤风、马传染性脑脊髓炎、牛酮血症、狂犬病等。

（2）听觉减弱　对较强的声音刺激，无何反应；主要提示脑中枢疾病。临床可见于延脑和大脑皮质颞叶受害等。

（三）嗅觉器官

1. 方法　将动物眼睛遮盖，用有芳香味的物质或良质饲草、饲料，置动物鼻前，给动物闻嗅，以观察其反应。对警犬可先令其闻嗅某人用过的物品（如手帕或鞋袜），然后令其寻找物品的主人等。

2. 结果　健康动物闻及饲料的芳香味，往往唾液分泌增加，出现咀嚼动作，向饲料处寻食。嗅觉灵敏的警犬，则可正确无误地找出主人。

嗅觉障碍时，则嗅觉减低或丧失，多由鼻黏膜炎症的结果。但应注意结合其他症状与食欲废绝者相区别。

四、皮肤感觉的检查

（一）方法

可检查动物皮肤的触觉、痛觉、温热觉。一般在检查前应先遮盖动物的眼睛。

1. 触觉检查　可用细草秆、手指尖等轻轻接触其鬐甲部被毛，观察所接触的被毛、皮肤有无反应，并比较身体的对称部位感觉是否相同。

2. 痛觉检查　可用消毒的细针头，由臀部开始向前沿脊柱两侧直至颈侧，边轻刺边观察动物反应。但必须注意不同部位痛觉的差异，如唇、鼻尖、股内、蹄间隙、外生殖器、肛门周围及尾的下面最为灵敏；臀部、大腿外侧、胸壁等部位比较迟钝。

（二）结果

健康动物对触觉检查可表现被毛颤动及皮肤收缩；当进行痛觉检查时，除被毛及皮肌的反应外，甚至出现回头、竖耳、躲闪、鸣叫、四肢骚动等。

1. 感觉减弱 表现为对强烈刺激无明显反应，常由于中枢机能抑制的结果；脊髓及脑干的疾病时则痛觉可消失。

2. 感觉增强 可见于局部炎症、脊髓膜炎等。

3. 感觉异常 表现为动物集中注意于某一局部，或经常、反复啃咬、搔抓同一部位。除当皮肤病、外寄生虫（剧烈的痒感见于痒螨；会阴区的瘙痒，可能是由直肠积有蝇蛆、绦虫节片和蛲虫；鼻孔周围发痒见于羊鼻蝇蛆病）引起痒感外，可见于伪狂犬病。

五、反射机能的检查

（一）皮肤反射

1. 鬐甲反射 轻轻触及鬐甲部被毛或皮肤，则皮肌缩动。

2. 腹壁反射 轻触腹壁时，腹肌收缩。

3. 尾反射 轻触尾根部腹侧皮肤时，则尾根收动。

4. 肛门反射 触及肛门皮肤时，肛门外括约肌收缩。

5. 提睾反射 刺激股内侧皮肤时，可见同侧睾丸上提。

6. 蹄冠反射 用针刺或用脚踩蹄冠，正常动物则立即提肢或回顾。此一反射，可用于检查颈部脊髓功能。

（二）黏膜反射

1. 喷嚏反射 刺激鼻黏膜则引起喷嚏或振鼻。

2. 角膜反射 轻轻刺激角膜，引起眼睑闭合。

（三）深部反射

1. 膝反射 检查时动物横卧，应使其上侧的后肢肌肉保持松弛状态，方可进行检查。当叩击髌骨韧带时，肢体与关节伸展。

2. 腱反射 动物横卧，叩击跟腱，则引起跗关节伸展与球关节屈曲。

3. 症状

（1）反射减弱、消失 是反射弧的传导径路受损所致。常提示脊髓背根（感觉根）、腹根（运动根）或脑、脊髓灰质的病变，见于脑积水、多头蚴病等。极度衰弱的病畜均可减弱，昏迷时则消失，这是由于高级神经中枢兴奋性降低的结果。

（2）反射亢进 可因反射弧或反射中枢兴奋性增高或刺激过强所致。见于脊髓背根、腹根或外周神经的炎症，以及脊髓膜炎、破伤风、有机磷中毒、士的宁中毒等。此外，当中枢运动神经原（锥体束）损伤时，也可以呈现反射亢进。

六、运动机能的检查

（一）方法

检查时首先观察动物静止间肢体的位置、姿势；然后将动物的缰绳、鼻绳松开，任其自由活动，观察有无不自主运动、共济失调等现象。此外，用触诊的方法，检查肌腱的能力及硬度；并且对肢体做他动运动，以感觉其抵抗力。

（二）症状

1. 盲目运动 动物表现为无目的地行走，直冲、后退，呈转圈或时针样运动等。主要见于脑及脑膜的局灶性刺激，如脑炎或脑膜炎以及某些中毒病时；若呈慢性经过，反复出现上述运动，可见于颅内占位性病变，如多头蚴病、猪的脑囊虫病。

2. 共济失调　表现为静止间站立不稳，四肢叉开、倚墙靠壁；运动间的步态失调、后躯摇摆、行走如醉、高抬肢体似涉水状等。前者常见于小脑、小脑脚、前庭神经和迷路受损；后者见于大脑皮层、小脑、前庭、脊髓受害。临床上一般多见于小脑性失调，动物不仅呈现静止性，而且呈现运动性失调，可见于脑炎、脑脊髓炎以及侵害脑中枢的某些传染病、中毒病；某些寄生虫病（如脑脊髓丝虫病）时亦可见之。

3. 痉挛（运动过强）　是指横纹肌的不随意收缩的一种病理现象。可表现阵发性、强直性两种痉挛。大多由大脑皮层受刺激、脑干或基底神经节受损伤所致。主要见于破伤风、某些中毒、脑炎与脑膜炎、侵害脑与脑膜的传染病；也可见于矿物质、维生素代谢紊乱；牛的创伤性网胃心包炎时，可见有肘后肌群的振颤。

发热、伴发剧痛性的疾病、内中毒时，常见肌肉的纤维性痉挛或称为战栗。

4. 麻痹（瘫痪）　是指动物的随意运动减弱或消失。根据病变部位不同，可出现：

（1）末梢性麻痹　临床特点为受害区域的肌肉显著萎缩，其紧张性减弱，皮肤和腱反射减弱。常见有面神经麻痹、三叉神经麻痹、坐骨神经麻痹、桡神经麻痹等。

（2）中枢性麻痹　表现的特征是腱反射增加，皮肤反射减弱和肌肉紧张性增强，并迅速使肌肉僵硬。常见于狂犬病、马的流行性脑脊髓炎，某些重度中毒病等。中枢性麻痹时，多伴有中枢神经机能障碍（如昏迷）。

（3）瘫痪，按其发生的肢体部位，可分为：

单瘫　表现为某一肌群或一肢的麻痹，多由于末梢神经损伤，如三叉神经或颜面神经受害，能影响咀嚼、开口和采食。

偏瘫　即一侧肢体的麻痹，见于脑病且常表现为病变部位的对侧肢体瘫痪。

截瘫　为身体两侧对称部位发生麻痹。多由脊髓横断性损伤所致。

第十节　家禽的临床检查特点

对家禽的临床检查方法、检查的内容和重点，与哺乳动物均不完全相同，是由于家禽在解剖生理方面和哺乳动物有较大的差异。特别是因为家禽个体小，体表覆盖着很厚的羽毛，使许多检查方法和手段都无法施展；发病初期往往不易被发现，许多病禽的症状表现又很类同。又因家禽的群发性疾病危害较大，如传染病、寄生虫病、中毒病和营养代谢病等，在诊断技术上又较为复杂，因此对家禽的临床检查较哺乳动物更为困难。

家禽的临床检查不应死搬硬套前面所讲的诊断病畜的方法，而应根据家禽解剖生理及其疫病发生的特点，灵活运用各种诊断方法。应特别重视病史调查，对个体进行系统检查时，重点应放在消化系统、呼吸系统和神经系统的检查。并应注意与实验室诊断和尸体剖检密切结合。在剖检诊断时，应剖检至少3只以上，只有找到共同的特征性病变，才有诊断意义，但必须注意一只鸡（群）可能是一种疾病，也可能同时有几种疾病，还要了解群体状况，方能诊断准确，获得较为科学的诊断结果。

一、家禽的解剖生理特点

家禽由鸟类驯化而来。除鸽、驯养野鸭、大雁等外已失去飞行能力，但身体构造和生理功能仍与鸟类无多大改变。

（一）被皮系统

1. 皮肤 家禽的皮肤较薄，由表皮和真皮构成。皮下组织与肌肉的联系较松，有利于羽毛活动。水禽胸腹部皮肤具有发达的皮下脂肪，在水中起保温作用。禽的皮肤无汗腺，这是对空中活动的一种适应，因汗液会将羽浸湿而不利于飞翔。也缺少皮脂腺。大多数禽类有尾脂腺，水禽尤为发达，常用喙将其分泌物涂布在羽上起润泽作用。少数家禽（如某些鸽类）无尾脂腺。翼部的皮肤形成翼膜，水禽趾间的皮肤形成蹼，它们都是皮肤褶，增大了翼部和趾部的面积，有利于飞翔或划水。腿下部和趾部的皮肤裸露，形成所谓表皮鳞。

2. 羽毛 羽是禽类皮肤特有的衍生物，轻、软而有弹性，覆盖体表，具有保护和保温作用。翼部的初级和次级飞羽以及尾羽是赖以飞行的重要装置。鸡的羽重约为其体重的4%～9%。羽可按形态分为正羽、绒羽和纤羽3大类。正羽是坚韧而有弹性的一片完整结构，飞翔时足以承受空气动力。绒羽主要起保温作用。纤羽细小如毛状，可能只起触觉作用。正羽整齐地着生在身体一定部位，称为羽区，其他区域称为裸区，以便于肢体的运动。

3. 其他衍生物 头部的冠和肉髯、脚的鳞片和爪都是皮肤的衍生物。冠和肉髯具有发达的结缔组织，并含丰富的血管、淋巴管和神经末梢。鳞片和爪是由表皮角质化而形成的。

（二）运动系统

家禽体型一般较短而深，水禽则稍长而似船形。头能灵活运动。前肢变为翼，后肢与躯干形成坚固的连接和关节，有利于跳跃、行走和划水等。禽体的运动系统由骨骼和所附着的肌肉构成。

1. 骨骼 禽骨骼的骨密质非常致密，大部分骨为含气骨，所以既坚固而又较轻，分为脊柱、胸廓、头骨、前肢骨和后肢骨5部分。脊柱由许多椎骨构成。颈部的椎骨多而发达，一般有14个以上。胸部和腰荐部的椎骨常大部分互相愈合（除胸、腰之间外），活动性小而稳固性大。胸椎和肋骨一般较少（鸡、鸽7个，鸭、鹅9个）。胸廓也较短，但胸骨发达，并具突出的龙骨，以供强大的胸肌附着。头骨主要由颅骨和面骨组成。各种禽类的颅骨基本类似，在成体已愈合为一整体。面骨则因喙的形态不同而各异，如鸡和鸽的上、下颌呈角锥形，鸭和鹅的则呈长而扁的匙形。头骨两旁具有一对大而深的眼眶，容纳眼球。前肢骨以坚强的乌喙骨与胸骨相接，两侧的翼骨在平时折曲而贴在胸旁，起飞时能迅速展开。后肢骨以骨盆与脊椎的腰荐骨连接。骨盆底壁敞开，便于蛋的产出。股骨一般较短，特别是水禽，因被皮肤包在躯干以内，常不易察觉。小腿骨一般较长。腿的下端无羽的部分相当于跖部，内有跖骨。脚有4趾，第一趾较短而向后，其余3趾向前；各趾都由几块趾节骨构成。雌禽在产蛋期之前，肢骨、骨盆、肋骨和胸骨等的髓腔里形成海绵状的髓骨，其主要功能是贮存钙盐，以补充蛋壳形成时所需的钙。母鸡的髓骨可达全身骨重的12%。

2. 肌肉 肌肉是收缩性组织，骨骼受其牵引而活动。家禽全身肌肉占体重的30%～40%，以作用于翼的胸肌和作用于后肢的腿肌最发达，有的禽类的胸肌可占到肌肉总重的一半以上。胸肌中的胸大肌将翼向下向前扑动，胸小肌（又称鸟喙上肌）则将翼向上向后提举，两肌交互作用，使翼能连续上下运动。禽类肌肉的肌纤维较细，肌内无脂肪沉积。禽体的肌肉可分红肌和白肌两类。红肌的血液供应丰富，能较持久地进行收缩活动，善于飞翔的禽类和水禽体内大都是红肌。白肌的收缩作用迅速而有力，但不持久，鸡和火鸡的胸肌属于白肌。

（三）消化系统

1. 消化器官 包括喙、口咽、食管、嗉囊、胃、肠和泄殖腔。口腔无牙齿。喙是主要的采食器官，因食物性质和采食方法不同而有较大变异，如鸡和鸽的喙为尖锥形，被覆坚硬的角质，便于啄食；鸭和鹅的喙长而扁，大部被覆柔软的蜡膜，边缘则形成锯齿状的横褶，在水中采食时具有过滤作用。无软腭和舌肌，主要靠舌的前后迅速移动将食物带入食管。鸡、鸽的食管在胸前方形成膨大的嗉囊，用来贮存食物。鸽还在嗉囊内产生鸽乳，以哺育幼鸽。鸭、鹅虽无真正的嗉囊，但食管颈段也能扩大贮存食料。

胃分前胃和肌胃，前胃又称腺胃，在分泌的胃液中含有黏液、盐酸和胃蛋白酶原，分泌量远远多于一般哺乳动物，如鸡每千克体重每小时可分泌胃液达8.8ml。食物在前胃停留的时间很短，胃液的消化作用主要在肌胃进行。肌胃俗称肫，具有发达的肌组织，内面紧贴一层厚而坚韧的类角质膜。吞食的砂砾在肌胃收缩时起摩擦作用，相当于其他动物用牙齿研碎食物。肠较短，一般仅为体长（颈除外）的4~6倍，但消化吸收作用强，食物通过较快，一般仅4~11h。肠分为小肠和大肠。小肠又分为十二指肠、空肠和回肠3段，中部有小突起，为卵黄囊的遗迹。大肠有两条较发达的盲肠和一条较短的直肠，没有明显的结肠。鸽的盲肠不发达。小肠黏膜绒毛较哺乳动物长而密，从而加强了对营养物质的吸收功能。盲肠内主要由微生物对粗纤维进行酵解，产生低级脂肪酸加以吸收利用。直肠可吸收一部分水分和盐类，最后将残渣经泄殖腔排出体外。泄殖腔是消化、泌尿和生殖三系统的共同通道，被两行皱褶分为前、中、后3部分。前部称粪道，与直肠相接，是贮粪的地方；中部是泄殖道，为输尿管、公禽输精管及母禽输卵管开口处；后部称肛道，其背侧有腔上囊的开口，肛道为消化管的最后一段，以肛门开口于外。

2. 消化腺 包括肝和胰两大消化腺。肝和胰较大，分泌的胆汁和胰液按单位体重计算远多于家畜。如鸡每千克体重一昼夜分泌胆汁40ml，而牛每千克体重仅分泌10ml。肝位于腹腔前下部，分为左、右两叶；右叶附有胆囊，但鸽无胆囊。胆汁中含有胆盐，可使脂肪乳化，便于消化吸收。胰腺位于十二指肠袢内，淡黄色，长形。胆管和胰管开口于十二指肠末端。胰液中则含有多种消化酶，与小肠壁分泌的消化酶一起，将食物分解后由小肠吸收。

（四）呼吸系统

包括鼻腔、喉、气管、鸣管、肺和气囊。鼻孔一对，位于上喙，开口于较狭的鼻腔，向后通咽。喉是气管的入口。气管较粗而长，是禽体发散体热的重要地方，壁内有许多气管环构成支架，并顺次互相套叠，因此能够随头颈的活动而任意伸缩和扭动。气管进入胸腔后分叉为两条支气管，在分叉处形成特殊的发声器官，称鸣管。鸣管具两对很薄的膜，称鸣膜，有如乐器的簧片，呼气时受空气振动而发出鸣声。

肺是气体交换器官。支气管进入肺后，不是像哺乳动物那样逐级分支成为支气管树，而是形成互相连通的管道，最后从管壁上分出无数微小的肺毛细管（又称呼吸毛细管），相当于哺乳动物的肺泡，是与肺血管内血液直接进行气体交换的场所。肺毛细管的呼吸总面积如以每克体重计算，要比哺乳动物大 20 倍，与禽体内强烈的新陈代谢需求相适应。家禽肺脏较小，有 1/3 深嵌于肋间膜内，缺乏弹性，靠肋骨运动使胸腔扩大和缩小而引起肺的呼吸。禽的膈肌发育不全，胸腹腔相通。禽类的肺还能进行双重呼吸，即在吸气和呼气时都能进行气体交换，从而大大增加了肺的通气量，提高了肺内气体交换的效率。双重呼吸是通过气囊的贮气功能而实现的。气囊一般有 9 个，1 个成单，4 个成对。分为前、后两群：前群有 5 个；后群有 4 个。每个气囊都与肺的支气管相通。有的气囊还扩展延伸到许多骨的内部，使其成为含气骨。吸气时，新鲜空气进入肺毛细管进行气体交换，一部分直接贮入后群气囊，而肺内已通过气体交换后的空气则转送入前群气囊；呼气时，前群气囊中的气体经气管排出体外，而后群气囊里的新鲜空气又可送入肺进行气体交换。此外，气囊还有其他一些生理功能，如可使禽骨重量减轻、在飞行或潜水时调整身体重心、发散体热等。不同禽类在静息期每分钟的呼吸次数约为：公鸡 17 次，母鸡 27 次，鸭、鹅各 12 次，鸽 28 次。

（五）泌尿系统

主要是一对肾和输尿管。肾位于腰荐骨两旁和髂骨的肾窝里，褐红色，质软而脆，可分前、中、后三个叶；周围没有脂肪，体积较大，具有排出代谢产物、调节酸碱平衡和维持一定渗透压的作用。与哺乳动物不同，禽类蛋白质代谢的终产物，在肝内主要合成尿酸而不是尿素，由血液带到肾内，以分泌的方式排出。尿酸几乎不溶于水，排出时无需大量水分，因而既可减少体内水分丧失，又无需膀胱贮存，有利于减轻体重。尿呈乳白色或乳黄色，经输尿管直接输送到泄殖腔，最后因水分再次被吸收而成半固体状，常与粪一起排出。此外，家禽还有一种特殊的排泄器官即鼻腺，尤以鸭和鹅等水禽的较为发达，因其位于眼眶上部，又称眶上腺，以导管开口于鼻腔。鼻腺主要分泌氯化钠，即食盐，又有盐腺之称，有协同维持体内盐分和渗透压平衡的作用。当摄入体内的食盐量增多时，鼻腺的分泌活动增强，其分泌物由鼻孔滴出，所含盐分浓度可达 5%。对于长年生活于海洋上空的鸟类如海鸥等，此腺的作用尤其重要。

（六）生殖系统

公禽的生殖器官包括睾丸、附睾、输精管和交配器。睾丸长期停留在腹腔里，没有前列腺等副性腺。母禽的生殖器官包括卵巢和输卵管，但仅左侧能完成发育过程，右侧的在孵出后不久即行退化。成禽卵巢如葡萄状，为发育程度不同、大小不一的卵泡。左侧输卵管可分为漏斗部、卵白分泌部、峡部、子宫部和阴道部 5 个部分。成禽的生殖器官具有显著的季节变化：生殖季节达到充分发育并具有生殖功能，而在非生殖季节又逐渐萎缩，直到下一个生殖季节再重新生长发育，这种周期性变化也是禽类在长期进化中的一种适应。

（七）循环系统

1. 心血管系统　禽类血液和循环器官的构造与哺乳动物近似。血液总量约占体重的 8%。红细胞呈椭圆形，并有禽类细胞核。心脏所占比例较大。心搏频率远高于哺乳动物，每分钟达 200（鸽、鸭和鹅）次至 300（鸡）次，孵出不久的幼禽高至 300 ~ 560 次。血液在体内的循环时间也较短，一般仅 2 ~ 3s。这些都与禽体强烈的新陈代谢有关。

2. 淋巴系统 淋巴系统由淋巴管道、淋巴组织和淋巴器官组成。淋巴器官包括胸腺、腔上囊和脾等。产生淋巴细胞，与机体的防御功能有关。胸腺有两串，位于颈部皮下，排列在气管两旁。腔上囊又称法氏囊，为禽类所特有，在泄殖腔上方，并与泄殖腔相通。胸腺和腔上囊都是初级淋巴器官，幼禽孵出时即存在，到性成熟前发育最大；此后逐渐萎缩，其功能由次级淋巴器官如脾等取代。脾位于前胃附近；其他淋巴组织广泛分布于肺、肝、肾等器官。鸡的盲肠开口于直肠，盲肠壁内有淋巴组织聚集，形成盲肠扁桃体，禽患某些传染病后此处常形成明显的病变。与哺乳动物体内相类似的淋巴结仅见于鸭、鹅等水禽。

（八）神经系统和感觉器官

神经系统和感觉器官 禽脑较小。小脑发达，起着维持运动协调和身体平衡的作用，对空中飞翔十分重要。大脑半球的皮质薄而平，远不如哺乳动物发达，但也能建立条件反射。中脑有一对发达的视叶，是视觉反射中枢所在；眼球较大，视觉敏锐。眼球视网膜也具有视锥和视杆两种感光细胞，白昼活动的家禽视锥细胞较多，而感受弱光的视杆细胞较少，所以一到黄昏即须归巢。禽的听觉也较发达，无耳廓，但嗅觉和味觉较差。

二、家禽的病史调查

家禽的病史调查，重点应放在流行病学调查，分析有无引起传染病和寄生虫病的因素，注意与非流行病的区别。因此，应向饲养管理人员全面了解发病史。病史调查的内容主要包括以下几点。

（一）家禽的来源及病史

询问病禽是本场自繁自养，还是从外地购入。进一步了解本场过去疫情发生的情况，输出地区有无疫情等。全面了解禽群病史，发生过哪些疾病，是否有鸡新城疫、禽流感、禽霍乱、马立克氏病、雏白痢、球虫病等流行病以及检疫结果。

（二）现病及其经过

重点调查本次疾病发生和发展的规律及临床表现。注意发病季节、发病的区域和范围、病禽年龄、单发或群发、传播速度、发病率与死亡率、突然死亡还是慢慢发生死亡、是否有相似的临床症状、病程长短、是否经过治疗、效果怎样等等。

（三）病鸡与日龄的关系

禽类的许多疾病与日龄有密切的关系。各日龄均能发生并快速传播的疾病如新城疫、禽流感、禽霍乱、传染性支气管炎、传染性喉气管炎、传染性鼻炎。1~3周龄有白痢、传染性脑脊髓炎、维生素 B_1、维生素 B_2、维生素 B_6 缺乏症，维生素 E、硒缺乏症。20~150日龄易感球虫病、法氏囊病、包涵体肝炎、维生素 E（8 周内）缺乏症。产蛋前后易发马立克氏病。产蛋初期或高峰期易发产蛋下降综合征。1 月龄以内的小鹅多发小鹅瘟。在一个短时间内陆续发病，并出现相同症状及剖检变化，且有不断蔓延性质，要考虑是否流行急性传染病。

（四）环境卫生和防疫情况

注意了解禽舍周围环境，禽舍位置和地势，距离交通线和居民点的远近，水源和水质，禽舍的建筑特点，舍内温度、湿度、通风和光照条件。卫生状况和防疫制度贯彻如何，有无消毒设施。

了解预防接种情况和免疫程序及免疫实施办法等，以估计接种的实际效果。要重点了解鸡新城疫、马立克氏病、传染性法氏囊病、禽霍乱、禽痘等病的预防接种情况。并应了解是否进行过药物预防以及定期驱虫。

（五）饲养管理和生产性能

询问饲料的种类、品质、组成、加工贮存方法、饲养方式、饲喂制度和供水情况。生产性能方面应考虑蛋禽的产蛋率是否下降，是否出现畸形蛋，如蛋成长型、扁型、葫芦型，蛋壳有皱纹、砂壳等。肉禽则应注意增重情况。

在禽群中使用相同的饲料，于饲喂后不久大批发病死亡，其中食欲最旺盛的家禽症状最严重，而饲喂另一种饲料的禽群则健康如常时，要怀疑是否急性中毒。因饲料缺乏或饲料配合不当发生营养性疾病时，其发病经过缓慢。

三、家禽的一般检查

在禽场应首先进行禽群的整体观察，以便获得初步印象。观察宜由大群至小群以至个别禽只，并尽可能于不加惊扰情况下进行，如在饲喂时观察，更能掌握确切情况。

健康的家禽精神活泼，反应敏捷，昂头翘尾站立，目光伶俐，冠、髯红润，羽毛紧凑有光泽，食欲旺盛，粪便盘曲而较干，其上覆盖有白色尿液。

病禽则表现精神委靡，行动呆滞，离群独处，头颈卷缩，两眼半闭，冠、髯为苍白或紫黑，羽毛蓬松，翅尾下垂，食欲较少或废绝，排异常粪便，如水样，含黏液、血液、假膜及颜色异常等。对出现以上症状的病禽，及时隔离观察，应重点检查以下内容。

（一）运动和姿势检查

在某种疾病过程中，常表现运动障碍和姿势异常。跛行是最常见的运动障碍，是脚软的主要症状，见于某些传染病、营养代谢障碍、创伤以及全身极度衰弱的过程中。鸡运动失调，表现步调混乱、前后晃动、跌跌撞撞，出于保持身体平衡，一边行走，一边扑动翅膀，同时，头、颈和腿都震颤，提示禽脑脊髓炎。

鸡的一腿伸向前，另一腿伸向后，形成劈叉姿势，或者两翅下垂，是神经型马立克氏病的特征。

鸡的头部向后极度弯曲，形成所谓"观星"姿势，兴奋时更为明显，是典型维生素 B_1 缺乏症的表现。病鸡两肢瘫痪，趾曲向内侧，以胫跗关节着地，并展翅以维持身体平衡，是维生素 B_2 缺乏症的特征症状。

病鸡头、颈扭曲或翅、腿麻痹，有的平时像健鸡一样，当受外界刺激惊扰或快跑时，则突然向后仰倒，全身抽搐或就地转圈，数分钟又恢复正常，是鸡新城疫的后遗症。

（二）表被状态检查

健康成鸡羽毛整洁、光滑、发亮、排列匀称。出壳时雏鸡被毛呈稍黄色的细致绒毛。

羽毛状态的病理改变是疾病的重要标志。病禽羽毛逆立蓬松，缺乏光泽，易于污染，提前或延迟换毛，常见于营养不良及慢性消耗性疾病。肛门周围羽毛被粪便污染，提示腹泻。肛门周围羽毛脱落，多因鸡群中有啄肛恶癖的病鸡互相啄羽的结果。羽毛变得脆而易断，常由于外寄生虫侵袭或泛酸缺乏所造成。

检查禽类表被状态时，还应观察没有羽毛覆盖处的皮肤、口、眼、冠及肉髯等处。应注意其色泽，有无肿胀、出血、肿瘤及其性状。鸡冠和肉髯如果苍白，见于球虫病、鸡住白细胞虫病、黄曲霉毒素中毒等疾病；如发绀，见于传染性法氏囊病、马立克氏病、传染性喉气管炎、鸡新城疫、禽霍乱、中毒性疾病等；如黄染，见于溶血性疾病等。

病鸡眼下窝的前脸部和肉髯肿胀，常发生于败血霉形体病等。病鸭的头颈部肿胀（俗称大头瘟），提示鸭瘟。鸡冠、肉髯、口角、眼睑等部出现疱疹，有时也见于腿、脚、翼下及泄殖腔孔周围，是禽痘的特征。病禽眼睑或口角长出疣状物和小结痂，脚下部和脚趾皮肤干裂或脱落，是泛酸（维生素B）缺乏的表现。

（三）营养及体格状况检查

家禽的营养状况以其生长发育速度，羽毛色泽，体重情况和肌肉的丰满度都应加以判断。特别应注意，不同品种的家禽（包括肉禽和蛋禽），各有不同的增重指标，但只能在其规定的饲养标准和饲养条件下才能实现，如达不到规定的饲养标准和饲养条件，或在某些致病因素的作用下，病禽的发育增重显著缓慢。羽毛粗乱而无光泽，胸骨突出或弯曲，脊椎及骨盆外露以及冠或肉髯苍白，常见于营养缺乏病，或慢性消耗性疾病，如结核病、马立克氏病、白血病、其他肿瘤病以及内、外寄生虫病等。

体格状况检查，应注意家禽体躯结构的匀称性以及有无局部病变等。如两腿变形、关节肿大、龙骨呈"S"状、肋骨左右不对称等，常与钙、磷不足或比例失调，或缺乏维生素D有关。禽体局部肿胀，化脓甚至形成溃疡，常见于外伤或感染引起的葡萄球菌病。肉鸡由于体重过重，肋骨受到机械性压迫或挫伤，胸部滑液囊发炎肿胀，囊腔内有大量棕色液体，随病势发展可呈干酪样，此称胸囊肿。

（四）禽体温检查

体温测定对判定整体状态意义较大。由于家禽发热时体温可上升至43～44℃以上，故必须采用兽用体温计，测定时多在翼下部位。而对于较大型的禽类，可以采用泄殖腔内测体温，可以将体温计插入泄殖腔内约达1/3，停留3min以上再取出来观察结果。注意动作要轻，不要损伤输卵管。禽的年龄、品种、饲料、测温的时间、季节、外界温度等因素，均可影响体温的升降，不过变动幅度一般不大。天气过热和患感冒、急性传染病时，禽的体温会增高；天气过冷、体质消瘦或有心血管病时，体温会降低。

四、家禽的系统检查

（一）消化系统检查

消化系统疾病极为常见，许多传染病、寄生虫病以及中毒病，也常在消化系统呈现明显的变化。因此，消化系统检查具有重要意义。

1. 食欲及饮欲检查

食欲检查：家禽食欲的好坏，是根据采食时间的长短和采食的数量来判定，在生理情况下，家禽的食欲常因饲料的品质不佳、突然更换饲料或经长途运输等而引起减食甚至不食。

在病理状态下，表现出食欲减少或食欲废绝，食欲不定。异食癖主要包括食肉癖、食毛癖、食蛋癖和食其他异物等。

饮欲检查：家禽饮水多少，主要与气候、运动及饲料含水量有关。异常改变，有饮欲增加（表现频频饮水）及饮欲减少或废绝。

2. 口腔检查

检查口腔时，检查者用手把上下喙掰开。口腔上壁正中线有一纵裂沟（也叫上腭沟或腭裂），黏膜上形成 5 排乳头，最后一排是口腔与咽部的分界线，口腔的下部为舌所占据。咽部的后下方有一纵裂开口，是喉口。检查口腔时，主要检查口腔的温度、湿度和黏膜色泽、上腭沟、咽部和喉头等是否正常。

口腔的温度和湿度：检查时以手指伸入口中进行触诊，如感觉口温增高而干燥者，见于热性病、口炎和咽炎。口腔温度过低，见于严重贫血及濒死期。

口腔过于潮湿、黏液及唾液分泌增多，可见于口、咽炎症、呼吸道疾病、急性败血症及某些中毒等。如鸡新城疫或有机磷中毒时，往往口腔贮留泡沫状液体，从口角呈牵缕状流出挂于喙端。此外，口腔液体过多，并带有食物，多见于患有嗉囊阻塞的一些病例，是由嗉囊返流的结果。

口腔黏膜：健康鸡的口腔黏膜色泽为灰红色。口腔黏膜颜色变化的病理意义与其他动物相似。口腔黏膜有小米粒大小的黄白色隆起的小结节或上腭沟、咽部或喉头有容易剥离的豆腐渣样凝块，是维生素 A 缺乏症的特征。口黏膜、舌两侧或喉头上有不易剥离的假膜，但强行剥离后留下出血的溃疡面，是鸡传染性喉气管炎的特征；鹅口疮病的口腔黏膜，没有米粒大小的黄色隆起的小结节，但溃疡状斑块很容易剥离。

3. 嗉囊检查

鸡的嗉囊比较发达，位于颈基部的胸腔入口之前，略偏于右侧。鸭、鹅没有真正的嗉囊，仅在食管颈段形成纺锤形膨大部。健康鸡喂食后不久，嗉囊饱满且坚实，随后逐渐排空。嗉囊的病变主要表现有软嗉、硬嗉、悬嗉及空嗉。

软嗉的特征是嗉囊膨大，触诊内容物柔软并有波动。如将禽的头部倒垂，同时稍微压挤嗉囊，从口、鼻可排出液状或半液状的黏性内容物，并有特殊的酸臭味。可见于鸡新城疫、嗉囊卡他及食入发酵饲料。有机磷中毒时，嗉囊也呈明显膨大。

硬嗉的特征是嗉囊坚硬或呈捏粉状，与嗉囊阻塞有关，压迫时可排出少量未经消化的饲料，常由于缺乏运动，或饮水不足，或单一喂饲干料而引起。如为异物阻塞，可以触诊确定。

悬嗉的特征是嗉囊极其扩大而悬垂。嗉囊呈渐进性增大，内容物发酵而有酸味，是嗉囊阻塞发炎的综合症状，是支配嗉囊的神经发生麻痹或嗉囊本身机能失调的结果。

空嗉的特征是嗉囊内空虚，是重病末期的征象。如果喂食后嗉囊内仅有少量食物，应考虑是否与某些慢性疾病或饲料调配适口性不好有关。

4. 腹部检查

鸡的腹部是指胸骨与耻骨之间所形成的柔软的体躯部分。腹部检查的方法是视诊及用手指触摸腹下部，检查腹部的大小、温度、软硬度、弹性和腹腔内部脏器有无异常变化等。正常的腹部丰满、温暖、柔软而有弹性。在腹部左侧后下部、肝的后方、部分夹在肝的左叶和右叶之间，可触到肌胃（对产蛋鸡肌胃，注意不应与鸡蛋相混淆）。用一手能触到鸡的肌胃，而对鸭、鹅需用两手触摸，可感觉肌胃在手掌内滚动，按压时有韧性。应注意肌胃内容物的量、胃壁紧张度。

在病理状态下，如腹部异常膨大并且下垂，常见于雏鸡白痢、鸡伤寒、淋巴细胞性白血病等能引起腹水或肝脏肿大的疾病。如肝脏肿大，可触知肝脏固有位置大大超过胸骨后缘之处；如触摸腹部感觉很厚，触感不到肌胃，这是由于鸡体过肥，腹部脂肪过多的缘故；触摸腹部感觉有软硬不均的物体，增温并有痛感，常提示卵黄性腹膜炎的初期；触摸腹部有波动感，腹腔穿刺可抽出多量淡黄色或污灰色带腥臭味浑浊的渗出液，是卵黄性腹膜炎中、后期发生纤维素性或腐败性体腔炎的表现；触感腹部蜷缩、干燥、发凉、失去弹性，常见于衰竭症、慢性病过程中，如马立克氏病、结核病及内寄生虫病等。

5. 泄殖腔检查

视诊：检查者用手抓住鸡的两腿把鸡倒悬起来，使肛门朝上，首先注意察看肛门周围的羽毛是否清洁或被稀粪污染。然后用右手拇指和食指翻开肛门，观察肛道的色泽、完整性、紧张度、湿度和异物等。正处在产蛋期中的高产母鸡，黏膜呈白色，肛门湿润而松弛；低产或休产母鸡，黏膜色泽淡黄，肛门干燥而紧缩。

在病理状态下，如肛门周围或深部发红肿胀，并形成一种有韧性、黄白色干酪样假膜，将假膜剥离后，留下粗糙的出血面，是慢性泄殖腔炎（也称肛门淋）的表现；肛门肿胀，周围覆盖有多量黏液状灰白色分泌物，其中有少量的石灰质，常见于母鸡前殖吸虫病；肛门明显突出，甚至肛门外翻，并且充血、肿胀、发红或发紫，是高产母鸡或难产母鸡不断努责而引起的脱肛症；泄殖腔黏膜发生出血、坏死性病变，常见于鸡新城疫及鸭瘟。

直肠检查：一般在怀疑泄殖腔有肿瘤、囊肿或发生难产时则需进行直肠检查。检查前先用凡士林涂擦食指，然后缓慢伸入泄殖腔内，把泄殖腔内的粪便取出。如有排粪动作，应立即将手指抽出。手指向泄殖腔的右侧前进时，可达到直肠入口，手指向泄殖腔深部左侧出没，可探到输卵管开口的部位。在排卵障碍时，可触到输卵管扭转、肿瘤或炎症等变化。

6. 粪便检查

粪便检查首先要注意正常粪便与异常粪便的区别，从粪便的形状、色泽、湿度、气味和有无混杂物及饲料消化状态等方面加以鉴别。

正常粪便：刚出壳尚未采食的幼雏，排出的胎粪为白色和深绿色稀薄液体，主要成分是肠液、胆汁和尿液，有时也混有少量从卵黄囊吸收的蛋黄。

家禽的粪便分为小肠粪和盲肠粪，有时混同排出，有时分别排出。正常鸡的小肠粪常为圆柱形，细而弯曲，不软不硬，多为棕绿或黑绿色，粪的表面附有白色的尿酸盐；盲肠粪便一般在早晨单独排出，常为黄棕色或褐色糊状，有时也混有尿酸盐。尿酸盐是禽类尿液中的正常排泄物，常与粪便同时排出。

粪便的颜色因饲料的种类不同而有差异，如饲喂鱼、肉较多，粪便色泽呈乌发黑；喂青绿饲料较多，粪便呈绿色或淡棕色，舍饲不喂青绿饲料时粪便呈黄褐色。此外，鸡由于缺料处于饥饿状态时，饮水量较多，排出的全是水样的白色粪便（这主要是尿液），当重新喂料后，粪便又恢复正常。

异常粪便：在病理状态下，禽的粪便有以下几种异常变化。

白色糊状稀粪：病鸡排出白色糊状或石灰样的稀粪，粘在肛门周围羽毛上，有时结成团块把肛门口紧紧堵塞，是由于肠黏膜分泌大量黏液，尿液中尿酸盐成分增加所致。常见于雏鸡白痢，主要发生在3周龄以内的雏鸡。

绿色水样粪便：是重病末期的征象，是由于病鸡长时间食欲减少，甚至拒食，肠内空虚，肠黏膜发炎，肠蠕动加快，黏液分泌增加，单纯排出胆汁及水分排出过多所致，故粪便多为黄绿色。如同时排出尿液时，也可出现黄白色粪尿。常见于鸡新城疫、禽流感、禽霍乱、鸡伤寒等急性传染病。

带水软粪便：排粪量既多又软，周围带水，常见于饲料配合不当引起消化不良，如饲料中豆饼、麸皮、水分含量过多。

棕红色或黑褐色稀粪：肠的后段出血时，排出棕红色稀粪，甚至血便，常见于 1~2 月龄雏鸡感染的盲肠球虫病；肠的前段出血时，排出黑褐色稀粪，常见于青年鸡感染的小肠球虫病、出血性肠炎、某些急性传染病（鸡新城疫、鸡伤寒、鸡副伤寒、鸡霍乱）等。

泡沫状稀粪：多为黏液样，并掺杂有小气泡，是由于鸡舍过度潮湿，受寒感冒或核黄素缺乏引起肠内容物发酵产气，而气泡混入粪便中的缘故。幼鸡更为常见。

蛋清蛋黄样粪便：排出黏稠半透明的蛋清或蛋黄样稀粪便，常见于母鸡前殖吸虫病、输卵管炎或鸡新城疫等。

（二）呼吸系统检查

1. 呼吸运动检查

检查禽的呼吸运动，主要注意呼吸频率和呼吸式有无变化。

呼吸频率：呼吸频率的测定，主要是观察家禽下腹部的呼吸动作。观察时，应尽可能使家禽处于安静状态。生理情况下，家禽的活动频繁或气温升高时，引起呼吸加快。

在病理状态下，呼吸加快，常见于发热、贫血、肺部疾患、肠臌气、胸膜腔内异物压迫以及禽舍内有害气体浓度增高对呼吸道产生刺激时。呼吸减慢见于昏迷、分泌物或异物引起上呼吸道狭窄时。

呼吸方式：由于家禽的胸腔和腹腔不全封闭，故临床上并不出现明显的胸式呼吸或腹式呼吸。诊断意义较大的有以下几种。

浅而频的呼吸：指呼吸明显加快，但呼吸运动变得非常浅表，节律则一般不变。最常见于肺炎，亦见于肺充血、肺水肿、胸膜腔内异物压迫、肠臌气等。

深而稀的呼吸：指呼吸运动加深，呼气与吸气的时间都延长，尤以吸气延长更明显，同时呼吸减慢。最常见于鼻腔、喉头及气管充满炎性渗出物或嗉囊积食与积气造成上呼吸道狭窄时。

张口呼吸：这是呼吸困难的一种呼吸类型，其特征是吸气和呼气不通过鼻腔而是通过口腔。最常见于患禽鼻腔有多量炎性渗出物蓄积时，同时表现深而稀的呼吸。

临终呼吸：见于家禽濒死期和呼吸停止之前，特征为呼吸频率极低，呼吸用力，吸气时口大张如吞咽空气一样。临终呼吸的出现，表明病禽的呼吸中枢处于严重的抑制状态。

2. 鼻、喉及气管检查

鼻检查：检查鼻孔时，检查者用左手固定禽的头部，先看两鼻孔周围是否清洁，然后用右手拇指和食指稍用力挤压两鼻孔，观察鼻孔有无鼻液或异物。

健康家禽鼻孔和鼻腔无鼻液可见。病理状态下出现有示病意义的鼻液。如透明无色的浆液性鼻液，黄绿色或黄色半黏稠状鼻液，黏稠、灰黄色、暗褐色或混有血液的鼻液，混有坏死组织、伴有恶臭的鼻液。鼻液量较多常见于鸡传染性鼻炎、禽霍乱、禽流感、鸡败血霉形体病、鸭瘟等。此外，鸡新城疫、传染性支气管炎、传染性喉气管炎、鸭衣原体病等过程中。亦有少量鼻液。当维生素 A 缺乏时，可挤出炼乳样或豆腐渣样物。

值得注意的是，凡伴有鼻液的呼吸道疾病一般可发生不同程度的眶下窦炎，表现眶下窦肿胀。黄色干酪样凝块状的渗出物，常见于鸡败血霉形体病。

喉检查：禽类喉部，最容易进行内部视诊。用左手固定头部，用右手大拇指向下掰开下喙，并按压舌尖，然后左手中指从下颌间隙后方将喉部向上轻压，喉头即可脱出口腔前部。

在病理状态下，喉部水肿，黏膜有出血点，并有黏稠分泌物是鸡新城疫的病变。喉部出现剧重的炎性充血、水肿，甚至形成干酪样栓塞，是传染性喉气管炎的病变。喉部出现黄白色干酪样栓塞，也偶尔出现在鸡痘过程中。喉部干燥、贫血、存在白色假膜、易剥脱，见于多种维生素缺乏症。

气管检查：检查气管时，应小心通过皮肤触摸气管轮，紧压气管。当炎症时，呈现疼痛性咳嗽动作，鸡只表现甩头，张口吸气，鸽气管比较敏感，其他禽类气管不敏感，无检查意义。

3. 呼吸音检查

呼吸音的检查方法，一是检查者距患禽1～2m处细听，二是将患禽紧贴在检查者耳边直接听诊或采用听诊器听诊。正常家禽呼吸时，发出一种十分均匀细小的"嘶、嘶"声音。患禽在发生呼吸机能障碍时，常表现异常呼吸音。

类似咳嗽音：是一种尖锐、短促的声调，这种声调按其发生与动物咳嗽相类似。

这是由于呼吸道内异物或分泌物的刺激，使胸部肌肉收缩，产生深而强的吸气作用，随后呼气肌与腹壁肌肉发生强烈的冲击式动作，使空气急速地冲击开放的声门所致。这种异常呼吸音的出现，表示咽、喉、气管、支气管与肺泡内有炎症过程和异物存在，或者上述部位的神经装置受到有害气体的刺激。

喘鸣音：通常是由于支气管与细支气管发生痉挛，或由于分泌物、渗出物的不完全阻塞，使气流通过不畅所致。此音的出现与呼吸运动一致，根据液体的性质不同，有时呈"嘎嘎"声，有时呈"咯咯"声，其声音在夜间常可达数米以外。

上述异常呼吸音，常见于呼吸道疾病，如传染性喉气管炎、慢性支气管炎、霉菌性肺炎、鸡白喉（黏膜型鸡痘）及雏鸡感冒等。

（三）神经系统检查

1. 精神状态检查

精神抑制：往往是继兴奋之后发生，随病情不同，抑制状态可有程度上的差异。轻度时病禽表现为精神委靡，头颈下垂，眼睛半闭，不愿走动，对周围环境注意力减弱，轻微刺激即可清醒。重则呈昏睡状态，两脚蹲地不起，只有用强刺激才能引起反应。严重时处于昏迷状态，所有反射机能如角膜、眼睑、皮肤反射完全消失，瞳孔散大，全身肌肉松弛，强刺激亦无反应，临近濒死期。

精神兴奋：病禽表现为运动加强，向前奔冲或不断打转作圆周运动，常见于脑炎初期、食盐中毒及鸡新城疫的后遗症等。

2. 运动机能检查

麻痹：家禽在许多疾病过程中，常表现为两足肢及翼的不全麻痹或全麻痹，这是由于中枢神经或外周神经干发生损伤或炎症以及代谢障碍所致，常见于马立克氏病、鸡脑脊髓炎、鸡新城疫以及维生素B缺乏症等。

痉挛：强直性痉挛表现为伸肌与屈肌处于高度的紧张状态，常呈现角弓反张症状；阵发性痉挛表现为肌肉同时有节奏地急速地发生收缩和弛缓，常见于家禽多种传染病和中毒病的严重期及代谢障碍。

共济失调：表现为动作不协调、不准确，例如，虽然看到了饲料，但不能准确地啄食。常见于鸡新城疫、鸡脑脊髓炎、维生素 B 缺乏症等病程中。

3. 感觉机能检查

皮肤感觉检查：可用手指触诊皮肤或用尖锐物如针头等在皮肤上进行轻重不同的刺激，注意皮肤感觉有无减弱或消失，或者有无痛觉增高的区域。皮肤感觉减弱或消失常见于伴有麻痹的病程中，如神经型马立克氏病等。局部痛觉增高，提示局部有损伤或炎症。

视觉器官检查：着重检查瞳孔及眼球状态。阿托品中毒时，能引起瞳孔散大，有机磷农药中毒时则明显缩小。

鸡瞳孔正常时呈圆形，其周围的虹膜，是以瞳孔为中心呈车轴状排列的红色线条。在马立克氏病（眼型）时，瞳孔缩小变形，呈椭圆、梨形或圆锯状，从中心失去原来的颜色，逐渐变成灰绿色，且红色线条紊乱，瞳孔反射消失。

听觉检查：观察家禽对声音所起的反应，可用鼓掌或敲击造成声音，观察反应情况。反应增强时，病禽表现惊恐不安及肌肉强烈收缩，见于急性脑炎及脑膜炎初期。反应减弱或消失见于大脑损害。

复习思考题

1. 试述动物精神兴奋与抑制的主要表现和临床意义？
2. 中枢性瘫痪与末梢性瘫痪怎样鉴别？
3. 试述反射检查的方法和临床意义？
4. 家禽的解剖生理特点在临床诊断上有什么意义？
5. 家禽的临床检查方法、检查内容和重点是什么？

第十一节 建立诊断的方法和原则

兽医临床工作的基本任务在于防治畜禽的疾病，保障畜牧业生产的发展。要防治疾病必须首先认识疾病，正确的诊断是制定合理有效的防治措施的依据。因此，诊断是防治工作的前提，是临床工作的基础。临床工作者也只有通过诊断和防治的反复实践，才能不断提高自己对于疾病的诊断能力。

诊断是对动物所患疾病的诊查和判断。一个诊断的全过程是从认识一个疾病的发生、发展、预后的全过程而发生的。

认识疾病的第一步就是通过各项方法以调查、观察和检查，尽可能地收集十分丰富而合乎实际的症状、资料。症状是疾病过程中，病畜所表现的病理性异常现象。病原因素作用于畜体而使之发生疾病，必定要引起其整体或某些器官的机能紊乱以及某些组织、器官的形态变化。病理性的机能紊乱现象，一般称为症状。不同疾病时，病畜所表现的症状及其相互组合不同。所以，症状常为提示诊断的出发点并成为建立诊断的重要根据。

其次，诊断就是对畜禽所患疾病的本质的判断。对所收集到的症状、资料加以综合分析，经过推理判断，逐步由浅入深，对其所患疾病的实质作出初步诊断。诊断的过程，也就是诊查、认识、判断和鉴别疾病的过程。

最后，再通过防治实践，验证初诊的正确与否并充实或修改原来的诊断，达到对于疾病的本质的认识和取得最后结论。诊断疾病，要认识疾病的本质。科学的诊断，一般要求判断疾病的性质；确定疾病主要侵害的器官或部位；阐明致病的原因和机理；明确疾病的时期和程度。阐明疾病的病因，作出确切的病原学诊断，可为采取合理、有效的防治，提供科学的根据和可靠的基础。

完整的诊断工作，还应包括预后。预后就是对疾病发展趋势及其结局的估计。

建立诊断就是诊断的形成。为了形成正确的诊断，必须经过一定的步骤、运用正确的方法和依照合理的原则。

一、建立诊断的步骤

兽医临床工作的基本步骤，一般可分为三个阶段。

（一）调查病史，收集资料

正确的诊断来源于周密的调查研究。首先要得到完整的病史材料，应全面、认真地调查现病史、既往生活史和外界环境因素等，在调查过程中要特别注意防止主观片面性，以免造成诊断上的失误。例如，畜主对病情的介绍，一般涉及食欲、反刍、排粪、产奶量等方面容易观察到的变化，对某些特殊的现象往往加以忽视。如果是一头患创伤性网胃炎的奶牛，畜主只诉说反刍不正常，排稀粪，产奶减少，而问诊时没有提到病牛的异常姿势、痛苦表现等，那么只得到一般消化障碍的肤浅印象，而不容易与创伤性网胃炎挂上钩。

除调查病史外，对建立诊断更为重要的是对病畜进行细致的临床检查，全面收集症状。为了圆满地收集症状，临床工作者要正确而熟练掌握各种检查方法，必须采用一定的姿势和方法，才能取得完善而准确的结果，并能保证人、畜安全。同时，对动物机体正常情况的了解和认识，是识别病理现象的基础。临床工作者要深入实际，注意熟悉各种动物正常的结构和机能状态，才能易于发现和识别各种复杂的症状。还有，临床工作者要不断培养自己敏锐而切实的观察和判断能力，才能保证所收集的材料准确而符合客观实际。为了使调查病史和收集资料准确可靠，应注意以下几点。

1. 注意收集资料全面性

只有经过周密的检查，才能使所收集的资料尽可能详细、完整和圆满，例如某一病例只发现食欲废绝、沉郁，体温升高，呼吸和脉搏加快，根据这些症状，很难判断为哪一系统、哪一器官发病。但经全面系统地按计划进行检查，就有可能对某些症状作出评价，进而对疾病作出初步诊断。

2. 注意收集资料客观性

建立诊断所依靠的材料，必须合乎实际。如果兽医人员仅根据个别现象，即先入为主，设想出了某一"疾病"的框框，然后为自己的设想去搜寻证据，容易注意符合自己设想的某一"疾病"的症状，而不留心甚至排斥与自己设想的某一"疾病"相抵触的症状，这种削足适履，凭主观想象去收集症状，必然导致误诊。所以，拟定临床检查方案，按计划有条理地收集症状，可以减少遗漏重要症状的可能性，从而增加症状的客观性，并使各种症状之间互相印证，互相弥补，开阔思路，丰富证据，有利于确诊。

3. 注意收集资料紧密性

扩大眼界，从中发现始料不及的现象或证明并发症、伴发症。疾病过程千变万化，错综复杂，各器官系统的机能障碍常常紧密联系，以不同形式表现出来，所以全面检查，就能防止顾此失彼，收到原来意料不到的效果。

4. 注意提高临床素质性

通过实践养成有条不紊，持之以恒的工作作风，对熟练基本功，提高工作效率，积累经验，完善职业道德都是有利的。

（二）分析症状，建立初步诊断

通过调查和检查所得到的资料，往往比较零乱和缺乏系统性，所以必须将获得的资料进行归纳、整理，去粗取精，去伪存真，抓住主要矛盾，加以综合、分析和推论，排除那些证据不足的疾病，集中到一个或两个最符合客观实际情况的疾病，作出初步诊断。

1. 分析症状时应注意的几个关系

（1）现象与本质的关系

病史资料，一定的临床材料（如症状表现、实验室检查结果等），都具有它们所代表的实际意义，这就是现象与本质的关系。例如，听到了牛的心包摩擦音，这是一个病理现象，它的本质是心包腔或心外膜上出现纤维素性渗出物，一般是由创伤性心包炎引起的。疾病的现象与本质，是辩证统一的两个方面，二者互相联系，但不是彼此等同。有些症状比较明显地反映了疾病本质的某些方面，有些则可能是假象，需要人们去识别。在兽医临床上，辨别真假，是一个比较复杂的问题。如一匹马有发热、咳嗽、鼻液等一系列症状，这是很多呼吸系统疾病都可能具有的，只有通过对热型、咳嗽和鼻液的性质，伴随的体征（如胸部听诊、叩诊发现的体征）进行综合、分析，才能抓住它们的实质。上述病马如果是突发高热，以后呈现稽留热型，流出铁锈色鼻液，同时在胸部发现局限性浊音区和支气管呼吸音，就可以推论其所患疾病的本质是大叶性肺炎。

（2）共性与个性的关系

许多不同的疾病可以呈现相同的症状，即所谓"异病同症"。例如水肿，可见于心脏病、肝脏病、肾脏病和贫血病等，水肿是这些疾病的共同症状（即共性），但水肿在这些疾病的表现却各有特点（即个性）。心脏病性水肿因受重力影响，多出现于胸腹下部和四肢下端并与体位改变有关，肾脏病性水肿首先出现于皮下疏松组织多的部位，如眼睑等处。另外，就疾病与畜禽的关系而言，疾病具有共性，病畜具有个性的表现形式。由于病因复杂，疾病类型繁多，发展的阶段不同，个体的差异性又很大，故同一种疾病在不同的病畜身上，表现各有差异。有的出现典型症状，有的不出现典型症状，有的以这一些症状为主要表现，有的以另一些症状为主要表现。例如白细胞增多是许多化脓感染性疾病的普遍现象，而在某些机体反应能力减弱的病畜，可能不呈现白细胞增多，甚至呈现白细胞减少，这就是个体的特殊性。而且，同一种疾病，即使在同一病畜身上，由于疾病的发展阶段不同，矛盾各方面的特点暴露的程度不够充分，在不同病程时的症状自然存在差别。所以，在临床实践中，要善于从一般现象中发现特殊规律，又能在特殊规律指导下去认识一般事物。

（3）主要症状与次要症状的关系

一种疾病，可能出现多种症状，即所谓"同病异症"；同一个症状，又可以由不同的原因所引起，即所谓"同症异病"。因此，对待多种症状，不能同等看待，必须把它们区分为主要的和次要的两类，着重抓住主要的症状。一般说来，先出现的症状大多是原发病的症状，常常是分析症状、认识疾病的向导；明显的和重剧的症状，往往就是这个疾病的主要症状，是建立诊断的主要依据。例如，有一病犬，开始时，发现吃食减少，奔跑发喘、没劲，容易出汗，以及一周前在灌药过程中引起了咳嗽，是最早出现的症状，使人们最先怀疑犬患心脏血管系统疾病或呼吸器官疾病的主要线索。进一步检查，发现有静脉淤血，可视黏膜发绀，四肢下端水肿，并心脏听、叩诊有变化，说明没劲、发喘、易出汗是心脏衰弱的表现，是主要症状。而吃食减少等消化系统症状是次要症状，灌药当中发生的咳嗽不过是一种偶然现象。临床上对主要症状明显的疾病，以使用论证诊断法为合适。

（4）局部与整体的关系

动物机体是一个复杂的整体，各器官、系统虽有其相对的独立性，但又是相互密切联系着的。许多局部病变可以影响全身，如局部脓肿可引起发热的全身反应。另一方面，整体的病理过程又可以局部症状为突出的表现，如骨软病是钙、磷代谢障碍的一种全身性疾病，但可以表现出骨骼变形、四肢运动障碍等局部症状。所以，对疾病的诊断，必须把局部和整体结合起来进行分析，防止孤立、片面地对待症状。

（5）阶段性与发展变化的关系

任何疾病过程都处于不断的发展变化之中，在每次检查时，只能看到疾病全过程中的某个阶段的表现，因此只有综合各个阶段的表现，才能获得较完整的面貌。既要正确估计疾病每个阶段所出现的症状的意义，又要用发展的观点看待疾病，不能只根据某个阶段的症状一成不变地作出诊断。

2. 建立初步诊断

建立诊断，就是对病畜所患的疾病提出病名。最好能用一个主要疾病的诊断来解释病畜的全部临床表现。如果有两种或几种疾病同时存在，则不应机械地受此诊断的限制，对于不能解释清楚的现象应重新全面考虑，不能单用一个疾病的诊断生搬硬套，勉强自圆其说。对两种以上的诊断，则将疾病分清主次，先后排列。严重影响病畜健康的疾病或威胁病畜生命的疾病是主要疾病，应排列在最前面，与主要疾病在发病机理上有密切联系的疾病，称为并发病，列于主要疾病之后，与主要疾病无关而同时存在的疾病，称为伴发病，排列在最后。当考虑提出病名时，应先注意常见病，当地的多发病（注意当地环境条件，动物的种属和年龄特点等），当时的流行病。当鉴别器质性疾病与机能性障碍有困难时，在没有充分理由可以排除器质性疾病以前，不要轻易下机能性障碍的诊断。以免造成延诊、漏诊或误诊。

一个完整的诊断，要求逐步做到以下几点：

（1）确定主要病理变化的部位。

（2）判断组织、器官病理变化的性质。

（3）指出致病的原因。

（4）阐明机能障碍的程度和形式（阐明发病机制）。

例如对一病犬的初步诊断：佝偻病，并发肋骨骨折，伴发螨病。

但在实际工作中，由于种种原因，有时很难得出完整的诊断，只能涉及上面所述要求的部分内容。

对每个症状，要分析其发生原因、评价其诊断意义；对所有症状，应分清主、次，明确各症状之间的关系；再综合有关的发病经过、发生情况、环境和条件、可能的致病因素等各方面的资料，而构成初步诊断。

（三）实施防治，验证诊断

在建立初步诊断以后，还要拟定和实施防治计划，并观察这些防治措施的效果，以验证初步诊断的正确性。一般来说，防治措施显效的，证明初步诊断是正确的；防治措施无效的，证明初步诊断并不完全正确，则有必要重新认识，对诊断作出修正或补充。

因为从事临床工作的人们，不但常常受着科学技术水平的限制，而且也受着疾病过程发展及其表现程度的限制。所以要求在初诊时不管客观条件怎样，都能作出正确无误的诊断，并拟定出一成不变或始终如一的防治计划，实际上是很困难的。对于病情比较复杂的病畜，在作出初步诊断以后，要随时观察，密切注视病势的转化或演变，不断分析研究，一旦发现新的情况或症状与初步诊断不符时，应及时作出补充或更正，使诊断更符合于客观实际，直至最后确定诊断。临床工作者必须通过反复实践，在技术上精益求精，不断积累经验，不断提高对疾病的认识能力，才能有所前进，有所创造，出色地完成自己所肩负的任务。

综上所述，从调查病史、收集资料，到分析症状，作出初步诊断，直至实施防治、验证诊断，是认识、诊断疾病的三个过程，这三者互相联系，相辅相成，缺一不可。其中调查病史、收集症状是认识疾病的基础；分析症状是揭露疾病本质、制定防治措施的关键；实施防治、观察效果是验证诊断、纠正错误的诊断和发展正确诊断的必由之路。

显然，整个诊疗的全过程是从整个疾病的发生、发展、预后的全过程来综合分析和治疗的，但应强调的是从经济效益的角度又必须做到早期诊断。唯有早期诊断，及时防治，才能在生产上收到积极的效果，贯彻预防为主的方针。因此，临床工作中，应该主动地深入实际，经常地检视畜群，密切地注意牲畜及其环境、条件的变化，及时发现线索，做到早期诊断、适时防治，以保障畜禽的健康，促进畜牧业的发展。

二、建立诊断的方法和原则

（一）建立诊断的方法

对所搜集到的临床症状和有关资料进行归纳和整理，分清主要的和次要的，综合症状之间的联系而组成综合征候群，从而对患病的主要部位、疾病的基本性质，有了初步的概念之后，便可建立诊断。建立诊断的方法，一般有三种，即论证诊断法、鉴别诊断法、验证诊断法。

1. 论证诊断法

论证，就是用论据来证明一种客观事物的真实性。论证诊断法，就是将某一疾病实际所具有的症状、资料，与所设想拟诊的疾病应该具备的症状、条件，加以比较、核对和证实。如果双方的全部或大部症状、条件相符合，同时病畜所表现的症状、变化均能用拟诊的疾病予以解释时，那么这一诊断即可成立。

必须指出，论证诊断首先要从所占有的实际材料出发，以丰富和确切的症状、资料做为基础。不能只被几个表面现象迷惑，就假设一个病名，而忽略或排斥那些与设想不相符合的症状，凭空解释病畜现有的全部现象。当疾病的病像已经充分显露，并表现有可以反映某个疾病本质的特有症状时，即可依此而提出某一疾病的诊断。

其次，疾病在发展、变化，同一疾病的不同类型、不同程度和时期，所表现的症状不尽相同；而病畜的种属、品种、年龄、性别以及个体的营养条件和反应能力不一，也会使其所呈现的症状、现象发生某些差异。所以，论证诊断时不能按照书本去机械对照或只凭经验去生搬硬套，而应该对具体情况进行具体分析。

再者，论证的最后，应找到具体的致病原因和条件。为此，应详细地进行调查、了解，以便得到证实。

有一定经验的临床工作者，习惯使用论证诊断法。尤其当症状暴露得比较充分或出现综合症状与示病症状，使矛盾变得比较突出明显时，运用论证诊断法是适宜的。

例如有一头役用牛，突然发病，全身肌肉僵硬，背腰板直，步样强拘，用手掌压迫其腰部时，反应迟钝。病牛运动后，步样变得灵活了。调查病史，存在感受风、寒、湿的情况，临床兽医很容易想到是风湿病，如果用有关肌肉风湿病的知识对照解释，大多是符合的。同时用水杨酸制剂治疗后，取得明显效果，便进一步证实了肌肉风湿病的诊断是正确的。这就是论证诊断法。

当然，有时在论证过程中，可能发现相互矛盾的材料，这时一方面应考虑病情的复杂性，另一方面也应估计材料的真实性。问诊材料固然有叙述者的主观成分或无意、有意的虚假叙述；而检查器材、试剂的质量，检查过程的匆忙与不熟练，也可能产生不真实的结果或错误的判断。因此，对可疑材料应认真复查、审核，不能轻易加以解释，草率地作出结论。

此外，论证诊断应根据病理学基础，从整个疾病着想，以期解释所有的现象，并找出各个变化之间的联系。如有并发症或伴发症时，还宜明确主要疾病与次要疾病、原发病与继发病的关系。如此，才能深入认识疾病的本质和规律，有利于制定合理的综合的防治措施。

最后，当一个假定被否定之后，应勇于放弃而重新着手。根据新的线索和启示，提出新的可能，再进行新的论证。切不可迁就于最初的设想，不考虑客观的具体情况而主观地作出确定。

2. 鉴别诊断法

在疾病的早期，症状不典型或疾病比较复杂，找不出借以确定诊断的依据来进行论证诊断时，可采用鉴别诊断法。即先根据一个主要症状或几个重要症状，提出在临床上比较近似的几种可能的疾病，通过相互鉴别，逐步排除可能性较小的疾病，逐步缩小考虑的疾病范围，直至剩下一个或几个可能性较大的疾病，这就是鉴别诊断法或称类症鉴别法，也叫排除诊断法。

根据主要症状提出可能性的、互相近似而有待鉴别的疾病时，应尽可能地全面考虑而不要有所遗漏。全面考虑当然并不等于漫无边际。应依据当时、当地的具体病畜所呈现的症状和有关资料、条件，从实际占有的材料出发，开阔思路，将各方面的可能性都考虑在内，但又要抓住主要矛盾，提出与临床表现有关的各种可能性疾病。考虑和提出可能性疾病时，应注意以下几点：

首先应注意于常见病和多发病。实际工作中遇到的机会最多的，当然是常见、多发的病例。所以，应予首先考虑。一般而言，某一地区有当地的常发病；因季节不同也有不同的常发病；动物个体条件中，畜种、年龄不同，其常发病也各不相同。所以，应对本地区、各种牲畜的常发病做多方面的调查，或经长期的统计，以掌握其发生规律，做到心中有数。

其次还应注意经常提示传染病的可能性。由于传染性疾病可造成大批流行，危害严重，如能经常注意，早日发现，及时诊断，则可随时采取措施，防止蔓延，减少损失，故应严密监视。

再次还应适当注意少见病或稀有病，更不能不注意非传染病。

毫无疑问，不能将所有的群发病都认为是传染病，如某些公害引起的疾病、中毒病、营养代谢疾病等，虽然是非传染病，但由于处在相同环境及同一饲养、管理条件下的动物，同时或先后在不同程度上都受到同样致病因素的作用和影响，所以，往往也呈群发而类似"流行"。但其根本的区别在于并无传染性，实际工作中应注意加以鉴别。

总之，当提出和考虑可能性疾病时，应从实际材料出发，周到地考虑到动物本身及外界条件等各方面的因素。无疑，依动物种属、年龄、性别、地方环境、季节、饲料或饲养方式的不同等情况，所应考虑和提出鉴别的疾病范围和种类也不完全相同。要全面着想，将有可能的疾病全部考虑在内，防止遗漏；但又不能漫无边际，而应有所侧重。

怎样否定那些可能性较小的疾病呢？主要根据所提出的疾病能不能解释病畜所表现的全部症状，在病畜身上是否存在或出现过所提出疾病的固定症状或示病症状，如果提出的待诊疾病与病畜呈现的症状有矛盾，或在病畜身上缺乏待诊疾病应有的特殊症状，就可以否定提出的待诊疾病。经过这样几次否定或淘汰，就可以筛选出一个或两个可能性较大的疾病，用原发病、并发病或伴发病的顺序依次排列。

怎样肯定那些可能性较大的疾病呢？既有某一疾病所应具备的特殊症状或综合征候群；已查明足以引起该病的具体的致病原因；发病情况符合其一般规律，通常即可肯定。有时仅仅缺乏作为确诊的实足证据，但一般情况符合而又没有根本的矛盾条件，也可暂做保留暂时诊断；通过病程经过的观察、补助检查的结果、治疗效果的验证等逐渐深入的工作，再行肯定或否定。

例如，上述病牛虽然诊断为肌肉风湿病，但在肌肉风湿病、骨软病、破伤风、脊髓挫伤或振荡（轻度的腰荐脊髓受损）几个疾病的早期，当各病的典型症状尚未出现时，它们之间有许多症状很相类似，以致易发生混淆。所以，就要采用鉴别诊断法进行排除诊断。如果病牛兼有头骨变形、胸廓扁平、肋骨有串珠样肿，用水杨酸制剂疗效不明显，就要考虑骨软病了；如果病牛还呈现头颈僵直、尾根挺伸，并有外伤病史，则要考虑破伤风的可能性；如果病牛突发运动障碍，后躯反射异常，并有腰部挫伤病史，则要考虑脊髓挫伤的可能性。论证诊断法和鉴别诊断法，两者并不矛盾，实际上是互相补充，相辅相成的。要根据占有的材料，病情的复杂程度及个人的临床经验来决定所运用的诊断方法。

临床工作中的疾病情况极其复杂。进行鉴别时，主要以所收集到的全部症状、材料（包括正常而无变化的表现或检查的阴性结果）为基础；以有待鉴别的各个疾病的特点（特殊症状、特定的致病原因、固有的发病规律、特殊检查的结果等）做根据，进行比较和区别。每个疾病不同于其他疾病的特殊点，是构成与其他疾病区别的基本依据。

3. 验证诊断法

诊断不是最终目的。诊断的正确与否还应经过实践的检验，通过治疗后有所好转，即证明诊断正确；若采取治疗措施后未见好转，可能诊断错误；应回过头来再进行论证诊断、鉴别诊断、验证诊断，如此周而复始，直到诊断正确为止。如某养鸡场出现软颈病，经论证诊断和鉴别诊断，诊断为鸡烟酸缺乏，但用烟酸治疗后未见好转，表明诊断错误。

（二）建立诊断的原则

诊断疾病总是面对多种可能性，在提出初步的诊断时，应依照以下几条原则。

1. 先从一种疾病的诊断入手

尽可能用一种诊断解释病畜的全部症状，而不用多个诊断分别解释不同症状，这是建立诊断的一条重要原则。只有从一种诊断着眼，使临床资料的评价有了准则，才能对一些资料予以肯定，对另一些资料予以否定。分清主要症状和次要症状，分析各症状之间的因果关系，逐步深入探讨临床资料所反映的疾病本质。这里要求临床兽医具有扎实的专业知识和丰富的临床经验，既要了解常见症状在各种情况下的起因、表现特点、发生机理以及与其他组织器官的关系，了解各种辅助检查法的临床意义，又要掌握常见病的典型表现，根据临床资料和拟诊疾病的符合程度，找出适宜的诊断方向。

当然，也切忌生拼硬凑。一头病畜同时患有几种疾病的情况也是常有的，当用一种诊断无法解释所有临床资料时，则要另找线索，看是否可能存在另外的疾病。若两种以上的疾病并存，还要判断哪一种是原发的、主要的疾病。

2. 先考虑常见病和多发病

先考虑常见病和多发病，然后考虑少发病和稀有病，这是建立诊断的又一条重要原则。当主要的临床资料可能见于几种疾病时，应根据当地情况优先考虑发病概率高的疾病，这样其确诊机会总是较高的。这条原则在实践中已证实是很有用的，尤其是地方病和当地正在流行的疾病，根据其发病规律和主要症状，即可作出诊断。例如，在地方性铜缺乏症，向着这一方向分析各种临床资料，并做进一步的必要检查，可以少走许多弯路。当然，少见病和稀有病发生的概率虽小，但不等于不会出现，若有线索，也应适当考虑。

3. 先考虑群发性疾病

先考虑群发性疾病，然后考虑个别发生的疾病。前者如传染病、寄生虫病、中毒病和营养代谢病等，这些疾病的危害性较大，一旦发现，应尽快采取有效防治措施。例如，以贫血、黄疸和血红蛋白尿为主要症状的病牛，在发病季节适宜时应考虑巴贝斯虫病，因其死亡率高，不死也会严重地影响生产性能，危害较大。又如对于新生仔畜腹泻，常先考虑是否由大肠杆菌、沙门氏菌、轮状病毒等引起的传染性腹泻，这类疾病的传播速度快，发病率高，是仔畜死亡的重要因素。尽快确诊或排除这类疾病，可以减少生产上的损失。

4. 考虑是否是新病出现

在遇到从未见过的疾病流行时，要考虑是否是新病出现。随着时间的推移，在一定的时期出现新病是自然规律的必然。如2003年在世界许多国家发生的非典型肺炎（SARS）。

5. 诊断不应延误防治工作的时机

诊断并非目的，建立诊断是为了采取正确的防治措施，防治疾病才是诊断的目的。按照这条原则，对一时难以作出准确诊断的病例，尤其是急性的、危重的病例，应当针对已查明的临床情况，及时采取防治措施。切不可为了得到较完善的诊断结论，而无休止地进行检查，延误了防治时机。在做出暂时性诊断时，宁可将疾病预想得急些、重些、危险些，据此进行防治，以确保病畜安全或防止疫病扩散。当然，这也必须建立在现有临床资料分析的基础上，决不可毫无根据地推测和夸大。

复习思考题

1. 试述动物精神兴奋与抑制的主要表现和临床意义？
2. 中枢性瘫痪与末梢性瘫痪怎样鉴别？
3. 试述反射检查的方法和临床意义？
4. 家禽的解剖生理特点在临床诊断上有什么意义？
5. 家禽的临床检查方法、检查内容和重点是什么？

第二章

临床检验

兽医临床工作中，对多数疾病仅用一般临床检查法就可能作出诊断，但对有些疾病则必须配合实验室检验才能作出确诊。所以实验室检验可以补充临床检查的不足，有助于疾病的诊断、鉴别、治疗和预后的估计，是兽医临床诊疗技术的一个重要组成部分。

第一节　血液检验

血液的组成包括水分、蛋白质、血细胞、多种无机物及有机物成分，健康动物血液中的这些成分相对比较稳定，仅仅在较为恒定的范围内变动。当畜禽发生疾病则可引起血液固有成分改变，所以根据血液检验的结果，对了解畜禽的健康状态，推断疾病的性质，观察治疗的效果及判断预后，都具有一定的意义。

进行血液检验时，必须注意血液的采集和制备方法，不论是全血、血清或是血浆，都要按照要求制备，否则会出现结果的误诊。

一、血液样品的采集、抗凝与保存

（一）血液样品的采集

根据检验项目及被检动物种类选用不同采血的部位和方法。需血量多时，马、牛、羊均可进行颈静脉采血（猪还可进行前腔静脉采血），家禽及实验小动物可进行心脏采血；需血量少时，马、牛可在耳尖部，猪、羊、兔等可在耳缘部刺破小静脉采血。

（二）血液的抗凝

血检项目需要全血或血浆时，均需加入适量的抗凝剂，抗凝剂是用物理或化学的方法除去血液中的某些凝血因子的活性，以防血液凝固。能够阻止血液凝固的物质，称为抗凝剂或抗凝物质。检查项目不同，所用抗凝剂也不同。实验室常用的抗凝剂和使用方法如下：

1. 乙二胺四乙酸二钠（EDTA-Na$_2$）　配成10%溶液，每0.1ml（约2滴）可使5ml血液不凝固。或取该液0.1ml于小瓶中，在室温或于50℃（注意不超过60℃）下蒸发干燥备用。EDTA-Na$_2$的优点是抗凝作用强，不改变红细胞的形状和大小，白细胞的着染力强，可防止血小板聚集；血液在室温下保存9h，在冰箱中保存24h对血沉值无影响。其抗凝血除钙、钠的测定外，其他检验项目均适用。

2. 草酸盐合剂　草酸铵6.0g，草酸钾4.0g，蒸馏水加至100ml。该液每0.1ml可使5ml血液不凝固。适用于血液细胞学和红细胞压积容量的测定。

3. 枸橼酸钠　配成3.8%溶液，每0.5ml可使5ml血液不凝固。缺点是抗凝作用弱，碱性强，不适用于血液的生化学检验。

4. 肝素　配成 1.0% 溶液，每 0.1ml 可使 3~5ml 血液不凝固。

（三）血样的保存

血液采集后最好尽快处理，如不能按要求马上检验时，应先涂好血片，并加以固定，其全血样在低温（2~8℃，不宜冰冻）保存，各项目血样保存时间按表 2-1。

表 2-1　血样允许保存时间

检查项目	采血后可保存时间（h）	资料来源
红细胞沉降率测定	2~3	时玉升、崔中林主编
压积容量测定	24	《兽医临床检验手册》
血红蛋白测定	48	
红细胞计数	24	
白细胞计数	2~3	
血小板计数	1	
网织红细胞计数	2~3	

如欲分离血清则事先不加抗凝剂，采血后将试管斜置在装有 25~37℃ 温水的杯内；牛、羊及猪的血样应先离心数分钟，然后斜置于装有温水的杯内，这样可加快血清的析出，保证血清的质量。分离出的血清，如不能及时检验，应置于冰箱内保存。

（四）血液涂片制备和细胞染色

1. 血液涂片制备

血液涂片用显微镜检查是血液细胞学检查的基本方法，良好的血涂片和染色是血液形态学检查的前提。一张良好的血片，厚薄要适宜，头尾要明显，细胞分布要均匀，血膜边缘要整齐，并留有一定的空隙。制备涂片时，血滴越大，角度越大，推片速度愈快则血膜越厚，反之血膜则越薄。血涂片太薄，50% 的白细胞集中于边缘或尾部；血涂片过厚、细胞重叠缩小，均不利于白细胞的分类计数。引起血液涂片分布不均的主要原因有：推片边缘不整齐，用力不均匀，载玻片不清洁。

选取一边缘平整的载玻片作为推片，用左手的拇指与食指、中指夹持一洁净载玻片，取被检血液一滴（图 2-1），置于其右端，右手持推片置于血滴的前方，并轻轻向后移动推片，使之与血滴接触，待血液扩散开后，再以 30°~40° 角向前匀速同力推进抹片，即可形成一血膜（图 2-2），迅速自然干燥。所涂血片，血液分布均匀，厚度适当，对光观察呈霓虹色，血膜位于玻片中央，两端留有适当空隙，以便注明畜别、编号及日期，即可染色。

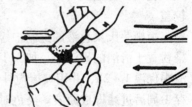

图 2-1　涂制血片的方法

2. 细胞染色

为了观察细胞内部结构，识别各种细胞及其异常变化，血涂片必须进行染色。血涂片的染色目前常用瑞氏染色法和姬姆萨氏染色法。

（1）瑞氏染色法

瑞氏染料是由酸性染料伊红和碱性染料亚甲蓝组成的复合染料。染色是染料透入被染物并存留于其内部的一种过程，此过程既有物理的吸附作用，又有化学的亲和作用。各种细胞成分化学性质不同，对各种染料的亲和力也不一样。因此，染色后在同一血片上，可

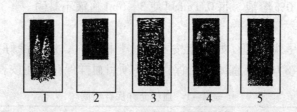

图 2 - 2 良好与不好的血涂片

1. 玻片上的油脂 2. 血膜太短 3. 血膜不均匀 4. 前端太厚 5. 良好的血涂片

以看到各种不同的色彩。例如，血红蛋白、嗜酸性颗粒为碱性蛋白质，与酸性染料伊红结合，染成红色，称为嗜酸性物质；细胞核蛋白和淋巴细胞胞质为酸性，与碱性染料美蓝或天青结合，染成紫蓝色或蓝色，称为嗜碱性物质；中性颗粒呈等电状态，与伊红和美蓝均可结合，染成淡紫红色，称为中性物质。

瑞氏染色液的配制：瑞氏染粉 0.1g，甲醇 60.0ml。将染粉置于研钵中，加入少量甲醇研磨，使之溶解，然后将已溶解的染液倒入洁净的棕色瓶中，余下未溶的染料再加少量甲醇研磨，如此反复操作，直至染料全部溶解为止。将染液在室温中保存 1 周，每日振摇 1 次，之后过滤，即可应用。配制好的瑞氏染色液，放置的时间越久，效果就越好。

染色：先用玻璃铅笔在血片的血膜两端各画一线，以防染液外溢，将血片平放于水平支架上；滴加瑞氏染液于血片上，直至将血膜盖满为止；待染色 1 ~ 2min 后，再加入等量磷酸盐缓冲液（pH 值 6.4），并轻轻摇动或用口吹气，使染色液与缓冲液混合均匀，再染色 3 ~ 5min，最后用水冲洗血片，待自然干燥或用吸水纸轻轻吸干，然后进行显微镜检查。以所得血片呈樱红色者为佳。

（2）姬姆萨氏染色法

姬姆萨氏染液由天青、伊红组成。姬姆萨氏染色原理和结果与瑞氏染色基本相同，但对细胞核和寄生虫（如疟原虫等）着色较好，结构显示更清晰，而胞质和中性颗粒则染色较差。

姬姆萨氏染色液的配制：姬姆萨氏粉 0.5g，中性甘油 33.0ml，中性甲醇 33.0ml。先将染粉置于清洁的研钵中，加入少量甘油，充分研磨；然后加入所余甘油，在 50 ~ 60℃ 水溶液中保温 1 ~ 2h，并用玻棒搅拌，使染粉溶解；最后加入甲醇，混合后装入棕色瓶中，保存 1 周后过滤即成原液。染色时取原液 0.5 ~ 1.0ml，加 pH 值 6.8 磷酸缓冲液 100，即成应用液。

染色：先将血片用甲醇固定 3 ~ 5min，然后置于新配制的姬姆萨氏应用液中，染色 30 ~ 60min，取出血片，水洗，吸干，镜检。染色良好的血片应呈玫瑰紫色。

（3）瑞 - 姬氏复合染色法

瑞 - 姬氏复合染色液的配制：瑞氏染粉 5.0g，姬姆萨氏染粉 0.5g，甲醇 500ml。将两种染粉置于研钵中，加入少量甲醇研磨，倾入棕色瓶中，用余下的甲醇再研磨，最后一并装入瓶中，保存 1 周后过滤即成。

染色：先向血片的血膜上滴加染液，经 0.5 ~ 1.0min 后，再加等量缓冲液，混匀，再染 5 ~ 10min，水洗，吸干，镜检。

二、血液常规检验

（一）红细胞沉降率（血沉、ESR）测定

ESR 是指抗凝血在特制玻璃管（血沉管）内，在单位时间内观察红细胞下降的毫米数。

1. 器材与试剂 魏氏血沉测定器（包括血沉管及血沉管架）（图 2-3）、六五型血沉管、脱脂棉、小试管、采血器械、3.8% 枸橼酸钠液、草酸钠或枸橼酸钠粉。

2. 测定方法

（1）**魏氏法** 又称 200 刻度法，管壁有 200 个刻度，每个刻度为 1mm，容量约为 1ml。

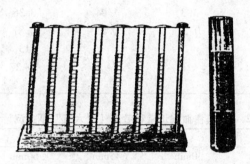

图 2-3 血沉管

①在小刻度管中加入 3.8% 枸橼酸钠液 0.4ml，加入被检血液 1.6ml，立即混匀。

②用血沉管吸取上述抗凝血至刻度"0"处。

③用干棉球拭去管壁外血液，将血沉管垂直固定在血沉架上。

④在室温（18~25℃）条件下静置，分别经 15min、30min、45min 及 60min，各观察血柱下降的毫米数（猪、犬 30min，牛、羊 60min 观察即可），即为血沉值。畜禽血沉正常值见表 2-2。

⑤结果记录 记录时常用分数形式表示，分母表示时间，分子表示沉降读数。如测得马正常血沉值为：29.7/15，70.7/30，95.3/45，115.6/60。

（2）**"六五"型血沉管法** （表 2-3）该法需血量较多，主要用于马的大群检验。六五型血沉管自上而下标有 0~90，共分为 100 个刻度，容量为 10ml。另一种管与六五型管相似，但有三种刻度：一侧自上而下标有 0~90，供测定血沉之用；另一侧自下而上标有 20~125，用来表示血红蛋白的百分数；管中央自下而上标有 1~13，用来表示红细胞数（100 万/mm³），这种管称为三用血沉管。两种管可通用。测定方法是：

①向管内加入 10% EDTA-Na₂ 液 4 滴或加入草酸盐合剂 4 滴。

②自颈静脉采血，沿管壁接取血液至刻度"0"处，轻轻颠倒混合数次。

③垂直立于试管架上，经 15min、30min、45min 及 60min，分别读取血沉值。如欲换算红细胞数，应放置 12~24h，然后读取数值。

表 2 - 2　畜禽血沉正常参考值（魏氏法）

家畜种类	血沉值（mm）				资料来源
	15min	30min	45min	60min	
马	29.7	70.7	95.3	115.6	青海省湟源畜牧学校
驴	32.0	75.0	96.7	110.7	主编《兽医临床诊断
黄牛	0.0	2.0	5.0	9.0	学》
水牛	9.8	30.8	65.0	91.6	
奶牛	0.3	0.7	0.75	1.2	
骆驼	0.45	0.9	–	1.6	
绵羊	0.0	0.2	0.4	0.7	
山羊	0.0	0.5	1.6	4.2	
猪	0.6	1.3	1.94	3.36	
鸡	0.19	0.29	0.55	0.81	
狗				13	
猫				7~27	
家兔				1~2	

表 2 - 3　畜禽血沉正常参考值（"六五"型血沉管法）

家畜种类	血沉值（mm）				资料来源
	15min	30min	45min	60min	
马	31.0	49.0	53.0	55.0	甘肃省畜牧学校主编《家
骡	23.0	47.0	52.0	54.0	畜内科及临床诊断实习指
牛	0.0	0.2	0.4	0.6	导》
羊	0.2	0.4	0.6	0.8	
猪	3.0	8.0	20.0	30.0	
山羊	0.0	0.1	0.3	0.5	

3. 临床意义　方法不同，测得的血沉值不同，所以在报告结果时，必须注明采用的方法。血沉的病理变化可呈现加快或变慢。

（1）血沉加快　主要见于贫血性疾病，如马传染性贫血、溶血性贫血、营养不良性贫血和血孢子虫病等。另外某些急性炎症、多种急性传染病、急性砷中毒、风湿病、活动性结核、恶性肿瘤和手术后（1周内）等，也见血沉加快。

（2）血沉减慢　主要见于使血液浓缩的疾病，如大出汗、腹泻、呕吐和多尿等。另外肠便秘、牛瓣胃阻塞、马传染性脑脊髓炎、肝脏疾患等，也可见血沉减慢。

4. 注意事项

（1）方法不同，结果不同，所以报告时应注明测定的方法。

（2）血沉管必须垂直静置，管子倾斜会使血沉加快。

（3）测定时外界温度最好在12~20℃，高于20℃，血沉加快，低于12℃，血沉减慢。

（4）血液柱面不能有气泡，有气泡，会使血沉减慢。

（5）抗凝剂的量要适当，过多过少，都会影响血沉结果。

（二）红细胞压积容量（PCV）测定

红细胞压积容量是指压紧的红细胞所占的体积与全血体积之比，通常用百分数表示，简称比容（PCV）。

1. 测定方法　红细胞压积管法（温氏法）

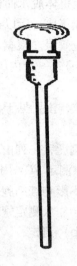

图 2 - 4　温氏管

2. 试验材料　红细胞压积容量测定管又称"温氏管"，如图 2 - 4 所示、毛细玻璃吸管或带胶皮乳头的长针头、电动离心机（3 000 ~ 4 000r/min）、电子血球计数仪、10% EDTA-Na$_2$ 溶液、草酸盐合剂。

3. 试验步骤

（1）用毛细玻璃吸管或带胶皮乳头的长针头吸抗凝血注入红细胞压积容量测定管至 10 刻度。

（2）将测定管放入离心机中，以 3 000r/min 进行离心（牛血和猪血离心 40min，马血离心 30min）。

（3）取出测定管（最下面一层），读取红细胞柱的高度数，即得红细胞压积值，数值用百分率表示（表 2 - 4）。

表 2 - 4　家畜红细胞压积容量正常参考值（%）

畜种	PCV $\overline{X} \pm S$	畜种	PCV $\overline{X} \pm S$	资料来源
马	30. 20 ± 2.96	绵羊	35. 0 ± 3. 0	牦牛值:由青海畜牧兽医学院测定
骡	32. 77 ± 2.88	山羊	29. 74 ± 2.76	犬、猫值:谢慧胜编著《小动物疾病防治手册》
黄牛	36. 01 ± 4.55	奶山羊	35. 46 ± 1. 41	其余:时玉升等主编《兽医临床检验手册》
水牛	31. 12 ± 3.70	哺乳仔猪	40. 68 ± 5. 15	
乳牛	37. 04 ± 2.78	后备仔猪	39. 47 ± 3. 81	
牦牛	43. 97 ± 3.08	犬	45. 5 (37. 0 ~ 55. 0)	
骆驼	32. 80 ± 2.43	猫	37. 0 (24. 0 ~ 45. 0)	

4. 临床意义　可呈增高或降低。

（1）压积增高

①生理性增高　因家畜兴奋、紧张或运动后，脾脏收缩，一时性的将脾中贮存的红细胞释放到外周血液所致。

②病理性增高　多因机体脱水而血液浓缩，使红细胞数相对增多所致。由于红细胞压积的增高值与脱水程度成正比，所以根据这一指标的变化可客观反映机体脱水的情况，从而确定补液量与判断补液效果。根据以往的临床"经验数字"，红细胞压积每超出正常值最高限的一个小格（1mm），一天内应该补液800~1 000ml。

（2）压积降低

多为红细胞减少所致，主要见于各种贫血性疾病。

5. 注意事项

（1）温氏管有两列刻度，一列由上而下标有0~10刻度，供测定血沉用；另一列由下而上标有0~10刻度，供测定PCV用。

（2）抗凝时要选用不影响红细胞体积和形状抗凝剂，如EDTA-Na$_2$溶液。

（3）血样不能溶血，注入测定管时不能产生气泡。

（三）血红蛋白（Hb）测定

1. 原理

红细胞遇酸溶解后，释放出血红蛋白，血红蛋白被酸化为褐色的酸化血红素（其褐色的程度与血红蛋白的含量成正比）。经稀释与标准色柱的颜色一致后，在测定管即可读出血红蛋白的含量（每100ml血液中血红蛋白的克数）。

2. 器材　沙利氏血红蛋白计，包括标准比色架、血红蛋白稀释管和血红蛋白吸管。标准比色架两侧装有两根棕黄色标准比色柱，中有空隙供血红蛋白稀释管插入。血红蛋白稀释管两侧各有刻度，一侧表示每100ml血液内所含血红蛋白的克数，另一侧表示所含血红蛋白百分数。国产血红蛋白计以每100ml血液内含血红蛋白14.5为100%，血红蛋白吸管刻有10mm^{3}和20mm^{3}两个刻度。

3. 试剂　0.1mol/L盐酸溶液。为配制方便亦可用1%盐酸溶液代替，即取化学纯盐酸4ml，加蒸馏水至100ml混匀即可。

4. 方法

（1）于测定管内加入0.1mol/L盐酸溶液至百分刻度"20"或重量刻度"2"处。

（2）用沙利氏吸管吸取被检血液至"20"刻度处，并用棉球拭去管壁外的血液；再吸取上部清液，反复冲洗沙利氏吸管2~3次，并混匀，静置10min。

（3）沿着管壁加入蒸馏水或0.1mol/L盐酸溶液，逐步稀释至与标准色柱色调一致后，读取测定管内液柱凹面的刻度值，即为100ml血液中Hb的克数。

（4）结果判断　参照表2-5。

表2-5　家畜血红蛋白正常参考值（沙利氏法）

畜种	血红蛋白（g/L）	畜种	血红蛋白（g/L）	资料来源
马	12.77±2.05	绵羊	7.20±1.03	周新民主编.《兽医操作技巧》.
骡	12.74±2.18	山羊	7.0±11.0	中国农业出版社，2005年第1版
驴	10.99±3.02	奶山羊	8.33±0.75	
黄牛	9.50±1.0	猪	11.16±1.42	
水牛	12.30±1.66	犬	14.9（12.0~18.0）	
牦牛	11.17±1.06	猫	12.0（8.0~15.0）	
骆驼	11.80±1.03	鸡	6.14±1.03	

5. 临床意义

（1）血红蛋白含量增高 临床上多见相对性增多，常见于机体脱水而致血液浓缩的各种疾病过程中。如剧烈腹泻、呕吐、大出汗、多尿、大面积烧伤、渗出液和漏出液大量形成、饮水不足等。

（2）血红蛋白含量降低 主要是红细胞损失过多或生成不足两方面原因。可见于各种贫血性疾病，如各型贫血、马传染性贫血、重症寄生虫病等。标准换算：血红蛋白（g/L）＝血红蛋白（g/100ml）×10。但进一步确定贫血的类型，还要配合其他血液检验（如红细胞压积容量测定和血液染色观察等）和临床症状综合分析。现按病因学分类：

①失血性贫血 由于红细胞损失过多所致。见于内脏破裂、手术和创伤、伴有胃肠或内脏器官出血的疾病（如鸡球虫病）、水牛过劳性血尿等。

②溶血性贫血 红细胞破坏过多。见于血原虫病（如梨形虫病、边虫病）、病原微生物感染（如钩端螺体病、牛羊的细菌性血红蛋白尿病）、溶血性毒物中毒（蓖麻籽、铅、砷、蛇毒中毒等）、免疫溶血（如异型输血、新生幼畜的溶血病）。

③营养不良性贫血 由于造血物质（如蛋白质、铁、铜、钴、B族维生素等）不足所致。见于仔猪缺铁性贫血、衰竭症、慢性消耗性疾病等。

④再生障碍性贫血 由于骨髓造血机能抑制所致。此时颗粒性白细胞和血小板也同样减少，见于某些药物中毒（如磺胺类、氯霉素、重金属盐类等）、物理因素（X线辐射）以及生物因素（马传贫病毒、蕨类植物毒等）。

（四）血液凝固时间测定

血液凝固时间是指血液从血管中流出至完全凝固所用时间，用以测定血液的凝固能力。

1. 原理

按照血液凝固理论，当离体血液与异物表面接触后，激活了血液中有关凝血因子，形成凝血活酶，以致纤维蛋白原转变成纤维蛋白，血液凝固。

2. 器材

载玻片、注射针头、刻度小试管（内径8mm，管径一致）、秒表、恒温水浴箱。

3. 方法

（1）玻片法

这种方法比较简易，但是不及试管法准确。颈静脉采血，见到出血后立即用秒表记录时间。取一滴血，滴于玻片一端，随即将玻片稍稍倾斜，滴血一端向上。此时未凝固的血液自上而下流动，形成一条血线，放在室温下的平皿内，防止血液中水分蒸发，静置2min，以后每隔30s用针挑动血线1次。待针头挑起纤维时，即停止秒表，记录时间，这段时间就是血凝时间。

（2）试管法

本法适用于出血性疾病的诊断和研究。

采血前准备刻度小试管3支，并预放在25～37℃恒温水浴箱中。颈静脉采血，见到出血立即用秒表开始计时。随之将血液分别加入3支小试管内，每支试管各加1ml，再将试管放回水浴箱内。

从采血经放置后，先从第一支管做起，每隔30s逐次倾斜试管1次，直到翻转试管血液不能流出为止，并记录时间。3支小试管的平均时间即为血凝时间。

4. 注意事项

可以将血直接采入试管，随后分别注入刻度试管；所用玻璃器皿必须干净、干燥，不洁净试管管壁可加快血凝速度；采血针头针锋要锐利，一针见血，以免钝针头操作，致使组织混入血液，这样会加快血液凝固，影响真实结果；血液注入试管时，令血液沿管壁自然流下，以免产生气泡。

5. 正常参考值

部分动物血液凝固正常参考值：

（1）玻片法：马 8～10min；牛 5～6min；猪 3.5～5.0min；犬 10min。

（2）试管法：马 13～18min；牛 8～11min；山羊 6～11min；犬 7～16min。

6. 临床意义

在兽医临床手术，特别是大手术或肝、脾等穿刺前，最好进行这项测定，以便及早发现出血性素质高者，防止发生大出血。

（1）凝血时间延长：多见于重度贫血、血斑病、某些出血性素质高者、严重肝脏疾病。炭疽病畜的血凝时间很长，甚至几乎不凝。血凝时间延长主要是由于凝血因子明显减少或缺乏所致。

（2）凝血时间缩短：兽医临床上比较少见，偶见于纤维素性肺炎。

（五）红细胞（RBC）计数

红细胞计数是将一定量的血液经一定倍数稀释后，充入特制的计数池内，置显微镜下计数，最后换算为每立方毫米（mm^3）血液内红细胞的数量。

1. 器材与试剂

（1）血红蛋白吸管（与测定血红蛋白者通用）。

（2）5ml 吸管。

（3）小试管（容量 10ml）。

（4）血盖片。为长方形、厚度 0.4mm 的血细胞计数专用盖玻片。

（5）血细胞计数板。可计数红细胞、白细胞等。常用的为牛鲍（纽巴）或改良牛鲍计数板。是一块长方形硬质厚玻板（图 2-5），其上有 2 个平台，分别画有计数室（图 2-6）。每个计数室有 9 个大方格，每个大方格面积为 $1mm^2$，加上血盖片其深度约 0.1mm。中央大方格用双线等分为 25 个中方格，每个中方格又等分为 16 个小方格，即中央大方格共分为 400 个小方格，专供计数红细胞。四角的 4 个大方格，各均分为 16 个中方格，用以计数白细胞。

图 2-5　血细胞计数板

（6）稀释液

①0.9% 氯化钠溶液。

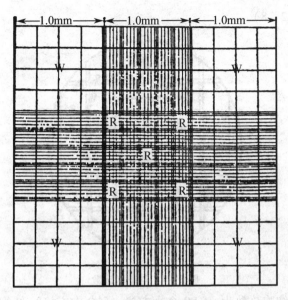

图 2-6 血细胞计数室

②阿扬（海姆）液 氯化钠 1g，硫酸钠 5g，氯化高汞 0.5g 加蒸馏水至 200ml，全溶后过滤备用。

2. 方法（试管稀释法）

（1）取小试管 1 支，用吸管吸稀释液 4ml，加入试管中。

（2）用血红蛋白吸管准确吸血至 $20mm^3$ 处，擦去管尖外血液，然后将其插入盛有稀释液的试管底部，放出血液，再用上清液反复洗涤吸管数次，以洗净吸管内残留的血液。立即摇匀，即得 200 倍的稀释血液。

（3）充液。取洁净的计数板和血盖片，将血盖片放在计数板的计数池上。用一吸管吸少量稀释的血液，以 45°角接触盖片边缘，使血液充入计数池内（图 2-7），注意：不能产生气泡。

图 2-7 计数室充液法

（4）计数。将计数板放在显微镜载物台上，先用低倍镜找到红细胞计数区，再用高倍镜计数中央大方格内四角和中央共 5 个中方格内红细胞数量，即为 80 个小方格面积的红细胞数。为避免计数的重复或遗漏，采取数两边舍两边（指压线细胞）的方法，即数上不数下，数左不数右（图2-8）。

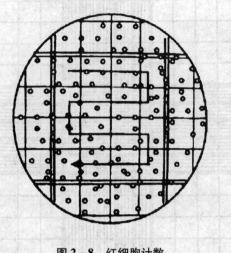

图2-8 红细胞计数

（5）计算。设红细胞总数为 x，80个小方格（5个中方格）红细胞数为 y，即每立方毫米（mm^3）红细胞数为：

$$X = Y/80（1个小方格数）\times 400（小方格总数）\times 200（稀释倍数）\times$$
$$10（计数池深度变为1mm）= 10\ 000y$$

即每立方毫米（mm^3）血液内红细胞数，是将查得的5个中方格红细胞数 $\times 10\ 000$ 即可。

标准换算：

红细胞（T/L）= 5个中方格内红细胞数 $\times 10^{10}$

3. 正常值 健康畜禽红细胞数，见表2-6。

表2-6 健康红细胞数（单位：万/mm^3）

畜禽种类	红细胞数	畜禽种类	红细胞数	资料来源
马	793.3±140.1	奶山羊	1 720.0±303.0	董琎主编.《兽医临床诊断学》第二版
骡	755.4±130.2	猪	550.0±33.5	
驴	542.0±23.2	仔猪	626.0±84.0	
黄牛	724.2±157.4	鸡	227.0±31.0	
水牛	591.0±98.0	鸭	290.0±50.0	
乳牛	597.5±86.8	鹅	297.0±15.3	
牦牛	737±156	犬	680.0（550.0~850.0）	
骆驼	988.0±178.0	猫	750.0（550.0~1 000.0）	
绵羊	842.0±120.0	家兔	570.0（450.0~700.0）	

4. 临床意义 基本同血红蛋白检查。

（六）白细胞（WBC）计数

白细胞计数是用一定量的稀释液将红细胞溶解，使白细胞更加显现，从而计算每升血液中白细胞数（10^9/L；旧单位：个/mm^3）。

1. 器材与试剂

（1）器材 除需要用0.5ml或1.0ml的吸管外，其余同红细胞检查。

（2）稀释液：1%～3%冰醋酸溶液或1%盐酸溶液，其中加美蓝或1%结晶紫溶液数滴，使溶液呈淡紫色，以便和红细胞稀释液区别。

2. 方法与步骤 采用显微镜计数法。

（1）血液稀释

①试管稀释法 取干净的小试管一支，加入白细胞稀释液0.38ml；用沙利氏吸血管吸取血液至"20"刻度处，加入试管内，混匀，即可得到20倍稀释血液。

②白细胞稀释管稀释法 用白细胞稀释管吸取供检血液至"0.5"刻度处，拭去管壁外血液，再吸取白细胞稀释液至"11"刻度处，用拇指和食指捏住吸管两端，振荡混匀即得20倍稀释血液。

（2）充液 同红细胞计数法。

（3）计数 与红细胞计数类似，所不同的是将计数室四角上的四个大方格内的白细胞依次全部计数完。

（4）计算 可按下列公式计算：

$$白细胞数（个/mm^3）= W \times \frac{1}{4} \times 10 \times 20 = W \times 50$$

W——为四个大方格（白细胞计数室）内白细胞总数。

$\frac{1}{4}$——因四个大方格的面积为4mm²，应乘以$\frac{1}{4}$。

10——计数室的深度为0.1mm，换算为1mm，应乘以10。

20——血液的稀释倍数。

标准换算：

白细胞（10^9/L）= 白细胞（个/mm³）×0.001×10^9/L。例如正常值7 000个/mm³，则每升血液中白细胞数 = 7 000×0.001×10^9/L = 7×10^9/L。

3. 正常值 畜禽白细胞数正常参考值，见表2-7。

表2-7 畜禽白细胞数正常参考值（单位：千/mm³）

畜种	白细胞正常值（千/mm³）范围	平均值	畜种	白细胞正常值（千/mm³）范围	平均值	资料来源
马	7.0～9.0	8.0	猪	11.0～16.0	13.0	东北农学院主编．《临床诊疗基础》
黄牛、乳牛	7.0～8.0	7.5	鸡	18.0～30.0	20.0	
水牛	8.0～9.0	8.8	狗	6.0～17.0	11.5	谢慧胜等编著．《小动物疾病防治手册》
绵羊	8.0～9.5	8.0	猫	5.5～19.5	12.5	
山羊	7.0～13.0	10.0	家兔	6.0～13.0	9.0	

4. 临床意义

（1）白细胞总数增多 见于多种细菌感染性疾患、重剧炎症及败血症、白血病等。

（2）白细胞总数减少 可见于某些病毒性疾病（如猪瘟、流行性感冒、马传染性贫血等）、牛梨形虫病、牛泰勒虫病、马梨形虫病、长期使用磺胺类药、X线照射、恶病质及各种疾病的濒死期等。

（七）白细胞分类计数

1. 方法

将被检血液涂片，姬姆萨氏或瑞氏染色 0.5 ~ 1.0min 后，加等量缓冲液，混匀，再染 5 ~ 10min，水洗，吸干，镜检计数。先用低倍镜做大体观察，如染色合格，再换用油镜计数。通常在血涂片的两端或两端染色后油镜观察，求出各种白细胞所占的百分比。

2. 镜检技术

先用低倍镜做大体观察，如染色合格，再换用油镜计数，通常在血片的一端或中心进行计数。有顺序地移动血片，计数白细胞 100 ~ 200 个（白细胞总数在 1 万个/mm³ 以下计数 100 个；在 2 万个/mm³ 以下计数 200 个；在 2 万个/mm³ 以上计数 400 个），分别记录各种白细胞所占百分比。

染色良好的血片，可见白细胞的胞浆中，有很多较大的染色颗粒。白细胞分类计数时，必须先正确识别各型白细胞（瑞氏染色）。

（1）嗜中性粒细胞

嗜中性粒细胞比红细胞约大 2 倍，由于成熟程度不同，各阶段的细胞又各有其特点。

①嗜中性晚幼粒细胞

其细胞浆呈蓝色或粉红色，细胞浆中的颗粒为红色或蓝色颗粒；细胞核为椭圆形，呈红紫色，染色质细致。

②嗜中性杆状核粒细胞

其细胞浆呈粉红色，细胞浆中有红色、粉红色或蓝色的微细颗粒；细胞核为马蹄形或腊肠形，呈浅紫蓝色，染色质细致。

③嗜中性分叶核粒细胞

其细胞浆呈浅粉红色，细胞浆中有粉红色或紫红色的微细颗粒；细胞核分叶，多为 2 ~ 3 叶，以丝状物将分叶的核连接起来，核的颜色呈深紫蓝色，染色质粗糙。

（2）嗜酸性粒细胞

嗜酸性粒细胞的大小和嗜中性粒细胞大致相等或稍大。细胞浆呈蓝色或粉红色，细胞浆中的嗜酸性颗粒为粗大的深红色颗粒，分布均匀，颗粒在马最大，其他家畜次之。细胞核为杆状或分叶，以 2 ~ 3 叶居多，呈淡蓝色，染色质粗糙。

（3）嗜碱性粒细胞

其大小与嗜中性粒细胞相似，细胞浆呈粉红色，细胞浆中的嗜碱性颗粒为较粗大的蓝黑色颗粒，分布不均匀，大多数在细胞的边缘，细胞核为杆状或分叶，以 2 ~ 3 叶居多，呈淡紫蓝色，染色质粗糙。

（4）淋巴细胞

有大淋巴细胞（其大小比单核细胞略小）和小淋巴细胞（其大小与红细胞相似或稍大）两种。淋巴细胞的细胞浆较少，呈天蓝色或深蓝色，当细胞浆深染时有透明带。细胞浆中有少量的嗜天青颗粒，而一般幼稚型的淋巴细胞没有嗜天青颗粒。细胞核为圆形，有的凹陷，呈深紫蓝色，核染色质致密。

（5）单核细胞

单核细胞比其他白细胞都大；细胞浆较多，呈灰蓝色或天蓝色，细胞浆中有许多细小的淡紫色颗粒。细胞核为豆形、圆形、椭圆形、"山"字形等，呈淡蓝色，核染色质细致而疏松。

3. 部分动物各类白细胞所占的百分比平均值（%），见表2-8

表2-8　健康动物各类白细胞数的百分比平均值（%）

种类	嗜碱性	嗜酸性	嗜中性晚幼	嗜中性杆状	嗜中性分叶	淋巴细胞	单核细胞
马	0.5	4.5	—	4	53	35	3
牛	0.5	4	0.5	4	33	57	2
绵羊	0.5	5		1.5	32.5	58	2
山羊	0.1	6	—	1	34	57.4	1.5
猪	0.5	2.5	1	5.5	31.5	55.5	3.5
鸡	4	1.2		1	25	52	6
犬	—	4	0.5	1	68	20	6

4. 临床意义

（1）嗜中性粒细胞

①嗜中性粒细胞增多：病理性嗜中性粒细胞增多，主要见于炭疽病、腺疫、巴氏杆菌病、猪丹毒等传染病，急性胃肠炎、肺炎、子宫内膜炎、急性肾炎、乳房炎等急性炎症，化脓性胸膜炎、化脓性腹膜炎、创伤性心包炎、肺脓肿、蜂窝织炎等化脓性炎症，酸中毒及大手术后1周内。

②嗜中性粒细胞减少：多见于猪瘟、马传染性贫血、流行性感冒、传染性肝炎等病毒性疾病，各种疾病的垂危期，蕨类中毒、砷中毒及驴的妊娠中毒。

③嗜中性粒细胞的核变化：

A. 嗜中性粒细胞核左移：当嗜中性杆状核粒细胞超过其正常参考值的上限时，称轻度核左移；如果超过其正常参考值上限的1.5倍，并伴有少数嗜中性晚幼粒细胞时，称中度核左移；当其含量超过白细胞总数的25%，并伴有更多幼稚的嗜中性粒细胞时，称重度核左移。嗜中性粒细胞核左移时，还常伴有程度不同的中毒性改变。核左移伴有白细胞总数增高，称为再生性核左移，表示骨髓造血机能加强，机体处于积极防御阶段，多见于感染、急性中毒、急性失血和急性溶血。核左移而白细胞总数不高，甚至减少者，称退行性核左移，表示骨髓造血机能减退，机体的抗病力降低，多见于严重感染、败血症等。当白细胞总数和嗜中性粒细胞百分点率均增高，有中度核左移及中毒性改变，表示有严重感染；当白细胞总数和嗜中性粒细胞百分率明显增高，或白细胞总数并不增高甚至减少，但有显著核左移及中毒性改变，则表示病情极为严重。

B. 嗜中性粒细胞核右移：核右移是由于缺乏造血物质使脱氧核糖核酸合成障碍所致。如在疾病期间出现核右移，则反映病情危重或机体高度衰弱，预后往往不良，多见于重度贫血、重度感染和应用高代谢药物治疗后。

（2）嗜酸性粒细胞

①嗜酸性粒细胞增多：多见于肝片吸虫、球虫、旋毛虫、丝虫、钩虫、蛔虫、疥癣等寄生虫感染，荨麻疹、饲草过敏、血清过敏、药物过敏及湿疹等疾病。

②嗜酸性粒细胞减少：多见于尿毒症、毒血症、严重创伤、中毒、过劳等。

（3）嗜碱性粒细胞

嗜碱性粒细胞增多见于慢性溶血、慢性恶性丝虫病、高血脂症等。由于嗜碱性粒细胞在外周血液中很少见到，故其减少无临床意义。

（4）淋巴细胞

①淋巴细胞增多：多见于结核、鼻疽、布氏杆菌病等慢性传染病，急性传染病的恢复期，猪瘟、流行性感冒、马传染性贫血等病毒性疾病及血液原虫病。

②淋巴细胞减少：多见于嗜中性粒细胞绝对值增多时的各种疾病，如炭疽病、巴氏杆菌病、急性胃肠炎、化脓性胸膜炎，还可见于应用肾上皮质激素后等。

（5）单核细胞

①单核细胞增多：多见于巴贝斯焦虫病、锥虫病等原虫性疾病，结核、布氏杆菌病等慢性细菌性传染病，马传染性贫血等病毒性传染病，还见于疾病的恢复期。

②单核细胞减少：见于急性传染病的初期及各种疾病的垂危期。

（八）血小板计数

1. 原理

尿素能溶解红细胞及白细胞而保存完整形态的血小板，经稀释后在细胞计数室内直接计数，以求得 $1mm^3$ 血液内的血小板数。稀释液中的枸橼酸钠有抗凝作用，甲醛可固定血小板的形态。

2. 试剂

血小板计数所用的稀释液种类很多，现就较为常用的复方尿素稀释液介绍如下：尿素 10.0g，枸橼酸钠 0.5g，40%甲醛溶液 0.1ml，蒸馏水加至 100.0ml。待上述试剂完全溶解后，过滤，置冰箱中可保存 1~2 周，在 22~32℃ 条件下可保存 10d 左右。当稀释液变质时，溶解红细胞的能力就会降低。

3. 方法

吸取稀释液 0.38ml 置于小试管中。用沙利吸管吸取末梢血或用加有EDTA-Na$_2$抗凝剂的新鲜静脉血液至 $20mm^3$ 刻度处，擦去管外粘附的血液，插入试管，吸吹数次，轻轻振摇，充分混匀。静置 20min 以上，使红细胞溶解。充分混匀后，用毛细吸管吸取 1 滴，充入计数室内，静置 10min，用高倍镜观察。任选计数室的一个大方格，按计数法计数。在高倍镜下，血小板呈椭圆形、圆形或不规则折光小体，注意切勿将尘埃等异物计入。

4. 计算

$1mm^3$ 血液中的血小板数 $= \chi \times 20 \times 10$，其中：$\chi$ 是指一个大方格中的血小板数；20 是指稀释倍数；10 是指计数室与血盖片之间的高度为 0.1mm，乘以 10 后则为 1mm。

上式简化后为：$1mm^3$ 血液中的血小板数 $= \chi \times 200$。

5. 注意事项

器材必须清洁，稀释液必须新鲜无沉淀，否则影响计数结果；采血要迅速，以防血小板离体后破裂、聚集，造成误差；滴入计数室前要充分振摇，使红细胞充分溶解，但不能振荡过久或过于剧烈，以免破坏血小板；滴入计数室后，要静置一段时间；在夏季，应注意保持湿度，即将计数板放在铺有湿滤纸的培养皿内，在计数板下隔以火柴棒，避免直接接触；由于血小板体积小，质量轻，不容易下沉，常不在同一焦距的平面上，因此在计数时利用显微镜的微螺旋来调节焦距，才能看得清楚。

6. 部分动物血小板正常值（$\times 10^9/L$）

马 20～50；牛 26～70；羊 27～51；猪 13～45；犬 2～9；鸡 2～4。

7. 临床意义

（1）血小板减少：血小板生成减少多见于再生性障碍贫血、急性白血病、放化疗之时；血小板破坏增多见于原发性血小板减少性紫癜、脾功能亢进；血小板消耗过多见于弥漫性血管内凝血、血栓性血小板减少性紫癜。

（2）血小板增多：原发性血小板增多见于原发性血小板增多症；继发性血小板增多见于急性感染、急性出血及急性溶血。

第二节　尿液检验

根据尿液的浑浊度、色泽、气味、比重、酸碱反应、蛋白质检查等，诊断和判定机体疾病的有无及其性质。

一、尿液的采集和保存

采集尿液，通常用洁净的容器，在家畜排尿时直接接取，必要时可人工导尿。尿液采集后应立即检查，如果不能马上检查或需送检，为了防止尿液发酵分解，可加入适量的防腐剂，如：

1. 甲苯： 按尿量加入 0.5%～1.0%甲苯，使在尿液表面形成薄膜，可防止细菌发育生长，检查时吸取下层尿液。

2. 硼酸： 按尿量 0.25%加入。

3. 樟脑末： 加入微量。

4. 甲醛溶液： 每100ml尿液中加入 3～4 滴，但用甲醛溶液作防腐剂的尿液不宜作蛋白质和糖的检查。

5. 麝香草酚： 每100ml尿液中加入 0.1g，但作蛋白质检查时容易出现假阳性反应。

6. 氯仿： 按尿量的 0.5%加入，但不适宜作蛋白质、血红蛋白及胆红素的检查。

二、尿液的物理学检查

（一）浑浊度（即透明度）

将尿液装于试管中，通过透过光线观察（表2－9）。

表 2－9　动物尿液的透明度比较

动物种类	正常
马、骡	浑浊不透明
其他畜类	澄清透明、无沉淀物

尿液混浊原因的鉴别方法：

1. 尿液经过滤变透明，是含有细胞、管型及各种不溶盐。

2. 尿液加醋酸产生泡沫而透明的，是含有尿酸盐；不产生泡沫而透明的，是含有磷酸盐。

3. 尿液加热或加碱而变透明的，是含有尿酸盐；加热不透明，加稀盐酸而透明的，是含有草酸盐。

4. 尿液加入乙醚，振摇而透明的，是脂肪尿。

5. 尿液加入20%氢氧化钾或氢氧化钠溶液而呈透明胶冻状的，是混有脓汁。

6. 尿液经上述处理仍不透明的，是含有细菌。

为了确实查明尿液浑浊的原因，除用上述方法外，最好将尿沉渣进行显微镜检查。

（二）尿色

1. 各种家畜正常尿的色泽： 与尿中尿胆素有关（表2-10）。

表2-10 常见家畜正常尿液色泽

马	牛	猪	犬
黄色	淡黄色	水样无色	鲜黄色

2. 尿色变化及原因：

（1）尿量增加时，尿色变淡；尿量减少时，尿色变浓。

（2）尿液变红色：常见于尿中混有血液、血红蛋白或肌红蛋白。

（3）内服或注射某些药物时，也常引起尿色的变化：

①变红：注射大黄、安基比林、芦荟、刚果红等。

②变蓝：注射台盼蓝和美蓝等。

③变黄：注射核黄素和痢特灵等。

（4）尿中含胆红素时，除呈黄色外，振荡后还产生黄色泡沫。

（5）尿液中含有多量蛋白质时，振荡后也可产生大量泡沫，但泡沫无色，不容易消退。

（三）气味

各种家畜的尿液，由于存在着挥发性有机酸，均具有特殊的气味。在病理状态下，尿的气味往往发生改变。如膀胱炎或尿液长期潴留时，由于细菌的作用，尿素分解成氨，尿液有氨臭。当膀胱、尿道有溃疡、坏死或化脓性炎症时，由于蛋白质分解，尿液有腐败臭。牛酮血病和产后瘫痪时，由于尿中含有大量酮体，尿有丙酮味。

（四）比重

1. 家畜正常尿液的比重： 取决于尿中溶质的多少（表2-11）。

表2-11 常见家畜正常尿液比重

畜类	尿比重正常范围	畜类	尿比重正常范围	数据来源
猪	1.018~1.022	马	1.025~1.055	安丽英编著《兽医实验诊断》
牛	1.025~1.050	犬	1.020~1.050	
羊	1.015~1.065	骆驼	1.030~1.060	

2. 尿比重的测定方法——比重计法

（1）将尿液振荡后，放于玻璃比重瓶内（也可以用量筒代替），如液面有泡沫，可用吸管或吸水纸吸除泡沫，然后用温度计测尿温。

（2）小心地将尿比重计浸入尿液中，不可与瓶壁相接触。

（3）经1min，待尿比重计稳定后，读取液面半月形面的最低点（注意：有些比重计，是根据尿的半月面上角）与尿比重计上相当的刻度，即为尿液的比重数。

（4）如尿量不足时，可将尿用水稀释后测定，然后，将测得比重的小数，乘以稀释倍数，即得原尿的比重。

（5）比重计上的刻度，是以尿温在15℃时而制定的，故当尿温高于15℃时，则每高3℃加0.001，每低3℃减0.001。

（6）测定尿液的比重，也可以用折射仪法。

3. 临床意义

（1）比重增高 见于热性病、犬下痢、呕吐、糖尿病、急性肾炎、心脏衰弱及渗出性疾病的渗出期。

（2）比重减低 见于慢性肾小管性肾炎、酮血病、尿崩症、渗出液吸收期以及服用利尿剂之后。

三、尿液的化学检查

（一）酸碱反应测定

1. 健康家畜尿液正常的 pH 值范围

牛、羊、马尿的 pH 值为 7~8，犬尿的 pH 值为 6~7，猪尿的 pH 值在 7 以上。

2. 测定方法——pH 值试纸法

将 pH 值试纸浸入被检尿中，马上取出，根据 pH 值试纸颜色改变与标准色板比色，即可判定尿液的 pH 值。

3. 临床意义

（1）草食动物的尿液变为酸性，多见于饥饿、大出汗、纤维性骨营养不良及一些热性病。

（2）肉食动物尿液变为碱性，或杂食动物的尿液呈碱性，多见于剧烈呕吐、膀胱炎或膀胱与尿道组织崩解等。

（二）蛋白质检查

健康家畜尿中含的蛋白质，量非常少，用一般的检验方法不能证明，如果用一般方法检出尿中含有蛋白质，即为蛋白尿。

1. 被检尿的处理

被检尿必须澄清透明。对碱性尿及不透明的尿，可先过滤或离心沉淀或加酸使之透明。检查马尿一般向被检尿中加入10%醋酸（约为尿量的10%），使尿液酸化透明。

2. 蛋白质定性试验（磺基水杨酸法）

①原理 蛋白质与磺基水杨酸内的酸根离子结合，生成不溶解的蛋白质盐而析出沉淀。

②试剂 5%磺基水杨酸液（也有用3%，10%和20%的）。

另外，也可用磺基水杨酸甲醇溶液，即取磺基水杨酸20g，加水至100ml，再取此液与甲醇等量混合后使用。

③操作 取酸化尿液5ml置于试管中，滴加5%磺基水杨酸液数滴（或滴加磺基水杨酸甲醇液2~3滴），3~5min后，观察结果，显白色浑混，有沉淀者为阳性反应；不浑浊者为阴性反应。

④注意事项

A. 这种方法十分敏锐，但容易出现假阳性，为了准确起见，最好与煮沸法对照观察。

B. 当尿液中含有尿酸、酮体或蛋白时，也会出现轻度浑浊而呈现假阳性反应，但加热后浑浊即消失，而蛋白质所生成的浑浊加热后不消失。

⑤临床意义

尿中检出蛋白质，要区分是肾性蛋白尿还是肾外性蛋白尿。肾性蛋白尿，见于肾炎、肾病变；肾外性蛋白尿，见于膀胱炎和尿道炎等。尿中检出蛋白质时，还需要结合临床症状和尿沉渣检查，以判定患病的部位。另外，某些急性热性传染病、急性中毒或慢性细菌性传染病以及血孢子虫病等，均可出现蛋白尿。

（三）尿中葡萄糖的定性检验

1. 方法（班氏法）

（1）原理　尿中葡萄糖的醛基在热碱性溶液中，能将高价铜（Cu^{2+}）还原成低价铜（Cu^+），生成棕红色的氧化亚铜沉淀。

（2）试剂　班氏试剂：结晶硫酸铜（G. P）17.3g、无水碳酸钠（G. P）100g、枸橼酸钠（G. P）173g、蒸馏水加至1 000ml。

配制时，先将枸橼酸钠和无水碳酸钠溶解于700ml蒸馏水中，可加热助溶；将硫酸铜溶解于100ml蒸馏水中，也可加热助溶，均匀待冷却后，将硫酸铜液慢慢加入枸橼酸钠混合液中，边加边混匀，最后加蒸馏水至1 000ml，过滤后，贮存于棕色瓶中备用。

（3）操作　取班氏液5ml于试管中，加热至沸，试剂变得更蓝而透明（若试剂显绿黄色或红色，则是试管不洁或试剂不合格），然后加入检尿0.5ml（约10滴），继续加热煮沸1~2min，待冷却后判定结果（表2-12）。

表2-12　尿中葡萄糖定性试验（班氏法）

试验反应	葡萄糖含量（克/100毫升）	结果判定
煮沸冷却后试剂仍呈清晰蓝色	无	-
煮沸冷却后有少量绿色沉淀	0.1~0.5	+
煮沸1min显少量黄绿色沉淀	0.5~1.4	+ +
煮沸10~15s即显土黄色沉淀	1.4~2.0	+ + +
煮沸中即见黄色或红棕色沉淀	2.0以上	+ + + +

（4）注意事项

①尿液与试剂的比例为1∶10，如果尿液过多，则尿液中的其他还原物质呈现还原作用，产生假阳性。

②铜离子可与蛋白质结合形成沉淀，如尿中含有蛋白质，可先除去蛋白质后再进行尿糖试验。

2. 方法（试纸法）

（1）材料　市售的尿糖单项试纸，可供尿糖定性及半定量用。该试纸附有标准色板（自0~2.0克/100毫升，分五种色度），试纸为桃红色，保存在棕色瓶中。

（2）操作　取试纸一条，浸入被检尿中，5s后取出，1min后在自然光或日光灯下，将所呈现的颜色与标准色板比较，根据标准色板判定结果。

（3）注意事项

①尿液应新鲜。

②服用大量抗坏血酸和汞利尿剂等药物后，可呈假阴性反应，因为该试纸主要起作用的是酶（葡萄糖氧化酶和过氧化氢酶），而抗坏血酸和汞利尿剂可抑制酶的作用。

③试纸在阴暗干燥处保存，不得暴露在阳光下，不能接触煤气，有效期为1年，试纸如变黄，即已失效。

3. 诊断意义

健康家畜的尿中仅含有微量的葡萄糖，不容易检出。如检出葡萄糖则称糖尿。可分为生理性和病理性糖尿。

生理性糖尿：常见于家畜采食了大量含糖饲料或兴奋惊恐时，多为暂时性的。

病理性糖尿：多见于肾脏疾病、脑脊髓炎、化学药品中毒、乳房炎、产后瘫痪及糖尿病等。

（四）尿中酮体的检验

1. 检验方法 ［改良骆特拉（Rothera）氏法］

（1）原理 在碱性溶液中，亚硝基铁氰化钠与尿中丙酮酸或乙酰乙酸作用，生成紫红色化合物。

（2）试剂 骆氏试剂：亚硝基铁氰化钠0.5g，无水碳酸钠10g，硫酸铵20g，共研为粉末，烘干后贮存于棕色瓶中备用。

（3）操作 取试剂粉0.1g，置于白磁反应板凹窝内（或玻片上），加被检尿液2滴，5min后观察结果，如呈粉红色或紫色者则为阳性反应，不变色者则为阴性反应。

2. 临床意义

健康家畜的尿液中含的酮体量非常少，用一般方法不能检出，如果尿中检出酮体，则为病态。主要见于牛酮血病、前胃弛缓、糖尿病、产后瘫痪、绵羊妊娠毒血症、磷中毒、长期饥饿等。

（五）尿中胆红素检验

1. 方法（Harrison法）

（1）原理 用氯化钡吸附尿液中的胆红素后，滴加酸性三氯化铁试剂，使胆红素氧化成胆绿素而呈绿色反应。

（2）试剂

①酸性三氯化铁试剂——Fovchet试剂。三氯乙酸25g，加蒸馏水少量使之溶解，再加入三氯化铁0.9g，溶解后加蒸馏水至100ml。

②100g/L氯化钡溶液或氯化钡试纸：将优质滤纸裁成10mm×80mm大小纸条，浸入饱和氯化钡溶液中（氯化钡30g，加蒸馏水100ml）数分钟后，置室温或37℃温箱中干燥，贮存于瓶中备用。

（3）操作

①取5ml被检尿液，加入100g/L氯化钡溶液3~5滴，此时出现白色沉淀；或用氯化钡试纸条将一边浸入被检尿中，浸入部分至少30mm，5~10s取出带沉淀的试纸条，平铺于吸水纸上，吸去多余的尿液。

②将上述浑浊尿离心或用滤纸过滤，取离心沉淀或过滤在滤纸上的沉淀（上清尿液可进行尿胆原检查）；加入三氯化铁试剂数滴，呈现绿色或蓝色者为阳性，不变色者为阴性。

（4）注意事项

①水杨酸盐、阿司匹林可与 Fovchet 试剂发生假阳性反应。

②Fovchet 试剂不能多加，以免生成胆黄素而不呈现绿色，出现假阴性。

③尿液应及时地检查，胆红素在阳光下容易分解。

④本法敏感度比较高（0.9μmol/L 至 0.05mg/dl 都能检查出来）。

2. 诊断意义

健康家畜尿中不含胆红素，如尿中检出胆红素，则为肝实质损伤或阻塞性黄疸。

（六）尿潜血检验

1. 检验方法（邻甲苯胺法）

（1）原理　血红蛋白有类似过氧化酶的作用，能分解过氧化氢，释放出新生态氧，使邻甲苯胺氧化生成蓝绿色化合物。

（2）试剂

①1% 邻甲苯胺溶液：邻甲苯胺 1g，加无水甲醇 50ml 和冰醋酸 50ml，配制而成。

②3% 过氧化氢溶液。

③乙醚溶液。

（3）操作

①取被检尿液 5ml 于试管中加热煮沸，以除去尿中可能存在的过氧化酶，冷却后加冰醋酸数滴使尿液呈酸性。

②加入乙醚 3ml，加塞后用力振荡，静置片刻使尿液与乙醚分层（如遇乙醚层呈胶状不易分层时，可加入 95% 乙醇少许，轻轻振荡即可使乙醚分离）。

③吸取乙醚层液，滴 2 滴于白瓷反应板凹窝中，加入 1% 邻甲苯胺溶液 2 滴，3% 过氧化氢溶液 2 滴。如出现蓝色则为阳性反应，表明尿中有潜血或血红蛋白存在。结果见表 2 – 13。

表 2 – 13　尿潜血检验（邻甲苯胺法）

试验反应	结果判定
30min 后不出现蓝绿色	–
30 ~ 60s 内出现蓝绿色	+
立即出现蓝绿色	+ +
立即出现深蓝色	+ + +

2. 临床意义

检验呈阳性，说明尿中有肉眼看不见的少量血液或血红蛋白存在，表明机体发生泌尿器官出血性炎症及某些传染病与寄生虫病等。

（七）尿中肌红蛋白检验

肌红蛋白是肌浆蛋白质的一种，与血红蛋白同属于色素蛋白质类，但肌红蛋白的分子量约为血红蛋白的 1/4。两者对不同蛋白沉淀剂有不同的反应。正常尿中不含肌红蛋白，如尿中出现肌红蛋白，则称为肌红蛋白尿。肌红蛋白与血红蛋白，对联苯胺试验无度呈阳性，但可用盐析方法将两者区分。

1. 原理　在确定是色素蛋白的前提下，利用硫酸铵对大分子量的血红蛋白起作用，而对小分子量的肌红蛋白不起作用的盐析方法，将血红蛋白与肌红蛋白区分开。

2. 试剂

（1）3%磺基水杨酸溶液。

（2）10%醋酸溶液。

（3）硫酸铵溶液。

（4）1%邻联甲苯胺乙醇溶液。

（5）3%过氧化氢水溶液。

3. 操作

（1）取被检尿液4滴，置于白瓷反应板的凹窝中，加入1%邻联甲苯胺乙醇溶液2滴，混合后再加3%过氧化氢水溶液3滴，如出现绿色或蓝色则为阳性反应，说明有血红蛋白或肌红蛋白存在。进一步鉴别是血红蛋白还是肌红蛋白。

（2）用10%醋酸溶液将尿液pH值调至7.0～7.5，以3 000r/min离心6min，取上清尿液5ml于小烧杯中，缓缓加入2.8g硫酸铵，达到80%的饱和度溶解后，用定性滤纸过滤，滤液应清澄并转入小烧杯中，再缓缓加入1.2g硫酸铵，边加入边搅拌（此时达到饱和），转入离心管，以3 000r/min离心10min，若有肌红蛋白存在，在硫酸铵沉淀上层有微量红色絮状物，用小吸管吸去上层清液，然后再吸取红色絮状物于离心管中，3 000r/min离心10min，吸去上清液，于沉渣中加入1%邻联甲苯胺乙醇溶液2滴及3%过氧化氢水溶液3滴，若出现绿色或蓝色则为阳性，不变色则为阴性。

4. 临床意义

肌红蛋白多见于马麻痹性和地方性肌红蛋白尿病、白肌病以及重剧肌肉损伤等。

四、尿沉渣检查

（一）尿沉渣标本的制作及镜检

将尿液静置或离心沉淀，取其沉淀物涂片镜检。先用低倍镜观察，再用高倍镜作进一步鉴别。

（二）尿中有机沉渣的检查

尿液有机沉渣的检查，有助于肾脏及尿路疾病的确定诊断。对发现的有机物可分别用以下方法表示（表2-14）：

表2-14 尿中有机沉渣的检查

结果判定	试验反应
-	0～1
+	2～6
+ +	7～20
+ + +	21～50
+ + + +	50以上

1. 尿中常见的有机沉淀物的形状特征

尿中常见沉淀物有红细胞、白细胞、上皮细胞及管型等（图2-9）。

（1）红细胞 新鲜尿液中红细胞形状正常，呈淡黄色圆形。在碱性尿中的红细胞很快被破坏，在弱酸性尿中红细胞的形态和色泽可长时间无改变。

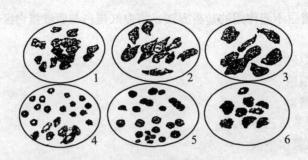

图 2 - 9　尿液内常见的细胞
1. 肾上皮细胞　2. 尿路上皮细胞　3. 扁平上皮细胞　4. 红细胞（无核细胞，皱缩红细
胞，红细胞残影）　5. 白细胞（未经处理白细胞、脓细胞）　6. 发生脂肪变性的肾上皮细胞

（2）白细胞　白细胞呈无色圆形，核模糊。在酸性尿中易皱缩，在碱性尿中易膨胀，
形态不正，多成为脓细胞。

（3）上皮细胞　尿中常见的上皮细胞主要有以下几种：

①肾上皮细胞　呈圆形、椭圆或立方形，比白细胞约大 1/3，核大而圆，位于细胞中
央，颗粒充满胞浆。如果发生脂肪变性时，可在胞浆中见到折光性的脂肪颗粒。这一类细
胞主要来自肾小管，也可来自尿路后段上皮组织。

②尾形上皮细胞　比白细胞大 2～4 倍，形状不一，有呈梨形、纺锤形、近似圆形或椭
圆形。这一类细胞来自肾盂、输尿管和膀胱黏膜深层。

③扁平上皮细胞　细胞形状大而扁平，常呈片状，细胞核小而明显呈圆形或椭圆形。
多成堆存在。这种细胞主要来自膀胱及尿道黏膜的表层。

④管型（图 2 - 10）管型在肾脏发生病变时，肾小球的通透性增加，使大量蛋白渗入
肾小管内，因水分被吸收而浓缩，在酸性增加和硫酸软骨素存在时，蛋白质在肾小管腔
内，由溶胶变为凝胶，析出水分而凝固，或者与血细胞、上皮细胞和退行变性的细胞黏合
而成的圆柱状物。尿中出现管型是肾脏疾病的主要指征。依据管型的结构不同，可分为下
列几种：

图 2 - 10　管型
1. 透明管型　2. 颗粒管型　3. 上皮细胞管型　4. 红细胞管型
5. 白细胞管型　6. 脂肪管型和蜡样管型

A. 透明管型　无色，半透明，两端圆、直或微弯曲，不含颗粒。

B. 颗粒管型　管型内含有大小不等的颗粒，根据颗粒粗细又可分为粗颗粒和细颗粒两
种管型。

C. 蜡样管型　形似透明管型，常呈皱褶折光、灰暗色，如蜡状，两端不齐，较粗短。

D. 细胞管型　管型内含有多量细胞。根据所含细胞的不同，又可分为红细胞、白细胞及上皮细胞管型三种。

E. 脂肪管型　较粗大，管型内有许多微小的脂肪滴和脂肪结晶，是为上皮管型和颗粒管型脂肪变性的产物所形成。可用苏丹Ⅲ染色，以此与颗粒管型区分。

2. 临床意义

（1）健康家畜的尿中无红细胞，有时可见少量的白细胞。如果尿中出现一定量的红细胞，那表明泌尿系统有出血性炎症或损伤；出现一定量的白细胞和脓细胞，表明泌尿系统发生炎症，多见于肾炎、肾盂肾炎、膀胱炎、尿道炎及肿瘤等。

（2）健康家畜的尿中常有少量尿路上皮细胞混入，在母畜尤多，但当某种上皮细胞明显增多时，则表明该细胞在原部位有病变，如肾上皮细胞增多，多见于急性肾炎和肾病时；尾形上皮细胞多，则表明尿路黏膜有重剧炎症；扁平上皮细胞增多，多见于膀胱和尿道黏膜的表层炎症。

（3）尿中出现管型是肾脏疾病的重要标志，多见于急、慢性肾炎及能引起肾脏病变的其他疾病过程中。

（三）尿中无机沉渣检查

无机沉渣主要指各种盐类结晶和一些非结晶性物。由于尿液的酸碱性不同，所含无机沉渣也不相同。

1. 碱性尿液中的无机沉渣

碱性尿液中的无机沉渣有碳酸钙、磷酸钙、马尿酸及磷酸铵镁、尿酸铵等。前三种为碱性尿的正常成分，如果减少或消失，则是病态；草食动物尿中缺乏碳酸钙，是尿变酸性的特征。马尿中的马尿酸减少或消失，是肾实质患病的指征；如尿中出现磷酸铵镁，则表示尿在膀胱或肾盂中有发酵现象，为肾盂肾炎和膀胱炎的特征。在新鲜尿液中出现尿酸铵结晶，则表明有化脓性感染，多见于肾盂肾炎及膀胱炎（图2－11）。

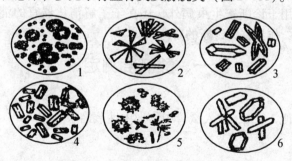

图2－11　碱性尿中的无机沉渣

1. 碳酸钙结晶　2. 磷酸钙结晶　3. 磷酸胺镁结晶　4. 磷酸胺镁结晶　5. 尿酸铵结晶　6. 马尿酸结晶

2. 酸性尿中的无机沉渣

酸性尿中的无机沉渣主要有草酸钙、硫酸钙、尿酸盐结晶及尿酸结晶等，均为正常成分。如果含量增多，则表明出现病态。如草酸钙异常增多，多见于糖尿病、慢性肾炎及某些代谢性疾病；硫酸钙增多，多见于草食动物胃肠炎；草酸钙结晶增多，多见于草食动物的发热性疾病；尿酸结晶增多，多见于发热和饥饿等（图2－12、图2－13）。

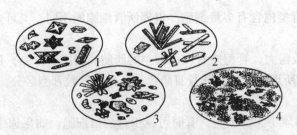

图2－12　病畜尿中的沉渣

1. 草酸钙结晶　2. 硫酸钙结晶　3. 尿酸结晶　4. 尿酸钙结晶

图2－13　病畜尿中的沉渣

1. 白氨酸结晶　2. 酪氨酸结晶　3. 胆固醇结晶

（四）仅在某些疾病时出现的沉渣

1. 白氨酸　为带黄色球形结晶，具有同心圆的放射状条纹，如木材的横断面，多见于肝脏急性疾患、磷及二氧化碳中毒、严重代谢性障碍等。

2. 酪氨酸　为黄色细丝状物，常聚集成中央狭细的束状或簇状，多见于重剧的神经系统疾病及肝脏疾病等。

3. 胆固醇　为长方形缺一角的闪光透明结晶，多见于肾脏脂肪变性、肾盂肾炎等。

第三节　粪便检验

粪便的检验除了用于诊断寄生虫病外，还在于了解消化器官的消化功能、有无炎症、出血或其他病理改变，作为临床诊断的参考。

一、酸碱度测定

（一）试纸法

取新鲜的被检粪便2～3g，放入试管中，加中性蒸馏水8～10ml，混匀，用广范围试纸测定其pH值。

（二）试管法

取新鲜的被检粪便2～3g，放入试管中，加中性蒸馏水4～5倍，混匀，置37℃恒温箱或室温中6～8h，如上层液透明清亮，为酸性（粪中磷酸盐和碳酸盐类在酸性液中溶解）；如果液体浑浊，颜色变暗，为碱性（粪便中磷酸盐和碳酸盐类在碱性液中不溶解）。

草食动物的粪便为碱性反应；肉食动物及杂食动物的粪便，喂一般混合性饲料时为弱碱性，有的为碱性或酸性。但当肠内蛋白质腐败分解旺盛时，由于形成游离氨，粪便则呈强碱性反应，见于胃肠炎；肠内发酵旺盛时，由于形成多量有机酸，粪便呈强酸性反应，见于胃肠卡他。

二、潜血试验

粪便中含有微量的血液，肉眼不能发觉的称为潜血。检查方法常用联苯胺试验。

（一）原理

血红蛋白有类似过氧化酶的作用，能分解过氧化氢而产生新生态氧，使联苯胺氧化生成蓝色化合物。

（二）试剂

1%联苯胺冰醋酸溶液，可保存两个月。

3%过氧化氢溶液，最好现配现用。

（三）操作

1. 取被检新鲜粪便2~3g于试管中，加蒸馏水3~4ml，搅拌，煮沸（破坏粪便中的酶类）后，冷却。

2. 取干净小试管1支，加入1%联苯胺冰醋酸溶液和3%过氧化氢溶液的等量混合液2~3ml。

3. 取1~2滴冷却的粪便悬液，重积于上述混合试剂上。如果粪便中含有血液，立即出现绿色或蓝色，不久变为污红紫色。

4. 也可取联苯胺粉末少量，加入冰醋酸及3%过氧化氢溶液适量，滴加于处理过的粪便混悬液中，进行试验。

（四）结果判断　见表2-15

表2-15　潜血试验结果判断

试验反应	结果判断
5min内不出现颜色反应	－
2min内出现淡蓝色反应	＋
1min内出现深蓝色反应	＋＋
30s内出现深蓝色反应	＋＋＋
立即出现深蓝色反应	＋＋＋＋

（五）注意事项

检验肉食动物粪便潜血时，必须停喂肉食3~4d。

（六）临床意义

粪便潜血试验呈阳性，说明胃肠内有出血性疾患，多见于出血性胃肠炎、创伤性网胃炎、马肠系膜动脉血栓性疝痛、犬钩虫病及球虫病等。

三、粪便中寄生虫与虫卵检查

（一）虫卵检查法

寄生虫虫卵检查，根据检出虫卵种类，结合临床症状，进一步确定是否患有某一种寄生虫病。

1. 直接涂片检查法

在玻片上滴少量甘油与水的等量混合液，再用火柴棍或牙签挑取少量粪便加入其中，轻轻搅拌使之溶解，挑去不溶性颗粒或过多的粪渣，盖上盖玻片，在显微镜下检查。

这种方法比较简便，但是由于被检的粪便少，检出率相对低，特别是粪便中寄生虫虫卵少时，不容易检出。

2. 集卵法

将分散在粪便中的虫卵集中起来，再进行检查，以提高检出率。常用的方法主要有以下几种：

（1）自然沉淀法

取少量被检新鲜粪便，在烧杯中加水充分溶解，然后用2～3层纱布过滤，滤液分装到试管中，然后垂直静置，让浑浊悬液自然沉淀，当明显分层后，倒去上清液，再加水溶解，再静置沉淀，如此反复2～3次，最后取沉淀物进行镜检。

简易操作流程图：

少量粪 ——— 烧杯 ——— 水 ——— 搅拌溶解 ——— 3层纱布过滤 ———
试管分装 ——— 静置沉淀 ——— 倾去上清液 ——— 加水再溶解 ——— 静
置沉淀 ——— 倾去上清液 ——— 反复溶解沉淀2～3次 ——— 最后取沉
淀物 ——— 镜检（10×4～10×40）

（2）离心沉淀法

取少量被检新鲜粪便，在烧杯中加水充分溶解，然后用2～3层纱布过滤，滤液分装到离心管，在离心机中离心（3 000r/min）3～5min，取出倒去上清液，再加水溶解，再离心，如此反复离心2～3次，最后取离心沉淀物进行镜检。

简易操作流程图：

少量粪 ——— 烧杯 ——— 水 ——— 搅拌溶解 ——— 3层纱布过滤 ———
分装离心管 ——— 离心机离心（3 000r/min） ——— 倾去上清液 ———
加水再溶解 ——— 再离心 ——— 再倾去上清液 ——— 反复溶解 ——— 离
心2～3次 ——— 最后取沉淀物 ——— 镜检（10×4～10×40）

（3）尼龙筛过滤法

取少量被检新鲜粪便，在烧杯中加水充分溶解，用尼龙筛过滤（一般用3个尼龙筛重叠：由上而下分别为40目、60目、80目或40目、100目、160目，筛孔的大小可根据所检虫卵的大小确定），然后去掉上面2个尼龙筛，取最下面的尼龙筛，用盘盛半盘清水，把筛放入水中（注意水面不能浸过筛边缘），用玻棒搅拌漂洗，直至滤渣漂洗干净为止，然后取滤渣进行镜检。

简易操作流程图：

少量粪 ——— 烧杯 ——— 水 ——— 搅拌溶解 ——— 尼龙筛过滤（由上而
下40目、60目、80目）——— 取80目的尼龙筛于盘中漂洗 ——— 取
沉淀物 ——— 镜检（10×4～10×40）

（4）漂浮法

取少量被检新鲜粪便，在烧杯中加饱和盐水（把水煮沸，加入食盐，直至不能溶解，然后冷却即得饱和盐水）充分溶解，然后用2～3层纱布过滤，滤液分装到青霉素瓶或试管中（注意尽量装满，最好是装到液面微微突起），然后垂直静置30min以上，用玻片中部平着轻轻接触液面，盖上盖玻片，进行镜检。

简易操作流程图：

少量粪 ——→ 烧杯 ——→ 饱和盐水 ——→ 搅拌溶解 ——→ 3 层纱布过滤，

分装到青霉素瓶 ——→ 静置 30min 以上 ——→ 用玻片接触液面，加盖

玻片 ——→ 镜检（$10 \times 4 \sim 10 \times 40$）

（二）寄生虫虫卵计数

寄生虫虫卵计数法是测定每克家畜粪便中的虫子卵数，而以此推断家畜体内寄生虫寄生的数量，作为判断寄生虫感染强度的指标。常用的方法有：

1. 斯陶尔氏法（Stoll's method）　在一小玻璃容器上（如三角瓶或大试管），在容量 56ml 和 60ml 处各做一个标记；先取 0.4% 的氢氧化钠溶液注入容器内到 56ml 处，再加入被检新鲜粪便使液体升到 60ml 处，然后加入一些玻璃珠，振荡使粪便完全破碎混匀；而后在混匀的情况下以 1ml 的吸管吸取粪液 0.15ml，滴于 $2 \sim 3$ 张载玻片上，盖上盖玻片，在显微镜下循序检查，统计其中虫卵总数（注意不能遗漏和重复）。因 0.15ml 粪液中实际含原粪量是 $0.15 \times （4 \div 60）= 0.01g$，因此所得虫卵总数乘以 100，即为每克粪便中的虫卵数（e.p.g）。这种方法可以用于大部分蠕虫虫卵的计数。

2. 麦克马斯特氏法（McMaster's method）　本法是将虫卵集中到一个计数室中。计数室由两片载玻片制成。制作时为了使用方便，常将其中一片切去一条，使之较另一片窄一点。在较窄的玻片上刻以 1cm 见方的划度两个，而后选取厚度 1.5mm 的玻片切成小条垫于两玻片间，以环氧树脂黏合即成。

操作方法：

取被检新鲜粪便 2g，于研钵中加水 10ml，搅匀，再加饱和盐水 50ml。混匀后，吸取粪液，放入计数室，置显微镜载物台上，静置 $1 \sim 2$min。然后在镜下计数 $1cm^2$ 刻度中的虫卵总数；求两个刻度室中虫卵数的平均数，乘以 200 即为每克粪便中的虫卵数（e.p.g）。本法只适用于可被饱和盐水浮起的各种虫卵。

3. 片形吸虫虫卵的计数法　片形吸虫虫卵在粪便中量比较少，比重大，因此，要求采用特殊的方法；牛、羊片形吸虫虫卵的计数法也有所不同。

羊片形吸虫虫卵计数时，取被检新鲜羊粪便 10g，置于 300ml 容量的瓶中。加入少量 1.6% 浓度的氢氧化钠溶液，静置过夜。每两天，将粪块搅碎，再加入 1.6% 的氢氧化钠溶液到 300ml 刻度处，再摇匀，立即吸取此液 7.5ml 注入到一离心管内，在离心机内以 1 000r/min 速度离心 2min，倾去上层液，换加饱和盐水，再次离心后，再倾去上层液，再换加饱和盐水，如此反复操作，直到上层液体完全清澈为止。倾去上层液，将沉渣全部滴在数张载玻片上，检查一部分所制的载玻片，统计其中虫卵总数，以总数乘以 4，即为每克粪便中的肝片吸虫虫卵数（e.p.g）。

牛片形吸虫虫卵计数时，操作步骤和羊的基本相同，但用粪量改为 30g，加入离心管中的粪液量为 5ml，因此最后得虫卵总数乘以 2，即为每克粪便中虫卵总数。

虫卵计数的结果，通常作为诊断寄生虫病的参考。对于马，当线虫虫卵数量达到每克粪便中含卵 500 枚时为轻度感染；$800 \sim 1\ 000$ 枚时为中度感染；$1\ 500 \sim 2\ 000$ 枚时为重度感染。而对于羔羊，还应考虑线虫的种类，一般每克粪便中含虫卵 $2\ 000 \sim 6\ 000$ 枚时，认为是重度感染；在每克粪便中含虫卵 1 000 枚以上时，即认为应给予驱虫。对于肝片吸虫，牛每克粪便含虫卵数达到 $100 \sim 200$ 枚，羊达到 $300 \sim 600$ 枚时，即应考虑其致病性。

附各种动物体内寄生虫卵的形态，见图 2-14、图 2-15、图 2-16、图 2-17、图 2-

18、图2-19。

图2-14　牛体内寄生虫虫卵形态

1. 肝片形吸虫虫卵　2. 前后盘吸虫卵　3. 日本血吸虫卵　4. 双腔吸虫卵　5. 胰阔
盘吸虫卵　6. 东毕吸虫卵　7. 莫尼茨绦虫卵　8. 结节虫卵　9. 钩虫卵　10. 吸吮线虫
卵　11. 指形长刺线虫卵　12. 古柏线虫卵　13. 牛蛔虫卵

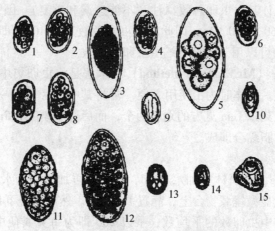

图2-15　羊体内寄生虫虫卵形态

1. 捻转胃虫卵　2. 奥斯特线虫卵　3. 马歇尔线虫卵　4. 毛圆线虫卵　5. 钝刺细颈线
虫卵　6. 结节虫卵　7. 钩虫卵　8. 阔口圆线虫卵　9. 乳突类圆线虫卵　10. 鞭虫卵　11. 肝
片形吸虫卵　12. 前后盘吸虫卵　13. 双腔吸虫卵　14. 胰阔盘吸虫卵　15. 莫尼茨绦虫卵

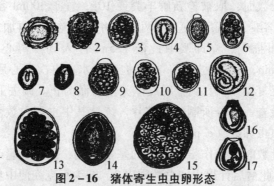

图2-16　猪体寄生虫虫卵形态

1. 猪蛔虫卵　2. 猪蛔虫的未受精卵　3. 猪结节虫卵　4. 兰氏类圆线虫卵　5. 猪鞭虫卵　6. 红色
猪圆虫卵　7. 螺咽胃虫卵　8. 环咽胃虫卵　9. 刚棘颚口线虫卵　10. 球首线虫卵　11. 鲍杰线虫卵
12. 猪肺虫卵　13. 猪肾虫卵　14. 猪棘头虫卵　15. 姜片吸虫卵　16. 华枝睾吸虫卵　17. 截形微口线
虫卵

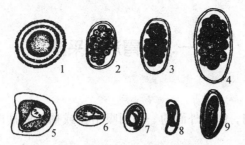

图 2-17 马体内寄生虫虫卵形态

1. 马蛔虫卵 2. 圆形线虫卵 3. 毛线虫卵 4. 细颈三齿线虫卵 5. 裸头线虫卵 6. 侏儒副裸头线虫卵 7. 韦氏类圆线虫卵 8. 柔线虫卵 9. 马蛲虫卵

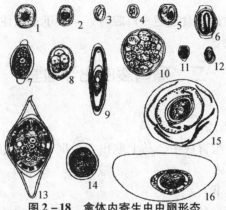

图 2-18 禽体内寄生虫虫卵形态

1. 鸡蛔虫卵 2. 鸡异刺线虫卵 3. 鸡类圆线虫卵 4. 孟氏眼线虫卵 5. 螺状胃虫卵 6. 四棱线虫卵 7. 毛细线虫卵 8. 比翼线虫卵 9. 多型棘头虫卵 10. 卷棘口吸虫卵 11. 前殖吸虫卵 12. 次睾吸虫卵 13. 毛毕吸虫卵 14. 有轮棘利绦虫卵 15. 矛形剑带绦虫卵 16. 片形皱褶绦虫卵

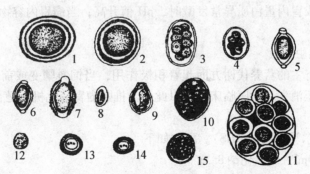

图 2-19 犬体内寄生虫虫卵形态

1. 犬蛔虫卵 2. 狮蛔虫卵 3. 犬钩虫卵 4. 巴西钩虫卵 5. 犬鞭虫卵 6. 毛细线虫卵 7. 肾膨结线虫卵 8. 血色食道线虫卵 9. 华支睾吸虫卵 10. 前殖吸虫卵 11. 犬复孔绦虫卵 12. 线中绦虫卵 13. 泡状带绦虫卵 14. 细粒棘球绦虫卵 15. 裂头绦虫卵

第四节 瘤胃液检验

通过对瘤胃液的物理、化学检验，了解瘤胃液的变化，对诊断和判定瘤胃疾病有一定的参考意义。

一、瘤胃液的采集

方法有以下几种：

（一）胃导管导出法

用胃导管插入瘤胃内，露在外面的一端用吸引器或抽气筒抽即可导出胃液。最好在清晨进食前进行。

（二）瘤胃穿刺法

用 20~30cm 长的瘤胃穿刺针，从瘤左肷窝最凹处穿刺，然后用注射器吸取即可。

（三）口腔掏取法

在牛羊反刍时，观察食团从食道逆入口腔时，一手迅速抓住舌头，另一手伸入舌根部即可获得少量的瘤胃内容物。

二、瘤胃液的化学检验

（一）酸碱度测定

1. 检验方法　石蕊试纸法。

将 pH 值试纸浸入被检瘤胃液中，马上取出，根据 pH 值试纸颜色改变与标准色板比色，即可判定瘤胃液的 pH 值。

2. 健康牛羊的瘤胃 pH 值

健康牛羊的瘤胃 pH 值变化较大，一般为 6.0~7.5。如果黄牛在冬季舍饲时，瘤胃液的 pH 值为：6.90±0.05，水牛为：6.80±0.07。对纤维素的消化来说，最合适的 pH 值为6.5，pH 值在 5.5 以下或 8.0 以上时，纤毛虫的生存就会受到影响。

3. 临床意义

当患慢性胃炎或胃内蛋白质异常发酵时，pH 值升高；当瘤胃内容物发酵过度时，则酸度降低。

（二）瘤胃纤毛虫计数

瘤胃纤毛虫在寄主的营养代谢方面起着积极作用，当饲料骤变或前胃机能障碍时，纤毛虫的数量下降甚至消失。兽医临床上常以此作为推断瘤胃消化机能是否正常的指标之一。

1. 稀释液

（1）甲基绿福尔马林液（MHS）。配方如下

甲醛溶液 100.0ml　　氯化钠 8.5g

甲基绿 0.3g　　　　　蒸馏水 900.0ml

混合，溶解，备用。此液有利于纤毛虫着色，因此具有固定与染色作用，便于和胃内其他物质区别。

（2）0.3% 冰醋酸液。

以上两种任选一种即可。

2. 方法

（1）准备计数板　用血细胞计数板，在计数室的两侧用黏合剂粘上 0.4mm 的玻片两条，使计数室与盖玻片之间的高度变成 0.5mm，这样才能使全部纤毛虫顺利进入计数室。

制成的该计数板，专供纤毛虫计数用。

（2）吸取稀释液 1.90ml，置于小试管中，再加入用 4 层纱布过滤后的胃液 0.1ml，混匀，即为 20 倍稀释。

（3）用滴管吸取稀释好的瘤胃液，充入计数室，静置片刻，用低倍镜观察。

（4）计数四角四个大方格内纤毛虫的数目（计数方法与白细胞计数法相同），代入公式计算出 1ml 中的纤毛虫数目。

3. 计算

（四个大方格纤毛虫总数/4）×20×2 = 个/μl

（四个大方格纤毛虫总数/4）×20×2×1 000 = 个/ml

4. 正常值与临床意义

纤毛虫的平均值为：黄牛 30 万～60 万/ml；水牛 20 万～50 万/ml；绵羊 40 万～70 万/ml。患瘤胃疾病时，纤毛虫数可降至 3 万/ml，甚至更低。在治疗前胃疾病时，纤毛虫数量的变化可作为推断瘤胃消化机能是否恢复的一个指标。

第五节　穿刺液检验

健康动物的浆膜腔中都含有少量的液体，这些液体经常与浆膜腔内毛细血管的渗透压保持平衡。浆膜腔的非炎性积液称为漏出液（transudates）；炎性积液称为渗出液（exsudates）。漏出液积存于组织之间称为水肿。

一、胸、腹腔穿刺方法

胸、腹腔穿刺时，先行站立保定（小动物胸腔穿刺可行坐姿保定）；术部必须剪毛、消毒；穿刺时用 16～18 号长针头，并要接有胶管，胸腔穿刺时必须使用胶管封闭（夹上止血钳），以防造成气胸；盛装供验液的玻璃容器必须清洁、干燥，为防止渗出液凝固，可事先加入 38% 枸橼酸钠溶液，约占标本的 10%。具体按表 2-16 进行。

表 2-16　穿刺的部位与方法

穿刺类别	穿刺部位	穿刺方法
胸腔穿刺	马、牛、羊、犬在右侧第六肋间，左侧第七肋间，猪在右侧第七肋间，在胸外静脉上方，一般在右侧进行	左手将术部皮肤稍向前移动，右手持穿刺针头沿肋骨前缘垂直刺入 3～4cm，连接注射器抽取积液供检验
腹腔穿刺	马后侧剑状软骨突起 10～15cm，白线左侧 2～3cm 处，牛较马稍向前、白线右侧	术者持穿刺针，并控制深度，由下向上垂直刺入，抽取积液
心包穿刺	左侧第五肋间，肩端水平线下方约 2cm 处，心脏叩诊呈浊音部位	左手将术部皮肤稍向前移动，右手持穿刺针沿第六肋骨前缘垂直刺入 2～4cm（小动物 1～2cm），然后连接注射器，边抽边进针，直至抽出积液为止

二、穿刺液的化学检验

（一）蛋白质的定性试验（李凡他（Revalt）氏试验）

取 100ml 量筒 1 个，加蒸馏水，再滴加冰醋酸 2 滴，充分搅拌均匀，然后向液面中央滴入供检穿刺液 1 滴，立即出现白色絮状物并沉淀，如可降到中部以下甚至达到筒底，称为阳性反应，该穿刺液为渗出液；如白色絮状物未降至中部即逐渐消失称为阴性反应，该穿刺液为漏出液。

（二）蛋白质定量试验（简易法）

利用尿密度计测定穿刺液密度，按下列公式求出蛋白质的含量。这种方法虽然比较粗糙，但可应用于兽医临床诊断。一般漏出液的蛋白质常在 3g/100ml 以下。马腹腔漏出液常低于 1.6g%。

$$（穿刺液密度 - 1.007）×343 = 蛋白质 g/100ml。$$

（三）葡萄糖测定

方法同血糖定量测定方法。样品采集后应立即检验或冷藏。否则会使结果偏低。漏出液的含量与血糖的含量近似。借此指标可与渗出液进行鉴别。

（四）细胞学检查

主要进行细胞计数。即取穿刺液直接充入血细胞计数室内，计数 9 个大方格内的细胞数，再除以 9，乘以 10 即可得 1μl 穿刺液内的细胞总数，一般多低于 500 个。

（五）细菌学检验

必要时无菌抽取穿刺液，进行细菌学检验。

三、渗出液与漏出液的鉴别

渗出液与漏出液的鉴别内容（表 2 - 17）。

表 2 - 17　渗出液与漏出液的鉴别

鉴别项目	渗出液	漏出液
颜色	黄、黄褐、淡红、红色	无色或淡黄色
透明度	浑浊	透明
气味	有特殊臭味或腐败臭	无特殊气味
黏稠度	黏稠	稀薄如水
凝固性	易凝固	不易凝固
比重	1.018 以上	1.015 以下
李凡他氏反应	阳性	阴性
蛋白质含量	3% 以上	3% 以下
葡萄糖含量	低于血糖含量	与血糖含量相近
细胞	多量嗜中性白细胞	少量淋巴细胞及间皮细胞
细菌	（ + ）	（ - ）
临床症状	有炎症症状	无炎症症状

四、胸、腹腔穿刺液检验的临床意义

（一）辨证病性

穿刺液是漏出液时，为非炎性病变，主要来源于循环系统障碍；如果是渗出液，则为炎性病变所致。穿刺液呈红色或红褐色，是混有血液或血红蛋白，多见于出血或损伤性疾病；如果呈褐色或褐绿色，有腐败臭味，则多见于腐败性疾病；如果呈乳白色，放置后液面有酪块状物，是混有大量脂肪所致，多为淋巴管破裂。

（二）确定诊断

如果腹腔穿刺液中混有饲料碎屑，则是胃破裂；混有尿液，有尿臭味，则是膀胱破裂；穿刺液浓厚黏稠，则是子宫破裂。

（三）判定预后

如果在腹痛病的过程中，腹腔穿刺液由淡黄色透明而变为红色时，往往是继发肠管变位，预后不良；如果混有饲料碎屑，呈酸性反应，有特异酸臭味，则是胃或肠破裂，预后不良；在胸膜疾病过程中，穿刺液如果由浆液性转为腐败性时，也多为预后不良。

第六节 常见毒物检验

毒物检验主要是运用分析化学的原理和方法，在发生中毒时经过对可疑的饲料及进入机体的毒物进行分离、鉴定，以查清毒物及中毒的原因，为中毒性疾病的诊断提供重要的依据。

由于中毒可以在短时间内造成畜禽大量死亡，故要求检验既要快，又要结果准确无误。但是引起畜禽中毒的毒物种类很多，中毒的原因复杂，目前对有些毒物还缺乏可行的检验方法，而有些毒物的检验方法则比较复杂。

一、毒物检验的步骤

（一）现场情况的了解

了解发病的情况、临床的表现、防治方法及效果、毒物的可能来源及进入机体的途径等。

（二）预试验

在了解现场情况的基础上，为了进一步探索检验的方向与范围，可采用较简易而又快速的方法，进行探索性试验。包括以下方面内容：

1. 观察颜色：有些毒物具有特殊颜色，在检查剩余饲料和胃内容物时应注意。

2. 注意气味：应在尸体剖检和开封检样时嗅闻。有些毒物有特殊气味，如有机磷农药具有大蒜臭味；芥子油呈刺激性臭味等。

3. 烧灼试验：如从胃内容物或剩余饲料中拣出可疑物时，可取少量放入小试管中，在火上烧灼，根据所发生的蒸气或升华物的颜色、结晶性状，可得出一些毒物的线索。如砷、汞等金属烧灼后在管壁可见发亮的结晶升华物。

4. 化学试验：对某些毒物，可进行化学试验。

（三）确证试验或含量测定

经过现场了解和预试验得出毒物的线索后，还必须进行确证试验，必要时还要进行定量检验，才能最后确定是否为某种毒物引起的中毒。

二、样品的采集、包装与送检

（一）样品的采集

毒物检验样品，根据需要通常可选取胃内容物、肠内容物、剩余饲料、可疑饲料、呕吐物、饮水、尿液、血液及剖检的内脏等，一般所采样品不少于500g，饮水、尿液、血液等由于量少，可在100～200ml，内脏的采集可根据脏器的大小确定，可以整个采集或采集其中一部分。

（二）样品的包装

所取的检验样品，必须单独分装，不能相混。应分装于清洁的玻璃器皿或清洁无损的塑料袋内（不要用金属器皿），严密封存，并贴上标签，注明检样。为了防止毒物放置时间过久挥发或因腐败而被破坏，可用冷藏，但是不能加防腐剂。

（三）样品的送检

样品采集好后，应尽快地送检，同时要附送临床检查与尸体剖检报告，并尽可能提出要求检验的可疑毒物或大体范围。

（四）样品的选取

检验的成败与检样的选取关系很大，应根据检验的方向与范围，选择最适宜的检样作为检验的对象。常见毒物中毒时适于选取的检样（表2-18）。

表2-18　毒物检测时样品的选取

检样		呕吐物	胃及胃内容物	肠及肠内容物	尿	粪	血	肝	肾	骨、牙
氰化物		+	+ + +		+		+ + +			
杀鼠药		+ +	+ + +		+	+				
生物碱		+ +	+ + +		+ + +			+	+	
有机磷农药			+ + +				+ +			
砷		+ +			+ + +	+		+ + +	+ +	+
汞及有机汞		+ + +			+ +		+	+ +	+ +	
氟化物	急性	+ +	+ +							
	慢性				+ +					+ + +
亚硝酸盐		+ +	+ + +		+		+ +			

注：+ + +表示最适宜的检样，+ +表示比较合适的检样，+表示可作检样。

三、检验方法

（一）亚硝酸盐的检验

1. 检样的处理

取胃内容物、呕吐物、剩余饲料等约10.0g，置于小烧杯中，加适量蒸馏水及10%醋酸溶液数毫升，使检样呈酸性，搅拌成粥状，放置15min后，滤过，所得滤液供定性检验用。如果检样颜色过深，可加少量活性碳脱色或用透析法提取。

2. 定性试验（联苯胺冰醋酸反应）

①原理 亚硝酸盐在酸性溶液中，将联苯胺重氮化成醌式化合物，呈现棕红色。

②试剂 联苯胺冰醋酸试剂：取联苯胺 0.1g，溶于 10.0ml 冰醋酸中，加蒸馏水到 100ml，过滤，贮存于棕色瓶中备用。

③操作方法 取被检液 1 滴置于白瓷反应板凹窝中，加入联苯胺冰醋酸液 1 滴，如果呈现棕黄色或棕红色，则为阳性反应。

（二）氢氰酸和氰化物的检验

氢氰酸和氰化物都是剧毒的毒物。氢氰酸的有机衍生物以氰基配糖体（氰苷）的形式广泛存在于植物中，氰苷本身并没有毒性，但是当被家畜采食后，在水解酶与胃酸的作用下水解，放出氢氰酸从而具有毒性。

常见含氰苷的植物：亚麻及亚麻籽饼、高粱幼苗（包括再生苗）、蒙古扁桃、三叶草、木薯及苏丹草等。

1. 检样的处理

供检验氢氰酸及氰化物的首选检样为吃剩饲料、呕吐物及胃内容物，其次为血液、肺、脑和肝等。

2. 检验方法（改良普鲁士蓝法）

①原理 氰离子在碱性溶液中与亚铁离子作用，生成亚铁氰复盐，在酸性溶液中，高价铁离子即生成普鲁士蓝。

②试剂 10% 氢氧化钠溶液，10% 盐酸溶液，10% 酒石酸溶液，20% 硫酸亚铁溶液（现配现用）。

③操作方法

A. 硫酸亚铁 - 氢氧化钠试纸的制备：用定性滤纸一张，在中心部分依次滴加 20% 硫酸亚铁溶液及 10% 氢氧化钠溶液（现配现用）。

B. 取检样 5～10g，切碎，置于烧瓶内，加蒸馏水调成粥状，再加 10% 酒石酸溶液适量，使之成酸性，立即在瓶口盖上硫酸亚铁 - 氢氧化钠试纸，用小火慢慢加热煮沸数分钟后，取下试纸，在其中心滴加 10% 盐酸溶液，如果有氢氰酸或氰化物存在，则呈现蓝色斑。

④注意事项

A. 为了检验植物中微量的氢氰酸，最好用 10% 硫酸或盐酸酸化，以促进有机物的水解而释放出氢氰酸。

B. 由于铁氰化合物复盐在相酸性溶液中蒸馏时，均能分解产生氢氰酸，因此，普鲁士蓝反应只有当检样中不含有铁氰化物，亚铁氰化物和硫氰酸盐等时，才是氢氰酸的专一检验方法，故需事前对检样加以鉴别。方法为：

切取碎样品 5～10g，用蒸馏水浸渍，浸出液加盐酸使成弱酸性，分别做下列试验：

亚铁氰化物鉴别：取上述浸出液 1～2ml 于小试管中，加入 1% 三氯化铁溶液 2～3 滴，如果出现蓝色，表示有亚氰化物存在；如果出现红色，表示有硫氰化物存在。

高铁氰化物的鉴别：取上述浸出液 1～2ml 于小试管中，加入现配的 20% 硫酸亚铁溶液 2～3 滴，如果出现蓝色，表示有高铁氰化物存在。

C. 检样中如有上述氰复盐存在，可用下述方法处理检样，以排除干扰。

弱碱性蒸馏法：将切碎的样品加适量蒸馏水稠成粥状，按 20ml 加 1g 的比例加入碳酸氢钠，用小火缓缓加热蒸馏。在此条件下，氢氰酸能馏出而氰复盐则不被蒸馏出。

乙醚提取法：取检样加蒸馏水稀释，加酒石酸使之成弱酸性，反复用乙醚振摇，每次与水液分离的乙醚立即混入 5% 醇性氢氧化钾中，以防止氢氰酸随乙醚挥发。然后挥去乙醚与乙醇，残渣加适量水溶解，供检验氰化物用。

（三）有机磷农药的检验

1. 检样的处理

取胃内容物适量，加 10% 石炭酸溶液使之成弱酸性，再加苯淹没，浸泡半天，并经常搅拌，滤过，残渣中再加入苯提取一次，合并苯液于分漏斗中，加 2% 硫酸溶液反复洗去杂质并脱水。将苯液移入蒸发皿中，待自然挥发近干，再向残渣中加入无水乙醇溶解后，供检验用。

2. 几种有机磷农药的检验

（1）1605 的检验（硝基酚反应法）

①原理　1605 在碱性溶液中溶解后，生成黄色的对硝基酚钠，加酸可使黄色消失，加碱可使黄色再现。

②试剂　10% 氢氧化钠溶液，10% 盐酸溶液。

③操作　取处理所得供检液 2ml 置于小试管中，加入 10% 氢氧化钠溶液 0.5ml，如有 1605 存在则显黄色，置于水浴中加热，则黄色更明显；再加入 10% 盐酸后，黄色消褪，再加 10% 氢氧化钠溶液后又出现黄色，如此反复 3 次以上均显黄色者为阳性，否则为假阳性。

（2）内吸磷（1059）等的检验（亚硝酰铁氰化钠法）

①原理　1059 等含硫有机磷农药在碱性溶液中溶解生成的硫化物，与亚硝酰铁氰化钠作用后产生稳定的红色络合物。

②试剂　10% 氢氧化钠溶液，1% 亚硝酰铁氰化钠溶液。

③操作　取供检液 2ml，待自然干燥后，加蒸馏水溶于试管中，加 10% 氢氧化钠溶液 0.5ml，使之成强碱性，在沸水浴中加热 5～10min，取出放冷。再沿试管壁加入 1% 亚硝酰铁氰化钠溶液 1～2 滴，如在溶液界面上显红色或紫红色者则为阳性，说明样品中含有 1059、3911、1420、4049、三硫磷或乐果等。

（3）敌百虫与敌敌畏的检验（间苯二酚法）

①原理　敌百虫与敌敌畏在碱性条件下分解生成二氯乙醛，与间苯二酚缩合生成红色产物。

②试剂　5% 氢氧化钠乙醇溶液（现配现用），1% 间苯二酚乙醇溶液（现配现用）。

③操作　取 3cm×3cm 定性滤纸一块，在中心滴加 5% 氢氧化钠乙醇溶液 1 滴和 1% 间苯二酚乙醇溶液 1 滴，稍干后滴加检液数滴，在电炉或小火上微微加热片刻，如有敌百虫或敌敌畏存在时，则呈粉红色。

④注意事项　检液与试剂不要滴得太多，可把滴管或毛细管接触纸面，待检液、试剂散到一定大小时即离开，这样液体分布均匀；加热不宜过久，否则红色变成褐色；如果检样中含量低，可反复点样，但必须等第一次点样干后再点第二次，以免点的面积过大。

（4）敌百虫与敌敌畏鉴别：

于点滴板上加一滴检样液，待自然干后，于残渣上加甲醛硫酸试剂（每毫升硫酸中加40%甲醛1滴），若显橙红色则为敌敌畏，若显黄褐色则为敌百虫。

（四）磷化锌的检验

磷化锌的检验必须分别进行磷化氢和锌离子的检验，两者均为阳性才能证明有磷化锌的存在。

1. 磷化氢的检验　用硝酸银试纸法和溴化汞试纸法。

（1）硝酸银试纸法

①试剂　1%硝酸银，10%盐酸，碱性乙酸铅棉（5%乙酸铅溶液加入50%氢氧化钠直到刚好生成沉淀又溶解为止）。

②操作　取125ml锥形瓶1个，瓶口盖有装玻璃管的软木塞，管上口的细玻璃管部有硝酸银试纸条。玻璃管下装入醋酸铅棉加水。取检样10g放入三角瓶中，加水搅拌成糊状，再加10%盐酸5ml，立即塞上装有试纸的瓶塞，在50℃水浴上加热30min，若有磷化物存在，硝酸银试纸条则变黑。

（2）溴化汞试纸法

①试剂　10%盐酸，溴化汞试纸（将滤纸浸于5%溴化汞乙醇溶液中约1h，取出后于暗处晾干，保存于棕色瓶中备用）。

②操作　取125ml锥形瓶1个，瓶口盖有装玻璃管的软木塞，管上口的细玻璃管部有溴化汞试纸条。取检样5~10g，放入瓶中，加水搅拌成糊状，再加10%盐酸5ml，立即盖上装有试纸的瓶塞，30min后（必要时可加热至50℃）观察溴化汞试纸的颜色变化，如果呈黄色或棕黄色，则为阳性反应。

2. 锌检验

（1）原理　锌在微酸性的溶液中与硫氰汞铵作用生成白色硫氰汞锌十字形和树枝状结晶。

（2）试剂　硫氰汞铵试剂（取氰化汞8g、硫氰汞铵9g，加水到100ml）。

（3）操作　取检液1滴（测试用的检液可直接过滤蒸发浓缩后使用）在载玻片上，蒸发近干，冷却后加1滴硫氰汞铵试剂，在显微镜下观察，如果有锌存在，马上生成硫氰汞锌结晶，呈现特殊的十字形和树枝状突起。

（五）霉菌毒素检验

霉菌能使饲料、饲草霉坏变质，产毒霉菌还可产生毒素从而引起畜、禽的急性、慢性中毒，有些毒素还具有致癌的作用。因此，对霉菌毒素的检验，不单是对防治畜禽毒素中毒，而且在公共卫生方面也有非常重要的意义。

1. 霉菌毒素的检验（班氏法）

（1）试剂

①酸性醚乙醇混合液：乙醚2 000.0ml，乙醇100.0ml，浓盐酸1.0ml，临用时摇匀。

②中性脂肪：鱼肝油或葵花籽油。

③邻-二甲氧基苯胺冰醋酸饱和溶液：配制后如有棕色，可加活性炭煮沸过滤。

（2）操作

取粉碎的可疑饲料200g，放入有塞的三角瓶中，加酸性醚乙醇混合液500ml，在冰箱内浸泡 2~3 昼夜，过滤，并用纱布挤出饲料中残留的液体，滤液在室温挥干乙醚乙醇，所得浓稠油状物，即可作为检液，进行如下试验：

①取检样 0.5~1.0ml，用 4.5~9.0ml 中性脂肪稀释。选体重相近的大白鼠（最好是孕鼠）8~10 只，其中 4~5 只每只注射稀释的检液 0.5ml，其余 4~5 只各注射不加检液的油 0.5ml，作为对照。如有霉菌毒素存在，实验鼠多于注射后 6~12h 或 1~2d 死亡。孕鼠发生流产。即或不死，注射部位也会发生严重的坏死（2~4d）。对照组大白鼠没有发生变化。

②取检液 1 滴，滴于一小片滤纸上，在形成的斑点上，再滴加 1 滴邻-二甲氧基苯胺冰醋酸饱和溶液，把滤纸稍稍加热，如果出现橙黄色、棕色、樱桃红色或暗绿色，证明有霉菌毒素存在。

2. 黄曲霉毒素检验（可疑饲料直观法）

取有代表性的可疑饲料 2.5kg，分批盛于盘内，摊成薄层，直接放在 100~125W365nm 波长的紫外线灯光下观察，如果存在黄曲霉毒素，可见到含毒素的颗粒发出亮黄绿色或蓝紫色荧光（黄曲霉毒素常见的有：B_1、B_2、G_1、G_2、M_1、M_2，其中 B_1 的毒性最强，临床上所指黄曲霉毒素一般就是指 B_1，紫外线照射时，B_1、B_2 显蓝紫色荧光，G_1、G_2 显黄绿色荧光）。若未见到荧光，可将颗粒捣碎后再观察，若仍看不到，则为阴性样品。

第七节 乳汁检验

乳汁检验的项目根据检验目的不同而有所不同。检验目的可分为诊断乳房炎、乳汁卫生和家畜营养三方面。本节内容主要目的是诊断乳房炎，检查乳汁的 pH 值和白细胞数。

一、乳汁 pH 值的检验

（一）方法 取新榨出的乳汁少量，先用广范围 pH 值试纸测定其大概值，再选用适当的精密 pH 值试纸测定其较准确的 pH 值。

（二）结果 健康奶牛的乳汁 pH 值在 6.2~6.6。患乳房炎时，由于乳腺毛细血管通透性增高，乳汁中的钠、镁、钙离子，尤其是重碳酸盐增加，乳汁 pH 值偏于碱性。酮血病、酸中毒时，由于体液中的酸性物质影响，乳汁偏向酸性，pH 值可达 6.0 以下。急性乳房炎时，一般多偏碱性，而慢性者大多正常或仅稍偏碱性。

二、乳汁中细胞数测定

健康牛乳汁中的细胞数极少。当乳腺组织有炎症时，乳汁中可出现多量白细胞。所以检查乳汁中的细胞数，是目前公认的诊断乳房炎的好方法。检查方法分直接计数法和间接计数法，前者需涂片、染色、脱脂、镜检等步骤，费时较多，在检查多量标本时不太适用。目前世界各国都采用间接计数法，间接计数法有多种，其中以加利福尼亚乳房炎试验（C. M. T.）使用最为广泛，其测定结果与直接计数法基本一致。下面主要介绍 C. M. T. 方法。

（一）原理 乳汁中的细胞在碱性条件下，由于表面活性剂的作用，细胞破坏后，其中的 DNA 游离使试剂形成胶状。乳汁中的细胞数越多，形成的胶状物质越多。

（二）试剂 C. M. T. 试剂中主要成分是十二烷基苯磺酸钠 30～50g、碱性物质 15g 和指示剂（溴甲酚紫）0.1g 配成 1 000ml 溶液。我国目前已有兰州乳房炎试剂（L. M. T.）和杭州乳房炎试剂（H. M. T.）两种商品试剂出售，并备有反应盘。

（三）方法 用玻璃平皿（7～10cm）或大塑料瓶盖加被检乳 1～2ml 加等量诊断液，轻轻以圆圈运动摇匀，约 5s 后判定结果。

（四）结果

1. 液体无任何沉淀或胶状，判为（－）性，相当于白细胞数 0～2（万/ml）。

2. 出现微细沉淀，但不久即消失，判为（±）性，相当于白细胞数 15～50（万/ml）。

3. 部分呈凝胶状，形成沉淀物，判为（＋）性，相当于白细胞数 40～150（万/ml）。

4. 全部呈凝胶状，回转时向中心集中，停止后凹凸不平被覆于平皿底，判为（＋＋）性，相当于白细胞数 80～500（万/ml）。

5. 全部呈凝胶状，回转时向中心集中，停止后仍保持凝胶状，黏稠固着于平皿底，判为（＋＋＋）性，相当于白细胞数 500（万/ml）以上。

第八节 血液生化检验

血液生化试验在兽医临床上的应用比较广泛，特别是在营养代谢病的诊断上更为需要而实用。血液生化检验的主要内容有血液中尿酸、血清钙、血清无机磷、丙氨酸氨基转氨酶测定等。

一、目的与要求

通过试验，使学生掌握常用血清生化测定的方法及临床意义。

二、实习内容

（一）尿酸测定

（二）血清钙测定

（三）血清无机磷测定

（四）丙氨酸氨基转氨酶测定

三、材料与设备

（一）尿酸测定试剂盒

（二）钙测定试剂盒

（三）无机磷试剂盒

（四）谷丙转氨酶测定试剂盒

（五）半自动生化分析仪

（六）电热恒温水浴箱

（七）1 000μl 和 50μl 微量移液器和 10ml 刻度吸管等

（八）青霉素小瓶 4 个

四、试验方法

（一）尿酸测定

1. 试验原理 醌亚胺在 520nm 波长有最大吸收，所产生的颜色强度与血清中尿酸含量成正比，再通过与同样处理的尿酸标准溶液比较，经过计算可求出血清中尿酸的含量。测定尿酸所用的酶反应如下：

尿酸 $+ O_2 + 2H_2O \rightarrow$ 尿囊素 $+ CO_2 + 2H_2O_2$

$H_2O_2 + 4$—氨基安替比林 $+ 3，5 -$ 二氯—2 —羟基苯磺酸 $\rightarrow$ 醌亚胺 $+ 2H_2O$

2. 临床意义 尿酸是核酸中嘌呤分解代谢的最终产物，由肾脏排泄，随尿液排出体外。肾脏疾病如急性、慢性肾炎、肾结核，痛风、以及体内核酸分解代谢过盛的疾病，如慢性白血病、多发性骨髓瘤、真性红细胞增多症等可使尿酸量增高。此外妊娠反应，慢性铝中毒亦可使尿酸量增高。而恶性贫血及应用 ACTH、皮质素、阿司匹林等药物时，血中尿酸量下降。

3. 标本要求 标本为不溶血的血清、肝素抗凝血浆或 EDTA 血浆（不要用肝素铵）。血清中尿酸在 2～8℃ 可稳定 3d，在冰冻状态可稳定 6 个月。

4. 测定步骤 取一定量，轻轻摇动至完全溶解，即为工作液。工作液预先保温至测试温度（表 2 – 19）。

表 2 – 19　加液剂量

	空白管	样品管	标准管
标准液（ml）			0.025
样品（ml）		0.025	
工作液（ml）	1.0	1.0	1.0

混合均匀，在反应温度保温 10min，在 340nm，以"空白"调零，分别测定标准管和样品吸光度。

计算标本中尿酸含量：C（mg/dl） $= A_{样品}/A_{标准} \times C_{标准}$（mg/dl）

参考正常值：建议各实验室建立自己的正常值。

（二）血清钙测定

1. 试验原理 钙 + 邻甲酚酞氨羧络合剂 $\rightarrow$ 钙的邻甲酚酞氨羧络合物（红色）。

钙与邻甲酚酞氨羧络合剂在 8—羟基喹啉中形成在 570nm（550～580）有吸收的一种紫色络合物。紫色络合物的强度与钙浓度成正比。由于紫色络合物吸收较强而且比较稳定，故把其他金属离子的干扰降到了最小。

2. 临床意义 动物体中的钙 99% 存在于骨骼及牙齿中，剩余的 1% 存在于血液和软组织中，它在血液凝固、新陈代谢及神经肌肉的生理学上具有重要的生理意义。许多因素可影响血清钙值。钙和磷之间有着交互关系，血清中无机磷值的升高意味着血清钙值的降低。

3. 标本要求 样品为血清及肝素抗凝血浆。采血后应尽快分离血清，严重溶血的血清及多脂型血清都影响测定结果。当用血浆作样品时，要使用不含钙的抗凝剂。

4. 测定步骤 测定前根据测定样品需用的试剂量，将等体积的 A 液与 B 液混合均匀即为工作液。工作液在室温保存，可稳定 24h。工作液预先保温至测定温度。

测定条件：波长：570nm　比色杯：1.0cm　温度：30℃、37℃　吸光度范围：0～2Abs　反应方式：终点法　反应时间：10min　标本/试剂：1/50（表 2 – 20）。

表 2 - 20 加液剂量

	空白管	标准管	样品管
工作液（ml）	1.00	1.00	1.00
蒸馏水（ml）	0.02		
标准液（ml）		0.02	
样品（ml）			0.02

分别混合均匀，在测定温度保温 5min，分别测定样品、标准相对试剂空白的吸光度 $A_{样品}$ 和 $A_{标准}$。

计算：

样品中钙的浓度以 C 表示：

$$C = A_{样品} / A_{标准} \times C_{标准}$$

5. 注意事项

（1）本试剂盒在 1.25 ~ 3.75mmol/L（5.0 ~ 15.0mg/dl）之内呈线性，如果样品中钙浓度超过 15mg/dl（3.75mmol/L），则把样品 1:1 稀释后重新测定，结果乘以 2。

（2）测定前仪器管道及比色杯等必须用清洗液清洗，以免钙的污染。

（3）如果使用自动生化分析仪进行测定，可根据样品与试剂之比为 1:50，延迟时间 5min，用终点法按仪器程序要求进行编制。

参考正常值：建议各实验室建立自己的正常值。

试剂盒储存条件和有效期：

原包装试剂 2~8℃储存至标签所标明失效期。

（三）血清无机磷测定

1. 试验原理 样品中的无机磷与钼酸（H_2MoO_4）反应生成的 $H_3[PO_4Mo_2O_{36}]$ 以钼酸聚合物与磷酸之间形成内缩合物。此产物在 340nm 波长有最大吸收，其吸收强度与血清中无机磷含量成正比，再通过与同样处理的标准无机磷比较，经计算可求出血清无机磷的含量。

2. 临床意义 甲状旁腺机能减退、维生素 D 使用过多、慢性肾炎晚期、尿毒症及骨折愈合期，均可使血清无机磷升高。而甲状旁腺机能亢进、佝偻病及骨软化症、胰岛素过多症、肾小管疾患及乳糜泻等，则使血清无机磷降低。

3. 标本要求 样品为不溶血的血清。采血后应尽快分离血清并不得有溶血现象发生，以免因红细胞内磷酸酯释出被血清中磷酸酶水解而使结果升高。如使用血浆，每毫升血液中草酸钾含量不得高于 2mg，否则影响显色。

4. 测定步骤

取混合均匀的工作液在室温保存，可稳定 24h。工作液预先保温至测定温度。

测定条件：波长：340nm 比色杯：1.0cm 温度：25℃、30℃、37℃ 吸光度范围：0~2Abs 反应方式：终点法 反应时间：10min 标本/试剂：1/40（表 2-21）。

表 2 - 21 加液剂量

	空白管	样品管	标准管
标准液（ml）			0.025
样品（ml）		0.025	
工作液（ml）	1.00	1.00	1.00
蒸馏水（ml）	0.025		

混合均匀，在反应温度保温 10min，在波长 340nm，以"空白"调零，分别测定标准管和样品管的吸光度。

计算

样品中无机磷浓度 C（mg/dl）= $A_{样品}/A_{标准} \times C_{标准}$（mg/dl）

注意事项

①本试剂盒在 12.4mg/dl（4mmol/dl）之内呈线性，如果标本磷的含量超过 4mmol 请用生理盐水稀释，结果乘稀释倍数。

②如果使用自动生化仪进行测定，可根据样品与试剂之比为 1：40，延迟时间 10min，用终点法按仪器程序进行编制。

参考正常值：建议各实验室建立自己的正常值。

试剂盒储存条件和有效期：

原包装试剂在 2~8℃储存至标签所标明失效期。

（四）血清谷丙转氨酶测定

1. 试验原理　谷丙转氨酶催化丙氨酸的氨基转移，生成丙酮酸。该产物与 NADH 在 LDH 的催化下反应生成乳酸和 NAD^+。NADH 在 340nm 处有特异吸收峰，其被氧化的速率与血清中的 ALT 的活性成正比，在 340nm 处测定 NADH 下降速率，即可测出 ALT 活性。

2. 临床意义　丙氨酸氨基转移酶（ALT）又称谷丙转氨酶（GPT），它催化 L—丙氨酸和 L—谷氨酸之间氨基的转移。在正常情况下，ALT 主要存在于组织细胞中，只有极少量释放入血液中，所以血清中此酶活性很低，当这些组织病变时，细胞内的酶大量释放入血液中，使血清中该酶的活性增高。各种肝炎的急性期，肝癌、肝硬化等此酶活性显著增高。

3. 标本要求　血清谷丙转氨酶测定：避免溶血，否则测定值偏高，ALT 在室温中稳定性差，采血后应尽快置于冰箱储存。

4. 测定步骤

按标签要求将试剂溶解后，既可用于生化分析仪自动操作，也能在相应的分光光度计进行手工操作。

测定条件：波长：340nm　比色杯：1.0cm　温度：37℃　吸光度范围：0~2Abs　反应方式：速率法　延迟时间：60s　试剂体积：1.0ml　标本体积：100μl。

（1）准确吸收 1.0ml 试剂加入试管中并保温到 37℃。

（2）加入 0.1ml 样本并混合均匀。

（3）将上述溶液置于 37℃环境中，60s 后开始测量 340nm 处吸光度变化。

（4）计算出每分钟吸光度变化率（ΔA/min）。

（5）ΔA/min×1768 即为标本中 ALT 活性。

（6）如果测定结果高于 500U/L 请将标本用生理盐水 1：1 稀释，测定结果乘 2 参考正常值：建议各实验室建立自己的正常值。

5. 储存及稳定性

（1）原包装试剂 2~8℃储存至失效日期。

（2）溶解后 2~8℃储存稳定期 15d。

（3）溶解后 25℃储存 24h。

失效指标：

如果出现下列现象，试剂将不能使用应弃之：原包装试剂结块。溶解后试剂变浑。溶解后试剂在 340nm 处吸光度低于 0.8。

 复习思考题

1. 采集血液时应注意哪些事项？

2. 常用的血常规检验主要有哪些？进行血常规检验有何意义？在临床中应如何选用？

3. 尿液的物理检查、化学检验、沉渣显微镜检查主要有哪些项目？各有什么意义？临床如何选用？

4. 血液生化检验有哪些内容及临床意义？

5. 粪便的物理检查与化学检验主要有哪些项目？临床有何意义？

6. 粪便寄生虫的检查有哪些方法？如何进行检查？临床中有何意义？

7. 如何进行胃液检查？

8. 如何进行渗出液与穿刺液检查？临床有何意义？

9. 如何进行常见的毒物的检验？

第三章

特殊诊断

第一节　X射线检查

一、X线的产生和特性

（一）X线的产生

X线产生于X线管（又称球管）内，是从阴极灯丝发射出的高速运动的电子流（阴极线）撞击于阳极钨靶的焦点面上受阴后，产生能量转换，动能的绝大部分（99.8%）转变为热能，所余小部分（0.2%）墨迹为电磁波幅射线，即X线。

（二）X线的特性

X线本身是一种电磁波，在电磁波谱中介于紫外线与丙种射线（γ线）之间，其波长范围为$6 \times 10^{-13} \sim 5 \times 10^{-13}$ m。一般供诊断用的X线的波长为$8 \times 10^{-12} \sim 31 \times 10^{-12}$ m（相当于$40 \sim 50$ kV管电压条件下产生的X线）。X线具有以下几种特性。

1. 穿透作用

X线波长很短，能穿透可见光线不能穿透的物质，包括人和动物体在内。它的穿透作用与其波长及被穿透物质的密度和厚度成反比关系。即X线波长愈短，其穿透力愈强，反之则弱；被穿透物质的密度愈低，厚度愈薄，则易穿透。

2. 荧光作用

X线波长很短，肉眼看不见，但它照射在荧光物质（如氰化铂钡、硫酸锌镉、钨酸钙等）上被吸收后，可产生肉眼可见的荧光。

3. 摄影作用

X线具有光化学效应，可X线胶片上的感光物质（如溴化银等）感光，再经显影和定影处理，可形成X线影像。

4. 电离作用

物质受到X线照射时，都会产生电离作用，分解为正负离子。

5. 生物学作用

人和动物受到X线照射时，也会产生电离作用，如接受超过安全量的X线后，则以电离作用为起点，组织和体液会发生一系列理化性改变而受到损害。特别是造血系统、生殖器官及眼球等对X约束推理敏感性最高，易受到损害。

（三）X线影像的形成原理

X线透视或摄影检查时，动物体不同组织器官之所以能在荧光屏上呈现明暗可分的影像，而在 X 线胶片上形成黑白有别的影像，除基于 X 线的特性之外，在由于动物体组织器官组成原子序数、密度及厚度不同，对 X 线的吸收量不同的原因。一般密度高、厚度大的组织器官，对 X 线的吸收多，在透视时，透过组织器官照射到荧光屏上的 X 线量少，所产生的荧光弱，形成暗影；在摄影检查时，透射到 X 线胶片上的 X 线量小，感光作用弱，经显影和定影处理后呈现灰白或白色阴影。反之，密度低、厚度小的组织器官，对 X 线的吸收量少，在荧光屏上呈现较为明亮的阴影，而在 X 线胶片上形成灰黑色阴影。

动物体的骨骼、软组织（包括体液）、脂肪及存在于体内气体的原子组成及密度不同，对 X 线的吸收量不等，形成明显的自然对比。骨骼在荧光屏上呈现最暗的阴影，而在 X 线胶片上形成白色阴影；软组织和体液在荧光屏上呈现灰暗阴影，而在 X 线胶片上形成灰白阴影；气体在荧光屏上呈现最明亮的阴影，而在 X 线胶片上形成最黑的阴影；脂肪组织在荧光屏上难以与其他组织区分，在 X 线胶片上要形成密度比其他软组织稍低的灰黑阴影。动物的各个部分相比，在胸部各组织器官及四肢骨与软组织之间的自然对比较明显，可直接透视或摄影检查。而其他部位的软组织与器官之间缺乏自然对比，必要时需选用造影剂，经人工对比后方能进行 X 线检查，也称造影检查。

（四）X 线的防护

X 线因有电离作用，接受过量会引起损害，要注意防护。因此，要求 X 线室必须合格；要充分利用防护设备；按要求进行 X 线检查，并不断提高和熟练检查技术，缩短检查时间；定期进行健康检查，发现问题应及时处理。

（五）X 线机的基本构造

目前所用的 X 线机种类很多，但是不论是哪一种类型的 X 线机，它的结构简单或复杂，都是由 X 线管（又称球管，是产生 X 线的机件）、变压器（包括降压变压器和升压变压器等）和控制器（包括各种开关、仪表、调节器、计时器、交换器、指示灯等，通常集中在控制台上）三个基本部分组成。另外还有附属机械，包括荧光屏、诊断床等（图 3 – 1、图 3 – 2）。

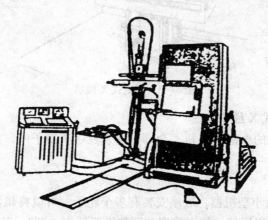

图 3 – 1　KE200 型固定式 X 线机

目前兽医临床使用的 X 线机主要是普通诊断用 X 线机，有三种类型：

1. 固定式 X 线机

机器安装在室内固定的位置，机头可做上下、前后、左右三维活动，摄影也可做前

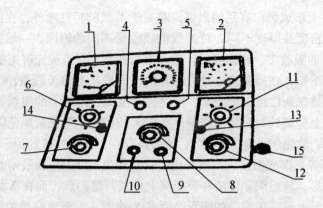

图3-2 KE200型固定式X线机控制面

1. 毫安表 2. 千伏—电源表 3. 电动控时器 4. 电源指示灯 5. 高压指示灯

6. 毫安选择器 7. 电源电压调节器 8. 透视毫安调节器 9. 电源开关（通按钮）

10. 电源开关（断按钮） 11. 透视千伏调节器 12. 摄影千伏调节器

13. 电源—千伏表交换器 14. 控时器—滤线器交换开关 15. 手闸开关

后、左右运动，这样在拍片时方便摆位，可做大、小动物的透视和摄影检查（图3-3）。

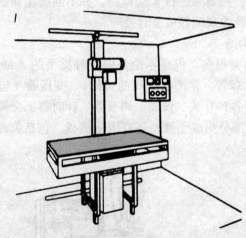

图3-3 固定式X线机

2. 携带（手提）式X线机

这是一种便于携带的小型X线机，全部机器装在一个箱子中，方便搬运，使用时从箱中取出进行组装（图3-4）。

3. 移动式X线机

移动式X线机多为小型机器，底座安装有多个轮子，可以将机器推动，支持机头的支架有多个活动关节，可以屈伸，便于确定和调整投照部位（图3-5）。

二、X线透视检查

（一）X线透视检查

透视是X线的荧光作用，在荧光屏上显示出被照物体的影像，从而进行观察的一种方

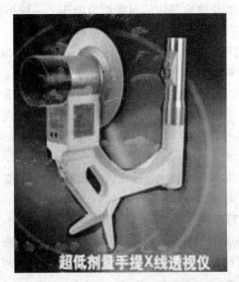

图 3 - 4　携带（手提）式 X 线机

图 3 - 5　移动式 X 线机

法。是兽医临床常用的检查方法之一。

1. X 线透视检查的一般步骤和方法

（1）根据透视检查的目的和要求，确实保定好被检动物，并除去被检部位的附着物。

（2）检查者在暗室内或戴上适应镜，暗适应 10～15min。

（3）调节好机器。

①启开电源开关，并调节电源电压表指针指至 220V 或 "▼" 符号处。并适当预热机器。

②将透视摄影交换器拨向透视档或相关符号处。

③调节透视毫安值为 2～5mA。

④根据被检动物的种类及被检部位的厚度调节电压，一般小动物为50~70kV，大动物为65~85kV。

（4）调节好X线管与荧光屏间的距离，一般50~100cm为宜。

（5）将荧光屏紧贴于被检部位，并与X线管中心线相垂直，脚踏脚闸，曝光时间3~5s，间歇2~3s，断续地进行，一般每次胸部透视约需1min。透视时先适当开大光门，对被检部位作一全面观察，注意器官形态及其运动状态，以及有无异常变化，而后缩小光门分区进行观察。一旦发现可疑病变时，再缩小光门作重点深入观察，并放大光门复查一次，结束检查。

（6）检查完毕后，立即关闭电源开关，把各调节器退回零位，拉开电源墙闸。

（7）根据检查结果，写出诊断报告。

2. X线透视检查应注意事项

（1）检查者必须了解所用X线机的大体结构和性能，按规程操作使用。

（2）透视检查时，应特别注意，在曝光过程中不能移动各调节器，必须调节时，应停止曝光后再行调节。

（3）随时注意X线机的工作状态，如发现异常，立即停机检修。

（二）X线摄影检查

X线摄影检查具有能显示透视所不能发现的病变，判断病变性质的准确率比透视检查要高，照片可作为永久性记录保存，便于复查比较等优点，也是最常用的检查方法。

1. X线摄影检查的基本器材设备

除X线机外，尚需有配套的X线胶片（可分127mm×178mm、203mm×254mm、254mm×305mm、279mm×356mm、305mm×381mm、356mm×432mm等规格）、X线暗匣（盒）、增感纸、洗片架、洗片桶、贮片箱（铅箱）以及铅号码、观片灯、安全灯、测厚尺、温度计、定时器等基本器材。

此外，还必须配制有足量显影液和定影液。可按市售X线显影粉和定影粉的说明配制、备用。

2. X线摄影检查的一般步骤

可分为拍片、冲洗及观察判断结果等步骤进行。

（1）拍片

①按摄影检查的要求妥善保定好家畜，并除去欲拍片部位的附着物。

②根据摄影检查部位的大小及器官，选定所需要X线片的大小，在暗室内安全灯下装入相应大小的X线暗匣内，并贴上标明摄影日期及方位（左或右）的铅字号码符号。

③根据欲摄影检查部位及器官的所需kV及mAs的要求，调整好kV值、mA值及时间。并将透视、摄影交换器拨向摄影挡。

④根据被检部位选定好距离。

⑤安放X线片暗匣，使暗匣的中心与被检部位中心相一致，并紧贴于被检部位的体表。

⑥移动X管，使其中心线对准被检部位和X线片中心。

⑦趁家畜安静之际进行曝光。

⑧摄片完毕，立即关闭电源，把各调节器退回零位。将X线片送到暗室内进行冲洗

处理。

（2）X线片的冲洗

对X线片的冲洗处理通常确立按显影→洗影→定影→漂洗→干燥的顺序进行操作。

①显影 在暗室中从暗盒内取出胶片，将其固定于相应的洗片夹上，然后放入18～20℃显影液内，并轻轻摇动几次，以使药液与胶片均匀接触，并清除表面的气泡。然后盖好盖子，显影4～8min（通常5min）。

②洗影 显影到时后，将胶片从显影液内取出，放入清水内清洗0.5～1.0min，以清洗掉附着胶片上的显影药液。

③定影 将洗影后的胶片放入18～20℃（最高不得超过25℃）定影液中，定影10min或更长一些时间。

④漂洗 将定影后的X线片放置于流动的清水中，冲洗30～60min或更长一些时间，以除去胶片经定影后尚未感光的药膜部分，若无流动清水，则需延长漂洗时间。

⑤干燥 将漂洗后的胶片悬挂于晾片架上，置于通风处或置于电热干片箱内进行干燥后，即可观察判断结果。

（3）观察判断结果，写出报告。

3. X线造影检查

是为了检查缺乏天然对比的组织和器官，把人工对比剂引进被检器官的内腔或其周围，千万密度对比差异，使被检组织器官的内腔或外形显现出来，再行X线透视或摄影检查的方法。所用造影剂有气体、碘剂（如碘化钠、有机碘等）及钡剂（硫酸钡）等。目前在兽医临床上除用钡剂造影检查食道及小动物胃肠疾病外，其他造影检查尚未广泛应用。

三、X线检查在兽医临床上的应用

（一）家畜胸部的X线检查

1. 家畜胸部的X线透视检查

（1）胸部透视检查的方位、条件及方法

家畜种类不同，胸肺部透视检查的方位及条件也不同，可参考表3-1选定。

透视时，使X线中心线对准胸腔中央部位，将荧光屏紧贴胸部，并与X管中心线保持垂直，间断曝光检查。

表3-1 家畜胸部透视方位及条件

畜种		透视方位	透视条件		
			mA	kV	距离（cm）
马牛		侧位（从左至右或从右至左）	3～5	75～85	80～100
羊	大羊	侧位或直立正、侧位	2～3	50～65	60～80
	羔羊	直立正、侧位	2～3	50～60	50～60
猪	大猪	直立背腹位或直立侧位	3～4	65～75	60～100
	小猪	直立背腹位	2～3	50～65	60～80
犬		站立侧位、卧位或直立背腹位	2～3	50～65	60～80

（2）大家畜胸部的X线透视

正常肺野为广泛均匀的透明区域，被肋骨阴影分隔成许多间隔部分；肺门阴影由心基部上方出现，并延续为肺纹理，是分布于肺膈叶的树枝状阴影；气管为一粗大透明阴影，由前肺野进入终止于主动脉弓后方的心基部，在其终末部分可见主支气管分叉透明的圆形阴影。

心脏呈一圆锥形致密阴影，位于胸腔的下部，有节律搏动。体格不大或胸壁较薄的动物可显现整个心影，但一般只显示其后半部与后缘阴影；主动脉通常能显现，马主动脉影像常较牛清晰，呈中等密度的长带状阴影，从心基部升起与脊柱平行，宽 $3 \sim 5cm$，到膈肌后不可见；后腔静脉也呈密度较低的阴影，位于心基部后缘与膈之间，宽 $1.5 \sim 2.5cm$，其长度与腹内压有关，膈前移，其长度缩短；前腔静脉只有少数马匹可以看见；膈肌显示为由后上方斜向前下方的弧形阴影，可随呼吸运动前后移动，其中段的活动幅度最大 $1.5 \sim 2.0cm$。

胸椎、椎间关节及肋骨均清楚显现，肋骨由前上方斜向后下方，靠近荧光屏的清晰，而远离荧光屏的较模糊。

（3）小家畜正常胸部的 X 线透视

羊直立侧位透视时，肺野呈最宽广而均匀的透明区；肋骨呈带状弓形阴影，由脊柱开始斜向后下方；膈肌呈隆突向胸腔的弧形阴影；心脏呈椭圆形均匀致密的阴影；主动脉呈均匀带状阴影，平行于脊柱下方；后腔静脉阴影隐约可见。

猪直立背腹位透视时，可见胸廓上窄下宽，脊柱位于中央，肋骨与胸椎相连的上（背）段呈水平状，与肋软骨连接的下段则弯向内方，其末端在肋软骨未钙化前呈游离状，如肋软骨已钙化时也可显影；两肺野清晰对称，在肺野两心膈角区，可见由肺门向下外方放射的中等密度的树枝状肺纹理阴影；心脏影像是纵膈阴影最膨大的部分，为一卵圆形密度均匀的阴影，其面积约有 3/5 偏于左侧，心影边缘整齐，轮廓清楚；膈肌呈向上隆凸的弧形阴影。

猪直立侧位透视的 X 线所见与羊直立侧位透视所见相似。

2. 家畜胸部的 X 线摄影检查

（1）家畜胸部摄影检查的方位、条件及方法

胸部摄影检查的方位、所需 X 线片大小及曝光条件可参考表 3 − 2 确定。

表 3 − 2　家畜胸部 X 线摄影检查方位、X 线大小及曝光条件

畜种		方位	X 线胶片	曝光条件		
			（mm）	mA	kV	距离（cm）
马 牛	侧位	肺野前下部	356×432 或 279×356	75～85	15～35	90～100
		肺野后上部	279×356 或 356×432	95～85	15～25	90～100
猪	小猪	直立背腹位	127×178 或 203×254	45～55	10	80～100
	中猪	直立背腹位	203×254 或 254×305	55～75	10	80～100
	大猪	直立背腹位	254×305 或 279×356	75～85	15	80～100
羊		直立侧位	279×356	较猪低	10	80～100
		直立背腹位	203×254 或 254×305	参考猪	10	80～100

摄影时，先将暗盒放置于被检部位，并紧贴胸壁。在大家畜欲拍肺野后上部片子时，使暗盒上缘达于胸椎水平处，后上角止于倒数第三肋间（马）或第二肋间（牛），使暗盒呈稍前低后高状态。如欲拍肺下部片时，使暗盒前缘抵达肩关节处，下缘在肘关节水平线

上；猪背腹位拍片时，使暗盒上界达胸骨柄处；羊直立侧位拍片时，使暗盒上界达第一肋骨前处，暗盒一侧与胸骨平，放置好暗盒后，调整 X 线管，使其中心线垂直对准暗盒中央，进行曝光。

（2）正常胸部 X 线摄影检查所见

正常胸部的摄影检查所见影像与透视所见相同，只是阴影色不同，在 X 线片上肺脏呈黑色阴影，心脏、大血管及肺纹理呈灰暗色阴影，骨骼呈白色阴影，膈肌呈灰白色阴影。

3. 家畜胸肺部常发病的 X 线表现

家畜肺部发生各型肺炎、肺棘球蚴及胸腔积液时，透视可见各形密度增高的灰暗阴影，X 线胶片呈现各形灰白色阴影；肺空洞时，透视可见圆形或类圆形的透明区，X 线胸片上呈现圆形或类圆形的黑色阴影。各病 X 线表现可参考表 3-3。

表 3-3　各病 X 线表现

疾病名称	X 线表现
支气管炎	急性支气管炎缺乏 X 线表现；慢性支气管炎时，可见肺纹理增粗、阴影变浓
小叶性肺炎	肺野内呈片状或斑点状、密度不均匀、形状大小不规则、边缘模糊的阴影，并按肺纹理分布，多见于肺野下部；若病灶融合，可呈较大片云雾状阴影，密度不均匀
大叶性肺炎	充血、渗出期缺乏 X 线表现，在肝变期时肺野中下部呈现大片均匀致密，其上界呈弧形向上隆凸的灰暗阴影；在溶解吸收期，原大片实变阴影逐渐缩小，稀疏变淡，呈不规则斑片或斑点状阴影，随病情的进一步好转，病变阴影继续缩小到消失；非典型性大叶性肺炎时，其病变常发生于肺野的背侧及肺膈叶的后上部
肺坏疽	多于肺野下部呈现类似蜂窝状的弥漫性渗出性阴影
猪喘气病	背腹位检查时，在肺野中央区域的两膈角及心脏外周，呈现云雾状渗出性阴影密度不均匀，边缘模糊，致使心形被遮蔽而消失
肺棘球蚴病	肺野内呈现较特别的圆形或椭圆形致密阴影，密度均匀，边缘明显，周围无炎性反应，其位置、大小、数量不等
肺脓肿	前期脓汁未排出时，呈现较浓密的局灶性肺实变阴影，密度均匀，但边缘较淡而模糊，中心区密度较深；后期脓汁排出形成空洞时，呈现透明的空洞阴影
肺气肿	肺透明度增高，膈肌运动减弱并向后移，肋间增宽
心包炎和心包积液	心影外缘弧度消失，其后界与膈肌接近或接触
胸腔积液	胸腔有少量积液时，站立侧位检查，可见心膈角钝化消失、密度增高；多量积液时，肺野下部呈现广泛而密度均匀的阴影；当改变体位时，液面随之改变

（二）家畜四肢骨、关节 X 线的检查

1. 家畜四肢骨、关节的 X 线透视检查

四肢骨、关节的 X 线透视检查，仅能判定明显的骨折和脱臼。透视时，一般选用侧位和正位，必要时也可用斜位。四肢正常骨骼均呈清楚的黑暗阴影，其骨皮质（骨密质）呈现最黑暗阴影，骨松质呈现稍亮的暗影，骨髓腔呈现较亮的阴影，骨膜不显影，与周围软组织不能区分。透视正常关节，只有看到组成关节的两骨端及短骨阴影，关节腔比较亮。在明显骨折时，可见透亮的骨折线。明显脱臼时，能初步判定。

2. 家畜四肢骨、关节的 X 线摄影检查

（1）拍摄家畜四肢骨、关节片的方位、条件及方法（表 3 - 4）

表 3 - 4　大家畜四肢骨、关节摄片方位、所需 X 线胶片大小及曝光条件

骨关节名称	摄影方位	X 线胶片（mm）	曝光条件		
			mA	kV	距离（cm）
第二指（趾）骨及蹄关节	正位（前蹄前后位，后蹄后前位）	127×178	正位 55～65	正位 8～10	70
	侧位（暗盒置内侧）		侧位 60～65	侧位 10	
第一指（趾）骨及膝关节	正位（前后）	127×178	60～65	10	70～75
	侧位（外位）				
腕关节	正位（前后）	127×178 或	65～70	10～12	70～75
	侧位（外位）	203×254			
肘关节	侧位（暗盒置内侧）	203×254	70～75	10～15	70～75
肩关节	后前斜位或前后斜位	203×254	85～90	25～30	70
跗关节	正位（后前）：前后斜位或后前斜位	203×254	65～70	12～15	75
膝关节	正位（暗盒置关节前方）	203×254 或	75～85	15～20	70
	侧位（暗盒置关节内侧）	254×305	70～75	15～17	
鬐甲	侧位	203×254	65～70	10～15	75

注：若有石膏绑带时，要延长曝光时间。一般绑带未干时延长 4 倍，已干时延长 2 倍。

拍摄四肢长骨片时，一般选用侧位，必要时也可用正位（前后位或后前位），X 线片尽可能包括两端的关节在内，X 管中心线对准被检部位的中央；拍摄四肢关节片时通常用正位（前后位或后前位）和侧位，需要时也可用斜位，X 线片必须包括组成关节的两骨端在内，X 线管中心线对准关节间隙中央。各部位拍片的方位，所需 X 线胶片大小及曝光条件可参考表 3 - 4。

此外，拍摄掌跖骨，尺桡骨及胫骨片所需胶片大小按家畜大小而定，其曝光条件可参考邻近关节的曝光条件而酌定。

（2）家畜四肢正常骨、关节的 X 线摄影检查所见

四肢正常管状长骨的骨膜不显影而与周围软组织共呈暗黑阴影。骨密质呈现均匀致密的白色阴影，在骨干中央部最厚，两端逐渐变薄、骨密质上有时可见条状的营养血管或点状营养血管孔的阴影。骨松质位于骨松质内面而充满于长骨两端，呈现为细致整齐网状结构的灰白阴影。骨小梁常按机械负重需要有规则排列。骨髓腔位于两侧骨密质部间，呈灰黑色阴影。

四肢正常关节间隙呈黑色阴影，组成单关节的两骨端呈现灰白色阴影；若为复关节时，则组成关节各骨排列正常，轮廓清楚。关节囊和周围韧带及软组织不能区分，均呈灰暗阴影。

3. 家畜四肢骨、关节常见病的 X 线表现

家畜的多种四肢骨、关节疾病，在 X 线片常可呈现能反映疾病性质的病理性阴影，可作为主要诊断依据。临床上常见的骨关节疾病的 X 线表现（表 3 - 5）。

表 3 – 5　临床上常见的骨关节疾病的 X 线表现

骨关节疾病	X 线表现
骨化性骨膜炎	骨皮质表面呈新生致密骨性阴影，常因钙化进行不均匀而呈岛状，最初与骨皮质结合不紧密；增生的新生骨较小者称骨疣或骨赘，可呈针状、刺状或小结节状高度致密阴影；增生的新骨较大（有小指头大或胡桃大不等）呈局限性结节状的大骨疣者，又称外生骨瘤，多无结构
骨折 （图 3 – 6）	骨完整性破坏，呈现黑色均匀的线条（骨折纹），并可见破坏碎骨片有断端移位的影像
脱位（脱臼）	关节窝与关节头的正常解剖关系发生改变，组成关节的两骨端发生部分或全部移位
变形性关节炎 （此病多发于跗关节）	关节软骨破坏、关节愈着、关节边缘骨质增生、附近韧带和骨膜骨化而形成骨赘等
骨关节病	关节间隙狭窄，骨质硬化，其致密度增高；骨组织破坏，在相邻的两关节面上呈虫蚀样骨质缺损的密度降低阴影，在关节相邻的两骨边缘发生唇样骨质增生，但一般都不发生关节端愈着

图 3 – 6　骨折

（三）家畜食道的 X 线造影检查

家畜食道的检查，只能用造影检查，将病畜行自然站立保定，大家畜选用 55 ~ 65kV，小家畜 40 ~ 60kV，透视毫安 3 ~ 4mA。一般在投服造影剂前，对食道进行一次单纯透视，以便发现食道径路上有无密度增、减的异常阴影，特别是金属性异物阴影。然后投服造影剂（医用硫酸钡，大家畜 100 ~ 200g，加水 500 ~ 1 000ml，并加入阿拉伯胶或淀粉，调成粥状混合液；小家畜用 50 ~ 100g，加水和阿拉伯胶或牛奶适量，调成粥状投服）后进行检查，最好边投服边检查。

正常情况下，造影剂进入食道后，呈现迅速沿食道内向后推进的圆柱状或长圆的阴影，其边缘整齐。当钡剂下移到生理狭窄的地方（主动脉贴近部和膈破裂孔处）稍停片刻而进入胃中。

病理状态下，可呈现各种异常阴影。如当食道完全阻塞时，造影剂到阻塞部后呈现偏斜分流或环流现象；食道炎或损伤时，形成轮廓不整齐的缺损，当造影剂完全排出后，于病变部呈现残留钡剂的阴影；食道狭窄时，病变部呈现线形阴影；食道憩室时，病变部呈现早发性圆形或椭圆形的袋囊状突起阴影，其边缘平滑整齐；食道肿瘤时，可呈现充盈缺损和食道狭窄的 X 线表现。必要时进行拍片检查。

第二节　B型超声诊断

　　兽医超声波诊断是利用超声原理研究、诊断动物疾病的理论和方法及其在畜牧业生产实际中应用的一门学科。其主要内容包括超声的物理特性、应用原理、仪器构造探测技术及其在兽医临床和畜牧业生产实践中的应用。

　　根据超声回声显示方式的不同，兽医超声诊断可分为 A 型、B 型、D 型和 M 型四类（图 3 -7）。B 型超声诊断法，又称超声断层显像法或辉度调制超声诊断法，简称 B 型超声或 B 超。B 型超声诊断法是将回声信号以光点明暗，即灰阶的形式显示出来。光点的强弱反映回声界面反射和衰减超声的强弱。这些光点、光线和光面构成了被探测部位二维断层图像或切面图像，这种图像称为声像图。

图 3 -7　SA6000 Ⅱ 数字式黑白超声仪

一、有关声像图的术语

　　（一）回声

　　振源发射的声波经物体表面或媒质界面反射回到接收点的声波。医学诊断用声波是根据回声信号进行诊断的，故有重要意义。

　　（二）管腔回声

　　由脉管系统的管壁及其中流动的液体所组成的回声，又称管状回声。管壁厚的有边缘，如门脉；管壁薄的边缘不明显，如肝静脉。

　　（三）气体回声

　　由肠腔、肺、气胸、皮下气肿、腐败气肿、胎儿等含气组织与器官反射的回声。气体可使超声波散射，导致能量减低形成衰退，声像图上呈强回声，其后方也可出现声影，但边缘不清，共同构成似云雾状。

　　（四）囊肿回声

　　囊肿壁呈清晰强回声，囊肿后方回声增强（蝌蚪尾症），囊肿内无回声，囊肿侧壁形成侧后方声影。新鲜血肿、稍稠的脓肿或均质的实质性肿物，也可出现囊肿样回声，故需要注意鉴别。

（五）光团

声像图大于1cm的实质性占位所形成的球形亮区。提示存在有肿瘤、结石（其后有声影）或结缔组织重叠。

（六）光环

声像图上呈圆形或类似圆环形的回声亮环。回声强的为包膜或肿块边缘，回声弱的多见于肝内肿瘤膨胀性生长对周围组织压缩所致的暗圈。

（七）光点

声像图上小于1cm的亮区。小于0.5cm的为小光点，小于0.1cm的为细小光点。

（八）光斑

声像图上大于0.5cm的不规则的片状明亮部分，见于炎症及融合的肿瘤组织。

（九）暗区

声像图中范围超过1cm的无回声或低回声的区域，可分实质性暗区和液体性暗区。

（十）无回声暗区

声像图中无光点，明显灰黑，加大增益后也无相应反射增强的暗区，通常为液体，如胆汁、胎水、尿液、卵泡液、囊肿液、眼房水、子宫积水、胸腹腔积液、寄生虫囊泡液以及胎儿的胃液、尿液、心血。

（十一）胚斑

在子宫的无回声暗区（胎水）内出现的光点或光团，为妊娠早期的胎体反射。一般在胎体反射中可见到脉动样闪烁的光点为胎心搏动，突出子宫壁上的光点或光团为早期胎盘或胎盘突，均为弱回声。回声强的光点或光团为胎儿肢体或骨骼的断面，暗区中出现细线状弱回声光环为胎膜反射，可随胎水出现波状浮动。胎儿颅腔和眼眶随骨骼的形成和骨化，可呈现由弱到强的回声光环。

（十二）声影

出现在强回声后的无回声阴影区域。一般出现在与机体软组织声阻抗差异很大的含气肠腔和骨骼及胎儿骨骼强回声之后，它的出现和增强可显示骨骼的存在和胎儿骨骼的骨化程度。

二、应用基础

（一）主机和探头

超声诊断仪由主机和探头两部分组成。探头是用来发射和接受超声，进行电声信号转换的部位，其形状和大小根据探查部位和用途不同，可分为体壁用、腔内用（直肠内、阴道内、腹腔内、血管内）和穿刺用探头。另外，根据超声扫描方式，探头可分为线阵扫描和扇形扫描两类，前者因探头接触面小，更适合小动物的探查。主机由显示器、基本电路和记录部分组成，电脑化的记录部分可记录各种数据和测量长宽及面积，并可配录像、照相和自动打印设备。

（二）探头频率

常用的超声频率为3.5MHz探头和5.0MHz探头。探头频率高则分辨力好，但探查深度浅；频率低则探查深，但分辨率差。从体壁进行探查，一般用2.25MHz、3.5MHz探头或5.0MHz探头，也有用7.5MHz探头和10MHz探头的。7.5MHz以上的高频探头可更精细观察眼、脑、睾丸、卵巢、初期胚胎和子宫壁及乳头结构的变化。小动物一般用5.0MHz探头或7.5MHz探头，也有用10MHz探头的。

（三）耦合剂

机体软组织与空气介质密度相差甚远，声阻抗差距很大，为1.410～1.684。因此，从体壁进行探查时，为使超声能透射入机体内，不致被空气所反射，需在探头与体壁之间涂耦合剂，使探头与皮肤密合。为保护探头和提高超声的透视，最好使用专门的医用耦合剂。

（四）探查方法

有滑行探查和扇形探查两种。前者是探头与体壁密接后，贴着体壁做直线滑行移动扫查；后者是将探头固定于一点，做各种方向的扇形摆动。具体操作时可两种结合，灵活运用。

（五）探查部位与处理

犬、猫、兔、海狸鼠、猴等中、小动物都取体外探查。动物的被毛影响探头与皮肤的密合和超声的透射，探查前应剃毛，尤其是绒毛较厚的小动物。为不影响宠物的外观，也可将被毛分开后探查，但探查范围受到很大限制，并影响探查质量。体外探查诊断早孕时，一般在耻骨前缘和沿子宫角分布的腹部两侧探查；在探查胃损伤或胃内异物时，可大量饮水或向胃内灌入液体，以便帮助诊断。其他脏器的探查可依解剖部位而定。

（六）局部解剖学

超声诊断是形态学诊断，所以被探查部位器官和组织的局部解剖关系及其正常的形态特点，即正常的声像图要非常清楚，否则即使探查到，也不能正确识别进行诊断。

三、B超诊断仪的操作程序

各种B超诊断仪的操作程序主要包括以下几个方面：

（一）开机　将探头插入主机插座上，并将其锁定。在需要接地线的情况下，将接地端子与地线可靠连接。用电源线将主机接入220V交流电，启动电源开关。

（二）动物准备　将动物保定，剪（剃）毛，在病畜诊断部位涂上适量的超声耦合剂，使探头端面和诊断部位皮肤紧密接触，但不得用力挤压，否则会损坏探头。

（三）扫查　适当移动探头位置和调整探头方向，在观察图像过程中寻找和确定最佳探测位置和角度，此时屏幕显示为被测部位的截面声像图。"近场、远场增益"、"亮度"、"对比度"调节，当得到满意的声像图时，立即"冻结"使声像图定格，以便对探测到的图像进行观察和诊断。

（四）记录　图像存储、编辑、打印。

（五）结束　关机，切断电源。

四、生殖器官的探查

（一）生殖器官声像图特点

1. 犬子宫　B超通常探查不到正常无腔子宫，用7.5MHz高频探头，可能看到呈卵圆形弱回声团块的子宫颈、呈管状结构的子宫角，位于膀胱和直肠之间，但通常与圆形的肠管难以区别。充尿的膀胱可作为探查子宫时的声窗和解剖标界。发情前期和发情期子宫开始增加弱回声，伴有中心区强回声，产后3d内子宫直径变化迅速。怀孕后，子宫中出现孕囊，呈圆形暗区。

2. 犬胎盘 环状胎盘，位于胎囊中部，在子宫壁一侧可观察到胎盘层和胎盘带，为均质弱回声。

3. 犬卵巢 外形似桑葚状，位于第三腰椎或第四腰椎下方，肾脏之后1~4cm处，经产犬位置更向后向下，体积为(1.5~3.0)cm×(0.7~1.5)cm×(0.5~0.75)cm。发情时，成熟卵泡数为3~15个，卵泡直径4~5mm，黄体直径2~5mm。在发情后2~3d能探查到卵泡，为多个无回声区，基本呈圆形。

4. 犬睾丸 正常时，睾丸实质为粗介质回声结构，睾丸纵隔呈均匀的2mm宽的线状强回声结构，在睾丸中心的长轴位置。附睾声像图是变化的，附睾尾从均匀的无回声到弱回声结构。正常的睾丸声像图结构可与睾丸囊肿和肿瘤等病理状态加以鉴别。

（二）诊断早孕

1. 犬 于25~34d、35~44d、47~56d用3.0MHz线阵探头测量母犬孕囊直径，分别平均为23~30mm、25~49mm、46~89mm。在子宫壁一侧观察到犬的胎盘为均质弱回声结构。选用7.5MHz扇扫探头，当深度超过3cm时用5.0MHz线阵探头，最早在配种后20d可在子宫内探到直径20mm的绒毛膜腔（暗区），即孕囊（GS），GS周围子宫壁的回声比子宫角强。23~35d可观察到子宫壁上呈椭圆形结构的胚体，大小约为3.0mm×2.0mm。配种后30d前，唯一能观察到的是胎儿的胎心搏动。在23~25d即可根据检测到GS、胚胎结构和胎心搏动确定妊娠。妊娠34~37d可分辨胎头与胎体，适合测量胎儿大小和诊断死胎。

2. 猫 7.5MHz扇扫探头从腹壁开始探查，最早在配种后4~14d观察到子宫增大；11~14d观察到妊娠囊，15~17d观察到胚极在GS中为一点的亮点，16~18d观察到胎心搏动。最早可在配种后11~14d根据探查到GS而诊断妊娠。

3. 兔 探查部位在耻骨前缘1~2cm、最后乳头外侧或后方1cm处，以最后乳头后方1cm处为佳。在配种后第六天可观察到充液的子宫，为一串球形暗区，每个暗区直径10mm，第九天可区分胎体和胎盘，胎盘呈均质弱回声结构，12d可见胚体，18d后可见胎心搏动。

4. 海狸鼠 5.0MHz探头腹壁探查，配种后第八天可观察到妊娠子宫（GS）（2mm×8mm），12d可探查到胎体反射（4mm），13d见胎心搏动，15d头躯干明显可辨，18d见肢动，显出胎儿固有形态，27d头骨骨化出现声影。

5. 豚鼠 5.0MHz探头后胁部探查，最早在配种后16d可见到充液子宫，为一串球形暗区，每个暗区直径不到10mm，25d后可见胎体反射，34d后可见胎心搏动和胎儿脊柱。

6. 大鼠 5.0MHz探头探查，最早在配种后第八天可见到GS，14d可在妊娠子宫中见到胎体，19d后见胎心搏动。

（三）观察胚胎发育

1. 估测怀胎数目 主要用于怀多胎的羊、犬、猫及实验动物。估测犬怀胎数的时间在妊娠28~35d最适合，怀胎5只以下的较怀胎多的准确率高。

2. 预测胎龄和分娩 犬胎龄增长与绒毛膜囊直径、胎头径和胎内结构变化密切相关，根据这些指标估测胎龄最好；根据子宫径估测兔、豚鼠的胎龄最好，豚鼠子宫直径与胎龄的相关性很高。犬分娩前8~11d可观察到胎儿的胸腔以及初次观察到心脏、胃、肾、膀胱和GS失去圆形的时间，可用于预测母犬分娩时间。

3. 预测胎儿性别　根据胎儿生殖结节的分化和位移及胎儿的外生殖器，可预测胎儿的性别。

4. 监护分娩　小动物分娩一般不用监护，但在发生过期不产、难产和产仔少时，需要进行检查以确定是否怀孕、胎儿是否存活和分娩是否结束。可以根据探查到胎体、胎心搏动作出确切诊断。

5. 监护产后子宫复旧　犬在产后1周用7.5MHz扇扫探头扫查子宫角为管状结构，声像图呈多层次的不同回声结构；胎盘部位子宫角直径为11~38mm，非胎盘部位子宫角直径为5~14mm。产后15周子宫复旧完成，子宫角形成均匀的低回声，没有肿大的管状结构，直径缩小到3~6mm。

（四）诊断繁殖疾病

1. 胚胎吸收和流产　声像图特征为子宫内暗区缩小（表示胎水容量减少和变化），子宫壁变厚、孕体萎陷、胚胎心搏消失，进而胚胎消失。胚胎吸收后，子宫呈现适度的低回声，如同产后子宫一样。

2. 气肿胎　腹部触诊可明显触及胎儿，但B超探查不见胎儿形态，完全被气肿的强反射所阻挡。

3. 子宫积液　犬腹部横向扫描时，腹腔后部或中部出现充满液体、大小不等的圆形或管状或不规则形结构；腔内呈无回声暗区，或呈雪花样回声图像，内无胎体反射；子宫壁很薄，反射不强。

4. 子宫蓄脓　在膀胱与直肠间有一囊状或管状弱回声区，边界为次强回声带，轮廓不甚清楚。

5. 睾丸疾病　可检出睾丸肿瘤，但还不易区分肿瘤的细胞类型。还可诊断出非肿瘤性的血管损伤、睾丸萎缩、阴囊水肿、阴囊疝和隐睾。

6. 前列腺疾病　犬前列腺的大小变化较大，老龄犬有时显著增大，位置常有变化；膀胱空虚或收缩时，腺体全部位于骨盘腔内，甚至后移至耻骨前缘后方2~3cm处；膀胱充满时，常大部分移位于耻骨前方。犬背侧卧保定，中等充尿的膀胱，在接近盆腔入口的边缘进行扫查。B超能观察前列腺的结构，可区别前列腺肥大是囊性还是实性，但不能明确区分实性前列腺肥大是良性肿瘤还是恶性肿瘤。B超还可观察前列腺的退化。前列腺旁囊肿不常见，可发生于8岁以上老龄犬，其声像图特征为无回声结构，内有膈膜形成的回声，有的在前列腺实质内出现中等大的无回声囊或囊肿。

五、腹部脏器的探查

（一）正常声像图

1. 肝脏　在剑状突后方或右侧肋骨边缘扫查，先纵切、后横切，按顺序扫查整个肝脏，胃内液体可作为探查肝脏的声窗。正常声像图边缘平滑，实质呈均匀点状（粗质）回声结构。在同样条件下，回声强度比肾脏稍强，比脾脏稍低。在前腹部后腔静脉的腹侧可见到呈强回声门静脉管壁，经肝门入肝，分出左右侧分支：右侧分支分布于肝脏右外叶和右内叶；左侧分支较大，分布于其余各叶。肝静脉管壁回声较弱，位于门静脉的背侧，除在膈附近进入后腔静脉的大静脉外，往往难以发现。后腔静脉位于尾叶的中央，管腔大而壁薄，在慢性右心衰竭引起的肝脏淤血时可见到。肝动脉分支看不到。超声可定量测肝脏大小。肝与膈相贴连处，膈呈一有弯度的曲线，回声较肝实质强，可随呼吸而动。

2. 胆囊　多数在扫查肝脏时即能扫查到，对胸深的犬或肠管过度充盈时，可取斜卧位，从右侧前腹部肋下横切扫查，可观察到胆囊和肝外胆管，此时肝的尾叶和右外叶可作为总胆管、后腔静脉和主动脉的声窗。胆囊位于腹中线稍偏右侧肋弓下，为一光滑、规则的圆形结构。胆囊壁很薄，难于观察到，内容为无回声，其大小与充盈度有关。横切时呈圆形，矢状切时呈卵圆形。

3. 脾脏　在左侧前下腹部扫查，可观察到脾实质和脉管；在下腹部和左侧腹壁接合处扫查，可清楚地观察到脾头的图像。外形平滑，边界清晰，实质回声较肝脏强，呈均匀的细质状回声结构。在脾门附近可见脾静脉及其分支。由于犬的脾脏游离性较大，有时在左侧腹腔较后的部位也能观察到。由于探查时实际位置的切面的水平不同，可呈圆形、卵圆形或带状。

4. 肾脏　用5.0MHz探头进行横向和纵向扫查。扫查左肾以脾为透声窗，由于左肾的游走性大，探头应尽量平稳轻压，以免肾脏滑走；右肾的腹侧为小肠，小肠中的气体会妨碍超声的传播，应将探头在右肾所在部位反复推按，以排开肠管干扰，或者在右侧腹壁10~13肋间进行探查。纵向扫查犬肾脏为一卵圆形或蚕豆形、界限分明的声像结构，外周为一强回声光环，皮质呈弱回声区，髓质呈多个无回声或稍显弱回声区。肾脏中央或偏中央区为肾盂和肾盂周围的脂肪囊，呈放射状排列的强回声结构，正常情况下肾盂部分蓄有尿液，会出现暗区。横向扫查与纵向扫查肾脏声像图相似，不同的是横向扫查肾呈圆形轮廓。肾脏中央横向扫查时所见的强回声为肾门。声像图能测量肾的长度、直径和容积，为诊断肾病提供真实的数据。

5. 肾上腺　实质呈均质弱回声结构，边界光滑呈强回声。

6. 膀胱　膀胱充盈尿液时声像图很易识别，如无尿，可用导管注入生理盐水后再探查。膀胱壁回声较强，其内的尿液为无回声暗区。膀胱远壁回声增强。尿液充盈时，膀胱内壁光滑、薄，排尿后壁较厚。正常膀胱横切时呈圆形、矢状切时呈梨形，细锥形处朝向膀胱颈。

7. 胃、肠道　采用5.0MHz探头或7.5MHz扇扫或线扫探头。进行测量时，需先麻醉，使胃肠道松弛。胃肠道内的空气与器官和组织的声阻抗差距大，对超声产生强烈反射；检查时，每千克体重用胃管灌入30℃水15ml，可为探查提供良好的声窗，灌水前需排出胃肠内的气体。犬胃、肠道壁可分为5个超声回声层，最内的强回声为黏膜表层，其内的弱回声为黏膜层，中等回声层为黏膜下层，外面弱回声层为肌肉层，最外面强回声层为浆膜层。胃壁厚3~5mm，肠壁厚2~3mm，患病时胃壁厚可达6~7mm，小肠壁厚达5mm以上。胃肠道内容物如为液体呈无回声结构，如为黏液性内容物则呈强回声结构，但回声后无声影。如为气体时则显示高强度回声界面，似云雾状，远端伴有声影。内容物为液体或黏液时，胃肠道壁容易识别，如为气体则不能识别。

（二）肝脏疾病声像图

1. 弥漫性回声异常

确定弥漫性回声异常必须和肾实质回声进行比较，以排除由于仪器增益加大产生的假性改变。

（1）回声强度增加　可提示有继发性严重肝硬化；犬发生肝硬化时，声像图上可见肝实质弥漫性回声增强，也有的病例在许多区域出现粗糙、斑片状的强回声暗区；肝硬化同时伴有腹水时，呈现无回声暗区；脂肪肝也是弥漫性回声增强。

（2）回声强度降低　犬肝脏回声强度普遍降低主要见于肝脏淋巴腺瘤；肝硬化时肝体积缩小；脂肪肝和患淋巴肉瘤时，肝体积增大或正常。对于大多数弥漫性肝实质疾患，可在超声引导下进行肝脏活体组织检查，以确定其性质。

2. 局灶性回声异常

（1）无回声病变　见于肝脏囊肿，声像图形态是囊肿内无回声，边界和远壁界限清晰，周边有反射和折射带；有的囊肿可伴有间隔，内有条索状和不同程度的回声增强；肝囊肿一般都单发，不影响肝脏大小。无回声病变还可见于血肿、脓肿、肝坏死以及原发性或转移性肿瘤疾病。

（2）弱回声病变　见于血肿或脓肿的某一阶段、原发性或转移性肿瘤的实质性肿块；根据血肿的机化程度，可呈现不同的回声图像，初为强回声，后变为弱回声或混合性回声；根据脓肿的形成阶段，也可呈现不同的回声图像，在急性期为强回声，进而为无回声、弱回声或混合性回声，确定脓肿通常是在弱回声期，有时内部有少许高强度回声；不同类型的原发性或转移性肿瘤，可显现弱回声，也可显现混合性回声；弱回声图像是非特异性的，要结合其他诊断综合分析、确诊。

（3）强回声病变　见于致密纤维组织或钙化、气体、血肿和脓肿形成的早期，并伴有不同程度的声影；局灶性纤维化或钙化，可继发于以前的创伤或炎症疾病。

（4）混合性回声病变　可见于血肿、脓肿、坏死或不同类型的肿瘤。这些病变主要是伴有液体成分的固体病变或大量液体伴有固体成分，也可能是液体和固体成分均等；液体因其稠度不同可表现为无回声或弱回声；在肿块与不同类型的条索状物聚积和坏死时，可产生混合性回声；某些肿瘤过程产生强回声的中心，环绕一个透声的环状靶病变。

（三）胆囊和胆道声像图

1. 胆汁阻塞　B超探查有助于鉴别是肝外还是肝细胞疾病引起，并可发现总胆管阻塞的原因。犬胆管试验性完全阻塞时，观察到的声像图是胆囊迅速扩张和伴随有胆管增大，总胆管增大往往在阻塞后48h就可以看出，肝外胆管阻塞约在3d后，肝小叶和叶间胆管扩张约在阻塞7d后出现。扩张的肝内胆管以其不规则分支和弯曲的状态与门静脉相区分。

2. 胆石症和总胆管石症　结石呈强回声结构，当有足够大小和密度时，出现强的声影。改变动物姿势时，结石和沉积物在胆囊内可发生位移，能和沉积物相区分。总胆管结石除伴有阻塞外，由于缺乏无回声的胆汁环绕，且这个部位的肠气妨碍观察，故难以与沉积物相鉴别。

3. 胆囊壁增厚　犬的胆囊壁正常时观察不到。在疾病的急性期，由于胆囊水肿，胆囊壁增厚，可观察到内外壁形成一个"双环"的声像图征象。在慢性胆囊炎时，由于慢性炎症和瘢痕组织导致不可逆的胆囊壁增厚，呈不规则的、厚的回声增强。

4. 胆囊排空试验　在B超监护下进行，用于鉴别诊断犬的堵塞性和非堵塞性黄疸。注射利胆药后，正常犬在1h内排空40%，反应最大在5~20min内。患非堵塞性肝病，也在1h内排空40%，胆囊堵塞的在1h内排空却不到20%。

（四）脾脏疾病声像图

1. 回声降低而无实质异常 脾脏弥漫性增大而无实质回声正常，可发生于急性或被动性充血、血管受到损害和弥漫性细胞浸润。败血症或毒血症均会引起脾脏急性充血和整个脾脏增大。被动性充血可由麻醉、慢性肝脏疾病或右心衰所致。脾扭转、脾静脉栓塞、淋巴腺瘤和白血病也可使脾脏肿大，在大多数情况下，呈现脾脏回声正常或低回声结构。

2. 局灶性回声异常 局灶性回声异常时，常伴有脾脏增大征象。类似肝脏探查，可以诊断脾脏囊肿、血肿、脓肿、肿瘤以及坏死和梗塞。囊肿可由创伤后血肿变性所致。其他局灶性病变多为血肿或肿瘤，脓肿少见。脾脏淋巴腺瘤也可出现局灶性低回声结构。犬脾脏感染时，开始为弱回声或混合回声，随后由于瘢痕组织的形成而发展为强回声的楔性病变。

3. 脾破裂 继发于创伤或在病理情况下所致脾破裂时，B超探查可呈现脾血肿或游离性腹水。

4. 脾血肿 显示不规则、大的无回声和弱回声脾脏团块，跟随探查，团块进行性溶解消散，血肿吸收。

（五）肾脏疾病声像图

1. 肾结石 结石处形成极强回声，结石后方伴有声影。B超探查可检出直径大于0.5cm和透X射线或不透X射线的肾结石，回声强度与结石的不透X射线性或成分无关，还能查出X射线摄影不能显示结石密度的肾结石病，肾实质回声强度增加并有声影存在，肾结石病就易诊断，如仅为肾实质回声增强而无声影就不能做出肾结石病的诊断，因肾纤维化也会增加肾实质回声强度。

2. 肾盂积水 肾实质内出现大的无回声区，是由尿液使肾盂扩张所致。肾皮质的多少随肾盂积水程度而定。肾盂积水轻微，无回声区可把肾盂的回声隔开。在声像图上偶尔可看到肾脏阻塞的部位。

3. 肾实质疾病 任何慢性、进行性和不可逆性的肾实质疾病，最终的结局都是肾实质纤维化和瘢痕组织形成。B超不能明显区分肾实质疾病，但可相应提示疾病的严重程度。不可逆性肾脏疾病的声像图是皮质回声强度增加，均质性消失，皮髓质结合处明显丧失。肾脏体积比正常小，边界不明显、不规则。

4. 肾囊肿 囊肿内无回声，囊肿壁界限清楚，囊的深部呈强回声结构。肾囊肿有单个或多个，进行性多囊肾病有多个间隔囊区，伴有肾脏边缘不规则或没有明显的界限。

5. 肾脏肿瘤 犬的肾脏肿瘤有血管肉瘤、肾母细胞瘤、组织细胞淋巴瘤、软骨肉瘤和肾腺癌，它们的声像图有很大差异，最常见的是混合型回声结构。肿瘤发生钙化或纤维化时呈强回声结构；肿瘤内发生坏死、出血和液化时呈无回声结构和弱回声结构，偶见肿瘤呈均质弱回声结构。除淋巴腺瘤呈弱回声结构外，根据回声结构不能确定肿瘤细胞的类型，也不能鉴别肿瘤是原发性的还是转移性。当声像图上呈现有固体肿块时，要考虑与肾脓肿、血肿和出血性囊肿相鉴别，结合病史、临床症状及其他检查方法做出正确的鉴别诊断。

（六）膀胱疾病声像图

1. 膀胱结石 通过超声扫查能确定肿块的性质，是矿物质还是软组织，并判定结石的大小、数目、部位和膀胱壁有无增厚。

结石声像图特征，一是膀胱内无回声区域中有致密的强回声光点或光团，其强回声的大小和形状视结石大小和形状而定；二是强回声的光团或光点后方伴有声影，膀胱壁也可增厚。

2. 膀胱炎 声像图特征是膀胱壁增厚、轮廓不规则，黏膜下层为低回声带。

3. 膀胱肿瘤 声像图可见膀胱无回声区内有自膀胱壁向腔内突入的肿瘤团块状回声结构，呈强光团，边缘清晰，后方不伴有声影。

（七）胃、肠道疾病声像图

1. 胃、肠道异物 高密度物质如骨头、石子、玻璃球、果核，呈强回声结构，有的球状物呈强回声环，均伴有声影；中密度物质如橡胶瓶塞、泡沫塑料，呈次强回声结构；低密度物质如棉丝、线团、塑料袋等，呈弱回声结构，量少时不易探查到；纤细物如缝针、细金属丝，虽是高密度物质，但因太细而难以探查到。胃、肠道内异物可引起梗阻，胃内会积液体，或在阻塞部附近积液，有利于观察到异物。

2. 胃、肠套叠 横切时，肠套叠呈多层靶样声像图，并伴有临近部位液体蓄积，出现暗区。套叠前段出现积液，呈现暗区。

3. 胃、肠道肿瘤 B超能观察到的胃、肠肿瘤有平滑肌瘤、平滑肌肉瘤、淋巴肉瘤及退行性肉瘤和腺癌。平滑肌瘤、平滑肌肉瘤和淋巴肉瘤呈分离、均质圆形回声结构。胃平滑肌瘤是一大的无杯回声团块，其中央有一不规则的似火山口样的强回声结构，提示肿瘤有深的溃疡。淋巴肉瘤均为孤立的同质圆形回声结构。退行性肉瘤呈现明显不规则、肠壁增厚的图像，肠壁层次结构遭破坏，邻近有液体。

4. 胃、肠道炎症 犬胃炎伴发胃溃疡，声像图特征是广泛性胃壁增厚达6mm，胃窦部增厚区内有直径2cm的火山样中心，其他部位变化不明显。肠炎时，小肠内积有多量液体，呈无回声暗区，为小肠液性扩张，肠壁厚度变化不大，但蠕动消失。

5. 腹腔积液 呈广泛的无回声区，其中有游离的、不同断面的强回声肠管反射，并在无回声区内游动。

复习思考题

1. 简述 X 线透视的操作过程。
2. 简述 X 线摄影的操作过程。
3. 各部位进行 X 线透视时有何特点？
4. 各部位进行 X 线摄影时有何特点？
5. 什么是 B 超？如何制作 B 超仪？

第四章

给药疗法

第一节　注射疗法

注射疗法是使用注射器或输液器将药液直接注入动物体内的给药方法。注射疗法是临床上最常用的治疗技术，具有给药量小、奏效快、避免经口给药胃肠道内容物影响降低药效的优点。

一、注射操作注意事项

（一）注射器必须吻合无隙、清洁畅通，使用前要严格消毒。

（二）注射前要仔细检查药物名称、用途、剂量、性状以及是否过期等；如同时注射两种以上药品时，应注意有无配伍禁忌。

（三）静脉注射的药液，特别是水合氯醛、氯化钙、高渗盐水等有强烈刺激性的药液，应防止漏于血管外。

（四）注入大量药液时，应加温与体温同高。注射前要排净注射器或胶管内的空气。

（五）注射中，如针头发生折断时，可用器械取出。或在局部麻醉下，切开组织取出。

（六）严格执行无菌操作，防止感染。术者洗手、戴口罩；注射部位先剪毛，然后涂以 2%～5%碘酊消毒，再以 75%酒精脱碘。

二、注射器械

注射器由空筒和活塞两部分组成，按材料可分为玻璃、金属、尼龙、塑料等4种，按其容量有（1、2、5、10、20、30、50、100）ml 等规格，大量输液时则有容量较大的输液瓶（吊瓶），此外还有特殊用途的装甲注射器、连续注射器、远距离吹管注射器等。

注射针头则根据其内径大小及长短而分为不同型号，如4、5、6、7、8、9、12、16、20 等规格。使用时按动物种类、注射方法和剂量，选择适宜的注射器及针头。注射盘即白瓷盘，盘内应放置下列物品：无菌镊子、2%～5%碘酊及75%酒精棉球、止血带和止血钳等。

三、药液抽吸

（一）安瓿内液体药物的抽吸　将安瓿尖端药液弹至体部，消毒安瓿颈部，用砂轮在安瓿颈部划一锯痕，再次消毒折断安瓿，抽吸药液，抽毕、排除注射器中的气泡。

（二）结晶、粉剂或油剂药物的抽吸　用生理盐水、注射用水或专用溶剂将结晶、粉剂药物充分溶解后吸取。油剂需用双手对搓药瓶后再抽吸。

四、注射方法

（一）皮内注射

用于牛结核、副结核、牛肝蛭病、马鼻疽等疾病的变态反应诊断，或做药物过敏试验，还可用于炭疽、绵羊痘等疫苗的免疫接种。

1. 部位　选择不易受摩擦、舐、咬处的皮肤。牛马多在颈侧中上 1/3 处或尾根内侧；猪在耳根；鸡在肉髯。

2. 方法　动物适当保定，局部剪毛消毒后，左手捏起皮肤，右手持注射器使针头与皮肤呈 30°角刺入皮内约 0.5cm，深达真皮层，缓慢注入药液（一般不超过 0.5ml）。推药时可感到阻力大，注射后局部形成小丘疹。如误入皮下则无此现象。注毕，用酒精棉球轻压针孔，以免药液外溢。注射疫苗时应用碘仿火棉胶封闭针孔。

（二）皮下注射

皮下注射是将药液注射于皮下结缔组织内，经毛细血管、淋巴管吸收的给药方法，一般经 5～10min 呈现效果。凡是易溶解，无强刺激性的药品及疫苗、菌苗等均可作皮下注射。

1. 部位　选择富有皮下组织、皮肤容易移动部位。大动物多在颈侧；猪在耳根后或股内侧；羊在颈侧、肘后或股内侧；禽类在翅膀或大腿根部；犬、猫在颈侧或背部、股内侧。

2. 方法　动物适当保定，局部剪毛消毒后，用左手中指和拇指捏起皮肤，食指尖下压皱褶呈陷窝。右手持注射器，从皱褶基部的陷窝处刺入皮下 2～3cm，如感觉针头能自由拨动，回抽活塞不见出血时，即可注射药液。药液量大时，应分点注射。注毕，拔出针头，局部涂以碘酊。

3. 注意事项　刺激性强的药品不能做皮下注射。

（三）肌肉内注射

因肌肉内血管丰富、注射后药液吸收较快（仅次于静脉注射）、感觉神经较皮下少而疼痛轻微，故临床上应用较多。可用于刺激性较强、较难吸收的药液，让缓慢吸收持续发挥作用的药液，不适宜血管内注射的药液、油剂、乳剂等。

1. 部位　凡肌肉丰富的部位，均可进行肌肉注射，但应避开大血管及神经的经路。大动物与犊、驹、羊等多在颈侧及臀部；猪在耳根后、臀部或股内侧；犬、猫在腰部及股部；禽在胸肌或大腿部肌肉（图 4-1）。

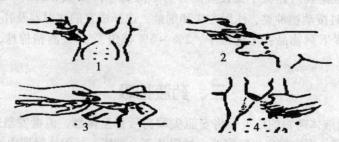

图 4-1　猪常用注射法

2. 方法　动物适当保定，局部剪毛消毒后，先将针头与皮肤呈垂直刺入肌肉内，再连接吸好药液的注射器，抽拔活塞确认无回血后，即可注入药液。或者先接好针头一次操作。注毕，用碘酊棉球压迫针孔，迅速拔出针头。

3. 注意事项　注射时不要将针头全部注入肌肉，以免折断时不易取出。动物长期进行肌肉注射，注射部位应交替更换，以减少硬结的发生。强刺激性的药物如钙制剂、浓盐水等不宜作肌肉注射。

（四）静脉注射

静脉注射是将药液直接注入静脉中，随血液分布到全身的给药方法，其药效迅速，同时排泄也快。主要用于大量的补液、输血，注入急需奏效的药物（如急救、强心等），注射刺激性较强的药液（如水合氯醛、氯化钙等）。

静脉注射根据注入药量的多少，可选用较大的注射器或输液器。注射的部位及方法依动物种类的不同而不同。

1. 牛的静脉注射

牛的注射部位在颈静脉的上 1/3 与中 1/3 的交界处，母牛也可在乳房静脉。因牛的皮肤较厚，故常用突然刺入法。术者左手拇指压迫颈静脉的近心端，使静脉怒张，右手持针头对准注射部位，并以腕力使针头垂直地迅速刺入皮肤和血管，见有血液流出后，将针头顺血管走向推进约 1cm，连接注射器或输液器的胶管，即可注入药液（图 4-2）。

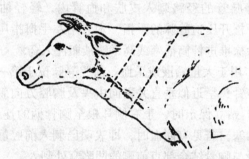

图 4-2　牛颈静脉注射部位

2. 马的静脉注射

马、羊、骆驼、鹿等均在颈静脉注射，方法基本相同。剪毛消毒后，术者左手拇指压迫颈静脉的近心端，使静脉怒张，以 15°~45° 角刺入血管内，见到回血后，将针头顺血管走向推进约 1cm，松开左手，连接注射器或输液器的胶管，并用夹子将其固定于皮肤上，然后徐徐注入药液。注射完毕，左手拿酒精棉球压紧针孔，右手迅速拔出针头。为了防止针孔溢血，继续压针孔片刻，最后涂以碘酊。

3. 犬、猫的静脉注射

犬多在后肢外侧小隐静脉或前肢内侧头静脉（前臂皮下静脉）实施。将犬侧卧保定，固定好头部，在后肢胫部下 1/3 的外侧浅表皮下找到小隐静脉或在前肢腕关节正前方稍偏内侧找到头静脉，将静脉近心端用止血带或胶管扎紧，使静脉充盈、怒张。局部剪毛消毒；术者左手握住注射部位的上方，右手持针头沿静脉走向刺入皮下及血管，针头连接管处见到回血，再顺静脉管进针少许；松开止血带或胶管，即可注入药液。静脉输液时，用胶布缠绕固定针头并调整好输液速度（图 4-3）。

图 4-3 犬头静脉注射方法

猫多在后肢的隐静脉或前肢的正中静脉实施。注射前将猫的头部及四肢保定好，注射方法参照犬的静脉注射。

4. 猪的静脉注射

常采用耳静脉或前腔静脉进行注射。

（1）**耳静脉注射** 猪站立或侧卧保定，耳静脉局部剪毛、消毒。助手用手捏住猪耳根部的静脉管处，使静脉充盈、怒张。术者用左手把持耳尖，并将其托平。右手持连接注射器的针头或头皮针，沿静脉管的经路刺入皮肤和血管内，轻轻抽动针筒活塞，见有回血后，再沿血管向前进针。松开压迫静脉的手指，术者用左手拇指压住注射针头，连同注射器固定在猪耳上，右手徐徐推进针筒活塞或高举输液瓶注入药液。

（2）**前腔静脉注射** 用于大量输液或采血。前腔静脉位于第一对肋骨柄结合处的正前方，多在右侧进行注射，针头呈近似垂直并稍向中央及胸腔方向刺入，刺入深度依猪体大小而定，一般为 2～6cm。站立保定时，于右侧耳根至胸骨柄的连线上，距胸骨端 1～3cm 处刺入，边刺入边回抽活塞，若见有回血时，即表明已刺入前腔静脉，可注入药液。仰卧保定时，于右侧第一肋骨与胸骨结合部直前侧的凹陷窝处刺入。

5. 注意事项

（1）严格遵守无菌操作常规，对所有注射用具，注射局部均应严格消毒。

（2）注射时要注意检查针头是否畅通，反复刺入时常被组织块或血凝块堵塞，应随时更换针头。

（3）注射时要看清脉管经络，明确注射部位，一针见血，防止乱刺，以免引起局部血肿或静脉炎。

（4）刺针前应排净注射器或输液乳胶管中的气泡。

（5）混合注入多种药液时，应注意配伍禁忌，油类制剂不能作静脉内注射。

（6）大量输液时，速度不宜过快，药液温度要接近动物体温，同时注意心脏功能。

6. 静脉注射时药液外漏的处理 静脉内注射时，常由于未刺入血管或刺入后因病畜骚动而针头移位脱出血管外，致使药液漏于皮下。故当发现药液外漏时，应立即停止注射，根据不同的药液采取下列措施处理：

（1）如系等渗溶液（如生理盐水或等渗葡萄糖）则很快自然吸收。

（2）如系高渗盐溶液，则应向肿胀局部及其周围注入适量的灭菌蒸馏水稀释之。

（3）如系刺激性强或有腐蚀性的药液，则应向其周围组织内注入生理盐水。如系氯化钙液可注入 10% 硫酸钠液使其变为无刺激性的硫酸钙和氯化钠。

（4）局部进行温敷，以促进吸收。

（五）气管内注射

气管内注射是将药液注入气管内，使药物直接作用于气管黏膜的注射方法。用于治疗气管与肺脏疾病或肺脏的驱虫。

1. 部位 颈部腹侧上 1/3 下界的正中线上，在两气管环间进针。

2. 方法 牛、马站立保定，猪、羊侧卧保定，使其前躯稍高于后躯。局部剪毛、消毒后，术者左手触摸气管并找准两气管环的间隙，右手持连接针头的注射器，垂直刺入气管内。刺入气管内感觉阻力消失，抽动活塞有气体，然后缓慢注入药液。注射完毕后，局部涂以碘酊。

注射的药液应是可溶性并容易吸收的，否则有引起肺炎的危险；剂量不宜过多，猪、羊、犬为 3～5ml，牛、马为 20～30ml；药液温度与体温同高；为了防止或减轻咳嗽，可先注射 2% 盐酸普鲁卡因溶液 2～5ml 以降低气管黏膜的敏感性。

（六）胸腔内注射

胸腔内注射也称胸膜腔内注射，用于治疗胸膜的炎症、抽取胸腔积液及进行气胸疗法时气体的注入。

1. 部位 马，左侧在第七或第八肋间，右侧在第七或第八肋间；牛、羊，左侧在第六或第七肋间，右侧在第五或第六肋间；猪，左侧在第六肋间，右侧在第五肋间；犬，左侧在第七肋间，右侧在第六肋间。一律选择于胸外静脉上方 2cm 处。

2. 方法 动物站立保定，术部剪毛、消毒。术者左手将术部皮肤稍向前方移动 1～2cm，以便使刺入胸膜腔的针孔与皮肤上的针孔错开，右手持连接针头的注射器，沿肋骨前缘垂直刺入 3～5cm。针头通过肋间肌时有一定阻力，进入胸膜腔时阻力消失有空虚感。注入药液，注毕，使皮肤复位局部消毒。

（七）腹腔内注射

因腹膜吸收力很强，其药物作用的速度仅次于静脉注射，故中、小动物常用。主要用于腹膜及腹腔器官疾病的局部用药，静脉注射困难时补液及犬、猫麻醉剂的注入。

1. 部位 马、骡在左肷窝中央；牛在右肷窝中央；猪、犬、猫在下腹部耻骨前缘前方 3～5cm 腹白线两侧。

2. 方法 牛、马站立保定，局部剪毛消毒后，垂直皮肤刺入 3～5cm，注入药液。猪、犬、猫倒提保定，术者左手把握腹侧壁，右手持注射器，垂直刺入针头后，注入药液。刺入正确，回抽注射器活塞时应无气体或液体。大量注入药液时，要将药液加热到与体温同高。

（八）瓣胃内注射

将药液直接注入于牛瓣胃中，使其内容物软化，用于治疗瓣胃阻塞。

1. 部位 牛在右侧第 7～9 肋间与肩关节水平线交点的上下 3cm 范围内（图 4-4）。

2. 方法 站立保定，剪毛消毒。用 15～20cm 长的穿刺针，与皮肤垂直并稍向前下方，刺入深度 8～10cm（羊稍浅），当感觉阻力减小并有沙沙感时，即是进入瓣胃内。为慎重，可先注入 20～50ml 生理盐水再回抽，如抽出液为黄色混浊或草屑时，证明刺入正确；如抽

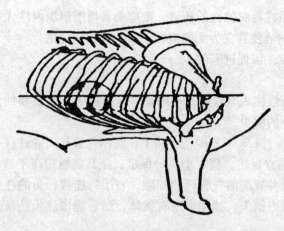

图4-4 牛瓣胃注射部位

出液有血液或胆汁，证明刺入肝脏或胆囊，可能是位置过高或针头偏上的结果。确认刺入正确，注入所需药物（如25%～30%硫酸镁300～500ml，生理盐水2 000ml，液状石蜡500ml等），注毕，迅速拔出针头，术部涂以碘酊。

（九）乳池内注射

主要用于奶牛、奶山羊乳房炎的治疗。操作时，动物站立保定，挤净乳汁，消毒乳头。左手握乳头并轻轻牵拉，右手持乳导管自乳头口徐徐插入。连接注射器，慢慢注入药液。注毕，拔出乳导管，轻捏乳头口，防止药液流出。另一手进行乳房按摩，使药液散开。此法也可用于乳房送风，治疗奶牛生产瘫痪。

第二节 投药疗法

治疗疾病用的药物，多数都要经口投服。对畜禽的投药方法，分为自愿投药和强迫投药两种。自愿投药，是在动物有食欲时，将药物拌于饲料或饮水中，让动物自行服下的方法。自愿投药只限于无特殊气味的药物，如磺胺类药、人工盐、某些抗生素、某些维生素类、碳酸钙等。牛对苦味药，如龙胆、大黄等，一般能顺利随饲料采食而不嫌忌。家禽疾病的防治，广泛采用自愿服药的方法。强迫投药，是最广泛应用的方法。根据药物的性质和用药的目的，可以采用经鼻、经口、灌肠或吸入等不同的投药途径。

一、经口给药法

（一）混饲给药

是将药物均匀地混入饲料中，让动物采食时同时摄入药物，是集约化养殖场常用的群体给药方法之一。该法简便易行，适合各种群发病的预防和治疗。但对食欲明显减退甚至废绝的病重动物不宜使用。

牛羊所投药物量小且无特殊气味时，可将药物均匀混入精料中；猪所投药物应无特殊气味；禽，一些有特殊气味的药物也可混入饲料，并可长期给药；犬、猫所投药物应无异常气味、无刺激性、少量，在停喂一顿后与其最喜爱吃的食物拌匀。

在混饲前，应根据用药剂量、疗程、动物体重、采食量及饲喂次数，准确计算出所需药物及饲料的量，药物应选择容易混匀的剂型。混饲常用递增稀释法，即先将药物加入少量饲料中混匀，再逐次递增与较多量饲料混合，直至与全部饲料混匀。有些药物混入饲料后，可与饲料中的某些成分发生拮抗作用，长期添加容易造成营养缺乏，要适当补充相关营养成分。

（二）饮水给药

是将药物溶于饮水中，让动物通过饮水摄入药物的群体给药方法，用于传染病寄生虫病的预防和治疗，特别适用于食欲明显减退而仍能饮水的情况。在家禽免疫接种中最常用。饮水给药所选药物，应易溶于水且在水溶液中性质稳定。而难溶于水的药物不适用饮水给药。

饮水给药可分为自由混饮法和口渴混饮法两种给药方法，口渴混饮法常用。即在用药前给动物禁水 2～4h，使其产生渴感，然后饮水给药。可将 1d 治疗量的药物或 1 次免疫接种量的疫苗，溶解于 1/5 全天饮水量的水中，让动物 1～2h 内饮完为宜。

（三）口腔投药法

适合于片剂、丸剂、舔剂的给药。片剂、丸剂可徒手投服，必要时可使用投药枪投服。舔剂一般可用光滑的木板送服。

1. 马、牛、羊的口腔投药法　站立保定，术者用一手从一侧口角伸入打开口腔，另手持药片、药丸或用竹片刮取舔剂自另侧口角送入其舌背部，使动物闭口，将药物自行咽下。若药物不易吞咽，投药后灌服少量饮水，帮助吞咽。

2. 猪的口腔投药法　用木棍撬开口腔后，将片剂、丸剂从口角送入舌背部，舔剂可用小勺或竹片送入。投药完毕，方可抽出木棍，以免咬伤手指。

3. 犬、猫的口腔投药法　由助手打开口腔后，用药匙将片剂、丸剂送入口腔深部的舌根上，迅速将犬、猫的口腔合拢，并用手指轻轻叩打下颌，以促使药物咽下。如是舔剂，投药者用竹片刮取泥膏状药物，直接将药涂于舌根部，慢慢松开手，让其自行咽下。

（四）灌服给药

灌服给药适用于液体剂型的药物，如溶液剂、混悬剂以及中草药的煎剂等。灌服的药物一般应无太大的刺激性或异味，药量不宜太大。常用的灌药用具有灌角、橡胶瓶、小勺、注射器等。

1. 牛的灌药法　患牛栏内站立保定，助手使用鼻钳或直接用手握住鼻中隔，使头稍抬高，固定头部。术者左手从牛的一侧口角处伸入，打开口腔并用手轻压舌体。右手持盛装药液的橡胶瓶或灌角伸入口腔并送向舌的背部，抬高灌角或瓶的后部并轻轻振动，使药液流到咽部，待其吞咽后继续灌服。

2. 猪的灌药法　灌服少量药液时可用汤匙或注射器。助手两腿夹住猪的颈部，用两手抓住两耳，使头稍仰。术者以灌药器投药。

3. 犬的灌药法　站立保定，助手或犬的主人抓住犬的上下颌，将其上下分开，术者持投药器将药液倒入口腔深部或舌根上，慢慢松开手，让犬自行咽下，直至灌完所有药液。

4. 马的灌药法　患马站立保定，并将马头吊起，术者站于患马的前方，一手持盛药盆，另一手用灌角或灌药瓶盛药液，从患马一侧口角通过其门齿、臼齿间的空隙送入口中并抵达舌根，抬高灌药器将药液灌入，之后取出灌药器，待患马咽下后，再灌下一口，直至灌完所有药液。

二、胃导管投药法（经鼻投药法）

经鼻投药法即用胃导管经鼻腔插入胃内，将药液投入胃内，是投服大量药液的常用方法，适用于各种动物。适用于灌服大量水剂或可溶于水的流体药物。也可用作食道探诊（探查其通透性）、排气（反刍兽）、抽取胃液、排出胃内容物及洗胃，有时用于人工喂饲。

胃导管依动物种类不同而选用相应口径及长度的橡胶管。牛、马可用特制的胃管，其一端钝圆；驹、猪、羊、犬可用大动物导尿管。漏斗、胃管用前应以温水清洗干净，排出管内残水，前端涂以润滑剂（如液体石蜡、凡士林等），而后盘成数圈，用右手握好。

（一）马的胃管投药

患马六柱栏内保定，助手保定好其头部，使头颈不要过度前伸。术者站于稍右前方，用左手握住一侧鼻端并掀起其外鼻翼，右手持涂好润滑油的胃管，通过左手的指间沿鼻中隔徐徐插入胃管。当胃管前端抵达咽部时，稍停或轻轻抽动胃管，随马的吞咽动作将胃管插入食道。确认插入食道后，再将胃管前端推送至颈部下处，在胃管的外端连接漏斗即可投药。投药完毕，再灌以少量温水冲净胃管，并将胃管内残留药液吹入胃内。然后右手将胃管折曲一段，徐徐抽出。胃管用毕洗净后，浸泡在 2% 煤酚皂溶液中消毒备用。但要注意，胃管插入食道或气管必须要鉴别。鉴别要点见表 4-1。

表 4-1　胃管插入食道或气管的鉴别要点

鉴别方法	胃管插入食道内	胃管插入气管内
胃管插入时的感觉	稍感有阻力	无阻力
观察咽、食道及动物的反应	有吞咽动作、咀嚼，动物安静	剧烈咳嗽，动物不安
触摸颈静脉沟	食道内有一坚硬探管	无
听诊胃管外端	可听到不规则的咕噜声或水泡音	随呼吸动作听到有节奏的呼出气流冲击耳边
嗅诊胃管外端	有胃内容物的酸臭味	无味道
吹气入胃管	随气流吹入，颈静脉沟可见明显波动	无波动
胃管外端插入水中	无气泡	随呼吸动作水内出现气泡
捏扁橡皮球接于胃管外端	不鼓起	迅速鼓起

（二）牛、羊的胃管投药

操作方法与马的胃管投药基本相同（图 4-5）。

（三）猪的胃管投药

站立或侧卧保定，用开口器把口打开或用中间钻一圆孔的木板塞入口中将嘴撑开，然后将胃管穿过圆孔向咽部插入（图 4-6）。

（四）犬的胃管投药

实施坐立姿势保定，装上开口器。剩余操作见猪的胃管投药。

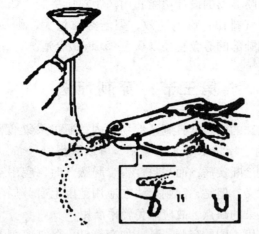

图 4 – 5 牛胃管投药开口器

图 4 – 6 猪胃管投药开口器

三、蒸汽吸入法

随水蒸气吸入药物进行治疗的方法，叫蒸汽吸入法。常用于上呼吸道炎症的治疗，如鼻炎、喉炎、气管炎以及咽炎的治疗，效果较好。家禽还可进行气雾免疫。

（一）药物熏蒸法

适用于畜禽流行性感冒、支气管炎、肺炎以及某些皮肤病的治疗。熏蒸时，圈舍内设药物蒸汽锅，密闭圈舍，将药物加水倒入锅内加热煮沸，让蒸汽充满室内，然后将待治疗畜禽迁入室内。每次熏蒸 15～30min，每日 2～3 次。但不宜用刺激性药物。

（二）雾化吸入

雾化给药是利用机械方法和化学方法，将药物雾化成易分散的微滴或微粒，通过畜禽呼吸道吸入的给药方法。在犬、猫等中小动物可用雾化吸入代替蒸汽吸入疗法。通过雾化器械喷出雾粒，直接与呼吸道黏膜接触，使局部获得较多的水分和药物。用作雾化的药物应具有水溶性、低黏度无刺激性。每日吸入 3～4 次，每次 10～20min。

（三）气雾免疫

气雾免疫是家禽有效的免疫途径之一。使用时应注意控制雾粒的大小，防止出现不良反应。雾粒的大小主要由喷雾器的设计功能和用药距离所决定，如雾粒过小，其与肺泡表面的黏着力小，容易随呼气排出，影响药效，但若雾粒过大，则易引起家禽上呼吸道炎症。有试验证实，进入鸡肺部的雾粒直径以 0.5~5μm 最合适。

第三节　穿刺疗法

穿刺疗法是指使用特殊的穿刺器具刺入动物体内，通过采集病料或排出液体、气体而达到诊断治疗疾病目的的治疗技术。通过穿刺，可以获得某一特定器官或组织的病理材料，供实验室检验进一步诊断疾病；而当急性胃、肠膨气时，应用穿刺排气可迅速解除病症，在治疗上具有重要意义。但是，穿刺疗法在应用范围上有其局限性，在实施中也有损伤组织，可能引起局部感染的缺点，故应避免轻率滥用。

穿刺目的不同，可选用不同的穿刺器具，如套管针、肝脏穿刺器等，必要时可用适宜的注射针头代替。所有穿刺用具均应严格消毒、干燥备用，在操作中要严格遵守无菌操作和安全措施。

一、腹膜腔穿刺

腹腔穿刺用于采取腹腔液体，鉴别其性质，诊断疾病；也用于排出腹腔积液，或向腹腔内注入药液，或进行腹腔冲洗治疗某些疾病。

（一）部位　牛、羊在脐与膝关节间连线的中点；马在剑状软骨突起后 10~15cm、腹白线左侧 2~3cm 处。猪、犬、猫在下腹部耻骨前缘前方 3~5cm 腹白线两侧。

（二）方法　大动物站立保定，中小动物侧卧保定，术部剪毛、消毒。大动物穿刺时，术者蹲下，左手移动皮肤，右手控制套管针（或 16 号针头）的深度，由下向上垂直刺入腹壁 3~4cm（勿刺伤肠管）。针头刺入腹腔后，阻力消失有落空感。在套管外口（或注射针头）上连接注射器抽取腹腔积液送检；如需大量放液，连接输液器胶管缓慢放出积液。放液后插入内针拔出套管针（或针头），术后局部涂以碘酊。

洗涤腹腔时，马在左侧胚窝中央；牛、鹿在右侧胚窝中央；小动物在胚窝或两侧后腹部。右手持针头垂直刺入腹腔，连接输液器胶管或注射器，注入药液后再由穿刺部位排出，如此反复冲洗 2~3 次。腹腔洗涤液，如 0.1% 雷佛奴尔溶液、0.1% 高锰酸钾溶液、生理盐水（加热至与体温等温）等。

二、胸腔穿刺

用于探查胸腔有无积液，采集积液鉴别其性质诊断疾病；也用于排出胸腔的积液、血液，注入药液或进行胸腔洗涤治疗疾病。

（一）部位　牛、羊、马在右侧第六肋间，左侧第七肋间，猪、犬在右侧第七肋间，胸外静脉上方或肩关节水平线下方 2~3cm 处。

（二）方法　动物站立保定，术部剪毛消毒后，术者左手将局部皮肤稍向上方移动，右手持连接胶管的 16~18 号长针头或小套管针，在靠近肋骨前缘处垂直刺入 3~4cm。针头刺入胸腔时阻力骤减，左手把持套管，右手拔去内针，即可流出积液或血液，放液时不宜过急，应用拇指不断堵住套管口，作间断性放出积液。

需要洗涤胸腔时，可将装有消毒药输液瓶的橡胶管或注射器连接在套管外口（或注射针头）上，高举输液瓶反复冲洗 2~3 次，再将冲洗液放出，最后注入治疗性药物。操作完毕，插入内针，拔出套管针（或针头），使局部皮肤复位，术部涂碘酊。穿刺中，应注意防止空气进入胸腔。

三、瘤胃穿刺

用于治疗急性瘤胃臌气和向瘤胃内注入药液。

（一）部位　左肷窝部，由髋结节向最后肋骨所引的水平线的中点，牛距腰椎横突下方 10~12cm，羊距腰椎横突下方 3~5cm 处。或选在瘤胃隆起最高点。

（二）方法　站立保定，局部剪毛消毒。术者将局部皮肤稍向前移，术部作一小的皮肤切口，用套管针向右侧肘头方向迅速刺入 10~12cm，固定套管，抽出内针，用手指间断堵住管口，间歇放气。若套管堵塞，可插入内针疏通。气体排出后，为防止复发，可经套管向瘤胃内注入制酵剂。拔针前须插入内针，并用力压住皮肤慢慢拔出，以防套管内污物污染创道或落入腹腔。对皮肤切口作 1 针结节缝合。局部涂以碘酊。

四、肠管穿刺

用于马属动物盲肠或结肠内积气的紧急排气，也用于向肠腔内注入药液。

（一）部位　马盲肠穿刺部位在右侧肷窝的中心，即距腰椎横突下方约一掌处，或在肷窝隆起最明显处。结肠穿刺部位在左侧腹部隆起最明显处。

（二）方法　站立保定，术部剪毛消毒。盲肠穿刺时，右手持套管针或 16 号针头向对侧肘头方向刺入 6~10cm，左手立即固定套管，右手抽出内针，让气体缓慢或断续排出。必要时，可通过套管针向盲肠内注入药液。注毕，先插回内针，左手压紧针孔周围皮肤，右手拔出套管针，术部消毒。结肠穿刺时，可向腹壁垂直刺入 3~4cm。

五、骨髓穿刺

骨髓穿刺是指用穿刺针刺入骨髓腔并取出骨髓液的一种穿刺方法。用于寄生虫学检查如焦虫病、锥虫病的检查，细菌学检查，细胞学检查（形态学上查找贫血的原因，鉴别诊断白血病）。也用于骨髓细胞学、生物化学研究。

（一）部位　一般在胸骨。牛是由第三肋骨后缘向下作一垂线，与胸骨正中线相交，在交点前方 1.5~2.0cm。马是由鬐甲顶点向胸骨引一垂线，与胸骨中央隆起线相交，在交点左右侧方 1cm 处。犬在胸廓底线正中，两侧肋窝与第八肋骨连接处。

（二）方法

1. 站立保定，剪毛消毒，铺无菌创巾，用 2% 利多卡因作局部皮肤、皮下及骨膜麻醉。

2. 左手固定穿刺部位，右手持骨髓穿刺针或普通针头，稍向内上方倾斜刺透皮肤及胸肌抵达骨面后，再用力缓缓钻刺骨质，成年马、牛约刺入 1cm，犬及幼畜约 0.5cm。当针尖阻力变小，穿刺针已固定在骨内时，表明已进入骨髓腔。拔出内针，接上注射器，抽取少量红色骨髓液，立即涂片做细胞形态学检查。若作骨髓液细菌培养，需再抽吸 1~2ml 骨髓液。

3. 穿刺完毕，插入内针，拔出穿刺针，用无菌纱布按压针孔 1~2min，术部涂以碘酊。

六、颈椎与腰椎穿刺

用于采取脑脊液做理化检验和病原检查，测定颅内压或排除脑脊腔积液，注入药物。

（一）部位 颈椎穿刺部位，在颈背侧枕骨与环椎之间，即枕部正中线与左右环椎翼前上角连线的交点处；或枕嵴正中后方 5~6cm 处。穿刺深度 4.5~6.5cm。腰椎穿刺部位，在最后腰椎与荐椎之间的脊上孔，即百会穴。

（二）方法 被检动物站立或横卧保定，颈椎穿刺时，尽量使头部向下屈曲，以充分暴露术部。术部剪毛消毒。用颈椎穿刺针或封闭针头，垂直皮肤刺入。针通过皮肤时阻力最大，通过肌肉时阻力较小，通过韧带时阻力较强，当针进入椎管内时阻力突然消失，再穿透有微弱抵抗力的硬膜后，即停止刺入。拔出内针，见有脑脊液流出。用注射器抽取脑脊液或注入药液后，拔出针头，涂碘酊。

七、肝脏穿刺

主要用于采取肝组织作病理学检查。

（一）部位 马右侧倒数第三或第四肋骨前缘的髂肋肌沟处。牛右侧第 11~12 肋间，髋关节水平线上。

（二）方法 站立保定，术部剪毛消毒后，先用采血针头刺破术部皮肤，术者左手放于动物背部作支点，右手握穿刺器柄沿针孔向地面垂直刺入直至底部后，立即拔出穿刺器；插入内针，捅出肝组织块固定于 10% 甲醛溶液中。

如用长针头时，按前法刺入后，捻转针头或接上注射器轻轻抽吸后，立即拔出并推出针管内的肝组织液做成涂片送检。

第四节 冲洗疗法

冲洗疗法的目的是用药液洗去黏膜上的渗出物、分泌物和污物，以促进组织修复。

一、洗眼法与点眼法

主要用于各种眼病，特别是结膜与角膜炎症的治疗。

常用的洗眼药液有：2%~4% 硼酸溶液、0.01%~0.03% 高锰酸钾溶液、0.1% 雷佛奴尔溶液及生理盐水等。

常用的点眼药物有：0.5% 硫酸锌溶液、3.5% 盐酸可卡因溶液、0.5% 阿托品溶液、0.1% 盐酸肾上腺素溶液、0.5% 锥虫黄甘油、2%~4% 硼酸溶液、1%~3% 蛋白银溶液等。还有氯霉素、红霉素、四环素等抗生素配制的眼药膏或眼药液。

操作时，助手要确实固定头部，术者用一手拇指与食指翻开上眼睑，另手持冲洗器（洗眼瓶或注射器），使其前端斜向内眼角，徐徐向结膜上灌药液，冲洗眼内分泌物。洗净之后，左手食指向上推上眼睑，以拇指与中指捏住下眼睑缘向外下方牵引，使下眼睑呈一囊状，右手拿点眼药瓶，靠在外眼角眶上，斜向内眼角，将药液滴入眼内，闭合眼睑，用手轻轻按摩 1~2 下，以防药液流出，并促进药液在眼内扩散。如用眼膏时，可用玻璃棒一端蘸眼膏，横放在上下眼睑之间，闭合眼睑，抽去玻璃棒，眼膏即可留在眼内。用手轻轻按摩 1~2 下，以防流出。或者直接将眼膏挤入结膜囊内。

二、鼻腔的冲洗

当鼻腔有炎症时，可选用一定的药液进行鼻腔冲洗。大动物所用的洗鼻管，是前端有盲端而周围有许多小孔的特制胶管，中、小动物可用细胶管。洗鼻时，将胶管插入鼻腔一定深度，同时手捏外鼻翼，连接漏斗，装入药液，稍高举漏斗，使药液缓慢流入鼻腔，冲洗数次。洗鼻时，应注意把动物头部固定好，使头稍低；冲洗液温度要适宜；灌洗速度要慢，防止药液进入喉或气管。

冲洗剂，选择具有杀菌、消毒、收敛等作用的药物。一般常用生理盐水、2%硼酸溶液、0.1%高锰酸钾溶液及 0.1%雷佛奴尔溶液等。

三、导胃与洗胃法

在治疗胃扩张、瘤胃积食和中毒等疾病时，常用导胃与洗胃法。基本操作同胃管投药，但胃管要插入胃内，牛的胃管较粗（内径 2~4cm）。

导胃法：站立保定，固定好头部。先测量胃管插入胃内所用长度，并做好标记。马从鼻端到第 14 肋骨；牛从嘴唇至倒数第五肋骨；羊从嘴唇至倒数第三肋骨。然后马经鼻、牛经口插入胃管，当胃管到达贲门处时阻力较大，应缓慢插入或先灌入少量温水后再插入。当胃管进入胃内后，阻力突然消失，此时会有酸臭的气体或食糜自行涌流而出。压低头部，以利液体外流。在向体外导出胃内液体和草渣时，速度不要太快。当有草团堵塞胃管时，可经胃管灌入温水疏通后再向外导出胃内容物。

洗胃法：按导胃法插入胃管后，接上漏斗，每次灌入 0.1%高锰酸钾液、淡盐水等药液1 000~2 000ml。利用虹吸原理，高举漏斗，不等药液放尽随即放低头部和胃管外端，使药液自胃管流出，或用抽气筒（小动物也可用大注射器）反复抽吸以洗出胃内容物。如此反复多次，直至排出胃内大部分内容物为止。

四、尿道及膀胱的冲洗

用于尿道炎及膀胱炎的治疗，以排除炎性渗出物，促进炎症愈合。也可用于导尿或采取尿液化验。本法母畜操作容易，公畜只能用于马。

（一）准备 根据动物种类使用不同类型的导尿管，用前将导尿管放在 0.1%高锰酸钾溶液或温水中浸泡 5~10min，插入端蘸液状石蜡。

冲洗药液宜选择刺激或腐蚀性小的消毒、收敛剂，常用的有生理盐水、2%硼酸、0.1%~0.5%高锰酸钾、1%~2%石炭酸、0.2%~0.5%单宁酸、0.1%~0.2%雷佛奴尔等溶液，也常用抗生素及磺胺制剂的溶液。冲洗药液的温度要与体温同高。注射器、洗涤器，术者手、外阴部及公畜阴茎、尿道口要清洗消毒。

（二）方法 母畜膀胱冲洗时，助手将畜尾拉向一侧或吊起，术者将导尿管握于掌心，前端与食指平齐，呈圆锥形伸入阴道（大动物 15~20cm），先用手指触摸尿道口，轻轻刺激或扩张尿道口，适时插入导尿管，徐徐推进，当进入膀胱后，先排净尿液，再用导尿管连接洗涤器或注射器，注入冲洗药液，反复冲洗，直至排出药液呈透明状为止。

公马、公犬膀胱冲洗时，先固定好两后肢，术者左手握住阴茎前部，右手持导尿管，插入尿道外口徐徐推进，当到达坐骨弓附近则有阻力，推进困难，此时助手在肛门下方可触摸到导尿管前端，轻轻按压辅助向上转弯，术者于此同时继续推送导尿管，即可进入膀胱。冲洗方法与母畜相同。

五、阴道及子宫的冲洗

阴道冲洗用于阴道炎的治疗。子宫冲洗用于治疗子宫内膜炎，排出子宫蓄脓，促进黏膜修复，恢复生殖功能。

（一）准备　根据动物种类准备无菌的各型开膣器、颈管钳子、颈管扩张棒、子宫冲洗管，洗涤器及橡胶管等。

冲洗药液可选用温生理盐水、5%～10%葡萄糖、1%雷佛奴尔及0.1%～0.5%高锰酸钾等溶液，还可用抗生素及磺胺类制剂等。但不得使用强刺激性或腐蚀性的药液。

（二）方法　先充分洗净外阴部，而后插入开膣器开张阴道，即可用洗涤器冲洗阴道。如要冲洗子宫，先用颈管钳子钳住子宫颈外口左侧下壁，拉向阴唇附近。然后依次应用由细到粗的颈管扩张棒，插入颈管使之扩张，再缓慢插入子宫冲洗管（冲洗管插入子宫时须谨慎，以免造成子宫壁穿孔）。通过直肠检查确认冲洗管已插入子宫角之后，用手固定好颈管钳子与冲洗管。然后将洗涤器的胶管连接在冲洗管上，可将药液注入子宫内，一边注入一边排除。另侧子宫角也同样冲洗，直至排出液透明为止。

六、灌肠法

主要用于清除直肠内的积粪，治疗肠便秘及肠套叠。也是一种给药途径。

（一）准备　木质塞肠器、橡胶管、漏斗、1%温盐水、温水、压力唧筒、吊桶、肥皂水等。

（二）方法　大家畜站立或柱栏内保定，将尾巴拉向体侧或用绳子吊起尾巴，小动物采取站立保定或侧卧保定。为治疗大家畜的肠便秘，常需要深部灌肠法，为排除直肠内蓄粪则进行浅部灌肠。

1. 浅部灌肠法　是将药液灌入直肠内。常在动物有采食或吞咽障碍时，进行人工营养；直肠或结肠炎症时，灌入消炎剂；病畜兴奋不安时，灌入镇静剂；以及排除直肠积粪时使用。浅部灌肠的用药量，大动物一般每次1 000～2 000ml，小动物每次100～200ml。灌肠药液根据用途选择，常用的有1%温盐水、林格氏液、甘油（用于小动物）、0.1%高锰酸钾溶液、2%硼酸溶液、葡萄糖溶液等。

灌肠时，站立保定，助手把尾巴拉向一侧。术者一手提盛有药液的吊筒，另一手将连接吊筒的胶管经肛门插入直肠内10～20cm，然后高举吊筒，使药液流入直肠内。灌肠后使动物保持安静，以免引起排粪动作而将药液排出。对人工营养、消炎和镇静为目的的灌肠，在灌肠前应先把直肠内的宿粪排出。

2. 深部灌肠　是将大量液体或药液灌到较靠前的肠管内，多用于马、骡便秘的治疗，特别是对大肠胃状膨大部等部位的便秘更为常用。在猪、犬等中小动物，用于治疗肠套叠、结肠便秘以及排出胃内毒物和异物。

大动物灌肠时，站立保定，首先装上木质塞肠器（呈圆锥形，长12～15cm，前端直径8cm，后端直径10cm，中央有一直径2cm的圆孔），将塞肠器前端经肛门塞入直肠后，用

直径 1 ~2cm 的橡胶管经塞肠器的中央孔插入直肠内，胶管另一端连接漏斗，缓慢灌入 1%
温盐水10 000 ~15 000ml，这种灌肠法可治疗结肠的便秘。

小动物灌肠时，将胶管插入直肠内 8 ~10cm，另一端连接漏斗并举高漏斗超过动物体 1m
以上，漏斗内加入温水 100 ~500ml，使液体流向肠深部。在灌肠过程中用手将胶管和肛门一
起捏住，防止灌入的液体流出。动物努责时不可将胶管向深部用力推送，以防损伤肠黏膜。

第五节 特殊给药疗法

一、补液疗法

补液疗法是临床上最常用的基本疗法。主要具有调节体内水和电解质的平衡，补充循
环血量，维持血压，中和血中的毒素，补充营养等作用，对机体疾病的康复起重要作用。
补液疗法适用于一切原因所致的脱水、失盐而导致的血液浓缩，微循环淤血，心、脑灌注
不足、电解质平衡紊乱等；在心、肺、肾功能发生改变时，用以调节心、肺功能，增强机
体保水力，促进水盐代谢，恢复动态平衡，还用于各种原因引起的中毒，以及不能饮水、
采食及营养衰竭时。

补液要避免盲目性，应根据病畜的具体情况，缺什么补什么，缺多少补多少的原则进
行。为此，必须根据病畜的临床症状，必要的实验室检验等进行选液和确定补液量。

（一）选液原则　主要依据脱水的性质进行选液。

1. 以失水为主的脱水（高渗性脱水）　在饮水不足或咽下困难时，由于进入量减少而
畜体仍从呼气、汗、尿及粪不断失水，遂造成失水多、丢钠少的失水为主的脱水。这种脱
水病畜口腔干燥，饮欲增进，尿量少且血液不浓稠，或变化不大。以补水为主，输5%葡
萄糖液，或5%葡萄糖液2份加生理盐水1份为宜。

2. 以失盐为主的脱水（低渗性脱水）　在中暑、急性过劳，或剧役中全身大出汗，体
液大量丧失，如仅饮大量的水，不补盐，则会造成失盐多，失水少的低渗性脱水。这种脱
水，病畜无渴感，尿量多，而血液很快浓缩。补液以输入生理盐水，或生理盐水与5%葡
萄糖等份为宜。

3. 混合性脱水（等渗性脱水）　在腹泻、腹痛、大出汗后饮水不足时，其水、钠丢失
量基本上近似等渗性的。病畜口渴，尿少，血液浓缩严重的，因微循环淤血，有效循环血
量减少，重要器官灌注不足，可发生休克。补液以输入复方氯化钠液或5%葡萄糖生理盐
水为宜，也可输注生理盐水与5%葡萄糖各等份的液体。

（二）判定脱水程度和确定补液量

1. 按红细胞压积容量来判定脱水程度及确定补液量的简易方法（表4-2）。

表4-2　红细胞压积容量与脱水、补液量的关系

红细胞压积	脱水程度	脱水占体重的%	补液量（L/500kg）
45	轻度	5	25
50	中度	7	35
55	重度	9	45
60	极度	12	60

小动物静脉注射量大，安全补液实践经验算法：

每小时补液量（ml）为体重（kg）×90

2. 按红细胞压积容量，根据实践经验计算补液量。

需补液量（L）为［测定红细胞压积 – 正常红细胞压积（32）］×5/100 ×

体重（kg）÷32

例如，脱水病马的体重为300kg，红细胞压积容量为42%，则其应补的液量为：（42 – 32）×0.05 ×300/32 = 4.7 （L）

3. 临床实践中，常按病畜的症状来大致评估脱水程度及脱水量。

轻度脱水：病畜表现精神沉郁，有渴感，尿量减少，口腔干燥，皮肤弹力减退。其失水量约占体重的4%，若体重300kg，则失水为12L。

中度脱水：病畜尿少或不排尿，血液黏稠度增高，血浆减少，循环障碍，全身淤血，其失水量约为体重的6%。

重度脱水：病畜眼球及静脉塌陷，角膜干燥无光，发热，或兴奋或抑制，甚至昏睡，其失水量约为体重的8%。

补液量，一般补至病畜精神好转，心律变整齐，脉数逐渐恢复，且脉搏较充实，并开始排尿时，就可少量补液，以巩固疗效。

（三）纠正酸中毒

按血浆二氧化碳结合力测定结果，计算补碱量。计算公式为：

需补5%碳酸氢钠量（ml）=（50 – 测定血浆 CO_2 结合力）×0.5 ×体重（kg）

例如，300kg 体重病马的血浆 CO_2 结合力为40 容积%，则应补

5%碳酸氢钠液 =（50 – 40）×0.5 ×300 = 1 500 （ml）

（四）补液方法

对饮食欲和胃肠吸收机能较好的病畜，尽量采用经口补液，给足量的水和盐水。必要时可经鼻灌服或通过灌肠的方法补给。灌肠补液时，每次灌入量不宜太多，可少量多次反复灌入，且溶液的温度要接近体温。

静脉注射补液法是最常用的方法，其作用迅速，效果确实。在猪、犬等动物也可进行腹腔注射补液；对个别病例，还可进行皮下分点注射补液。

静脉补液过程中，应根据脱水程度，掌握补液速度。重度脱水，开始时应快速输入，输至一定量时则应减速。如发现病畜骚动不安、呼吸加快、大出汗、肌肉震颤、心律过快或心律失常时，应立即停止输液，查明原因，并进行必要的处理。当发现输入液体突然过慢或停止以及注射局部明显肿胀时，应检查回血（放低输液瓶，或一手捏紧乳胶管上部，使药液停止下流，再用另一只手在乳胶管下部突然加压或拉长，并随即放开，利用产生的一时性负压，看其是否回血。另外也可用右手小指与手掌捏紧乳胶管，同时以拇指与食指捏紧远心端前段把乳胶管拉长，造成空隙，随即放开，看其是否回血），如针头已滑出血管外，则应整顺或重新刺入。

二、普鲁卡因封闭疗法

普鲁卡因封闭疗法是将一定浓度、一定剂量的盐酸普鲁卡因溶液，注射于机体某一组织或血管内，以改变神经的反射及兴奋性，从而促进中枢神经系统机能恢复的一种治疗

方法。

（一）血管内封闭法

将 0.25% 的盐酸普鲁卡因溶液按 1ml/kg 体重的剂量，缓慢静脉注射，每天 1 次，连用 3~4 次。常用于治疗肠痉挛、风湿病、蹄叶炎、乳房炎以及各种创伤、挫伤、烧伤等。

（二）四肢环状封闭法

在病灶上方 3~5cm 处的健康组织内注射 0.25%~0.50% 的盐酸普鲁卡因溶液，分别在前后、内外从皮下到骨膜进行环状分层注射，用量应根据部位的粗细而定。常用于治疗四肢蜂窝织炎初期、愈合迟缓的创伤及蹄部疾病。

（三）病灶周围封闭法

在患部周围健康的组织内，注入 0.25%~0.50% 盐酸普鲁卡因溶液，每天或隔天 1 次。为了提高疗效，可于药液内加入 50 万~100 万 IU 青霉素。本法常用于治疗创伤、溃疡、急性炎症等。

（四）穴位封闭法

用 0.25%~0.50% 盐酸普鲁卡因溶液注入抢风穴或百会穴，分别治疗前后肢的疾病，每日 1 次，连用 3~5 次。

（五）肾区封闭法

是将盐酸普鲁卡因溶液注入肾脏周围脂肪囊中，封闭肾区神经丛。适于治疗各种急性炎症包括化脓性炎症。对胃扩张、肠臌气、肠便秘也有疗效。

（六）交感神经干胸膜上封闭法

把盐酸普鲁卡因溶液注入到胸膜外、胸椎下的蜂窝组织，使所有通向腹腔和盆腔脏器的交感神经通路发生阻断，用于控制及治疗腹腔及盆腔器官的炎症。

三、自体血液疗法

自体血液疗法即把自体血液注入自身皮下或肌肉内，是一种刺激性的自体蛋白疗法。它主要通过刺激与增强吞噬细胞的吞噬作用、刺激机体产生较多的抗体、促进造血作用，来提高机体的抗病能力。临床上用于治疗风湿病、皮肤病、创伤、营养性恶性溃疡、某些眼病、淋巴结炎、睾丸炎、精索炎等疾病。

在无菌条件下，由颈静脉采血，立即注射到已消毒好的部位（常在颈部皮下或病灶附近的健康组织）。为防止凝血，可先在注射器内吸入少量抗凝剂。采血量应根据动物大小及病灶大小而定。一般大动物第一次注射 60ml，猪、羊第一次注射 10~30ml，以后每次增加 10%~20%，间隔 2d 注射一次，4~5 次为一个疗程。但对高热病畜、网状内皮系统有明显抑制时不要应用。

四、瘤胃内容物疗法

用于因瘤胃微生物群活性障碍而引起的疾病的治疗，如前胃弛缓、瘤胃积食、瘤胃臌气、酮血症、乳热症、乳酸过多症等疾病。

（一）供给牛瘤胃内容物的采取　站立保定，装横木开口器，将胃管插入瘤胃内，胃管末端接上吸引唧筒抽取，将胃内容物收集到采集瓶中。一般采取 3~5L。

（二）病牛治疗　将采出的健康牛的胃内容物，经胃管或直接经口投入病牛胃内。根据病情每天 1 次，每次 3～5L。应用时，应选择与病牛处于同一环境、同样饲养条件的健康牛作为供给牛。投给胃内容物后，给病牛饲喂优质干草、青草或青贮饲料。根据病情可同时应用药物治疗。

复习思考题

1. 注射操作时应注意哪些事项？
2. 如何进行牛的肌肉注射？
3. 犬、猫静脉注射如何操作？指出注意事项。
4. 牛瓣胃注射的部位如何确定，其适应证是什么？
5. 瘤胃穿刺如何操作？
6. 如何判断胃管是否插入食道？
7. 集约化生产条件下宜选择哪些方法给动物群体投药？
8. 冲洗疗法有什么作用？
9. 补液时，如何依据脱水的性质进行选液？
10. 如何根据脱水程度确定补液量？

第五章

物理疗法

物理疗法是指用光、热、电、磁、声、气体、水等因子作用于机体，进行保健和疾病治疗，即物理因子治疗，简称理疗。20 世纪 50 年代初，人们注意到物理因子在保健和疾病治疗方面有其独到的作用，尤其在亚健康状态的治疗中，显示出不可比拟的优越性。随着科技的发展，物理因子治疗的设备及手段日趋完善。

第一节 冷却与温热疗法

一、冷却疗法

冷却疗法是用比动物体温低的冷水、冰等物理因子刺激机体，以达到治疗目的的一种传统疗法。主要应用在急性炎症的最早期，减少炎性渗出、制止溢血、消除疼痛。临床上常用于挫伤、腱鞘炎等非开放性损伤的初期。近些年来，冷却疗法的应用研究日益增多，如低温麻醉、低温治疗肿瘤及冷却手术治疗等。但一切化脓性炎症忌用冷疗，有外伤的部位不可用湿的冷疗。

1. 冷敷 用冷水把毛巾浸蘸冷水或冷药液（如 2% 复方醋酸铅溶液），稍微拧干后敷在患部，用绷带固定。为使患部保持冷却状态，需经常更换或浇注冷水或冷药液。

此外，还可使用装有冷水、冰块、雪的胶皮袋等干冷装置敷于患部，用绷带固定。每天更换数次，每次 30min。冷敷后，最好配合压迫绷带和适当休息。

2. 冷脚浴 用于治疗蹄、指（趾）关节疾患。让患肢站在冷水桶中浸泡，不断更换桶内冷水，每次浸泡 30min。如使用 0.1% 高锰酸钾冷溶液浸泡，可增强防腐作用。

二、温热疗法

温热疗法可使患部温度迅速升高，促进血液循环，血管扩张，新陈代谢加快，有利于代谢产物及炎性产物的吸收。适用于急性炎症的后期和亚急性炎症，如亚急性腱炎、腱鞘炎、肌炎、关节炎发病 24~48h 后应用。但对有恶性新生物和出血倾向的病例禁用温热疗法。对于有创口的炎症不宜使用湿的温热疗法。

1. 热敷 用 40~50℃ 的温水浸湿毛巾，或用温热水装入胶皮袋中，亦可用盘管通以温热水敷于患部，如此每次治疗 30min，1d3 次。为了加强热敷的消炎效果，可以把普通水换成复方醋酸铅、10%~25% 硫酸镁液，或把食醋加温对患部进行温敷。

2. 酒精热绷带 将 95% 酒精或白酒在水浴中加热到 50℃，用棉花浸渍，趁热包裹患部，再用塑料薄膜包于其外，防止挥发，塑料膜外包上棉花以保持温度，最后用绷带固定。这种绷带维持治疗作用的时间可长达 10~12h，每天更换 1 次绷带即可。

3. 温脚浴　方法与冷脚浴相同，只是把冷水换成 40~50℃的热水。

第二节　光电疗法

一、光疗法

光疗法是指采用自然光或人工产生的各种光辐射能（红外线、可见光、紫外线、激光）作用于局部或全身以治疗疾病的一种物理治疗方法。一般临床上常用的有红外线、紫外线、激光 3 种疗法。

（一）红外线疗法

光谱位于 760~4 000nm 红外线具有治疗作用，红外线在医学上的生物学效应主要是产热作用，故又称为热射线。

1. 治疗作用　红外线照射引起局部温度升高，可加速组织内的各种物理化学过程。

（1）对血液循环和组织代谢的作用　红外线的温热作用使局部毛细血管扩张、血液循环加快、酶活性增强、新陈代谢加强，促进了炎症产物和代谢产物的吸收，可起到消肿止痛的作用。

（2）消炎作用　红外线照射后，可引起皮肤乳头层水肿，血管周围白细胞浸润及巨噬细胞吞噬功能增强，从而提高免疫功能，具有消炎作用。

（3）镇痛解痉作用　红外线能降低神经末梢的兴奋性，对肌肉有松弛作用，可解除肌肉痉挛，起到镇痛作用。

2. 操作方法　确实保定动物，用红黑布遮挡其头部，以保护动物眼睛。把灯头对准治疗部位，灯头距体表 60~100cm，调节距离使光线在体表处的温度为 45℃为宜。每天进行 1~2 次，每次 20~40min。

3. 临床应用

适应证：各种亚急性、慢性炎症，创伤、挫伤、溃疡、湿疹、神经炎等。

禁忌证：炎症的急性阶段、肿瘤、高热病例、出血性疾病。

（二）紫外线疗法

紫外线是光疗中比较广泛的一种光线，其生物学作用比较活泼。用于医学上的紫外线包括短波紫外线（波长 200~275nm）和中波紫外线（波长 275~320nm）两种。短波紫外线有较强的杀菌作用，可用于室内空气消毒，不用于治疗。用于治疗的是中波紫外线，对皮肤作用较大，可使皮肤血管扩张，改善血液循环和新陈代谢。

1. 治疗作用

（1）红斑反应　紫外线照射对皮肤的影响最大，可引起皮肤毛细血管扩张出现红斑，组织发炎、水肿。照射剂量越大红斑反应越明显，这种红斑反应对机体具有消炎、止痛和促进伤口愈合的作用。

（2）对新陈代谢的影响　紫外线使体内的维生素 D 原转变为维生素 D，参与钙、磷代谢，引起血浆中钙含量的增高，预防和治疗维生素 D 缺乏症。

（3）对血液的影响　紫外线能使血液中白细胞增加、血小板增多、血红素增加、凝血时间缩短，贫血动物红细胞增加。具有免疫和贫血治疗作用。

（4）杀菌作用　因紫外线的穿透力弱，只能杀死物体表面的细菌。紫外线的杀菌作用与其波长、介质温度等因素有关，波长愈短杀菌作用愈强；介质温度愈高杀菌作用愈强。

2. 操作方法　临床上多使用局部照射。确实保定动物，用红黑布遮挡非照射部位，清除患部的污垢、痂皮、脓汁等。调节紫外线灯距患部 50cm，第一次照射 5min，以后每次增加 5min，每天 1 次，连用 5d。操作时，操作人员应戴上护目镜。

3. 临床应用　在兽医临床上紫外线照射的应用逐渐增多，现已广泛应用于预防、保健和治疗等方面。如对集约化舍饲动物或宠物，用紫外线进行定时定量的照射，具有增强动物抵抗力、预防钙、磷代谢性疾病和保健作用。

适应证：毛囊炎、皮癣、软组织创伤、烫伤、褥疮、佝偻病、乳腺炎、风湿性关节炎等。

禁忌证：皮肤过敏、肝功能不全、肾炎。

二、电疗法

电疗是利用电流或电场作用于机体而达到治疗疾病的目的。临床上常用的有直流电疗法、直流电离子透入疗法、感应电疗法、短波电疗法和超短波电疗法。

（一）直流电疗法

动物机体是含有各种电解质的复杂导体，在直流电作用下，两电极之间组织中的离子以不同的速度向相反极性方向移动。在阴极下，钠、钾离子聚集较多；在阳极下，钙、镁离子相对增多。这些离子通过刺激细胞、改变其胶体状态产生生物学作用。钠、钾离子能增加细胞的兴奋性和渗透性；钙、镁离子能降低细胞的兴奋性和渗透性。

直流电疗法是使用低电压的平稳直流电通过畜体一定部位以治疗疾病的方法。目前，单独应用较少，但它是电离子透入疗法的基础。主要用于亚急性炎症以及促进神经再生和恢复神经传导机能的治疗，如风湿病、肌腱损伤、腱鞘炎、黏液囊炎、关节周围炎和神经麻痹等。但湿疹、皮炎、溃疡、化脓性炎症及对直流电特别敏感的动物不可应用。

操作时，先将欲放置电极部位剪毛、洗净，放置浸透生理盐水的衬垫（由 10 层纱布或白绒布制成），衬垫应稍大于电极。然后将治疗电极放置于患部衬垫上，将为直流电提供回路的无效电极置于相应部位的衬垫上，用绷带固定。无效电极的放置方法有并置法（即置于治疗电极同侧）或对置法（即置于治疗电极对侧）等。用输出导线与电极连接，接通电源开始治疗。由于阴极下具有消炎、加速再生，使瘢痕软化的作用，所以一般把治疗电极连接在阴极输出上。为了使治疗电极下的电流密度大一些，通常治疗电极比无效电极要小一些。

直流电疗时的剂量按治疗电极的作用面积最大不超过 $0.3 \sim 0.5 \mathrm{mA/cm^2}$ 计算，每次治疗 $20 \sim 30 \mathrm{min}$，每日或隔日 1 次，$25 \sim 30$ 次为 1 疗程。

（二）直流电离子透入疗法

直流电离子透入疗法是利用直流的电解作用，把药物解离，使药物的有效离子由电流透过无损皮肤而引入体内，是一种基于直流电疗与药物离子共同作用的治疗方法。

直流电离子透入疗法的操作方法与直流电疗法基本相同。其具体步骤为：选择含有有效成分能电离的药物，配成水溶液，用此溶液湿润干燥的衬垫。有效药物成分为阳离子时，将其衬垫与阳极相连从阳极透入；为阴离子时，从阴极透入。无效衬垫用生理盐水湿润。

常用的阳离子透入剂有：2%～10%硫酸镁、0.25%～2%硫酸锌、0.5%硫酸铜、0.5%硝酸士的宁、3%～5%盐酸普鲁卡因、1 000IU/ml链霉素、1%磺胺噻唑等。

常用的阴离子透入剂有：2%～10%碘化钠、2%～10%次亚硫酸钠、2%～5%水杨酸钠、维生素 C、1 000IU/ml青霉素、2%～10%氯化钙等。

直流电离子透入疗法的应用应考虑药物离子的作用。

碘离子：能帮助亚急性、慢性炎症的恢复，用于治疗腱鞘炎、黏液囊炎、关节炎、外伤性肌炎等。

钙离子：用于治疗佝偻病、骨软症、骨折等。

水杨酸离子：具有抗风湿、镇痛作用。

铜离子、锌离子：用于系凹部疣状皮肤炎、愈合迟缓创伤。

士的宁离子：用于神经麻痹。

青霉素、链霉素、磺胺：具有消炎，杀菌作用。

（三）感应电疗法

是利用感应电流治疗疾病的一种方法。感应电能刺激机体，引起肌肉收缩，改善其营养和代谢，同时也可促进分布于肌肉的神经机能恢复。主要用于治疗肌肉萎缩、神经麻痹等。

（四）短波电疗法

又叫高频电疗法，是利用每秒振荡频率为 300 万～3 000 万 Hz 的电磁波治疗疾病的一种方法。常用于急性和慢性炎症，如急性和慢性肌炎、腱及腱鞘炎、滑膜炎、黏液囊炎及关节周围炎；神经痛、挫伤和创伤等。

（五）超短波电疗法

是使用每秒 3 000 万～30 000 万 Hz 频率的电磁波治疗疾病。适用于神经、肌肉、腱、腱鞘、黏液囊、韧带、关节等的急性和慢性炎症，疖、急性化脓性淋巴管炎及蜂窝织炎等。

第三节 激光疗法

一、概述

激光即由受激辐射的光放大而产生的光，又称 Laser（是"Light Amplification by Stimulated Emission of Radiation"的缩写）。激光疗法是利用激光器发出的光进行治疗疾病的一种方法。激光器由三个部分组成：①激光工作物质，包括固体、液体、气体、半导体，如氦-氖、红宝石、二氧化碳、染料、砷化镓，被激励后能发生粒子数反转；②激光能源，使工作物质发生粒子数反转的能源；③光学谐振腔，能使光线在其中反复振荡和多次被放大，激光是处于光学谐振腔中的激光工作物质，在外界能源的激励下发生了粒子数反转，粒子从高能级受激发跃迁到低能级时，在光学谐振腔中被放大，发出一种方向性强，高亮度，单色性好，相干性好的光。

激光问世后，很快受到医学和生物学界的极大重视。1961 年扎雷特（Zaret）、坎贝尔（Campbell）等人相继用激光研究视网膜剥离焊接术，并很快被用于临床。目前激光在临床上除气化、凝固、烧灼、光刀、焊接、照射等治疗应用外，在诊断和基础理论研究方面出现了许多新技术。兽医临床上常用的激光为氦 – 氖激光和二氧化碳激光。

二、激光的生物学效应

激光生物学效应主要有光效应、电磁场效应、热效应、压力与冲击波效应。激光的生物学效应与其波长、强度和生物组织受照射部位对激光的反射、吸收及热传导特性等因素有关。

1. 光效应　组织吸收了激光的量子之后可产生光化学反应、光电效应、电子跃迁、继发辐射（如荧光）、热能、自由基、细胞超微发光等，这些光效应可造成组织分解和电离，最终影响受照射组织的结构和功能，甚至导致损伤。激光作用于活组织的光效应大小，除激光本身的各种性能外，组织的着色程度起着重要的作用，互补色或近互补色的作用效果最明显。不同颜色的皮肤、脏器或组织结构对激光的吸收有显著差异。

2. 热效应　激光的本质是电磁波，若其传播的频率与组织分子的振动频率相等或相近，就能增强组织分子的振动产生热效应。激光照射生物组织后，光能转化为热能而使组织温度升高。产生热效应的波段主要在红外线波段。当功率足够大时，数毫秒的照射即可使组织温度升高到 $200 \sim 1\ 000\ ℃$，使蛋白变性、凝固，甚至碳化、气化，这是激光刀和切割的基础。

3. 压力效应　激光的能量密度极高，可产生很强的辐射压力，如聚焦激光束焦点上的能量密度达到 $108\ W/cm^2$ 时带来的压力约为 $40\ g/cm^2$。当激光束照射活组织时，由于单位面积上的压力很大，故能使活体组织表面的压力传入到组织内部，出现压力梯度。

除辐射压引起的冲击波外，组织热膨胀也可能产生冲击波。聚焦激光束焦点上的能量，在短时间转换成热能，伴随有受照射部位物质的蒸发，导致组织热膨胀和组织液从液相转变为气相。组织热膨胀在组织内形成的压力以及反冲压，都可产生机械波向其他部位传播，最初形成超声波，逐渐减速变为声波，进而变为亚声波形式的机械波，最后停止传播。冲击波在组织中以超声速运动，产生空穴现象。辐射压力和组织热膨胀压力均可造成生物组织破坏，蛋白质分解和组织分离。压力效应引起的组织损伤，可波及到远离照射的部位。例如，用红宝石激光照射小鼠头部时，发现头皮轻度损伤，颅骨和大脑硬膜并无损伤，而大脑本身却大面积出血，甚至造成死亡。

4. 电磁效应　激光是一种电磁波，能产生电磁场。一般强度的激光其电磁场效应不明显，只有当激光强度极强时，电磁场效应才较明显。当聚焦激光束在焦点上的激光功率密度达到 $106\ W/cm^2$ 时，相当于 $105\ V/cm^2$ 的电场强度，可在焦点部位上引起组织解离。电磁场效应可引起或改变生物组织分子及原子的量子化运动，强电磁场与生物分子的直接作用会产生激发、振动、热和自由基等效应，从而引起组织电离、细胞核分解等损伤。

三、激光的治疗作用

（一）激光的生物刺激和调节作用

低功率激光照射具有消炎、镇痛、脱敏、止痒、收敛、消肿、促进肉芽生长、加速伤口、溃疡、烧伤的愈合等作用。激光照射治疗作用的基础是光生物化学反应。激光照射时，在光生物化学反应的基础上，可影响细胞膜的通透性，影响组织中一些酶的活性，如激化过氧化氢酶，进而可调节或增强代谢，可加强组织细胞中核糖核酸的合成和活性，加强蛋白质的合成，糖原含量增加，肝细胞线粒体合成三磷酸腺苷（ATP）的功能增强。

激光照射可使成纤维细胞的数目增加，增加胶原的形成，加快血管的新生和新生细胞的繁殖，促进伤口愈合，促进断离神经再生，加速管状骨骨折愈合等。

激光照射可影响内分泌腺的功能，能加强甲状腺、肾上腺等的功能，因而可调节整个机体的代谢过程；并有调节血液循环和凝血过程的作用。

激光照射可改善全身状况，调节一些系统和器官的功能。用低功率的激光照射黏膜、皮肤、神经节、穴位等不同部位，局部症状改善的同时，全身症状也得到改善。据动物试验：用1.5mW的氦氖激光照射兔或狗的皮肤，对全身代谢有刺激作用；用1～1.5mW的氦氖激光照射兔眼，可引起全身性的血液动力学变化。激光照射穴位时，通过对经络的影响，改善脏腑功能，从而起到治疗作用。

激光照射不能直接杀灭细菌，但可加强机体的细胞和体液免疫机能，如可使吞噬细胞数量增加或活性增强，γ球蛋白及补体滴度增加；此外，激光照射可改变伤口部葡萄球菌对抗菌素的敏感性。

激光多次照射过程中有累积效应，要呈现激光照射的疗效，需经过一定作用的累积过程。激光多次照射的生物学作用和治疗作用具有抛物线特性，即在照射剂量不变的条件下，机体的反应从第3～4d起逐渐增强，至第10～17d达到最大的限度，此后，作用效果逐渐减弱，若继续照射下去，到一定的次数后可出现抑制作用。

（二）激光手术

激光手术是用一束细而准直的高能量激光束，经聚焦后，利用焦点的高能、高温、高压的电磁场作用和烧灼作用，对病变组织进行切割、黏合、气化。如二氧化碳激光器不仅可用于体表病变的手术切割，而且20世纪70年代在苏联和西德先后用于心脏手术，在捷克成功地做了心血管外科的动物试验和手术，1976年在澳大利亚成功地切除了大脑肿瘤。新近利用激光导管对冠状动脉或肢体血管斑块、血栓阻塞患者进行血管再通术获得成功。激光手术的特点是出血少、感染轻、伤口愈合慢。

（三）激光治疗肿瘤

激光治癌主要是基于其生物物理学方面的特殊作用，即激光的高热作用可使被照射部位的温度升至500℃，当温度升至300℃时，肿瘤即被破坏，激光照射后的1min内可保持45～50℃的温度，继续对肿瘤起作用；激光的强光压作用（机械能作用）可使肿瘤表面组织挥发，使肿瘤组织肿胀、撕裂、萎缩。

近年激光与光敏药物综合应用诊治肿瘤有了显著发展，当前使用的光敏药物主要为血卟啉衍生物（HPD），使用的激光主要是氩激光、氦激光，结合内窥镜和光导纤维等技术，用以诊治腔内及体表的癌症。

四、激光治疗法分类

（一）激光疗法分类

1. 原光束照射　可用于照射病变局部、体穴、耳穴、植物神经节段部位、交感神经节、体表或头皮感应区等。

2. 原光束或聚焦烧灼　可使被照射的病变组织凝固、碳化、气化。

3. 聚焦切割（即激光刀）　用于手术切割。

4. 散焦照射　用于照射面积较大的病变部位。

为使激光聚焦或散焦常用锗透镜，激光束通过锗透镜后即聚焦，离开焦点后扩散，距焦点愈远，激光的功率密度愈弱，在焦点部可用于手术切割。

（二）氦氖激光器操作方法

1. 接通电源，激光管点燃后调整电流至激光管最佳工作电流量，使激光管发光稳定。

2. 照射创面前，需用生理盐水或3%硼酸水清洗干净。

3. 照射穴位前，应先准确地找好穴位，可用龙胆紫做标记。

4. 照射距离一般为30~100cm（视病情及激光器功率而定）；激光束与被照射部位呈垂直照射，使光点准确照射在病变部位或穴位上。

5. 照射剂量尚无统一标准，低功率激光输出功率在10mW以下，每次可照射5~10min，每日照射1次，同一部位照射一般不超过12~15次。

6. 不便直接照射的部位，可通过光导纤维照射到治疗部位。

（三）二氧化碳激光器操作方法

1. 首先打开水循环系统，并检查水流是否通畅。水循环系统如有故障时，不得开机工作。

2. 患者取合适体位，暴露治疗部位。

3. 检查各按钮是否在零位后，接通电源，依次开启低压及高压开关，并调至激光器最佳工作电流。

4. 缓慢调整激光器，以散焦光束照射治疗部位。

5. 照射距离，一般为150~200cm以局部有热感为宜，勿使过热，以免烫伤，每次治疗10~15min，每日1次，7~12次为1疗程。

6. 治疗结束，按与开机相反顺序关闭各组按钮，关闭按钮15min内勿关闭水循环。

五、临床应用

1. 中小功率氦氖激光照射常用于治疗创伤、挫伤、溃疡、烧伤、脓肿、疖、蜂窝织炎、关节炎、湿疹、睾丸炎、乳房炎等。

2. 二氧化碳激光　①散焦照射（输出功率10~30W），常用于慢性风湿性关节炎、神经性皮炎、化脓创伤、褥疮、慢性肌炎等。②烧灼（输出功率30~80W）常用于治疗皮肤黏膜的肿痛、子宫糜烂等。③切割（输出功率100~300W）聚集后作为"光刀"施行手术及治疗各种肿瘤。

 **复习思考题**

1. 比较冷却疗法与温热疗法治疗炎症的时机。
2. 温热疗法有哪几种常用的操作方法?
3. 什么叫光疗法,兽医临床上常用的光疗法有哪几种?
4. 直流电离子透入疗法时,常见的药物离子各有什么作用和应用?
5. 什么叫电疗,临床上常用的电疗法有哪几种?
6. 激光的治疗作用表现在哪几方面,激光治疗分哪几类?
7. 简述二氧化碳激光的临床应用。

第六章

临床实习实训指导

实习一　动物的接近保定和基本检查法

一、目的和要求

练习动物接近的方法和通用动物保定法，要求掌握基本方法并了解注意事项，确保临床诊断过程中的人、畜安全。

介绍一般临床诊断程序，要求了解进行临床检查的基本过程和内容。

练习问、视、触、叩、听诊的方法，要求掌握其方法、应用范围及注意事项。

二、实习动物及器材

实习动物　马、牛、羊、猪、犬或猫。

实习器材　耳夹子，鼻捻子，牛鼻钳子，长柄绳套，短绳，捕犬钳，听诊器，叩诊器。

三、内容和方法

（一）动物接近法

接近动物前，应了解并观察欲检查动物平时的习性及动物是否会出现惊恐和攻击人的神态（如马竖耳、瞪眼，牛低头凝视，猪斜视、翘鼻、发呼呼声等），以防意外，确保人、畜安全。

接近动物时，一般应请畜主或饲养员在一旁协助，检查者应以温和的呼声，先向动物发出欲接近的信号，然后再从其前侧方徐徐接近。

接近后，可用手轻轻抚摸动物的颈侧和肩部（猪在腹下部用手轻轻瘙痒），使其保持安静和温顺状态，再进行检查。

（二）通用动物保定法

1. 简易保定法　本法适用于一般检查或简单处置，其方法依动物的种属而异。

（1）牛的简易保定法

徒手保定法、牛鼻钳保定法、对牛的两后肢保定法

（2）马的简易保定法

鼻捻子保定法、耳夹子保定法

（3）猪的简易保定法

站立保定法、提举保定法

(4) 羊的简易保定法

(5) 犬的简易保定法

(6) 猫的简易保定法

徒手保定法 将猫头与前胸部夹于左侧或右侧的腋下,一手抓住猫的两后肢,一手固定住猫的后半部即可。

圆桶固定法 将猫头与前肢固定在直径 10～20cm 的圆桶内,后肢外露,即可进行保定。

2. 柱栏内保定法 本法适用于大家畜的临床检查或治疗。

(1) 单柱保定法 本法多用于室外或田野。将缰绳系于立柱(或树桩)上,用颈绳(或直接用缰绳),对马、骡和驴,可绕颈部后系结固定,对牛则绕两角系结固定。

(2) 二柱栏内保定法 先将家畜引至柱栏的左侧,并令其靠近柱栏,之后将缰绳系于柱栏横梁前端的铁环上,再将脖绳系于前柱上,最后缠绕围绳及吊挂胸、腹绳。

(3) 四柱栏及六柱栏内保定法

本法常用于诊疗室内。保定栏内备有胸革与臀革(或用扁绳代替)、肩革(带)及腹革(带),前者是保定栏内必备的,而后者可依检查的目的及被检动物的具体情况而定。

保定时,先挂好胸革;将家畜从柱栏后方引进,并把缰绳系于某一前柱上;挂上臀革。如此,对家畜便可进行一般检查。

对某些检查(如检查口腔),可按需要同时利用两前柱固定头部(或同时系好肩革)。在直肠检查时,需上好腹革及肩革,并将尾举向侧方或固定。在导尿(特别是公马)或某些外伤处理时,还须固定一或两后肢,以防踢蹿。

在实行外科手术时,必须全面而确实地保定。

(三) 一般临床诊断程序

1. 病畜登记 按病志所列各项详细记载,如畜主姓名、住址;患畜的种别、年龄、性别、毛色、特征;发病日期等。

2. 病史调查 需要查明下列问题:

动物何时发病?发病原因,在什么情况下发病?病畜表现哪些现象?病畜过去得过什么病?附近畜禽有无同样疾病发生?病畜经过何人治疗?如何治的?疗效如何?

3. 现症的临床检查

一般检查 观察整体状态,如精神、营养、体格、姿势、运动和行为等,测定体温、脉搏及呼吸数;检查被毛、皮肤及表在病变;检查眼结膜以及浅表淋巴结。

各器官、系统检查 可按生理系统或解剖部位的顺序检查。

4. 辅助或特殊检查 根据需可配合进行某些功能试验,实验室检查,特殊器械检查,X 射线检查及其他检查等。

(四) 临床检查的基本方法

1. 问诊

方法 就是向畜主调查,了解畜群或病畜有关发病的各种情况,一般在着手进行病畜体检前进行。

注意事项

语言要通俗,态度要和蔼,要取得饲养、管理人员的很好配合。

在内容上既要有重点，又要全面搜集情况；一般可采取启发的方式进行询问。

对问诊所得到的材料，应结合现症检查结果，进行综合分析。不能依靠单纯的问诊而草率作出诊断或给予处方、用药。

2. 视诊 视诊通常用肉眼直接观察被检动物的状态，必要时，可利用各种简单器械作间接视诊。视诊可以了解病畜的一般情况和判明局部病变的部位、形状及大小。

应用范围 视诊的应用范围很广，主要有外貌（体格、发育、营养及躯体结构等）的观察；精神状态、姿势、运动与行为；被毛、皮肤及体表病变；可视黏膜与外界直通的体腔；某些生理活动情况，如呼吸动作、采食、咀嚼、吞咽、反刍与嗳气活动、排尿与排粪动作等；家畜所排出的分泌物、排泄物及其他病理产物的数量、性状与混有物等。

注意事项

对新来的门诊病畜，应使其稍经休息、呼吸平稳并先适应一下新的环境后再进行检查。最好在天然光照的场所进行。

收集症状要客观而全面，不要单纯根据视诊所见的症状就确定诊断，要结合其他方法检查的结果，进行综合分析与判断。

视诊方法虽然简单，但对初学者来说，要想具有一定的发现症状和分析问题的能力，必须加强实际锻炼。

3. 触诊 一般在视诊后进行。对体表病变部位或有病变可疑的部位，用手触摸，以判定其病变的性质。

应用范围 检查动物的体表状态。感知某些器官的活动情况（如心搏动、瘤胃蠕动、动脉脉搏等）。检查腹腔器官的位置、大小、形状及其内容物等。检查动物机体某一部位的感受力与敏感性。

注意事项

注意安全 应先了解被检动物的习性及有无恶癖，并在必要时进行保定；当需触诊牛、马的四肢及腹下等部位时，要一手放在畜体的适宜部位做支点，以另一手进行检查；并应从前往后，自上而下地边抚摸边接近欲检部位，切忌直接突然接触。

检查某部位的敏感性时宜先健区后病部，先远后近，先轻后重，并注意与对应部位或健区进行对比；应先遮住病畜的眼睛；注意不要使用能引起病畜疼痛或妨碍病畜表现反应动作的保定方法。

4. 叩诊 是对动物体表的某一部位进行叩击，根据所产生的音响的性质，来推断内部病理变化或某些器官的投影轮廓。

叩诊音 叩诊的基本音调有三种清音（满音）：如叩诊正常肺部发出的声音。浊音（实音）：如叩诊厚层肌肉发出的声音。鼓音：如叩诊含气较多的马盲肠或反刍兽瘤胃上部时发出的声音。在三种基本音调之间，可有程度不同的过渡阶段，如半浊音等。

应用范围

直接叩诊主要用于检查副鼻窦、喉囊、马盲肠、反刍兽瘤胃，以判断其内容物性状，含气量及紧张度。

间接叩诊主要适用于检查肺脏、心脏及胸腔的病变；也可用以检查肝、脾的大小和位置以及靠近腹壁的较大肠管的内容物性状。

叩诊可做为一种刺激而判断叩击部位的敏感性。

注意事项

叩诊时用力的强度，对深在的器官、部位及较大的病灶应用强叩诊；反之应用轻叩诊。为了便于集音，叩诊最好在适当的室内进行；为有利于听觉印象的积累；每一叩诊部位应进行2~3次间隔均等的同样叩击。

叩诊板应紧密地贴于动物体壁的相应部位上，对消瘦动物应注意不要将其横放于两条肋骨上；对于毛用羊应将其被毛拨开。

叩诊板不应过于用力压迫体壁，除叩诊板（指）外，其余手指不应接触动物体壁，以免影响振动和音响。

叩诊锤应垂直地叩在叩诊板上，叩诊锤在叩打后应很快离开。

为了均等地掌握叩诊用力的强度，叩诊时手应以腕关节做轴，轻轻地上、下摆动进行叩击，不应强加臂力。

在相应部位进行对比叩诊时，应尽量做到叩击的力量、叩诊板的压力以及动物的体位等都相同。

叩诊锤的胶头要注意及时更换，以免叩诊时发生锤板的特殊碰击音而影响准确地判断。

5. 听诊　听诊是听取病畜某些器官在活动过程中所发生的声音，借以判定其病理变化的方法。

应用范围　听取心音。听取喉、气管及肺泡呼吸音以及胸膜的病理性音响。听取胃肠的蠕动音。

注意事项

为了排除外界音响的干扰，应在安静的室内进行。

听诊器两耳塞与外耳道相接要松紧适当，过紧或过松都影响听诊的效果。听诊器的集音头要紧密地放在动物体表的检查部位，并要防止滑动。听诊器的胶管不要与手臂、衣服、动物被毛等接触、摩擦，以免产生杂音。

听诊时要聚精会神，并同时注意动物的活动与动作，如听诊呼吸音时要注意呼吸动作；听诊心脏时要注意心搏动等。并注意与传导来的其他器官的声音相鉴别。

听诊胆怯易惊或性情暴烈的动物时，要由远而近地逐渐将听诊器集音头移至听诊区，以免引起动物的反抗。听诊时仍须注意安全。

四、实习作业

填写实验报告

实习二　整体及一般检查

一、目的和要求

练习整体状态、被毛、皮肤、浅表淋巴结、眼结膜的检查方法及体温、脉搏、呼吸数的测定方法，要求初步掌握其方法、正常与异常状态的判定标准。

结合兽医院病例认识有关症状及异常变化。

二、实习动物及器材

实习动物　马、牛、羊、犬及临床病例若干例。

实习器材　体温计，听诊器，叩诊器，来苏尔水缸，秒表，马耳夹子，牛鼻钳子，石蜡油等。

三、内容和方法

（一）全身状态的观察

1. 精神状态

检查方法　主要观察病畜的神态。根据其耳、眼的活动，面部表情及各种反应、动作而判定。

正常状态　健康畜禽表现为头耳灵活，眼光明亮，反应迅速，行动敏捷，毛羽平顺并富有光泽。幼畜则显得活泼好动。

病理变化　精神异常可表现为抑制或兴奋。

抑制状态：一般表现为耳聋头低，眼半闭，行动迟缓或呆然站立，对周围淡薄而反应迟钝；重者可见嗜睡或昏迷，鸡则羽毛蓬松，垂头缩颈，两翅下垂，闭眼呆立。

兴奋状态：轻者左顾右盼，惊恐不安，竖耳刨地；重者不顾障碍地前冲、后退，狂躁不驯或挣脱缰绳。牛可哞叫或摇头乱跑；猪则有时伴有痉挛与癫痫样动作。严重时可见攀登饲槽、跳越障碍，甚至攻击人、畜。

2. 营养

检查方法　主要根据肌肉的丰满程度，皮下脂肪的蓄积量及被毛情况而判定。

正常状态　健康动物营养良好，肌肉丰满，骨骼棱角不显露，被毛光滑平顺。

病理变化　患病动物多表现为营养不良，消瘦并骨骼表露明显，被毛粗乱无光，皮肤缺乏弹性。常常将营养状态区分为营养良好、营养中等和营养不良三种程度。

3. 发育

检查方法　主要根据骨骼的发育程度及躯体的大小而确定。

正常状态　健康动物发育良好，体躯发育与年龄相称、肌肉结实、体格健壮。

发育不良动物可表现为躯体矮小，发育程度与年龄不相称；幼畜多表现为发育迟缓甚至发育停滞。

4. 躯体结构

检查方法　主要注意患畜的头、颈、躯干及四肢、关节各部的发育情况及其形态、比例关系。

正常状态 健康动物的躯体结构紧凑而匀称，各部的比例适当。

病理变化

单侧的耳、眼睑、鼻、唇松弛、下垂而导致头面歪斜为面神经麻痹的表现。

头大颈短、面骨膨隆、胸廓扁平、腰背凸凹、四肢弯曲、关节粗大，多为骨软症或幼畜佝偻病的特征。

腹围极度膨大，胁部胀满，提示反刍兽的瘤胃臌气或马骡的肠臌气。

马因鼻唇部浮肿呈现类似河马头样外观（如血斑病）。

猪的鼻面部歪曲、变形（如传染性萎缩性鼻炎）。

5. 姿势与步态

检查方法 主要观察病畜表现的姿势特征。

正常姿势 健康动物姿势自然。牛站立时常低头，采食后喜欢四肢集于腹下而卧，起立时先起后肢，动作缓慢；马多站立，常交换歇其后蹄，偶尔卧下，但听到吆喝声时会站起；猪、羊于采食后喜欢躺卧，生人接近时迅速起立，逃避。犬、猫主要有站立、蹲、卧三种姿势，正常时姿势自然、动作灵活而协调，生人接近时迅速起立，或主动接近或逃避。

异常姿势

全身僵直：表现为头颈挺伸，肢体僵硬，四肢不能屈曲，尾根挺起，呈木马样姿势（如破伤风）。

异常站立姿势：病马两前肢交叉站立而长时间不改换（如脑室积水）；病畜单肢悬空或不敢负重（如跛行）；两前肢后踏、两后肢前伸而四肢集于腹下（如蹄叶炎）。鸡可呈现两腿前后叉开姿势（如马立克氏病）。

站立不稳：躯体歪斜或四肢叉开，依靠墙壁而站立；鸡呈扭头曲颈，甚至躯体滚转（如维生素 B 缺乏症）。

骚动不安：马、骡可表现为前肢刨地，后肢踢腹，回视腹部，伸腰摇摆，时起时卧，起卧滚转或呈犬坐姿势或呈仰腹朝天等（如各种腹痛症时）；牛、羊可见以后肢踢腹动作。

异常躺卧姿势：牛呈曲颈伏卧而昏睡（如生产瘫痪）；马呈犬坐姿势而后躯轻瘫（如肌红蛋白尿症）。

步态异常：常见有各种跛行，步态不稳，四肢运步不协调或呈蹒跚、跄踉、摇摆、跌晃，而似醉酒状（如脑脊髓炎症）。

（二）被毛和皮肤的检查

1. 鼻盘、鼻镜及鸡冠的检查

检查方法 通过视诊、触诊检查作出判定。

正常状态 健康牛、猪、犬鼻镜或鼻盘均湿润，并附有少量水珠，触诊有凉感。鸡的鸡冠和肉髯为鲜红色。

病理变化 患病牛、猪、犬鼻镜或鼻盘干燥与增温，甚至龟裂；白猪的鼻盘有时可见到发绀现象。患病鸡的颜色可变淡或呈蓝紫色，有时出现疹疱（如鸡痘）。

2. 被毛检查

检查方法 主要通过视诊观察羽毛的清洁、光泽、脱落情况。

正常状态 健康动物的被毛、平顺而富有光泽，每年春秋两季适时脱换新毛。

病理变化　病畜表现为被毛蓬松粗乱，失去光泽，易脱落或换毛季节推迟。羊的局限性脱毛常提示螨病。检查被毛时，要注意被毛的污染情况，尤其注意污染的部位（体侧或肛门、尾部）。

3. 皮肤检查　主要通过视诊和触诊进行，宜注意其颜色、温度、湿度、弹性及疹疱等病变。

（1）颜色

检查方法　主要检查白色皮肤的动物，其他颜色的皮肤因有色素而不易观察。

病理变化　猪皮肤上出现小点状出血（指压不褪色），多见于败血性疾病，如猪瘟；而出现较大的红色充血性疹块（指压褪色），常提示猪丹毒。猪亚硝酸盐中毒时，皮肤青白或蓝紫色。皮肤发绀，多见于心脏衰弱、呼吸困难及某些中毒。

（2）湿度

检查方法　用手或手背触诊检查，对牛、羊可检查鼻镜，角根、胸侧及四肢；马可触摸耳根、颈部及四肢；猪可检查耳及鼻端；犬、猫可检查耳根、腹部的皮温；禽可检查肉髯。

病理变化　全身皮温的增高或降低，局部皮温的升高或降低或皮温分布不均（如马鼻寒耳冷，四肢末梢厥冷）。

（3）温度

检查方法　通过视诊和触诊进行，可见有出汗与干燥现象。

病理变化　皮肤的湿度，主要与汗腺分泌的多少有关。少量出汗多表现在耳根、肘后及鼠蹊部，轻者触之有湿润感；较重者可见这些部位的被毛濡湿并呈卷束状；大量出汗则可见汗液滴流，甚至汗出如雨。

（4）弹性

检查方法　检查皮肤弹性的部位，牛在最后肋骨后部，马在颈侧，小动物可在背部。检查方法：将检查部位皮肤作一皱襞后再放开，观察其恢复原状的情况。

正常状态　健康动物放手后立即恢复原状。

病理变化　皮肤弹性降低时，则放手后恢复缓慢，可见于营养不良、失水及皮肤病等。

（5）丘疹、水泡和脓疱　病变多发于被毛稀疏处，检查时要注意眼周围、唇、蹄趾间等处。牛、羊、猪的皮肤疱疹性病变，应注意口蹄疫、猪传染性水疱病及豆疹。

4. 皮下组织的检查

检查方法　皮下或体表有肿胀时，应注意肿胀部位的大小，形状，并触诊判定其内容物性状、硬度、温度、移动性及敏感性等。

病理变化　常见的肿胀类型及其特征有：

皮下浮肿：表面扁平，与周围组织界线明显，用手指按压时有生面团样的感觉，留有指压痕，且较长时间不易恢复，触诊时无热、无痛；而炎性肿胀则有热痛；有或无指压痕。

皮下气肿：边缘轮廓不清，触诊时发出捻发音（沙沙声），压迫时有向周围皮下组织窜动的感觉。颈侧、胸侧、肘后的皮下气肿，多为窜入性，局部无热痛反应；而厌气性细菌感染时，气肿局部有热痛反应，且局部切开后可流出混有泡沫的腐败臭味的液体。

脓肿及淋巴外渗：外形多呈圆形突起，触之有波动感，脓肿可触到较硬的囊壁，可用穿刺进行鉴别。

疝：触诊有波动感，可通过触到疝环及整复试验而与其他肿胀鉴别。猪常发生阴囊疝及脐疝，大动物多发生腹壁疝。

（三）眼结合膜的检查

检查方法 首先观察眼睑有无肿胀、外伤及眼分泌物的数量、性质。然后再打开眼睑进行检查。牛检查时主要观察其巩膜的颜色及其血管情况，检查时可一手握牛角，另一手握住其鼻中膈并用力扭转其头部，即可使巩膜露出，也可用两手握牛角并向一侧扭转，使牛头偏向侧方；检查牛眼结合膜时，可用大拇指将下眼睑拨开观察。检查马的眼结合膜时，通常检查者站立于马头一侧，一手持缰绳，另一手食指第一指节置于上眼睑中央的边缘处，拇指放在下眼睑，其余三指屈曲并放于眼眶上面作为支点。食指向眼窝略加压力，拇指则同时拨开下眼睑，即可使结合膜露出而进行检查。

正常状态 健康牛的颜色较马稍淡，但水牛则较深；马、骡的眼结合膜呈淡红色；猪眼结合膜呈粉红色；犬、猫的眼结合膜也呈淡红色，猫的比狗要深些。

病理变化 结合膜颜色的变化可表现为：潮红（可呈现单眼潮红、双眼潮红、弥漫性潮红及树枝状充血）、苍白、黄染、发绀及出血（出血点或出血斑）。

注意事项 检查眼结合膜时最好在自然光线下进行，因为红光下对黄色不易识别；检查时动作要快，且不宜反复进行，以免引起充血；应对两侧眼结合膜进行对照检查。

（四）浅表淋巴结的检查

检查方法 检查浅表淋巴结时主要进行触诊。检查时应注意其大小、形状、硬度、敏感性及在皮下的可移动性。牛常检查颌下，肩前、膝襞、乳房上淋巴结等。猪可检查腹股沟淋巴结；马常检查下颌淋巴结（位于下颌间隙，正常时为扁平分叶状，较小，不坚实，可向周围滑动）。检查时，一手持笼头，另一手伸于下颌间而揉捏或擦压。犬、猫可检查颌下淋巴结、耳下、肩前、腹股沟淋巴结等。

病理变化 急性肿胀：表现淋巴结体积增大，并有热痛反应，常较硬，化脓后可有波动感；慢性肿胀：多无热、痛反应，较坚硬，表面不平，且不易向周围移动。

（五）体温、脉搏及呼吸数的测定

1. 体温的测定

检查方法 通常都测直肠温度。首先用腕部的力量在胸前甩动体温计使水银柱降至35℃以下；用酒精棉球擦拭消毒并涂以润滑剂（石蜡油、软皂等）后再行使用。被检动物应适当地保定。测温时，检查者站在动物的左后方，以左手提起其尾根部并稍推向对侧，右手持体温计先对肛门一轻微的刺激，然后慢慢捻转插入直肠中（大动物2/3，小动物1/3）；再将带线绳的夹子夹于尾根的被毛上，经3~5min后取出，用酒精棉球擦除粪便或粘附物后读取度数。用后再甩下水银柱并放入消毒瓶内备用。

注意事项 体温计在用前应统一进行检查、验定，以防有过大的误差；对门诊病畜，应使其适当休息并安静后再测；对病畜应每日定时（午前与午后各一次）进行测温，并逐日绘成体温曲线表；测温时要注意人、畜安全；体温计的玻璃棒插入的深度要适宜；注意避免产生误差，用前须甩下体温计的水银柱；测温的时间要适当（按体温计的规格要求）；勿将体温计插入宿粪中；对肛门松弛的母畜，可测阴道温度，但是，通常阴道温度较直肠温度稍低（0.2~0.5℃）。

2. 脉搏数的测定

测定方法 测定每一分钟脉搏的次数，以次/分表示。牛通常检查尾动脉，检查者站在牛的正后方。左手抬起牛尾，右手拇指放在尾根部的背面，用食指、中指在距尾根 10cm 左右处尾的腹面检查，马属动物可检颌外动脉。检查者站在马头一侧，一手握住笼头，另一手拇指置于下颌骨外侧，食指、中指伸入下颌枝内侧，在下颌枝的血管切迹处，前后滑动，发现动脉管后，用手指轻压即可感知；猪和羊可在后肢股内侧的股动脉处检查。

注意事项 检查脉搏时，应待动物安静后再测定；一般应检测 1min；当脉搏过弱而不感于手时，可用心跳次数代替。

3. 呼吸次数的测定

测定方法 测定每分钟的呼吸次数，以次/分表示。一般可根据胸腹部起伏动作而测定，检查者站在动物的侧方，注意观察其腹胁部的起伏，一起一伏为一次呼吸。在寒冷季节也可观察呼出气流来测定。鸡的呼吸灵敏可观察肛门下部的羽毛起伏动作来测定。

注意事项 测定呼吸数时，应在动物休息、安静时检测。一般应检测一分钟。观察动物鼻翼的活动或将手放在鼻前感知气流的测定方法不够准确，应注意。必要时可用听诊肺部呼吸音的次数来代替。

四、实习作业

填写实验报告

实习三 循环系统的临床检查

一、目的和要求

练习心脏的临床检查法，要求初步掌握心脏的视、触、叩、听诊的部位、方法及正常状态，区别第一与第二心音。

练习动物脉搏的触诊，要求了解不同动物脉搏触诊的部位、方法及正常状态。

检查临床典型病例或听取异常心音录音的播放。

二、实习动物及器材

实习动物 马、牛、羊、犬及临床病例若干例。

实习器材和药品 体温计，听诊器，叩诊器。来苏尔水缸，秒表，马耳夹子，牛鼻钳子，保定绳索，酒精棉球。

三、内容和方法

（一）心脏的检查

1. 心搏动的视诊与触诊

检查方法 欲检查动物取站立姿势，使其左前肢向前伸出半步，以充分露出心区。检查者站在动物左侧方。视诊时，仔细观察左侧肘后心区被毛及胸壁的振动情况；视诊一般看不清楚，所以多用触诊。触诊时，检查者一手（右手）放在动物的鬐甲部，用另一手（左手）的手掌，紧贴在动物的左侧肘后心区，注意感知胸壁的振动，主要判定其频率及强度。

正常状态 健康动物，随每次心室的收缩而引起左侧心区附近胸壁的轻微振动。由于胸壁振动的强度，受动物的营养状态和胸壁厚度的影响，所以，营养过肥、胸壁较厚的动物，心搏动较弱，反之，心搏动较强。

病理变化 心搏动减弱或增强。但应注意排除生理性的减弱（如过肥）或增强（如运动后、兴奋、惊恐或消瘦）。

2. 心脏的叩诊

检查方法 欲检查动物取站立姿势，使其左前肢向前伸出半步，以充分露出心区。对大动物，应用锤板叩诊法；小动物可用指指叩诊法。按常规叩诊方法，沿肩胛骨后角向下的垂线进行叩诊，直至心区，同时标记由清音转变为浊音的一点；再沿与前一垂线呈45°左右的斜线，由心区向后上方叩诊，并标记由浊音变为清音的一点；连接两点所形成的弧线，即为心脏浊音区的后上界。

正常状态 健康动物心脏的叩诊区：马在左侧呈近似的不等边三角形，其顶点相当于第三肋间距肩关节水平线向下3~4cm处；由该点向后下方引一弧线并止于第六肋骨下端，为其后上界。在心区反复地用较强和较弱的叩诊进行检查，根据产生的浊音的区域，可判定马的心脏绝对浊音区及相对浊音区。相对浊音区在绝对浊音区的后上方，呈带状，宽3~4cm。牛则仅在左侧第三、第四肋间呈相对浊音区，且其范围较小。

病理变化 心脏叩诊浊音区的缩小或扩大，有时呈敏感反应（叩诊时回视、反抗）或叩诊时呈鼓音（如牛创伤性心包炎时）。

3. 心音的听诊

检查方法 欲检查动物取站立姿势，使其左前肢向前伸出半步，以充分露出心区。一般用听诊器进行间接听诊。当需要辨别瓣膜口音的变化时，按下表部位确定其最佳听取点，简单记忆为牛"肺主二、下上中、三四四"；马"肺主二、下上中、三四五"。听诊心音时，主要区别判断心音的频率、强度、性质及是否出现分裂、杂音或节律不齐。当心音过弱而听不清时，可使动物做短暂的运动，并在运动后听诊。

健康动物的心音特点：

牛：黄牛一般较马的心音清晰，尤其第一心音明显，但其第一心音持续时间较短；水牛及骆驼的心音则不如马清晰。马：第一心音的音调低，持续时间较长且音尾拖长；第二心音短促、清脆，且音尾突然停止。猪：心音较钝浊，且两个心音的间隔大致相等。犬、猫：心音比其他家畜强，正常时有所谓"胎样心音"。胎样心音是指第一、第二心音的强度一致，两心音之间的间隔与下一次心音之间的间隔时间几乎相等，因此难于区别第一、第二心音。不过，在听诊时，触诊脉搏，与脉搏同时产生的声音为第一心音。

区别第一与第二心音时，除根据上述心音的特点外，第一心音产生于心室收缩期中，与心搏动、动脉脉搏同时出现；第二心音产生于心室舒张期，与心搏动、动脉脉搏出现时间不一致。

心音的病理变化可表现为心率过快或徐缓、心音混浊、心音增强或减弱、心音分裂或出现心杂音、心律不齐。

（二）脉管的检查

1. 动脉血管检查

检查方法 大动物多检查颌外动脉和尾动脉；中、小动物则检查股动脉。

颌外动脉和尾动脉的检查法见实习二。

股动脉检查，检查者左手握住动物的一侧后肢的下部；右手的食指及中指放于股内侧的股动脉上，拇指放于腹内侧。

检查时，除注意计算脉搏的频率外，还应判定脉搏的性质（大小、软硬、强弱及充盈状态与节律）。正常脉搏性质表现为：脉管有一定的弹性，搏动的强度中等，脉管内的血量充盈适度，其节律表现为强弱一致，间隔均等。

病理变化 在病理情况下，脉搏可表现为：脉率的增多与减少，振幅过大（大脉）或过小（小脉），力量增强（强脉）或减弱（弱脉）；脉管壁松弛（软脉）或紧张（硬脉），脉管内血液过度充盈（实脉）或充盈不足（虚脉）。心律不齐则表现为间隔不等及大小不匀。

2. 浅在静脉的检查

检查方法 主要观察浅在静脉（如颈静脉、胸外静脉）的充盈状态及颈静脉的波动。

正常状态 一般营养良好的动物，浅在静脉管不明显；较瘦或皮薄毛稀的动物则较为明显。正常情况下，马、牛颈静脉沟处可见有随心脏活动而出现的自颈基部后上部反流的波动，其反流波不超过颈部的下 1/3。

病理变化 浅在静脉的过度充盈，隆起呈绳索状；颈静脉波动高度超过颈下部的1/3。

对颈静脉波的性质，可于颈中部的颈静脉上用手指加压鉴定，即在加压以后，近心端和远心端的波动均消失，为心房性（阴性）波动；远心端消失而近心端的波动仍存在，为心室性（阳性）波动；近心端与远心端的波动均不消失并可感知颈动脉的过强搏动，为伪性搏动。同时还应参照波动出现的时期与心搏动及动脉脉搏的时间是否一致而综合判定。

四、实习作业

填写实验报告

实习四　呼吸系统的临床检查

一、目的和要求

掌握呼吸运动（呼吸次数、节律、类型及呼吸困难）、呼出气体、鼻液、咳嗽的检查方法。掌握上呼吸道检查法及胸肺的叩、听诊检查法，熟悉其正常状态。结合典型病例认识主要症状并理解其诊断意义。

二、实习动物及器材

实习动物　马、牛、羊、犬和患呼吸器官疾病的典型病例。

仪器和用具　听诊器，叩诊器，秒表，马耳夹子，牛鼻钳子。手电筒、小动物开口器和保定绳索。

三、内容和方法

（一）呼吸运动的检查

应在病畜安静且无外界干扰的情况下做下列检查：

1. 呼吸频率（次数）的检查　详见一般检查。

2. 呼吸类型的检查

检查方法　检查者站在病畜的后侧方，观察吸气与呼气时胸廓与腹壁起伏动作的协调性和强度。

正常状态　健畜一般为胸腹式呼吸（犬、猫为胸式呼吸），即在呼吸时，胸壁和腹壁的动作是协调的，强度大致相等。

病理变化　在病理情况下，可见胸式或腹式呼吸，犬、猫例外。

3. 呼吸节律的检查

检查方法　检查者站在病畜的侧方，观察每次呼吸动作的强度、间隔时间是否均等。

正常状态　健畜在吸气后紧随呼气，经短时间休止后，再行下次呼吸。每次呼吸的间隔时间和强度大致相等，即呼吸节律正常。

病理变化　典型的病理性呼吸节律有：陈-施二氏呼吸（由浅到深再至浅，经暂停后复始），毕欧特氏呼吸（深大呼吸与暂停交替出现）、库斯茂尔氏呼吸（呼吸深大而慢，但无暂停）。

4. 呼吸对称性的检查

检查方法　检查者立于病畜正后方，对照观察两侧胸壁的起伏动作强度是否一致。

正常状态　健畜呼吸时，两侧胸壁起伏动作强度完全一致。

病理变化　病畜可见两侧不对称性的呼吸动作。

5. 呼吸困难的检查

检查方法　检查者仔细观察病畜鼻的扇动情况及胸、腹壁的起伏和肛门的抽动现象，注意头颈、躯干和四肢的状态和姿势；并听取呼吸喘息的声音。

正常状态　健康家畜呼吸时，自然而平顺，动作协调而不费力，呼吸频率相对正常，节律整齐，肛门无明显抽动。

病理变化 呼吸困难时，呼吸异常费力，呼吸频率有明显改变（增或减），补助呼吸肌参与呼吸运动。尚可表现为如下特征：

（1）吸气性呼吸困难 头颈平伸、鼻孔开张、形如喇叭，两肋外展，胸壁扩张，肋间凹陷，肛门有明显的抽动。甚至呈张口呼吸。吸气时间延长，可听到明显的吸气性狭窄音。

（2）呼气性呼吸困难 呼气时间延长，呈二段呼出；补助呼气肌参与活动，腹肌极度收缩，沿季肋缘出现喘线（息劳沟）。

（3）混合型呼吸困难 具有以上两型的特征，但狭窄音多不明显而呼吸频率常明显增多。

（二）上呼吸道检查

1. 呼出气体的检查

检查方法 在病畜的前面仔细观察两侧鼻翼的扇动和呼出气流的强度；并嗅闻呼出气体有无臭味。但怀疑传染病（如鼻疽、结核等）时，检查者应戴口罩。

正常状态 健康家畜呼出气流均匀，无异常气味，稍有温热感。

病理变化 病畜可见有两侧气流不等，或有恶臭、尸臭味和热感。

2. 鼻液的检查

检查方法 首先观察动物有无鼻液，对鼻液应注意其数量、颜色、性状、混有物及一侧性或两侧性。

正常状态 健康的马、骡通常无鼻液，冬季可有微量浆液性鼻液。牛有少量浆液性鼻液，常被其自然舔去。

病理变化 病畜可见有：浆液性鼻液，为清亮无色的液体；黏液性鼻液，似蛋清样；脓性鼻液，呈黄白色或淡黄绿色的糊状或膏状，有脓臭味；腐败性鼻液，污秽不洁，带褐色，呈烂桃样或烂鱼肚样，具尸臭气味。

此外，应注意有无出血及其特征（鼻出血鲜红呈滴或线状；肺出血鲜红，含有小气泡；胃出血暗红，含有食物残渣）、数量、排出时间及单双侧性。

3. 鼻液中弹力纤维的检查

检查方法 取少量鼻液，置于试管或小烧杯内，加入10%氢氧化钠（钾）溶液2～3ml，混合均匀，在酒精灯上边振荡边加热煮沸至完全溶解。然后，离心倾去上清液，再用蒸馏水冲洗并离心，如欲使其着色，最好于离心前加入1%伊红酒精数滴。再取沉淀物涂片，镜检。

正常状态 细长弯曲如羊毛，双层轮廓折光强，两端尖锐有分叉，聚集成堆似乱麻。

4. 鼻黏膜的检查法

检查方法

单手开鼻法 一手托住下颌并适当高举马头，另手以拇指和中指捏住鼻翼软骨，略向上翻，同时用食指挑起外侧鼻翼，鼻黏膜即可显露。

双手开鼻法 以双手拇、中二指分别捏住鼻翼软骨和外鼻翼，并向上向外拉，则鼻孔可扩开。

其他家畜鼻黏膜的检查法 将病畜头抬起，使鼻孔对着阳光或人工光源，即可观察鼻黏膜。在小动物可用开鼻器。

病理变化　病理情况下，鼻黏膜的颜色也有发红、发绀、发白、发黄等变化。常见的有潮红肿胀（表面光滑平坦、颗粒消失、闪闪有光）、出血斑、结节、溃疡、瘢痕。有时也见有水泡、肿瘤。马鼻疽时则见有喷火口状溃疡或星芒状瘢痕。

注意事项　应作适当保定；注意防护，以防感染；使鼻孔对光检查，重点注意其颜色、有无肿胀、溃疡、结节、瘢痕等。马鼻黏膜为淡红色，深部呈淡蓝红色，湿润而有光泽。其他家畜的鼻黏膜为淡红色，但有些牛鼻孔周围的鼻黏膜有色素沉着。

5. 喉及气管的检查

检查方法　外部视诊，注意有无肿胀等变化；检查者站在家畜的前侧，一手执笼头，一手从喉头和气管的两侧进行触压，判定其形态及肿胀的性状；也可在喉和气管的腹侧，自上而下听诊。对小动物和禽类还可作喉的内部直接视诊。检查者将动物头略为高举，用开口器打开口腔，用压舌板下压舌根，对光观察；检查鸡的喉部时，将头高举，在打开口腔的同时，用捏肉髯手的中指向上挤压喉头，则喉腔即可显露。观察黏膜的颜色，有无肿胀物和附着物。

正常状态　健康家畜的喉和气管外观无变化；触诊无疼痛；听诊有类似"赫"的声音。

病理变化　在病理情况下，喉和气管区有的肿胀，有时有热痛反应，并发咳嗽；听诊时有强烈的狭窄音、哨音、喘鸣音。

6. 咳嗽的检查

检查方法　向畜主询问有无咳嗽，并注意听取其自发咳嗽、辨别是经常性还是阵发性，干咳或湿咳，有无疼痛、鼻液等伴随症状。必要时可作人工诱咳，以判定咳嗽的性质。

（1）牛的人工诱咳法　用多层湿润的毛巾掩盖或闭塞鼻孔一定时间后迅速放开，使之深呼吸则可出现咳嗽。应该指出，在怀疑牛患有严重的肺气肿、肺炎、胸膜炎合并心机能紊乱者慎用。

（2）马的人工诱咳法　检查者站在病畜的左前方，左手执笼头，右手以拇指和中指捏压第一、第二气管软骨环或勺状软骨，可引起一二声咳嗽。但反应迟钝的马则难于引起咳嗽。

（3）小动物诱咳法　经短时间闭塞鼻孔或捏压喉部、叩击胸壁均能引起咳嗽。犬在咳嗽时有时引起呕吐，应注意以免重视了呕吐而忽视了咳嗽。

病理变化　在病理情况下，可发生经常性的剧烈咳嗽，其性质可表现为：干咳（声音清脆，干而短）；湿咳（声音钝法、湿而长）；痛咳（不安、伸颈）。甚至可呈痉挛性咳嗽。

（三）胸廓的视诊

检查方法　观察呼吸状态，胸廓的形状和对称性；胸壁有无损伤、变形；肋骨与肋软骨结合处有无肿胀或隆起；肋骨有无变化，肋间隙有无变宽或变窄，凸出或凹陷现象；胸前、胸下有无浮肿等。

正常状态　健康家畜呼吸平顺，胸廓两侧对称，脊柱平直，胸壁完整，肋间隙的宽度均匀。

病理变化　病理情况下可见有：胸廓向两侧扩大（桶状），胸廓狭小（扁平），单侧性扩大或塌陷；肋间隙变宽或变狭窄，胸下浮肿或其他损伤。

（四）胸廓的触诊

检查方法 胸廓触诊时应注意胸壁的敏感性，感知温湿度、肿胀物的性状并注意肋骨是否变形及骨折等。

正常状态 健康家畜触诊无疼痛。

病理变化 病理状态可见：触诊胸壁敏感、有摩擦感、热感或冷感；肋骨肿胀、变形或有骨折及不全骨折；尤其幼畜可呈串珠样肿；胸下浮肿；各种外伤。

（五）胸、肺叩诊

肺叩诊区

（1）牛肺叩诊区

背界：平行线与马同，但止于第十一肋间隙。

前界：由肩胛骨后角沿肘肌向下划一类似"S"形的曲线，止于第四肋间隙下端。

后界：由第十二肋骨与脊柱交接处开始斜向前下方引一弧线，经髋结节水平线与第十一肋间隙交点；肩关节水平线与第八肋间隙交点，止于第四肋间隙下端。

此外，在瘦牛的肩前 1~3 肋间隙尚有一狭窄的叩诊区（肩前叩诊区）。绵羊和山羊肺叩诊区与牛相同，但无肩前叩诊区。

（2）马肺叩诊区 近似一直角三角形。

背界：由肩胛骨后角至髋结节画一与脊柱平行的直线（距背中线约一掌宽，10~12cm），止于第 16 肋间隙。

前界：由肩胛骨后角向下画一垂线，止于心区。

后界：由第十七肋骨与脊柱交接处起斜向前下方引一弧线，经髋结节水平线与第十六肋间隙的交点，坐骨结节水平线与第十四肋间隙交点；肩关节水平线与第十肋间隙交点，止于第五肋间隙下端。

叩诊方法 胸、肺叩诊除应遵循叩诊一般规则外，须注意选择大小适宜的叩诊板，沿肋间隙纵放，先由前至后，再自上而下进行叩诊。听取声音同时还应注意观察动物有无咳嗽、呻吟、躲闪等反应性动作。

正常状态 大家畜一般为清音，以肺的中 1/3 最为清楚；而上 1/3 与下 1/3 声音逐渐变弱。而肺的边缘则近似半浊音。

健康小动物的肺区叩诊音近似鼓音。

病理变化 胸部叩诊可能出现疼痛性反应，表现为咳嗽、躲闪、回视或反抗；肺叩诊区的扩大或缩小；出现浊音、半浊音、水平浊音、鼓音、过清音、破壶音、金属音。

（六）胸、肺听诊

方法及注意事项 肺听诊区和叩诊区大致相同。听诊时，应先从呼吸音较强的部位即胸廓的中部开始，然后再依次听取肺区的上部、后部和下部。牛尚可听取肩前区。每个听诊点间隔 3~4cm，在每点上至少听取 2~3 次呼吸，且须注意听诊音与呼吸活动之间的联系。对可疑病变与对侧相应部位对比听诊判定。如呼吸音微弱，可给以轻微的运动后再行听诊，使其呼吸动作加强，以利听诊。注意呼吸音的强度、性质及病理性呼吸音的出现。

正常状态 健康家畜可听到微弱的肺泡呼吸音，在吸气阶段较清楚，如"呋"、"呋"的声音。整个肺区均可听到，但以肺区中部为最明显。动物中，马的肺泡音最弱；牛、羊较明显，水牛甚微弱；幼畜比成年家畜略强。除马属动物外，其他动物尚可听到支气管呼吸音，在呼气阶段较清楚，如"嚇"、"嚇"的声音，但并非纯粹的支气管呼吸音，而是带有肺泡呼吸音的混合呼吸音。

牛在第3～4肋间肩端线上下可听到混合呼吸音。绵羊、山羊和猪的支气管呼吸音大致与牛相同。犬在整个肺区都能听到明显的支气管呼吸音。

病理变化 在病理情况下，可见肺泡呼吸音的增强或减弱，甚至局部消失。还可听见病理性呼吸音或附加音，病理性支气管呼吸音、混合性呼吸音（"呋"—"嚇"）、湿啰音（似水泡破裂音，以吸气末期为明显）、干啰音（似哨音、笛音）、胸膜摩擦音（似沙沙声、粗糙而断续，紧压听诊器时明显增强，常出现于肘后）、拍水音、捻发音、空瓮音。

四、实习作业

填写实验报告

实习五　消化系统的临床检查

一、目的和要求

掌握口腔、咽部、食道、腹部和胃肠的检查方法。

掌握反刍动物前胃及真胃的检查部位、方法及肠蠕动音的听诊。

观察反刍、嗳气的活动和变化。

结合典型病例认识有关症状及异常变化。

二、实习器材与动物

实习器材　单手开口器、重型开口器、猪的开口器、胃管、听诊器、叩诊器、保定用具（耳夹子、鼻捻子及绳）、润滑剂（液体石蜡或其他油类）。100ml 量筒、腹腔穿刺套管针，毛剪、消毒液、蒸馏水、冰醋酸、试管。

实习动物　马、牛、羊、犬。

三、内容和方法

（一）口腔的检查方法

口腔检查主要注意流涎，气味，口唇黏膜的温度、湿度、颜色及完整性、舌和牙齿的变化。这里主要介绍各种家畜的开口法。

1. 牛的徒手开口法　检查者站在牛头侧方，可先用手轻轻拍打牛的眼睛，在牛闭眼的瞬间，以一手的拇指和食指从两侧鼻孔同时伸入并捏住鼻中隔（或握住鼻环）向上提举，再用另一手伸入口中握住舌体并拉出，口即张开。

2. 马的开口法

（1）马的徒手开口法　检查者站在马头侧方，一手握住笼头，另一手食指和中指从一侧口角伸入并横向对侧口角方向；手指下压并握住舌体，将舌拉出的同时用另一手的拇指从另一侧口角伸入并顶住上腭使口张开。

（2）马的开口器开口法　通常使用单手开口器，一手握住笼头，一手持开口器自口角处伸入，随动物张口而逐渐将开口器的螺旋形部分伸入上下臼齿之间。而使口腔张开，检查完一侧后，再同样检查另一侧。

必要时，可使用重型开口器，首先将动物头部保定确实，检查者将开口器的齿板嵌入上、下门齿之间，同时保持固定，由助手迅速转动旋柄，渐渐随上、下齿板的离开而打开口腔。

3. 羊的徒手开口法　是用一手拇指与中指由颊部捏握上颌，另一手拇指及中指由左、右口角处握住下颌，同时用力上下拉即可开口，但应注意防止被羊咬伤手指。

4. 猪的开口　须使用特制的开口器。

5. 犬、猫的开口法　性情温驯的狗，令助手握紧前肢，检查者右手拇指置于上唇左侧，其余四指置于上唇右侧，在握紧上唇的同时，用力将唇部皮肤向下内方挤压；用左手拇指与其余四指分别置于下唇的左、右侧，用力向内上方挤压唇部皮肤。左、右手用力将上下腭向相反方向拉开即可，必要时用金属开口器打开口腔。猫的开口法：助手握紧前肢，检查者两手将上、下腭分开即可。

（二）咽部的视诊和触诊

咽的外部视诊要注意头颈的姿势及咽周围是否肿胀；触诊时，可用两手自咽喉部左右两侧加压并向周围滑动，以感知温度、敏感性反应及肿胀的硬度和特点。

（三）食管的视诊、触诊

1. 视诊　注意吞咽过程饮食沿食道沟通过的情况及局部是否有肿胀。

2. 触诊　检查者两手分别由两侧沿颈部食管沟自上向下加压滑动检查，注意感知是否有肿胀、异物、内容物的硬度、有无敏感反应及波动感。

3. 探诊　一般根据动物的种类及大小而选定不同口径及相应长度的胶管（或塑料管），大动物用长为 2.0～2.5m，内径 10～20mm，管壁厚 3～4mm，其软硬度应适宜。用前探管应用消毒液浸泡，并涂润滑油类。动物要保定，尤其要保定好头部。如须经口探诊时，应加装开口器，大动物及羊一般可经鼻、咽探诊。

操作时，检查者站在马头一侧，一手把握住鼻翼，另一手持探管，自鼻道（或经口）徐徐送入，待探管前端达到咽腔时（大动物 30～40cm 深度）可感觉有抵抗，此时可稍停推进并加以轻微的前后抽动，待动物发生吞咽动作时，应趁机送下。如动物不吞咽，可由助手捏压咽部以引起其吞咽动作。

探管通过咽后，应立即判定是否正确的插入食管内。插入食管内的标志是，用胶皮球向探管内打气时，不但能顺利打入，而且在左侧颈沟可见有气流通过的波动，同时压扁的胶皮球不会鼓起来。插入气管的标志是，用胶皮球向探管内打气时，在颈沟部看不到气流波动，被压扁的胶皮球可迅速鼓起来。如胃管在咽部转折时，向探管打气困难，也看不到颈沟部的波动。

此外，探管在食管内向下推进时可感到有抵抗和阻力。但如在气管内时，可引起咳嗽并随呼气阶段有呼出的气流，也可作为判定探管是否在食管内的标志。

探管误插入气管内时，应取出重插，探管不宜在鼻腔内多次扭转，以免引起黏膜破损，出血。

食管探诊，主要用于提示有食道阻塞性疾病、胃扩张的可疑或为抽取胃内容物时用，对食管狭窄、食管憩室及食管受压等病变也具有诊断意义。食管和胃的探诊兼有治疗作用。

（四）腹部的视诊和触诊

腹围视诊，检查者站立于动物的正前或正后方，主要观察腹部轮廓、外形、容积及欣部的充满程度，应做左右侧对照比较，主要判定其膨大或缩小的变化。

大动物触诊：检查者位于腹侧，一手放在动物背部，以另一手的手掌平放于腹侧壁或下侧方，用腕力作间断冲击动作或以手指垂直向腹壁作冲击式触诊，以感知腹肌的紧张度、腹腔内容物的性状并观察动物的反应。

中小动物触诊时，检查者站在动物后方，两手同时自两侧肋弓后开始，加压触摸的同时逐渐向上后方滑动进行检查，或使动物侧卧，然后用并拢、屈曲的手指，进行深部触摸。

（五）马胃、肠的听诊和叩诊

马胃蠕动音的听诊部位在第 14～17 肋骨间髋结节水平线上下。正常时由于胃的位置较深，一般听不到蠕动音，在安静环境对胃扩张病例，有时可听到沙沙声、流水声或金属音。

马的肠音听诊部位，按肠管在体表投影位置，于左侧肷部中 1/3 处为小肠音，左腹部下 1/3 为左侧大结肠音，右侧肷部为盲肠音，右侧肋弓下方为右侧大结肠音。但应注意，当肠音增强时，任何一点都可听到肠音。

肠音听诊，主要判定其频率、性质、强度和持续时间，听诊时应对两侧各部位进行检查，在每一听诊点至少听取 1min 以上。

正常小肠蠕动音如流水声或含漱音，每分钟 8～12 次；大肠音如雷鸣音或远炮音，每分钟 4～6 次。

对靠近腹壁的肠管进行叩诊时，正常盲肠基部（右肷部）呈鼓音，盲肠体、大结肠则可呈浊音或浊鼓音。

（六）反刍家畜胃的触诊、叩诊和听诊

1. 瘤胃

触诊：检查者站在动物的左腹侧，左手放于动物背部，检手（右手）可握拳、屈曲手指或以手掌放于左肷部，先用力反复触压瘤胃，以感知内容物性状。正常时，似面团样硬度，轻压后可留压痕。随胃壁蠕动可将检手抬起，以感知其蠕动力量并可计算次数。正常时为每 2min2～5 次。

叩诊：用手指或叩诊器在左侧肷部进行直接叩诊，以判定其内容物的性状。正常时瘤胃上部为鼓音，由饥饿窝向下逐渐变为浊音。

听诊：多用听诊器进行间接听诊，以判定瘤胃蠕动音的次数、强度、性质及持续时间。正常时，瘤胃随每次蠕动而出现逐渐增强又逐渐减弱的沙沙声。似吹风样或远雷声。

2. 网胃　位于腹腔的左前下方，相当于 6～7 肋骨间，前缘紧接膈肌与心脏相邻，其后部下侧位于剑状软骨之上。

触诊：检查者面向动物蹲在左胸侧，屈曲右膝于动物腹下，将右肘支在右膝上，右手握拳并抵住剑状软骨突起部，然后用力抬腿并用拳顶压网胃区，以观察动物反应。

叩诊：于左侧心区后方的网胃区内，进行直接强叩诊或用拳轻击。以观察动物反应。

压迫法：由两人分别站在家畜胸部两侧，各伸一手于剑突下相互握紧，各将其另一手放于家畜的鬐甲部；两人同时用力上抬紧握的手，并用放在鬐甲部的手紧握其皮肤，观察家畜反应。

或先用一木棒横放于家畜的剑突下，由两人分别自两侧同时用力上抬，迅速下放并逐渐后移压迫网胃区，同时观察家畜的反应。

也可使家畜行走上、下坡或作急转弯等运动，观察其反应。

正常家畜，在进行上述检查试验时，家畜无明显反应，相反如表现不安、痛苦、呻吟或抗拒并企图卧下时，是网胃的疼痛敏感的表现，常为创伤性网胃炎的特征。

3. 瓣胃　瓣胃检查在右侧 7～9 肋间，肩关节水平线上下 3cm 范围内进行。

触诊：在右侧瓣胃区内进行强力触诊或以拳轻击，以观察家畜有无疼痛性反应。对瘦牛可使其左侧卧，于右肋弓下以手伸入进行冲击。

听诊：在瓣胃区听诊其蠕动音。正常时呈断续细小的捻发音，采食后较明显。主要判定蠕动音是减弱还是消失。

4. 真胃　位于右腹部第 9～11 肋间的肋骨弓区。

触诊：沿肋弓下进行深部触诊。由于腹壁紧张而厚，常不易得到准确结果。因此，应尽可能将手指插入肋骨弓下方深处，向前下方行强压迫。在犊牛可使其侧卧进行深部触诊。主要判定是否有疼痛反应。

听诊：在真胃区内，可听到类似肠音，呈流水声或含漱音的蠕动音。主要判定其强弱和有无蠕动音的变化。

（七）反刍、嗳气活动的观察

反刍活动的观察主要判定反刍的有无、开始出现反刍的时间、每昼夜反刍的次数，每次反刍的持续时间及食团再咀嚼的力量等变化。

正常时，每昼夜进行 4～10 次，每次反刍持续时间为 20～40min，每个返回到口腔中的食团再咀嚼 30～50 次。

嗳气：是反刍动物的一种生理现象。正常动物每小时内可吐气 20～30 次。

当嗳气时，可在左侧颈部沿食管沟看到由颈根部向上的气体移动波，同时可听到嗳气时的特有音响。

观察嗳气活动时，主要判断其嗳出的次数多少及是否完全停止。

（八）腹腔穿刺

（1）部位　一般在腹下最低点，白线两侧任选一侧进行。马、牛在剑状突起后方 10～15cm，白线侧方 2～3cm 处。马宜在白线左侧，可避开盲肠；反刍兽宜在白线右侧，可避开瘤胃。猪在脐后方，白线两侧 1～2cm 处。

（2）方法　大家畜采取站立保定。术部按外科常规方法剪毛消毒。将皮肤向侧方稍稍移动，用特制的腹腔穿刺套管针或用大号注射针头在术部由下向上刺入腹腔。刺入不宜过猛过深，以免伤及肠管。进入腹腔后抽出套管针芯，腹腔液经套管或针头可自动流出，术后局部消毒。腹腔液如果供作细菌培养或小动物接种，容器要用灭菌试管。

四、实习作业

填写实验报告

实习六 马、牛直肠检查法

一、目的和要求

掌握马、牛直肠内部触诊的操作方法、检查顺序、正常状态及注意事项。

有条件时，可先结合直检模型作一些模拟练习。

二、实习动物及器材

实习动物 马、牛。

实习器材 保定用具、灌肠器、乳胶手套，人造革围裙及直肠检查专用服等。

三、内容和方法

（一）准备工作

1. 家畜准备

保定以六柱栏较为方便，左右后肢应分别以足夹套固定于栏柱下端，以防后踢；为防止卧下及跳跃，要加腹带及压绳；尾部向上或向一侧吊起。如在野外，可借助在车辕内（使病马倒向，即臀部向外）保定；根据情况和需要，也可采取横卧保定。牛的保定可钳住鼻中隔，或用绳系住两后肢。

对腹围膨大病畜应先行盲肠穿刺或瘤胃穿刺术排气，否则腹压过高，不宜检查，尤其是采取横卧保定时，更须注意防止造成窒息的危险。

对心脏衰弱的病畜，可先给予强心剂；对腹疼剧烈的病马应先行镇静（可静脉注射5%水合氯醛酒精溶液 100~300ml 或 30%安乃近溶液 20ml），以便检查。

一般可先用温水 1 000~2 000ml 灌肠，以缓解直肠的紧张度并排出粪便，便于直检。

2. 术者准备

术者剪短指甲并磨光，充分露出手臂并涂以润滑油类，必要时用乳胶手套。

（二）操作方法

术者将拇指放于掌心，其余四指并拢集聚呈圆锥形，以旋转动作通过肛门进入直肠，当肠内蓄积粪便时应将其取出，再行入手；如膀胱内贮有大量尿液，应按摩、压迫以刺激其反射排空或行人工导尿术，以利于检查。

手沿肠腔方向徐徐深入，直至检手套有部分直肠狭窄部肠管为止方可进行检查，当被检马频频努责时，入手可暂停前进或随之后退，即按照"努则退，缩则停，缓则进"的要领进行操作，比较安全。切忌检手未找到肠管方向就盲目前进，或未套入狭窄部就忙于检查。当狭窄部套手困难时，可以采用胳膊下压肛门的方法，诱导病马作排粪反应，使狭窄部套在手上，同时还可减少努责作用。如被检马过度努责，必要时可用10%普鲁卡因 10~30ml 作尾骶穴封闭，以使直肠及肛门括约肌弛缓而便于检查。

检手套入部分直肠狭窄部或全部套入（指大马）后，检手做适当地活动，用并拢的手指轻轻向周围触摸，根据脏器的位置、大小、形状、硬度、有无肠带，移动性及肠系膜状态等，判定病变的脏器、位置、病变的性质和程度。无论何时手指均应并拢，绝不允许叉开并随意抓搔、锥刺肠壁，切忌粗暴以免损伤肠管。并应按一定顺序进行检查。

（三）检查顺序

1. 肛门及直肠 注意检查肛门的紧张度及附近有无寄生虫、黏液、肿瘤等，并感知直肠内容物的数量及性状，以及黏膜的温度和状态等。

2. 骨盆腔内部 入手稍向前下方检查可摸到膀胱、子宫等。膀胱位于骨盆腔底部。无尿时可感触到如梨子状大的物体，当其内尿液过度充满时，感觉如一球形囊状物，有弹性波动感。触诊骨盆腔壁光滑，注意有无脏器充塞或粘连现象，如被检马、牛有后肢运动障碍时，应注意有无盆骨骨折。

3. 腹腔内部检查

（1）牛的腹腔内部触诊 牛的直肠检查，除主要用于母畜妊娠诊断外，对于肠阻塞、肠套迭、真胃扭转及膀胱、肾脏等疾病也均有一定意义。

检手伸入直肠后，以水平方向渐次前进，当至结肠的后段"S"状弯曲部，即可按顺序检查。

瘤胃：在骨盆前口的左侧，可摸到瘤胃的背囊，其上部完全占据腹腔的左侧，触诊可感到有捏粉样硬度的内容物及瘤胃的蠕动波。

肠：几乎全部位于腹腔的右半部，盲肠在骨盆口的前方，其尖端的一部分达骨盆腔内；结肠圆盘位于右肷部上方；空肠及回肠位于结肠及盲肠下方；正常时各部分肠管不易区分。

肾脏：左肾的位置决定于瘤胃内容物的充满程度，可左可右，可由第 2~3 腰椎延伸到第 3~6 腰椎；右肾悬垂于腹腔内，可以使之移动，或用手托起，检查较为方便，主要注意其大小、形状、表面状态、硬度等。

（2）马的腹腔内部检查

小结肠：大部分位于骨盆口前方体中线左侧，小部分位于体中线右侧，游离性较大，内有成串的鸡蛋大小的粪球，便于寻找和检查。小结肠是马、骡易发生粪结的部位之一。

腹主动脉：位于椎体下方，腹腔顶部，稍偏左侧，触诊有明显的搏动感并呈紧张的管状物，可作为体中线的标志，并可作为寻找左肾的标志。

左侧结肠：位于腹腔的左侧，耻骨水平面的下方。左下大结肠较粗，具有肠纵带和肠袋，左上大结肠较细，肠壁光滑无肠袋，重叠于左下大结肠之上。左下大结肠移行为左上大结肠，在骨盆前口所形成的弯曲部称为骨盆曲，位于骨盆前口的直前方，比左上、下大结肠都细，表面光滑，呈游离状。骨盆曲也是容易发生结粪的部位之一。

左肾：在脊柱下方，腹主动脉左侧，第 2~3 腰椎横突下方，可摸到其后缘，呈半圆形坚实的物体。急性肾炎时，触诊有痛感。

脾脏：在左肾前下方，紧贴左腹壁至最后肋骨部可摸到脾脏的后缘，呈镰刀状。正常马脾脏后缘一般不超过最后肋骨；但有些马，尤其是骡，有时可超过最后肋骨。脾脏位置后移，常做为胃扩张的标志。

胃：位于腹腔左前上方，其后缘可达第十六肋骨。检手从左肾的前下方前伸，当体型较小的马患有急性胃扩张时，可触知膨大的胃后壁，并伴随呼吸而前后移动。

盲肠：在右肷部，触诊盲肠底及盲肠体，呈膨大的囊状，并可摸到由后上走向前方的盲肠后纵带。

胃状膨大部分：是右上大结肠移行为小结肠前的扩大部分，位于腹腔右侧上 1/3 处，盲肠底的前下方，健康马不易摸到。当胃状膨大部便秘时，可感知有坚实内容物的半球形物体，并伴随呼吸而前后移动。

前肠系膜根：沿腹主动脉向前探索，指尖可感到呈扇状下垂的柔软而有弹力的条索状物，并可感知搏动的脉管。

四、实习作业

填写实验报告

实习七　泌尿生殖系统的临床检查

一、目的与要求

掌握泌尿系统检查的方法；

掌握生殖系统检查的方法；

掌握尿液分析仪的使用。

二、实习动物及器材

实习动物　母马、母牛。

实习器材　拜尔 50 型尿液分析仪，拜尔 50 专用尿试纸条，正常动物尿液和病理尿液，50ml 烧杯，滤纸，纱布，公马导尿管，母马导尿管，开膣器，手电筒，0.1% 新洁尔灭，脱脂棉。

三、实习内容及方法

（一）肾脏检查　大家畜可行外部触诊和直肠内触诊。小动物由外部触诊。

大家畜外部触诊　用双手在腰部施加轻重不同的捏压，或将左手平放在动物的腰部，右手握拳向左手背上捶击，如动物呈现躲避压迫、拱背举尾或蹴踢等反抗动作，则可能与肾脏敏感性增高有关。

直肠内触诊　可感觉其大小、形状、硬度、敏感性及表面性状等。急性肾炎，泛发性化脓性肾炎时，肾肿大且敏感性增高。肾脓肿时，肾有局限性波动样感觉。肾表面凹突不平，体积稍缩小且硬度增加时，应考虑慢性肾炎。牛肾脏明显肿大，应考虑肾淀粉样变性、化脓性肾炎、肾盂肾炎，肾白、血病和肾水肿等。

小动物外部触诊　动物取站立姿势；两手拇指放于腰部，其余手指由两侧肋弓后方与髋结节之间的腰椎横突下方，由左右两侧同时施压并前后滑动，进行触诊。犬的左肾在左腰窝的前角可以触知，右肾常不易触到。小犬、猫及兔，可于其横卧时行肾脏的触诊。猫及兔的肾脏，正常时为光滑硬固可以移动的豆形器官。

（二）输尿管检查　大动物可经直肠对输尿管进行触诊检查。正常马的输尿管，仅有麦秆样粗细，且比较柔软，因此不易感觉到，有时可触到牛的左侧输尿管的起始部。

细菌性肾盂肾炎时可在肾盂与膀胱间触到如手指般粗细的硬固管状输尿管。

（三）膀胱检查　检查膀胱，大动物只能行直肠触诊，小动物可由腹壁进行外部触诊。

大家畜膀胱直肠触诊法详见马、牛直肠检查。

小动物外部触诊　小动物的膀胱，位于耻骨联合前方的腹腔底部。触诊时动物取仰卧姿势，用一手在腹中线处由前向后触压。也可用两只手分别由腹部两侧，逐渐向体中线部压迫，以感觉膀胱。当膀胱充满时，可在下腹壁耻骨前缘触到一有弹性的球形光滑体，过度充满时可达脐部。检查有无膀胱结石时，最好用一手食指插入直肠，另一手的拇指与食指于腹壁外，将膀胱向后挤压，使直肠内的，食指容易接触到膀胱。

（四）尿道检查　母畜尿道较短，开口于阴道前庭的下壁，可用手指直接检查，亦可用开膛器开张阴道后进行尿道口视诊，或用导尿管探诊。公畜的尿道，对其位于骨盆腔内部分，可经由直肠检查。坐骨弯曲以下的部分，可行外部触诊。

（五）膀胱导管插入法

1. 公马膀胱导管插入法　一般采用站立保定，并固定右后肢，术者蹲在马的右侧，右手伸入包皮内，用拇指、食指和中指，抓住龟头，或用食指抠住龟头窝，把阴茎拉出至一定长度，用温水洗去污垢后，交由助手握住阴茎，术者将手洗干净，再用左手接过阴茎，以无刺激性的消毒液（2%硼酸水、0.02%呋喃西林液、0.1%新洁尔灭液）擦洗尿道外口，然后右手接过已消毒并涂润滑油的公马导尿管，缓慢地插入尿道内。当导尿管插至坐骨切迹处，即见马尾轻轻上举，此时如导尿管不能顺利插入，可由助手在坐骨切迹处加以压迫，使导尿管转向骨盆腔，再向前推进约10cm，便可进入膀胱，若膀胱内有尿，即见尿液流出。如膀胱括约肌痉挛，导尿管送入困难时，可行直肠按摩，或以温水灌肠，可向导尿管内灌入0.1%普鲁卡因溶液，以解除膀胱括约肌痉挛。

公牛和公猪的尿道因有"S"状弯曲，一般不能用导尿管进行探诊。必要时可用3%普鲁卡因溶液行脊髓硬膜外麻醉后，方可将有一定硬度的细导尿管插入。也可用1%～3%普鲁卡因溶液15～20ml于"S"状弯曲部行阴茎背神经封闭，使"S"刀状弯曲弛缓，再用细导尿管插入尿道，进行探诊。

公犬膀胱导尿管插入时，应取仰卧姿势，将包皮推向阴茎后方，用消毒液洗净后，把消毒过的细导尿管与腹壁成垂直方向缓缓插入，即可进入膀胱。

2. 母马膀胱导管插入法

母马柱栏内保定，用消毒液（0.1%高锰酸钾液、0.02%呋喃西林液）洗净外阴部，术者消毒手臂后，以左（右）手伸入阴道内摸到尿道外口，用右（左）手持母马导尿管，沿尿道外口插入膀胱内。必要时可使用阴道开张器打开阴道，便于找到尿道外口。

母牛尿道开口于阴门下连合前方10～12cm处的阴道底壁，紧接尿道外口之后方为盲囊，亦称下尿道窝，盲囊深2.5cm左右。导尿管如误插入盲囊时，即感到有阻力而不能前进，此时可将导管微向后退，再将导管稍抬起，紧贴尿道口上壁插入。在误入盲囊后，亦可将导管稍向后退，并将导管前端的弯曲转成向上的位置，再向前插。也可用开膛器打开阴道，找到尿道外口，即可顺利插入膀胱内。

（六）公畜生殖系统的临床检查

问诊：了解公畜开始配种的年龄，饲养管理情况，配种情况，运动情况，与配母畜的繁殖情况，健康状况，本交，人工授精，单位时间内采精次数等。

外生殖器的检查：检查阴茎时，要先暴露阴茎，但各种动物公畜都反对触摸外生殖器，因此要保定好。检查时，注意阴茎、龟头、包皮有无肿胀、疹疤、外伤、麻痹、分泌物等。阴囊、睾丸、附睾的检查主要用视诊和触诊的方法。

（七）母畜生殖系统的临床检查

问诊：病母畜的数目、百分比，母畜年龄，饲养管理使用情况，过去的繁殖史，母畜是否常有努责，流出分泌物，以前是否患过内外寄生虫病、传染病等，公畜的数目比例。

临床检查：视诊外阴，观察其大小、形态、有无炎症或分泌物流出。触诊阴道时，要将检手充分洗涤、消毒，用手感觉其温度、软硬度。子宫、卵巢、输卵管检查方法：大动物经直肠触诊，小动物外部触诊。检查子宫时注意其粗细、软硬度、大小、位置、形状、质地、内容物、是否游离以及子宫对触诊的收缩反应。

（八）乳房的临床检查

检查方法：问诊、视诊、触诊、乳汁变化。

问诊：产奶量如何？何时发病？乳汁有何变化？挤奶制度如何？

视诊：注意乳房的大小、形状、对称性、有无肿胀、外伤、疱疹、溃疡、发红或橘皮样变。

触诊：注意乳房皮肤的温度、弹性、是否肿胀、疼痛，有无肿块、乳房上淋巴结肿大。

乳汁外观检查：检查其中有无纤维蛋白凝块，乳汁颜色、稀薄、性状、脓汁及带血情况。

（九）尿液分析仪的使用

将试纸台有白色方块的一面朝上，白块一侧向内插入分析仪的插孔内，直到感觉试纸台的齿条与仪器内的齿轮啮合。

插上电源插头，打开位于仪器右后方的电源开关。

仪器自检完成后显示屏上显示仪器处于准备状态。

将试纸条从试纸瓶中取出后立即盖好试纸瓶，避免吸潮。

将试纸条浸入尿液中（如尿液量较少，可用干净的吸管吸出后滴于试纸条的试块上），按下仪器面板上的任一个绿色按钮，迅速将试纸条上的多余尿液用滤纸吸干，放置于试纸台中间的凹槽内。

仪器自动将试纸台带入仪器内进行测定，约1min后测定完毕，仪器自动将试纸台送出并将测定结果打印出来。如无打印纸，则仪器用显示屏将结果报告出来。

测定完毕，弃掉废试纸条，关闭电源，将试纸台拉出用清水冲洗干净（注意不要接触样冲洗白色塑料块，以免影响以后的测定结果）放回原处。

四、组织实施

观看泌尿生殖系统检查幻灯或录像；

教员示范操作；

学员分组实习；

答疑及小结。

五、作业及思考题

母马和母牛膀胱导管插入法在操作要领方面，有什么不同？

你是否掌握了公马膀胱导管插入法？

将本次实验结果写成实习报告。

实习八　神经系统的临床检查

一、目的及要求

掌握痛觉检查；

了解反射检查。

二、实习动物及器材

实习动物　马、牛。

实习器材　细棒、封闭针、叩诊锤、手电筒。

三、实习内容及方法

（一）感觉机能检查

1. 痛觉检查　检查痛觉时，为避免视觉的干扰，应先把动物的眼睛遮住，然后用针头以不同的力量针刺皮肤，观察动物的反应。一般先由感觉较差的芦部开始，再沿脊柱两侧向前，直至颈侧、头部。对于四肢，作环形针刺，较易发观不同神经分布区域的异常。健康动物，针刺后立即出现反应，表现相应部位的肌肉收缩，被毛颤动，或迅速回头，竖耳，或作踢咬动作。

感觉的病理改变，有感觉过敏、减退或消失。

2. 深感觉检查　可人为地将动物采取不自然姿势，如使马的两前肢交叉站立，或将两前肢广为分开，或将两前肢向前远方放等，以观察动物的反应。在健康马，当人为地使其采取不自然的姿势后，便能自动地迅速恢复原来的自然姿势。深感觉障碍时，则较长时间内保持人为的姿势而不改变肢体的位置。

3. 视觉检查　多用视诊法，通常检查以下几个项目：

（1）眼睑　主要是注意观察眼睑皮肤有无创伤、肿胀和闭眼等。

（2）眼结膜　主要是观察眼结膜的颜色、有无肿胀、创伤、溃疡、异物和分泌物等。详见实习二的一般检查。

（3）巩膜　在临床上牛的可视黏膜检查通常视诊巩膜，也可巩膜、眼结膜同时检查。详见实习二一般检查。

（4）角膜　应注意角膜有无混浊、创伤、肿胀等。

（5）眼球　应注意眼球的大小、位置及异常运动。

（6）瞳孔　应首先注意瞳孔的形状、大小、两侧是否对称，然后行瞳孔对光反应检查。

（7）视力　在检查视力时，可用长缰绳牵引病畜前进，使其通过障碍物，如病畜视力障碍时，则头部撞于物体上。检查视力还可用左手在动物眼前上下或左右来回晃动，或作欲打击动作，看其是否躲闪或有无闭眼反应，如动物视力正常时，立即出现躲闪或闭眼，如病畜视力障碍时，则无躲闪和闭眼反应。

4. 瞳孔对光反应检查　用手电筒光从侧方迅速照射瞳孔，并观察瞳孔的动态反应。健康动物由于光线照射，瞳孔迅速缩小，移去强光可随即恢复。检查时两眼均应观察，以利对照比较。病理状态下，瞳孔可以扩大、缩小或大小不等。

（二）反射检查 兽医临床上常检查的反射有以下几种：

1. 耳反射 用细棍轻触耳内侧被毛，正常时动物摇耳和转头。反射中枢在延髓及第1～2节颈髓。

2. 鬐甲反射 用细棍轻触鬐甲部被毛，正常时肩部皮肌发生震颤性收缩。反射中枢在第7节颈髓及第1～4节胸髓。

3. 肛门反射 轻触或针刺肛门部皮肤，正常时肛门括约肌产生一连串短而急的收缩。反射中枢在第4～5节腰髓。

4. 腱反射 用叩诊锤叩击膝中直韧带；正常时；后肢于膝关节部强力伸张。反射弧包括股神经的感觉；运动纤维和第3～4节腰髓；检查腱反射，以横卧姿势，抬平被检肢，使肌肉松弛时进行为宜。

四、组织实施

观看神经系统检查幻灯或录像，教员示范操作，学员分组实习，答疑及小结。

五、作业及思考题

有一脊髓膜炎病马，感觉机能检查和反射检查可能呈现哪些病理性改变？

对疑似脊髓损伤的动物，应做哪些检查？

将本次实验结果写成实习报告。

实习九　建立诊断及病志记录

一、目的与要求

掌握建立正确诊断的步骤和分析症状的方法。

掌握病志书写的内容和要求。

二、实习动物及器材

实习动物　比较典型病例。

实习器材　门诊病历、病志夹、体温计、其他可根据病情准备。

实习挂图　根据病例种类而选定。

三、实习内容及方法

（一）建立诊断的步骤

1. 调查病史，搜集症状　利用临床病例，直接向畜主调查病史，对病畜进行全面地检查，搜集症状。在此过程中应注意以下几点。

调查病史要注意询问方法，灵活掌握，防止主观片面。病史材料包括现病史，既往生活史、周围环境等。但在调查过程中，应根据具体情况繁简适宜，态度和蔼，运用群众熟悉的语言，提问要有启发性，防止暗示性的问题。对所得问诊材料，要客观全面地分析，不能主观片面。在临床检查中，还可根据具体情况，提出补充询问。

全面细致地检查病畜，防止遗漏症状。检查病畜要按一定的顺序进行，即先进行一般检查，根据一般检查结果确定系统检查的方向，然后进行系统检查。对重点系统，应详细全面检查，对非重点系统也要认真检查，不能忽视。要正确掌握各种操作方法，运用对比，以便取得既全面又客观的材料。在搜集症状时，除运用基本检查方法外，还应选择必要的特殊检查方法。

2. 及时分析，不断深入　在整个调查病史，搜集症状的过程中，要边检查边分析，使之不断深入。如调查病史之后，应根据所得材料判断是内科病、外科病，还是中毒病、传染病，在一般检查之后，还要确定分系检查的重点等。

3. 分析症状，建立初步诊断　通过对临床病例的病史调查和一系列检查，获得不少资料，对这些资料首先应归纳整理，使之系统化、条理化，以便容易发现问题。其次是进行分析思考，要抓住疾病的本质，找出建立诊断的重要依据，如示病症状，典型症状或综合症状等，最后运用建立诊断的方法（论证诊断法或鉴别诊断法），对所患疾病作出初步诊断。这时要注意首先考虑常发病、多见病，尽量用一个病名来概括，应考虑患畜的种属、年龄和地理环境条件等因素。

4. 实施防治，验证诊断　建立初步诊断后，应对症治疗，如果收到明显疗效，说明诊断是正确的，否则就无效。这时就应修正诊断，不断完善，最后做出正确的诊断。

（二）病志书写的内容和要求

1. 病志书写的内容

病畜登记

问诊情况：包括现病史，既往史和饲养管理情况。

现症检查所见：包括一般检查、系统检查及各种特殊检查的资料。

复诊记录：记录逐日的复诊情况，如现症检查情况、治疗情况、会诊情况等。

总结：治疗结束，记录病畜转归及处理意见，总结治疗过程的经验教训等。最后经治兽医签字。

2. 书写病志的原则及注意事项 书写病志总的原则是：内容要全面而详细，记录要系统而科学，描述要具体而肯定，词句要通俗易懂等。其注意事项有如下几点。

按病志格式要求填写，对搜集的症状，要有条理、有层次地记录。

记述要用术语、专用名词，除问诊内容外，切忌方言土语。

描写要确切具体，真正体现出其特点。

在记录症状时，要客观反映实际情况，切勿写感想、写体会。

书写认真，切忌潦草或涂改。

四、组织实施

在教员指导下，由学员代表进行问诊、现症检查等。其他学员边看边记录。

分组讨论。根据病史调查、搜集症状所获得的资料，进行归纳分析，运用论证诊断法建立初步诊断。

教员主持，大组讨论。各组由一人代表发言，其他人可以补充。提出本小组对初步诊断的意见，并说明理由。

小结。教员根据各组意见进行归纳小结，对不同的意见应提出解释，解释不了的还可做为问题找参考资料予以解答。

五、作业与思考题

将所实习病例写1份完整病志。运用论证诊断（或鉴别诊断）法对所实习病例做出初步诊断。所实习的病例需要做哪些特殊检查，为什么做这些检查？

动物保健医院

病历编号	流水号		**兽医临床病历**	心电图号	
				X线号	
	分类号			病理号	

畜主住址或单位：	姓名：	电话：		
畜种：	品种：	性别：	毛色：	来源：
年龄：	特征：	用途：	体重：	怀孕：
畜群规模：	发病数量：	死亡数量：		
接诊日期：	初步诊断：			
结束治疗日期：	最后诊断：			

续表

转归日期：			转归：	
疾病编号：				

手术编号：	手术名称	麻醉方法	手术日期	切口愈合

术前诊断：　　　　　　　　　　　　　术后诊断：

术后并发症及治疗：

死亡原因：

尸体剖检：　已作　未作　　　　　　病理诊断：

诊断符合	入院与出院			术前与术后			临床与特殊		
	符合	不符合	不肯定	符合	不符合	不肯定	符合	不符合	不肯定

实习单位：　　　　　　　　　　　　　主治兽医：

实习学生：　　　　　　　　　　　　　指导教师：

<h2 align="center">动物保健医院入院记录</h2>

主诉现病史：

既往史及生活史：

临床检查所见：体温：　　　℃　呼吸数：　　　次/分　脉搏：　　　次/分

实验室检查结果：

特殊检查结果：

诊断依据：

初步诊断：

处置或治疗：

　　主治兽医：　　　　　　　　实习学生：

主要参考文献

[1] 赵阳生，张继东．中国动物保定法．石家庄：河北科学技术出版社，1999

[2] 刘志尧．兽医诊断学．长春：中国人民解放军兽医大学出版社，1984

[3] 史言．兽医临床诊断学（第二版）．北京：农业出版社，1997

[4] 郑克响．养马学．牡丹江：黑龙江朝鲜民族出版社，1985

[5] 陈羔献等．牛病门诊实用技术．郑州：河南科学技术出版社，2004

[6] Steven E. Crow, Sally O. Walshaw 著，梁礼成译．犬、猫、兔临床诊疗操作技术手册（第二版）．北京：中国农业出版社，2003

[7] 朱达文等．兽医操作技巧 250 问．北京：中国农业出版社，1996

[8] 雷克敬．家畜的保定．北京：农业出版社，1988

[9] 耿永鑫．兽医临床诊断学．北京：中国农业出版社，1993

[10] 李玉冰．兽医临床诊疗技术．北京：中国农业出版社，2006

[11] 李学文．兽医诊疗操作技术．北京：科学技术文献出版社，1996

[12] 东北农业大学．兽医临床诊断学（第三版）．北京：中国农业出版社，2001

[13] 林德贵．动物医院临床手册．北京：中国农业大学出版社，2004

[14] 唐兆新．兽医临床治疗学．北京：中国农业出版社，2002

[15] 青海省湟源畜牧学校．兽医临床诊断学（第二版）．北京：中国农业出版社，2002

[16] 安丽英．兽医试验诊断．北京：中国农业大学出版社，2000

[17] 杨慧芳等．畜牧兽医综合技能（第二版）．北京：中国农业出版社，2007

[18] 周新民．兽医制作技艺大全．北京：中国农业出版社，2004

[19] 贺永建．兽医临床诊断学实习指导．重庆：西南师范大学出版社，2005

[20] 郭定宗．兽医临床检验技术．北京：化学工业出版社农业科技出版中心，2006

[21] 单永利，黄仁录．现代肉鸡生产手册．北京：中国农业出版社，2001

[22] 傅先强，崔文才．养鸡场疾病防治技术．北京：金盾出版社，1990

[23] 内蒙古农牧学院，安徽农学院．家畜解剖学（第二版）．北京：农业出版社，1991

[24] 张玉生，傅伟龙．动物生理学．北京：中国科学技术出版社，1994

[25] 高作信．兽医学（第三版）．北京：中国农业出版社，2003

[26] 李铁拴，张彦明，刘占民．兽医学．北京：中国农业科学技术出版社，2001

[27] 汪恩强．兽医临床诊断学．北京：中国农业科学技术出版社，2006

注：图版主要引用于：李玉冰．兽医临床诊疗技术；郭定宗．兽医临床检验技术；贺永建．兽医临床诊断学实习指导。

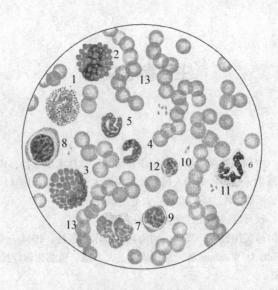

图版 1　马血涂片

　　1. 嗜碱性粒细胞　2、3. 嗜酸性粒细胞　4. 幼稚型嗜中性粒细胞　5. 杆状核型嗜中性粒细胞　6. 分叶核型嗜中性粒细胞　7. 单核细胞　8. 大淋巴细胞　9. 中淋巴细胞　10. 小淋巴细胞　11. 血小板　12. 单独的红细胞　13. 串状红细胞

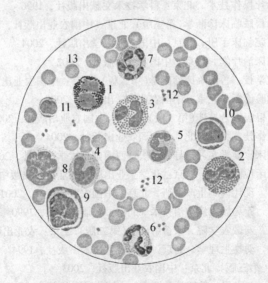

图版 2　牛血涂片

　　1. 分叶核型嗜碱性粒细胞　2. 杆状核型嗜酸性粒细胞　3. 分叶核型嗜酸性粒细胞　4. 幼稚型嗜中性粒细胞　5. 杆状核型嗜中性粒细胞　6、7. 分叶核型嗜中性粒细胞　8. 单核细胞　9. 大淋巴细胞　10. 中淋巴细胞　11. 小淋巴细胞　12. 血小板　13. 红细胞

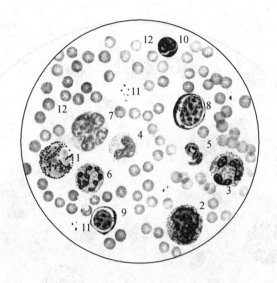

图版3 绵羊血涂片

1. 嗜碱性粒细胞 2. 杆状核型嗜酸性粒细胞 3. 分叶核型嗜酸性粒细胞 4. 幼稚型嗜中性粒细胞 5. 杆状核型嗜中性粒细胞 6. 分叶核型嗜中性粒细胞 7. 单核细胞 8. 大淋巴细胞 9. 中淋巴细胞 10. 小淋巴细胞 11. 血小板 12. 红细胞

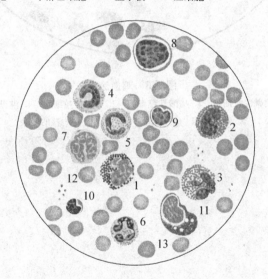

图版4 猪血涂片

1. 嗜碱性粒细胞 2. 幼稚型嗜酸性粒细胞 3. 分叶核型嗜酸性粒细胞 4. 幼稚型嗜中性粒细胞 5. 杆状核型嗜中性粒细胞 6. 分叶核型嗜中性粒细胞 7. 单核细胞 8. 大淋巴细胞 9. 中淋巴细胞 10. 小淋巴细胞 11. 浆细胞 12. 血小板 13. 红细胞

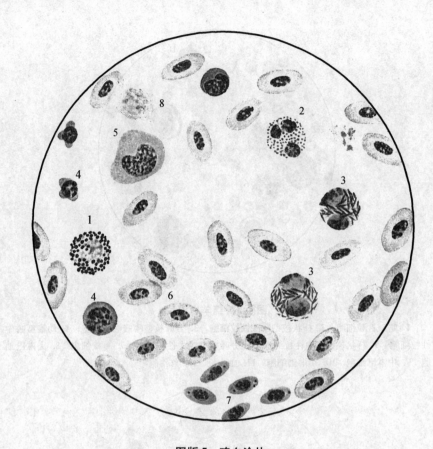

图版5　鸡血涂片

1. 嗜碱性粒细胞　2. 嗜酸性粒细胞　3. 嗜中性粒细胞　4. 淋巴细胞
5. 单核细胞　6. 红细胞　7. 血小板　8. 核的残余